石油石化职业技能培训教程

石油勘探测量工

（下册）

中国石油天然气集团有限公司人事部 编

石油工业出版社

内 容 提 要

本书是由中国石油天然气集团有限公司人事部统一组织编写的《石油石化职业技能培训教程》中的一本。本书包括石油勘探测量工高级工操作技能及相关知识、技师、高级技师操作技能及相关知识，并配套了相应等级的理论知识练习题，以便于员工对知识点的理解和掌握。

本书既可用于职业技能鉴定前培训，也可用于员工岗位技术培训和自学提高。

图书在版编目(CIP)数据

石油勘探测量工. 下册/中国石油天然气集团有限公司人事部编. —北京：石油工业出版社, 2019.12

石油石化职业技能培训教程

ISBN 978-7-5183-3568-8

Ⅰ. ①石… Ⅱ. ①中… Ⅲ. ①石油勘探测量-技术培训-教材 Ⅳ. ①P618.130.8

中国版本图书馆 CIP 数据核字(2019)第 191202 号

出版发行：石油工业出版社

（北京市朝阳区安华里 2 区 1 号楼 100011）

网　　址：www.petropub.com

编辑部：(010)64256770

图书营销中心：(010)64523633

经　　销：全国新华书店

印　　刷：北京中石油彩色印刷有限责任公司

2019 年 12 月第 1 版 2019 年 12 月第 1 次印刷

787×1092 毫米 开本：1/16 印张：24

字数：616 千字

定价：75.00 元

(如发现印装质量问题，我社图书营销中心负责调换)

版权所有，翻印必究

《石油石化职业技能培训教程》

编 委 会

主　任：黄　革

副主任：王子云

委　员（按姓氏笔画排列）：

丁哲帅	马光田	丰学军	王正才	王勇军
王　莉	王　焯	王　谦	王德功	邓春林
史兰桥	吕德柱	朱立明	朱耀旭	刘子才
刘文泉	刘　伟	刘　军	刘孝祖	刘纯珂
刘明国	刘学忱	李忠勤	李振兴	李　丰
李　超	李　想	杨力玲	杨明亮	杨海青
吴　芒	吴　鸣	何　波	何　峰	何军民
何耀伟	邹吉武	宋学昆	张　伟	张海川
陈　宁	林　彬	罗昱恒	季　明	周宝银
周　清	郑玉江	赵宝红	胡兰天	段毅龙
贾荣刚	夏申勇	徐周平	徐春江	唐高嵩
常发杰	蒋国亮	蒋革新	傅红村	褚金德
窦国银	熊欢斌			

《石油勘探测量工》编委会

主　　编：孙国庆

副 主 编：徐忠民

编　　委：谢　宁　李德民

审核人员（按姓氏笔画排序）：

　　　　　王广伟　何　平　李秀山　杨　柳

　　　　　周　彬　郑家志　赵林冬

PREFACE 前言

  随着企业产业升级、装备技术更新改造步伐不断加快,对从业人员的素质和技能提出了新的更高要求。为适应经济发展方式转变和"四新"技术变化要求,提高石油石化企业员工队伍素质,满足职工鉴定、培训、学习需要,中国石油天然气集团有限公司人事部根据《中华人民共和国职业分类大典(2015年版)》对工种目录的调整情况,修订了石油石化职业技能等级标准。在新标准的指导下,组织对"十五""十一五""十二五"期间编写的职业技能鉴定试题库和职业技能培训教程进行了全面修订,并新开发了炼油、化工专业部分工种的试题库和教程。

  教程的开发修订坚持以职业活动为导向,以职业技能提升为核心,以统一规范、充实完善为原则,注重内容的先进性与通用性。教程编写紧扣职业技能等级标准和鉴定要素细目表,采取理论实践一体化编写模式,基础知识统一编写,操作技能及相关知识按等级编写,内容范围与鉴定试题库基本保持一致。特别需要说明的是,本套教程在相应内容处标注了理论知识鉴定点的代码和名称,同时配套了相应等级的理论知识练习题,以便于员工理解和掌握知识点,加强学习的针对性。此外,为了提高学习效率,检验学习成果,本套教程为员工免费提供了学习增值服务,员工通过手机登录注册后即可进行移动练习。本套教程既可用于职业技能鉴定前培训,也可用于员工岗位技术培训和自学提高。

  本书分上、下两册,上册为基础知识、初级工操作技能及相关知识、中级工操作技能及相关知识,下册为高级工操作技能及相关知识、技师与高级技师操作技能及相关知识。

  本工种教程由大庆油田有限公司任主编单位,参与审核的单位有东方物探公司、川庆钻探公司等,在此表示衷心感谢。

  由于编者水平有限,书中错误、疏漏之处请广大读者提出宝贵意见。

编者

CONTENTS 目录

第一部分　高级工操作技能及相关知识

模块一　使用地图 ······ 3
　项目一　相关知识 ······ 3
　项目二　绘制测线上线设计草图 ······ 17
　项目三　绘制导线过障碍草图 ······ 18
　项目四　计算地形图分幅编号 ······ 19
　项目五　计算机辅助绘制测线位置图 ······ 21
　项目六　利用地形图分析测线地形状况 ······ 22

模块二　使用仪器 ······ 24
　项目一　相关知识 ······ 24
　项目二　检验全站仪对中器 ······ 35
　项目三　检验全站仪指标差 ······ 36
　项目四　检查 GNSS 静态仪器运行状态 ······ 37
　项目五　检查 GNSS 基准站仪器运行状态 ······ 38
　项目六　检查 GNSS 流动站仪器运行状态 ······ 39
　项目七　全站仪设站操作 ······ 40
　项目八　全站仪放样 ······ 42
　项目九　全站仪观测水平角 ······ 43

模块三　处理数据 ······ 45
　项目一　相关知识 ······ 45
　项目二　统计 RTK 复测点 ······ 58
　项目三　统计 RTK 实测点 ······ 59
　项目四　整理水平角观测数据 ······ 60

项目五　整理垂直角观测数据 ··· 61
项目六　计算物理点实测偏移量 ··· 62
项目七　计算导线角度闭合差 ·· 63
项目八　计算导线坐标增量闭合差 ··· 65

第二部分　技师、高级技师相关知识

模块一　使用仪器 ·· 69
项目一　普通水准测量 ··· 69
项目二　广域差分系统 ··· 77
项目三　经纬仪检验 ·· 78
项目四　水准仪检验 ·· 79
项目五　全站仪检验 ·· 85
项目六　GNSS 接收机检测 ·· 90

模块二　处理数据 ·· 94
项目一　测线桩号反算 ··· 94
项目二　测线偏移设计 ··· 95
项目三　RTK 观测数据整理 ··· 96
项目四　测量平差原理 ··· 97
项目五　GNSS 控制网平差 ··· 101
项目六　GNSS 控制网精度评定 ·· 107
项目七　计算坐标系统转换参数 ·· 110
项目八　高程拟合 ·· 112
项目九　普通水准测量计算 ··· 114
项目十　数据处理工具 ··· 117

模块三　质量控制 ·· 120
项目一　测量精度的概念 ·· 120
项目二　野外质量监控要点 ··· 124
项目三　GNSS 控制网平差质量 ·· 131
项目四　编制测量作业流程 ··· 134
项目五　编写测量技术报告 ··· 141
项目六　网络资源利用 ··· 143

第三部分　技师操作技能

模块一　使用仪器 147
项目一　检验全站仪视准轴误差 147
项目二　检验全站仪横轴误差 148
项目三　简易测定棱镜加常数 149
项目四　全站仪三角高程测量 151
项目五　普通水准测量两点高差 152
项目六　设置 RTK 参考站作业参数 154
项目七　设置 RTK 流动站导航参数 155

模块二　处理数据 157
项目一　反算二维测线桩号 157
项目二　反算三维测线桩号 158
项目三　整理 RTK 观测数据 159
项目四　转换坐标系统 162
项目五　计算三角高程 164
项目六　GNSS 控制网无约束平差 165
项目七　计算坐标系统转换参数 166
项目八　普通水准测量计算 168

模块三　质量控制 170
项目一　检查静态数据观测质量 170
项目二　检查 RTK 数据观测质量 171
项目三　检查 RTK 放样质量 172
项目四　编写野外作业流程 174
项目五　编写数据处理流程 176

第四部分　高级技师操作技能

模块一　使用仪器 179
项目一　水准仪 i 角检验 179
项目二　检测 RTK 测量精度 180
项目三　GNSS RTK 偏移测量作业 182
项目四　全站仪导线测量作业 183

模块二　处理数据 ··· 185
　　项目一　GNSS RTK 数据格式变换 ··· 185
　　项目二　二维测线偏移设计 ·· 186
　　项目三　三维测线偏移设计 ·· 188
　　项目四　四等水准数据计算 ·· 189
　　项目五　GNSS 控制网约束平差 ··· 190
　　项目六　计算 GNSS 控制网环闭合差 ·· 191
　　项目七　计算 GNSS 控制网标准差 ··· 193

模块三　质量控制 ··· 195
　　项目一　检查 GNSS 控制网基线复测精度 ··· 195
　　项目二　检查 GNSS 控制网平差质量 ·· 196
　　项目三　检查导线成果质量 ·· 198
　　项目四　利用网络资源勘查工区地形地貌 ··· 199
　　项目五　编写全站仪和 GNSS RTK 联合作业方案 ·· 200

模块四　培训管理 ··· 202
　　项目一　编写实用测量程序 ·· 202
　　项目二　编写测量技术设计书 ·· 203
　　项目三　设计测量教学幻灯片 ·· 204
　　项目四　编写培训教学计划 ·· 205

理论知识练习题

高级工理论知识练习题及答案 ··· 209
技师、高级技师理论知识练习题及答案 ··· 270

附　录

附录 1　职业资格等级标准 ··· 349
附录 2　高级工理论知识鉴定要素细目表 ··· 357
附录 3　高级工操作技能鉴定要素细目表 ··· 363
附录 4　技师和高级技师理论知识鉴定要素细目表 ··· 364
附录 5　技师操作技能鉴定要素细目表 ··· 369
附录 6　高级技师操作技能鉴定要素细目表 ··· 370
附录 7　操作技能考核内容层次结构表 ··· 371

参考文献 ··· 372

第一部分

高级工操作技能及相关知识

合信一策

模块一　使用地图

项目一　相关知识

一、导线测量

（一）控制测量

> GBA001　控制测量的概念

控制测量是通过建立控制网来确定地面点的精确位置所进行的测量工作,是所有工程测量的重要组成部分。一般来说,控制测量应遵循"由整体到局部""从高级向低级"的原则,一个完整的控制测量体系应包括平面控制测量和高程控制测量两部分。控制测量的服务对象主要是各种工程建设、城镇建设和土地规划与管理等工作,决定了它的测量范围比大地测量要小,并且在数据处理方法观测手段上还具有多样化的特点。

目前石油物探测量主要采取 GNSS 卫星定位和全站仪导线测量方法。不论使用哪种测量方法,均需要进行控制测量,目前主要的控制测量包括导线控制测量和 GNSS 卫星定位控制测量等。相比于其他的控制测量,由于 GNSS 技术在效率和经度上具有较大的优势,所以目前大量的控制测量采用 GNSS 控制测量方法。根据石油物探测量规范的要求,物探施工控制测量宜采用 GNSS 控制网,也可采用电磁波测距导线测量。

> GBD004　导线控制测量边长观测要求

一般规定作为控制测量的导线全长不大于 20km,平均边长 2km 左右,全长相对闭合差不大于 1/25000,方位角闭合差不大于 $\pm 10\sqrt{n}$,高程闭合差不大于 $\pm 0.10\sqrt{s}$,这里 n 表示测站数,s 表示导线全长。导线边长观测宜与角度观测一并进行,边长观测采用电磁波测距对向观测,2 测回,半测回互差不大于 3mm,测回间互差不大于 5mm,对向观测互差不大于 $2(a+b \cdot L)$,这里 a、b 分别为测距仪标称的固定误差和比例误差,L 为导线边长,单位为 km。

（二）导线测量

> GBA012　导线测量的概念

导线测量是使用全站仪、经纬仪等仪器,通过测量水平角、垂直角、距离等数据来放样和测量地面点平面坐标和高程的方法。石油物探测量中的导线测量通常包括测线上线设计、物理点放样、物理点测量、导线测量平差计算等组成部分。

导线测量通过测量角度和距离 2 个元素确定控制点坐标,即平面控制及高程控制。在导线测量中,距离的加常数改正、气象改正、倾斜改正等通常是在外业观测时施加的,而距离的高程归算改正和高斯投影改正等则通常是在内业计算时加以考虑。在传统测图工作中也经常用到导线测量,其中图根平面控制多以导线测量、小三角测量为主,而以测角、测边交会作为补充形式,图根导线测量适用于带状地区、隐蔽地区、城建区的控制点测量。

在陆上石油物探测量规范中规定,导线测量的原始观测记录采用电子记录的方式,记录格式应符合测量数据处理软件的要求;控制导线的二倍照准差互差不得大于 12″。

在导线测量工作过程中，由于坐标闭合差的存在，致使从导线起点推算出的终点位置与其已知的正确位置不一致，两者的偏离距离称为导线全长闭合差，导线全长闭合差的计算公式为：

$$f_s = \sqrt{f_x^2 + f_y^2} \tag{1-1-1}$$

式中　f_s——导线全长闭合差；
　　　f_x——x方向坐标增量闭合差；
　　　f_y——y方向坐标增量闭合差。

导线全长相对闭合差表达为分子为1的分数形式。

> GBA013 导线起点的计算方法
> GBA014 测量控制点点之记的绘制方法

在进行导线起点计算的时候，往往用到坐标正算，进行坐标正算需要的数据包括已知一点的平面直角坐标、已知点到未知点的水平距离、已知点到未知点的坐标方位角。

平面直角坐标正算是指已知一点的平面直角坐标(x_A,y_A)和该点到未知点的水平距离S_{AB}和坐标方位角α_{AB}，求取未知点的平面直角坐标(x_B,y_B)。利用导线起点推算出的终点位置与已知的正确终点位置的差值，最为衡量导线精度的重要指标。

石油物探控制测量点野外手绘的点之记，属于物探测量资料的一部分。它包含点位示意图、点名、概略坐标、日期、记录员等内容，同时标注北方向。

> GBB028 方位角的概念

(三) 导线测量方位角和坐标

绘制测线上线设计草图需要计算上线方位角，从通过某直线起点的基本方向的北端顺时针到该直线的水平角度，称为该直线的方位角。坐标方位角是以坐标纵线作为基本方向的方位角，在直角坐标系中东方向的坐标方位角是90°。在石油物探测量设计中，二维测线的方位角是指主测线的方位角，测线线号的编排一般遵循东大西小、南小北大的原则。

随着测绘技术设备的发展，GNSS已经全面应用于石油物探测量行业中，由于GNSS接收机直接获得的坐标是WGS-1984坐标，而物探成果需提供地方坐标，因此在施工过程中要用到坐标转换。其中大地基准是GNSS参数设置的一项重要内容。大地基准的起算数据是指大地原点的大地经度、大地纬度、大地水准面差距、至相邻点方向的大地方位角，以及用以确定大地坐标系统和大地控制网长度基准的起算边边长。高斯坐标系统中，坐标纵轴方向是坐标方位角的基本方向，坐标方位角是指直线与坐标北方向的夹角。

在测量工作中，除了坐标方位角，有时也涉及象限角的概念，坐标方位角角值在0°~360°，而象限角角值在0°~90°。当坐标方位角为45°时，其象限角为45°。物探测线方位角是指测线与坐标北方向的夹角。已知某直线的真方位角和该直线起点的子午线收敛角，则可以确定该直线的坐标方位角。高斯平面直角坐标系中，纵轴为X轴，直线的坐标方位角是按纵坐标北端起顺时针计算的。每个物探工区计划布设的测线网在技术设计中一般给定的参数包括原点及起算方位角。要获得测线的坐标方位角，可以利用GNSS RTK的导航功能，此外，利用经纬仪或全站仪可以测定直线的方位角。

已知如图1-1-1中AB的坐标方位角，观测了图中四个水平角，那么边长$B\rightarrow1, 1\rightarrow2, 2\rightarrow3, 3\rightarrow4$的坐标方位角为：

$$\alpha_{B1} = 197°15'27''+90°29'25''-180° = 107°44'52''$$
$$\alpha_{12} = 107°44'52''+106°16'32''-180° = 34°01'24''$$
$$\alpha_{23} = 34°01'24''+270°52'48''-180° = 124°54'12''$$
$$\alpha_{34} = 124°54'12''+299°35'46''-180° = 244°29'58''$$

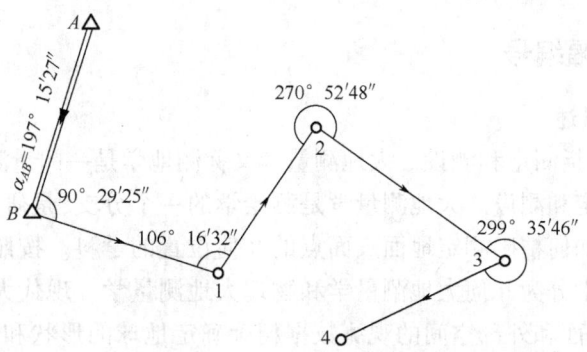

图 1-1-1 计算坐标方位角

在进行导线测量的过程中需要已知点及已知方位,在已知点难以获得的情况下,需要进行天文方位角或太阳方位角的观测。天文方位角是指由测站子午面顺时针到通过地面目标的垂直面的夹角,通过观测天体的高度角等元素,可以间接获得天体的真方位角,若同时也测定天体与某地面目标之间的水平角,则可以获得该地面目标的真方位角。从测站点铅垂线向上方向的夹角称为天顶距。对于天文方位角外业观测的检查,要检查最小高度角、观测时间、观测程序是否正确、测回数是否足够等。用传统光学经纬仪测定天文方位角,观测目标是地面目标、北极星。实际上,天文方位角就是普通测量中所说的真方位角。天文方位角是指由测站子午面顺时针到通过地面目标的垂直面的夹角。

GBD009 天文方位角的概念

(四)导线跨越障碍

在地震勘探测量工作中,测线施工遇到大型障碍物时可以参照测量规范及施工总体设计要求进行物理点偏移放样。二维测线可以整线平移或进行小于 8°角折线放样施工,三维测线遇到大障碍物时可以进行炮点的纵向整道距偏移及检波点的横向整道距偏移,当遇到地表障碍物多时,变观炮点尽量做到炮点分布均匀,这样可以保证地下共反射点覆盖次数均匀,最大限度地保证地震资料的完整性。

GBA015 导线跨越障碍的施工要求

如图 1-1-2 所示,地震勘探导线测量遇到大的障碍物时,常需要采用一定折线图形进行绕过,在计算时,转角 1+转角 2+转角 3 = 180°的整数倍;若 ABDE 四个点都在测线上,直线 AB 方位角等于直线 DE 的方位角;图上所标数据显示该导线的施工方向是 A 点至 E 点。

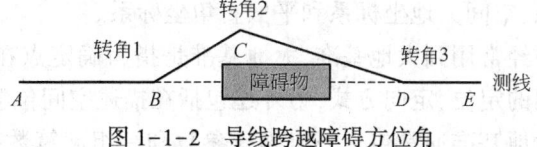

图 1-1-2 导线跨越障碍方位角

> **GBA016 导线跨越障碍物草图的设计方法**

地震勘探导线跨越障碍,可以采用任意角度进行跨越,但绕过障碍后要回到原设计测线上。可以采用坐标增量法进行实地计算,可采用三角形方法或矩形图形进行跨越。

在地震勘探导线施工过程中,若采用等腰三角形跨越障碍,线段 BC 等于线段 CD,B 点和 D 点应选择在设计物理点上。

二、地形图分幅编号

> **GBB001 大地测量学的概念**

(一) 大地测量概述

测量学的任务包括测定和测设。大地测量学又称测地学是一门量测和描绘地球表面的科学,其任务包括测定和测设。大地测量学是测绘学的一个分支,是研究地球的形状、大小和地球重力场,以及如何精确测定地面表面点的几何位置的学科。按照大地测量学的传统定义,经典大地测量学分为几何大地测量学和物理大地测量学。现代大地测量学的基本任务之一是根据地球表面和外部空间的观测数据精确确定地球的形状和大小。近年来,大地测量学又出现空间大地测量学、海洋大地测量学、动态大地测量学、惯性大地测量学等分支。大地测量学中测定地球的大小,是指测定地球椭球的大小;研究地球形状,是指研究地表的形状。

在布设国家大地测量控制网时必须采用统一的大地基准和高程基准,必须布满全国范围,并达到足够的密度和精度;遵循从整体到局部,由高级到低级,即分级布网、逐级控制的原则。

> **GBB002 大地测量的任务**

现代大地测量学的基本任务是通过建立控制网来确定一系列地面点的精确位置并监测其随时间的变化情况,研究地球重力场及其变化,确定和描述极移、固体潮及地壳运动等地球动力学现象;研究全球,建立与时相依的地球参考坐标框架,研究地球形状及其外部重力场的理论及方法。测量学中平面直角坐标系的纵轴为 X 轴,这一点与数学坐标系不一样。

大地测量的主要内容包括三角测量、重力测量、惯性大地测量、导线测量、水准测量、天文测量、卫星大地测量等,大地测量中用到的高斯投影属于等角投影。大地测量学的主要内容包括国家大地测量控制网(包括平面控制网和高程控制网)建立的基本原理和方法、精密角度测量、距离测量、水准测量。大地测量学的测定是指使用测量仪器和工具,通过观测和计算得到一系列测量数据,把地球表面的地形缩绘成地形图,供经济建设、规划设计、科学研究和国防建设使用。大地测量学的测设是指把图纸上规划设计好的建筑物、构筑物的位置在地面上标定出来,作为施工的依据。

> **GBB003 大地测量的内容**

在大地测量中所采用的坐标系,按坐标原点位置的不同分为地心坐标系和参心坐标系;按坐标轴(椭球短轴)指向的不同分为地固坐标系和瞬时坐标系;按表达形式的不同分为空间直角坐标系、空间大地坐标系和平面直角坐标系。

在大地测量工作中经常用到大地基准,大地基准是指为确定点在空间中的位置而采用的椭球参数及其在空间的定位、定向方式,另外还包括在描述空间位置时所采用的单位长度的定义。一个国家的大地基准通常包括一组椭球参数和一组起算数据。在大地测量学中,一个完整的坐标系统由大地基准和坐标系两方面要素构成。

大地基准是建立国家大地坐标系统和推算国家大地控制网中各点大地坐标的基本依据，它包括一组大地测量参数和一组起算数据。大地基准的起算数据包含大地原点的大地经度、大地纬度、大地水准面差距、相邻点方向的大地方位角以及用以确定大地坐标系统和大地控制网长度基准的起算边边长。国家大地测量控制网的布设必须采用统一的大地基准。

> GBA004 地形测量任务概述

在参考椭球定位时，需确定参考椭球面和大地水准面在大地原点处的关系数据，并以此作为起算数据建立大地坐标系；需精确测定大地原点的天文经度、纬度、方位角，并在参考椭球面和大地水准面尽量接近的条件下规定该点的大地经度、纬度和大地水准面差距。

> GBA005 地形测量方法概述

大地原点又称大地基准点、大地起算点，是确定国家大地坐标系统和国家水平控制网中各点大地坐标的基准点，大地原点的整个设施由中心标志、仪器台、主体建筑、投影台四大部分组成。1954年北京坐标系实际上是苏联1942年普尔科沃大地坐标系的延伸，它的大地原点设在苏联普尔科沃天文台，我国1980坐标系的大地原点设在陕西省西安市。在普通测量中，所用的起算数据通常为各个等级的测量控制点。

> GBA006 地形测量过程概述

测量上的平面直角坐标系，一般是利用一定的投影变换，将参考椭球面及其特征点、线映射到平面上形成的。不同坐标系间可以进行坐标转换，不同坐标系间的转换使用的已知点应是一一对应关系。工程施工过程中，由于采用了不同的坐标系，需要不同坐标系之间的坐标转换。任意两空间坐标系的转换，常用的方法有三参数法、七参数法、四参数法。RTK测量采用WGS-1984系统，当RTK测量要求提供其他坐标系（北京坐标或1980西安坐标系等）时，应进行坐标转换。在物探测量中，在小范围的勘探区域若已知控制点的数量超过3个，可采用七参数转换，坐标变换中，七参数的平移因子单位是米，旋转因子单位是秒，比例因子单位是百万，但在WGS-1984坐标和北京1954坐标之间不存在一套转换参数可以全国通用。

国家大地测量控制网（包括平面控制网和高程控制网）的建立属于大地测量学范畴。在平面控制网中，有时不需要研究点位相对于起始点的精度，而有必要了解任意两个待定点之间的相对位置的精度情况。传统上，平面控制点主要利用三角测量、导线测量等方法布设。

> GBA025 国家基本平面控制的含义

建立国家平面控制网的传统常规方法有三角测量及精密导线测量。国家一等三角网，一般是沿经纬线方向布设，它是国家平面控制网的骨干，一般称为一等三角锁。在全国范围内建立的三角网，称为国家平面控制网，国家平面控制点的低级点受高级点逐级控制。

国家级的基本控制包括平面控制及高程控制，国家一等水准测量属于国家高程控制的骨架，用于地壳升降监测和平均海水面变化的研究，国家三、四等水准测量属于加密高程控制测量，直接用于地形测量、工程测量等的基本高程控制。布测全国统一的高程控制网，首先必须建立一个统一的高程基准面。

> GBA026 国家基本高程控制的含义

国家高程控制网是在中华人民共和国领土范围内按国家统一规范布设的，它为国家经济建设、国防建设和科学研究提供地面点高程，为天文大地网、地形图测制提供高程控制。国家水准网中水准点的高程，其施测精度逐级降低，由高级控制低级，国家一、二等水准路线要实施重力测量，供改正水准测量数据之用。国家高程控制网在布设时遵循由整体到局部、由低级到高级的原则,国家高程控制网是用精密水准测量方法建立的。

(二)地形图测绘

地形图是指根据一定的数学法则,按照一定的比例尺,采用特定的符号系统和一定的表示方法,以模拟或数字的形式表示地球表面上各种地物和地貌的平面位置和高程的正射投影图。地形图的检查包括室内检查及外业检查,其中仪器设站检查为10%左右。在地形图测绘过程中,最后需将测得的各种地物地貌依照规定的比例尺、依据地形图图示规定的符号缩绘到图纸上。国家基本比例尺大比例尺地形图包括 1∶10000、1∶25000、1∶50000、1∶100000,小比例尺地形图包括 1∶250000、1∶500000、1∶1000000。

GBB007 地形图的概念 地形图的基本内容包括数学要素,即地形图的数学基础,如坐标格网、比例尺、控制点坐标等;地形要素,即图幅内的各种地物、地貌要素,是地形图要表示的主要内容;图内注记要素,即地形图内的各种注记;图外整饰要素,即地形图外的各种装饰。

GBA007 地物的测绘与表示 在大比例尺地形测图中,地物的测绘与表示一般是测定其特征点,以规定的线划和填充符号按成图比例尺缩绘表示,在地形测图中测绘与表示地物时,一般是测定其特征点,并以规定的线划或符号表示,在地形测图中,凡不能够依比例尺表示的地物,应测定其中心点,并配置以相应的符号。在地形图测绘过程中,图上碎部点的精度可以用图上地物点的位置中误差、间距中误差特征来衡量,在地形测图中,凡能够依比例尺表示的地物,应测定其轮廓拐点,必要时填符号、注记。地形图平面位置的精度,通常以图上地物点的位置中误差和间距中误差来衡量。地物测绘主要是将地物的形状特征点准确的标注到图上。

GBA008 地物符号的种类 在轮廓界线内,用填充颜色、网纹、符号、注记的方式,表示连续分布、布满于整个区域的面状现象质量特征的方法是质底法;用等值线的形式,表示布满整个区域且均匀渐变的面状现象数量特征的方法是等值线法;用图表的形式,反映定位于制图区域某些点上周期性现象的数量特征和变化的方法是定位图表法;用真实的或隐含的轮廓线,并在其范围内用填充颜色、网纹、符号、注记等方式,表示呈间断成片分布的面状现象质量特征的方法是范围法。地形图上表示地物的符号按照种类可分为依比例尺、半依比例尺、不依比例尺,半比例符号属于地图符号的一种。每张专业地形图的下面都会标注地图比例尺。

GBA009 地貌的表示方法 在大比例尺地形测图中,自然形态的地貌一般用等高线表示,等高线一定是闭合的、连续的,同一等高线上的点高程相等,等高线与山脊线、山谷线正交。在地形图中,间曲线是为了表现基本等高线难以表现的细小地貌,按1/2基本等高距描绘的等高线。从几何的观点分析,地貌可以认为是由不同形状、不同走向、不同倾角的面组成。属于地貌特征点的有山的最高点、洼地的最低点、谷口点及鞍部的最低点,地貌是指地表面的高低起伏状态,包括山地、丘陵和平原等。陡崖是坡度在70°以上的陡峭崖壁,有石质和土质之分。

GBA010 各种文字注记方法 在地形图中的注记要素中,一般来说,只用符号往往不能表达清楚地物的全部属性,需要配以相应的文字注记,地图注记常和符号相配合,说明地图上所表示的地物的名称、位置、范围、高低、等级、主次等。在地图上起说明作用的各种文字、数字,统称注记,对地图上地物、地貌符号的样式、规格、颜色、使用以及地图注记、图廓整饰等所做的统一规定,是测绘标准之一,被称为地图图式。地图注记属于地图符号系统。

为大比例尺地形测图而建立的基本控制网,其密度和精度应以满足图根控制的需要为基本原则。在 RTK 技术运用之前,图根平面控制多以电磁波测距导线为主,以放射状支导线或极坐标点作为辅助形式。在图根高程控制测量中,当基本等高距为 0.5m 时,可采用电磁波测距三角高程测量。根据控制测量从整体到局部、分级布设、逐级布设的原则,在大比例尺地形测图中,图根控制测量允许同精度发展一次或同精度发展二次。目前,图根平面控制多以电磁波测距导线布设,也可采用 GNSS 载波相位差分测量布设。图根导线的边长与折角测量也可采用钢尺量距和光学经纬仪测角。

> GBB010 图根控制的形式

图根点是直接供测图使用的控制点,它包含平面控制点和高程控制点,图根控制网布设规格,应满足测量界址点坐标的精度要求,与地籍图的比例尺大小基本无关。在大比例尺地形测图中,图根控制点是碎部点采集的主要依据,图根控制测量原则上不分等级,但允许同精度发展一次,个别困难地区可发展二次。地籍测绘中,图根控制点应服务于各项地籍测量,控制点应埋设永久性标志,也可埋设半永久性标志,控制点应附有"点之记"描述。

> GBB011 图根控制的等级

在布设测图图根点的过程中,一般布设图根点的密度要求为布设均匀、数量适中、能够满足碎步测量,在一般测图中关于图根点,要求测站点的基本控制点要有一定的密度,图根点的密度过大会影响测图的精度及质量。在平坦开阔地区利用经纬仪测图时,1∶2000 测图对图根点的密度要求不宜少于 15 个/km²,1∶1000 测图对图根点的密度要求不宜少于 50 个/km²,1∶500 测图对图根点的密度要求不宜少于 150 个/km²。

> GBB012 图根点的密度要求

在一般测图规范中,要求图根点相对于图根起算点的点位中误差不得大于图上 0.1mm,在图根高程控制测量中,当基本等高距为 0.5m 时,不能采用经纬仪视距三角高程测量。图根控制点的作用:一是直接作测站点使用,进行碎部测量;二是作为临时增设测站点的依据,以满足大比例尺地形测图建立基本控制网满足图根控制密度、精度的需要。城镇建成区,通常采用导线布设地籍图根控制网。图根控制网具有控制全局、限制测量误差累积的作用,是各项测量工作的依据。

> GBB013 图根点的精度要求

为测绘地形图而进行的各种测量工作,统称为地形测量。地形测量是根据规范和地形图图式,将地物点和高程点及其他地理要素测量并记录在某种载体上的技术。地形测量主要分为图根控制、碎部点采集、地形图编绘等环节。在现代测绘工作中大量使用卫星定位 RTK 测量技术进行地形测量,RTK 地形测量的内容为图根点测量和碎部点测量。

> GBA004 地形测量的任务

地形测量的目的既要获得地面物体的平面位置,又要获得其高程,要完成这样的目的,通常有两种不同的测量程序:一种是在野外用仪器将碎部点与控制点的关系,包括距离、方向和高差进行测定,并记录下来,再在室内进行绘图,这种方法一般称为测记法;另一种方法是在野外根据图解的原理当时将碎部点的位置确定下来,所有的绘图工作是在野外完成的,这种方法一般称为测绘法。测绘法是最常用的地形测量方法。在野外进行的测量工作称为外业,在室内进行的测量工作称为内业。外业工作主要是获得必要的数据,如点与点之间的距离、边与边之间的夹角等。内业工作主要是计算与绘图。

> GBA005 地形测量方法概述

地物特征点、地形特征点统称为碎部点,碎部测量是根据比例尺要求,运用地图综合原理,利用图根控制点对地物、地貌等地形图要素的特征点,用测图仪器进行测定并对照实地用等高线、地物、地貌符号和高程注记、地理注记等绘制成地形图的测量工作。其基本内容,就是测定地物和地貌的特征点并用相应的符号描绘成图形。碎部

> GBA002 碎部测量的概念

测量是地形测量的一道工序,主要是测定地物和地貌的特征点,碎部测量是测绘地物地形的作业,简单地说,碎部测量,一般是指大比例尺地形测图中测绘地物和地貌特征点平面位置和高程的过程。

GBA005 地形测量方法概述

在进行地形测图时,当需要将地面点归化到高斯平面上时,对大比例尺地形测量,应采用3度带或1.5度带的高斯投影。

GBB014 碎部点的测定方法

地形图的精度包含比例尺精度和碎部点精度,图上地物点的位置中误差可以作为衡量地形图碎部点精度的一项指标。衡量地形图碎部点的精度指标主要有图上地物点的位置中误差、间距中误差、平地高程注记点的高程中误差和、等高线插求点的高程中误差。

在大比例尺地形测图中,只要被测碎部点可以立尺(立镜),就应该优先考虑采用极坐标法测定。当碎部点的平面位置采用全站仪极坐标法测定时,其高程通常采用电磁波测距三角高程法同时测定。当碎部点的平面位置采用经纬仪极坐标法测定时,若地势比较平坦且对高程精度要求较高,则其高程通常采用经纬仪水准高程法同时测定。在大比例尺地形测图中,碎部点平面位置的测定方法主要有极坐标法、方向交会法、距离交会法。在野外进行碎部测量时,地形特征点、地物特征点均被称为碎部点。

GBA003 地形图测绘的方法

在小范围内进行大比例尺地形图测绘时,以水平面作为投影面。在大比例尺地形测图中,自然形态的地貌一般用等高线表示,特殊的用陡坎、斜坡等符号表示。地形图上的各种注记,其字向一般为正向,但河流名称、街道名称、道路注记等除外。地形图上的文字注记,其排列格式有水平字列、垂直字列、雁行字列、屈曲字列等四种。地形图一般都有方位、距离、高程三个要素。在地形测图中,自然形态的地貌一般用等高线表示,人工地貌和特殊地貌用陡坎、斜坡等符号表示。在地形测图中,凡能依比例尺表示的地物,应测定它们的中心位置,并以规定的符号表示。在地形测图中,凡不能依比例尺表示的地物,应测定它们的中心位置,并以规定的符号表示。

地形图测绘的经纬仪测绘法,需要将经纬仪安置在测图控制点上,利用经纬仪测绘法测定距离的公式为:

$$D = KL\cos^2\alpha \quad (1-1-2)$$

式中 L——视距读数;

K——视距常数;

α——高度角。

利用经纬仪测绘法测定高程的计算公式为:

$$H = H_0 + \frac{1}{2} \cdot KL\sin\alpha + i - v \quad (1-1-3)$$

式中 i——仪器高;

v——标高;

H_0——测站高程。

GBA018 经纬仪测绘法测图方法

运用经纬仪导线在测图过程中应坚持从整体到局部、先控制后碎部。利用经纬仪测绘法进行地形图测绘,在测定某一个碎部点时,至少需要2个控制点。地形图测绘的经纬仪测绘法,测站到碎部点的斜距可用光学视距法测定,经纬仪法的地形图测绘中用到的控制点要通视。

地形图测绘的全站仪法，一般可直接获得碎部点的坐标和高程。一般来说，采用全站仪测记法进行数字化测图时，碎部点的视距要求比经纬仪测图要长，图根点的密度要求比经纬仪测图要低。利用全站仪测记法（记录坐标、高程）进行碎部测量时，一般应将后视方向的水平度盘读数配置为其坐标方位角值。全站仪不仅可以进行碎部测量，也可以进行控制测量。全站仪野外测图数据要及时备份。在用全站仪进行测量时，全站仪不能在强光下长期工作，应架太阳伞保护全站仪。运用全站仪导线测图，相邻导线点间应通视良好，导线控制点应便于长时间保存。利用全站仪法进行地形图测绘时，根据碎部点的坐标确定其所在的方格，利用坐标展点尺展绘出点位。

GBA019 全站仪测记法测图方法

数字化测绘是经过野外数据采集并将数据传输到计算机，通过制图软件进行处理、编辑成图。数字化地形测量生产工序包括控制测量与计算机辅助平差计算、碎部数据采集与软件编图成图。将原有地形图采用计算机、数字化仪或扫描仪和相应软件进行处理成图的过程称为地形图数字化。数字化是测绘工作现代化的一个重要方面。它是经过野外数据采集并将数据传输到计算机通过机助制图软件进行处理、编辑成图的。

在大比例尺数字化测图中，经内业编辑所生成的图形成果一般为矢量格式图形文件。简码法数字化测图作业流程步骤包括外业数据采集、内业概略编图、草图外业补充调绘、内业详细编图。

GBA011 数字化地形测量概述

地形图的基本特征是具有严密的数学基础、采用特定的符号系统和反映地球表面上各种水系的分布情况以及土质的起伏形态。大比例尺地形图一般采用普通测量方法通过实地测绘而成，小比例尺地形图通常根据航天遥感或航空摄影资料编绘，或者根据较大比例尺地形图编绘。

比例尺的种类按照表示方法可分为数字比例尺、图示直线比例尺、复比例尺。地图比例尺可按照大小分类，小比例尺地图包括 1∶1000000、1∶500000、1∶200000。就目前阶段而言，作为城市基础测绘任务的大比例尺地形测图，其比例尺通常是指 1∶500～1∶2000。

GBB008 地形图的比例

（三）地形图的精度

地形图的精度包含两种意义，即比例尺精度和碎部点精度，人们把与图上 0.1mm 相应的实地水平距离称为比例尺的精度或比例尺的最大精度。地图要素的误差主要由资料数据和图稿的误差、地图投影的误差等方面引起。衡量地形图碎部点的精度指标包括图上地物点的位置中误差、平地高程注记点的高程中误差。地形图平面位置的精度，通常以图上地物点的位置中误差和间距中误差来衡量。

地形图精度的高低主要取决于比例尺的大小，例如，测绘比例尺为 1∶500 的地形图要求精度为 0.4mm 时，则碎部测量时的取舍长度为 0.2m。

传统上，大比例尺地形测图的方法主要有经纬仪测绘法、大平板仪测绘法、经纬仪小平板仪联合测绘法等（这些方法习惯上称为手工测图或白纸测图）。现阶段，主要有全站仪数字化测图和 GNSS-RTK 数字化测图。

在实际测量工作中，经常要计算中误差，这是衡量测量精度的一项重要指标。例如，在比例尺 1/M 为 1∶2000 地形图上，量得一段距离 $d=23.2$cm，其测量中误差 $m_d±=0.01$cm，求该段距离的实地长度 D 及中误差 M_D。

实地距离：$D = dM = 23.2 \times 2000 = 464(\text{m})$

中误差：$M_D = MM_d = 2000 \times 0.01 = 20(\text{cm})$

（四）地形图的分幅和编号

> GBB022 地形图分幅编号的概念

给一幅地形图编排的序号为图号，一般按统一的分幅编号规则编号。大比例尺地形测图的分幅一般采用矩形分幅；国家基本比例尺地形图的分幅，是以国际 1:1000000 地形图分幅方案为基准，按照一定的经差和纬差定义更大比例尺地形图的分幅。

1:1000000 比例尺地形图分幅编号规则是从赤道起算，每纬差 4°为一行，至南纬、北纬 88°各分为 22 行，依次用大写字母(A)(B)(C)……(V)表示其相应行号，从 180°经线起算，自西向东每经差 6°为一列，共分为 60 列，依次用阿拉伯数字 1,2,3,…,60 表示其相应列号，地形图的编号由其所在行号与列号组合而成。

按照我国现采用地形图分幅规则，每幅 1:1000000 地形图划分为 4 幅 1:500000 地形图、每幅 1:1000000 地形图划分为 4 行 4 列共 16 幅 1:250000 地形图、576 幅 1:50000 地形图。

一幅 1:1000000 地形图按各种比例尺划分的行号和列号，均用 3 位数字表示，横行从上到下编号、纵列从左到右编号。

> GBB023 1:1000000 地形图分幅编号

我国地处东经 73°30′~135°10′、北纬 3°28′~53°34′，所在国际 1:1000000 地形图的行号范围为行号 A~N，列号范围为列号 43~53。

> GBB024 1:100000 地形图分幅编号

按照我国原采用地形图编号规则，1:100000 地形图编号是在 1:1000000 地形图图幅编号后用连字符附加它本身的序号 1,2,3,…,144。例如，某点的经度为 115°18′20″，纬度为 38°55′40″，则该点所在 1:100000 地形图的新编号为 J50D004003，该点所在 1:100000 地形图的旧编号为 J-50-39。

按照我国原采用地形图分幅规则，每幅 1:100000 地形图的范围是经差 30′、纬差 20′。

> GBB025 1:500000 地形图分幅编号

1:100000 地形图属于国家基本比例尺地形图。根据石油物探测量规范，对地震勘探测量而言，当勘探成图比例尺为 1:100000 时，物理点相对于工区最近控制点的平面高程中误差应不大于 2.0m。

按照我国原采用地形图编号规则，1:500000 地形图编号是在 1:1000000 地形图图幅编号后用连字符附加它本身的序号(A)(B)(C)(D)。1:25000 地形图编号是在 1:50000 地形图图幅编号后用连字符附加它本身的序号 1、2、3、4。1:500000~1:5000 地形图的编号均由其所在 1:1000000 地形图的编号、比例尺代码、所在行号和列号共 10 位码组成。按图式规定，1:50000 地形图属于国家基本比例尺地形图，其平面直角坐标用千米网格表示，千米网格的大小是 1km×1km，图上 2cm×2cm。根据现行的石油物探测量规范，按照我国原采用地形图分幅规则，每幅 1:50000 地形图的范围是经差 15′、纬差 10′，用于地震测线和物理点放样的导线，当地震勘探成图比例尺为 1:50000 时，其全长相对闭合差的限差为 1/2500。

（五）等高线的概念

> GBA021 等高线的概念

等高线是指地形图上高程相等的各点连成的闭合曲线，地形图上的等高线能够表示地形的高低，按照二分之一的基本等高距加密等高线叫间曲线。相邻两等高线之间的水平距离称为等高线平距，等高线按其作用不同，可分为首曲线、计曲线、间曲线、助曲线。位于同一等高线上的地面点,海拔高程相同。

绘制地形图时等高距的大小应根据比例尺、地面坡度及用途目的而定。测绘等高线的水准线路尽量沿坡度较小的公路及其他道路布设。在同一张地形图上,高差越大的地方等高线越密,等高线越稀疏的地方坡度越缓,通过地图上等高线的疏密程度可以区分不同地形坡度的大小。

> GBB026 坡度的概念

坡度的量算公式为坡度 $i=($ 高差 $\div$ 水平距离 $)\times100\%$,在一幅地形图内,某处的等高线较密,表示该处的坡度较陡。坡度可能是零,坡度可能为正数。绘制地形图时等高距大小的确定应参照地面坡度及地形图的比例尺。

> GBB027 坡度的量算方法

三、计算机辅助制图

近年来,随着计算机的普及及新的勘探设备的投入,计算机辅助绘图技术在物探测量领域得到了广泛的应用,其应用范围主要集中在物探测量草图绘制、测线偏移、物理点变观、管线探测、土地调查等方面。

(一)常用物探测量制图软件简介

1. AutoCAD 软件

AutoCAD 软件是由美国 Autodesk 公司出品的一款自动计算机辅助设计软件,可以用于二维制图和基本三维设计,通过它无须懂得编程即可自动制图,因此在全球广泛使用。可以用于土木建筑、装饰装潢、工业制图、工程制图、电子工业、服装加工等多方面领域。在物探工作中,应用最广泛的是点、线的绘制。通过 AutoCAD 的应用,简化和精化了面积量算、点位统计、基准站设计等,对复杂施工区域的工农赔偿及施工材料的概算提供了可靠的依据。同时,还可以将卫星影像插入 AutoCAD 中进行校位,同时将物理点展绘到 AutoCAD 中,进行测线图上设计及物理点变观。

2. 双狐软件

双狐软件是针对石油地质行业推出的数据成图软件,它包括多个石油地质绘图软件模块,在物探测量中主要应用双狐系列软件的 Dfdraw.exe 模块来实现常规绘图功能,包括测线草图的绘制、物理点的展绘、等值线图的生成、位图插入、图形矢量化、图形校位、图形文件修饰、图形打印输出等功能。

3. Surfer 软件

Surfer 软件是美国 Golden Software 公司编制的一款以绘制三维图形为主的软件。该软件简单易学,可以在几分钟内学会主要内容,且其自带的英文帮助,对如何使用该软件提供了详细的解释,其中的 tutorial 教程更是清晰地介绍了 surfer 软件的应用。Surfer 软件具有的强大插值功能和绘制图件能力,使它成为用来处理 XYZ 数据的首选软件,是地质工作者必备的专业成图软件。Surfer 软件可以制作基面图、数据点位图、分类数据图、等值线图、线框图、地形地貌图、趋势图、矢量图及三维表面图等;提供各种数据网格化方法,包含几乎所有流行的数据统计计算方法;提供各种流行图形图像文件格式的输入输出接口及各大 GIS 软件文件格式的输入输出接口,大大方便了文件和数据的交流和交换;提供新版的脚本编辑引擎,自动化功能得到极大加强。在物探测量中常用 Surfer 软件进行物探测线的展绘、物探高程等值线图的生成、物探高程异常网格化数据的生成等。

4. Globle mapper 软件

Global Mapper 是一款非常专业的地图绘制软件,功能十分强大,能够将数据显示为光栅地图、海拔地图、矢量地图,还可以对地图进行编辑、转换、打印、跟踪记录 GNSS 及对数据库运用地理信息系统功能。直接访问 USGS 美国地质勘探局卫星照片,以真实的 3D 方式查看海拔数据的功能。Global Mapper 能够浏览、合成、输入、输出大部分流行的扫描点阵图、等高线、矢量数据集,它可以编辑、转换、打印各类地图图形文件。

Global Mapper 可以转换数据集的投影方式以符合项目的坐标系统,并可以同时对数据集的范围进行裁剪。Global Mapper 还提供距离和面积计算、光栅混合、对比度调节、海拔高度查询、视线计算以及一些高级功能,如图像校正、通过地表数据进行轮廓生成、通过地表数据观察分水岭、对 3Dpoint 数据转换为三角多边形和网格化等。通过内建的脚本语言或众多的批处理转换选项能够高效完成重复性任务。由于近些年来卫星影像在物探测量的施工设计、物探测线偏移、物理点变观等工作中应用越来越普遍,因此 Global Mapper 软件在物探测量工作中的应用越来越普遍。

(二)计算机辅助绘制测线位置图方法

计算机辅助制图软件名称不同,功能和使用方法类似。这里以常用的 AutoCAD 软件为例说明测线位置图的绘制方法。二维地震测线一般以线形表示,所以可以使用 AutoCAD 软件中的线形工具绘制二维地震测线。

1. 绘制二维测线

(1)运行 AutoCAD 软件。

(2)点击快捷栏内的"直线"按钮或"绘图"菜单启动"直线"绘制命令。

(3)在 AutoCAD 软件最下方命令行输入二维测线端点坐标,格式为:

Line 指定第一点:21654321.0,5148000.0。

指定下一点或[放弃 U]:21648213.0,5145354.0。

注意:为了使绘制的测线与地图一致,在输入坐标时,物探测线的东坐标在前,北坐标在后,中间用逗号隔开,数字和逗号一律用英文半角字符。

(4)按 ESC 键一条二维测线绘制完成。

(5)点击快捷栏内的"多行字符"按钮。

(6)使用鼠标找到测线端点,在距端点合适的距离上绘制端点点号和线号。

(7)通过快捷按钮或文件菜单保存测线绘图数据。

(8)通过快捷按钮或文件菜单打印测线绘图图形(1-1-3)。

2. 绘制三维测线

(1)运行 AutoCAD 软件。

(2)点击快捷栏内的"直线"按钮或"绘图"菜单启动"直线"绘制命令。

(3)在 AutoCAD 软件最下方命令行输入三维测线边框坐标,格式为:

Line 指定第一点:21654321.0,5148000.0。

指定下一点或[放弃 U]:21648213.0,5145354.0。

注意:为了使绘制的测线与地图一致,在输入坐标时,物探测线的东坐标在前,北坐标在后,中间用逗号隔开,数字和逗号一律用英文半角字符。

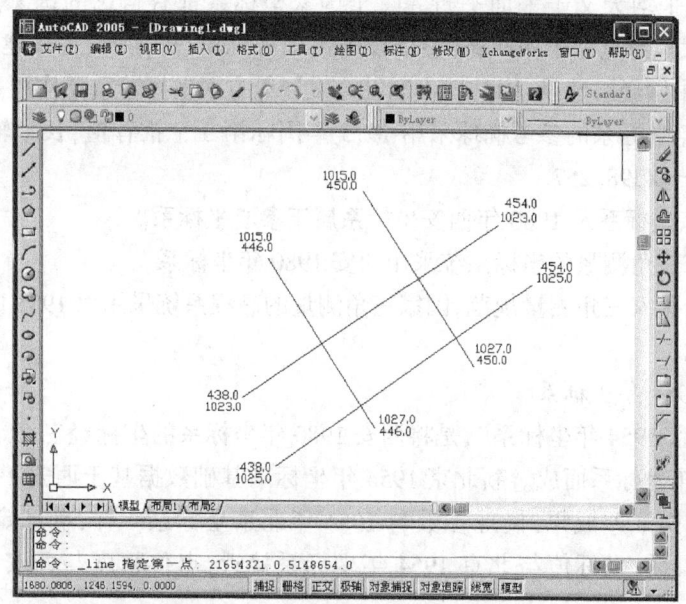

图 1-1-3 计算机辅助绘制测线位置图

(4) 连续输入边框坐标,直至三维边框绘制完成。

(5) 点击快捷栏内的"多行字符"按钮。

(6) 通过快捷按钮或文件菜单保存三维边框制图数据。

(7) 通过快捷按钮或文件菜单打印测线绘图图形。

四、常用坐标和高程基准

(一) 常用坐标基准

随着我国历史的进步,测绘科学不断发展,测绘工作使用的坐标和高程基准也随之变化,从中华人民共和国成立后的 1954 年北京坐标系,发展到 1980 年西安坐标系、新 1954 年北京坐标系,以及目前推广应用的 2000 年国家大地坐标系,充分体现了测绘科学技术的发展和进步。

> GBA022 1954 北京坐标系的含义

1. 1954 年北京坐标系

1954 年北京坐标系实质上是由苏联普尔科沃为原点的 1942 年坐标系的延伸,它采用的克拉索夫斯基椭球,椭球元素为:长半轴 $a=6378245$m,扁率 $\alpha=1/298.3$。

1954 年北京坐标系的高程异常是以苏联 1955 年大地水准面重新平差的结果为起算值,按我国天文水准路线推算出来的,北京 1954 年坐标系椭球参数有较大误差,由于地球不同地方的地球重力不同,因此会产生不同的高程异常。北京 1954 年坐标系的椭球定位参数不太符合我国实际情况,造成在全国范围内参考椭球面与大地水准面存在明显差距,全国平均值为+29m,呈现西高东低的系统倾斜性。时至今日,北京 1954 年坐标系仍在石油物探测量中应用。

2. 西安 1980 年坐标系

西安 1980 年坐标系是一个参心地固坐标系,其椭球短轴与地球的自转轴平行,起始子午面与格林尼治平均天文子午面平行。每个国家坐标系都有自己的国家原点,我国西安1980年坐标系大地原点位于陕西省,整个设施由中心标志、仪器台、主体建筑、投影台四大部分组成,它在中国经济建设、国防建设和社会发展等方面发挥着重要作用。

西安1980年坐标系的参考椭球采用1975年国际第3个推荐值,长半轴和扁率分别为 $a=6378140m$,$\alpha=1/298.257$。

GBA023 1980年国家坐标系的含义

1954年北京坐标系及1980年西安坐标系属于参心坐标系。

现行的国家三角测量的坐标系统采用西安1980年坐标系。

根据现行的国家三角测量规范,国家三角测量的高程系统采用由1985国家高程基准起算的正常高系统。

GBA024 新1954年北京坐标系的含义

3. 新北京1954年坐标系

所谓"新北京1954年坐标系",是将西安1980年坐标系的坐标经三个平移参数变换至北京1954年坐标系而成。新北京1954年坐标系基础数据基于西安1980年坐标系下的全国天文大地网平差成果,椭球参数与1954年北京坐标系一样,椭球定位方式与西安1980年坐标系一样,坐标值与北京1954年坐标系接近,点位精度与西安1980年坐标系相同。

4. 2000年国家大地坐标系

2000年国家大地坐标系是我国为了适应国民经济高速发展的需要,采用现代大地测量手段建立的地心坐标系,经国务院批准,于2008年7月1日正式启用,并由国家测绘地理信息局组织实施,在全国推广和应用。

2000年国家大地坐标系简称CGCS2000,是一个协议地球参考系,坐标系的原点为包括海洋和大气的整个地球的质量中心,尺度为在引力相对论意义下局部地球框架的尺度,定向的初始值采用国际时间局1984.0的定向。坐标系的X轴由原点指向格林尼治参考子午线与地球赤道面的交点,Z轴由原点指向历元2000.0的地球参考极的方向,该历元的指向由国际时间局给定的历元为1984.0的初始指向推算,Y轴与Z轴、X轴构成右手正交坐标系。

2000年国际大地坐标系采用的椭球定义为CGCS2000椭球,基本参数为:

长半轴 $a=6378137m$;

扁率 $f=1/298.257222101$;

地心引力常数 $G_M=3.986004418\times10^{14}m^3/s^2$;

地球自转角速度 $w=7.292115\times10^{-5}rad/s$。

GBA020 1956年黄海高程系的含义

(二)常用国家高程基准

1956年9月4日,国务院批准试行《中华人民共和国大地测量法式(草案)》,首次建立国家高程基准,称为"1956年黄海高程系流",简称"黄海基面",1956年黄海高程系统是由我国青岛验潮站经过多年的观测自己建立的。1956年黄海高程基准为我国的第一个高程基准,其高程是72.289m。1985年国家高程基准已于1987年5月开始启用。布测全国统一的高程控制网,首先必须建立一个统一的高程基准面,高程基准是推算国家统一高程控制网中所有水准高程的起算依据。1956年黄海高程系在石油物探测量中仍在应用。

根据现行的《国家三角测量规范》(GB/T 17942—2000),国家三角测量的高程系统采用由1985年国家高程基准起算的正常高系统。我国现以1952年至1979年间青岛验潮站观测资料所求得的黄海平均海水面作为全国统一的高程基准面,由该高程基准面起算的高程系统,称为1985年国家高程基准。根据现行的《国家一、二等水准测量规范》(GB/T 12897—2006)和《国家三、四等水准测量规范》(GB/T 12898—2009),国家水准测量的高程系统采用由1985年国家高程基准起算的正常高系统。1985年国家高程基准是72.260m,1985年国家高程基准与1956年黄海高程相差0.029m。

项目二　绘制测线上线设计草图

一、准备工作

(一)工具

2B铅笔1支、削笔刀1把、橡皮1块、40cm透明直尺1把、科学计算器1个。

(二)人员

1人独立笔试,劳动用品穿戴齐全。

二、操作规程

设控制点坐标分别为 $A(X_A, Y_A)$、$B(X_B, Y_B)$,测线起点坐标为 $P(X_P, Y_P)$,测线方位角为 A。

(一)绘制点

(1)根据控制点坐标在绘图纸上绘制控制点,用△符号表示控制点。

(2)根据测线起点坐标在绘图纸上绘制测线起点,用○符号表示测线起点。

(二)出线角

(1)绘制出线角:直线连接2个控制点,直线连接任一控制点和测线出线点,形成出线角。下面以 A 点为两线段连接点进行说明。

(2)根据坐标反算原理计算控制点连线的方位角:

A 至 B 方向方位角为:

$$\alpha_{AB} = \tan^{-1}\left(\frac{Y_B - Y_A}{X_B - X_A}\right)$$

当 $X_B - X_A < 0$ 时,方位角处于第二、三象限,计算结果加180°:

$$\alpha_{AB} = \alpha_{AB} + 180°$$

当 $X_B - X_A > 0$ 时,如果 α_{AB} 为负数,方位角处于第一、四象限,计算结果加360°:

$$\alpha_{AB} = \alpha_{AB} + 360°$$

同理计算控制点 A 与测线出线点 P 连线的方位角:

B 点至 P 点方向方位角为:

$$\alpha_{AP} = \tan^{-1}\left(\frac{Y_P - Y_A}{X_P - X_A}\right)$$

(3) 计算出线角度，即两线段的水平夹角 β_1：

$$\beta_1 = \alpha_{AP} - \alpha_{AB}$$

(4) 在草图出线角位置标注出线角数值。

(三) 出线距离

(1) 根据控制点 B 和测线出线点 P 的坐标，反算两点间距离；

$$S_{AP} = \sqrt{(X_P - X_A)^2 + (Y_P - Y_A)^2}$$

(2) 在草图出线连线位置标注出线距离数值。

(四) 转折角

(1) 根据测线方位角自测线起点 P 绘制测线。
(2) 计算测线与出线线段 AP 的夹角，即转折角 β_2。从前面得知 AP 方向的方位角为 α_{AP}，则：$\alpha_{PA} = \alpha_{AP} \pm 180$，转折角 $\beta_2 = A - \alpha_{PA}$。
(3) 在草图转折角位置标注转折角数值。

三、技术要求

(1) 草图控制点、测线起点之间相对南北、东西方向正确即可。
(2) 图形符号严格执行制图规范，即控制点使用△符号，测线点使用○符号。
(3) 标注角度、距离位置准确。
(4) 角度使用度分秒格式，保留 2 位小数。
(5) 距离以 m 为单位，保留 2 位小数。
(6) 制图字体端正、清晰。

四、注意事项

(1) 使用铅笔时注意避免扎伤。
(2) 塑料透明直尺不可弯曲，有可能折断伤人。
(3) 使用铅笔绘图时用力得当，可用浅色绘制草图，然后加黑颜色，便于修饰。
(4) 作业前仔细检查制图数据。
(5) 绘图时充分利用图纸预设的网格线，判断正确东、南、西、北方向。

项目三　绘制导线过障碍草图

一、准备工作

(一) 工具

2B 铅笔 1 支、橡皮 1 块、40cm 透明直尺 1 把、量角器 1 个、科学计算器 1 个。

(二) 人员

1 人独立笔试，劳动用品穿戴齐全。

二、操作规程

（一）设计过障碍物方法

（1）根据地图障碍物的形状、障碍物的安全距离等数据绘制障碍物的安全红线。

（2）根据划定的安全红线范围，制定导线过障碍物的方法：三角形法，即通过障碍区外一点作为联络点，与测线点建立任意三角形进行导线传递的方法；平行四边形法，即通过障碍区外两点，且两点连线平行于测线，传递导线的方法。根据作业情况选择简单的方法。

（二）绘制草图

（1）根据制定的方法，在图纸上绘制导线过障碍物的草图。

（2）标注需要计算的角度和距离。

（三）计算

（1）计算导线转角。

（2）标注导线转角。

（3）计算导线边距离。

（4）标注导线边距离。

三、技术要求

（1）标注角度、距离位置准确。

（2）根据标注的角度、距离计算，导线能够准确回到原测线，误差不大于1m。

（3）角度使用度分秒格式，保留整数。

（4）距离以 m 为单位，保留整数。

（5）制图字体端正、清晰。

四、注意事项

（1）使用铅笔时注意避免扎伤。

（2）塑料透明直尺不可弯曲，有可能折断伤人。

（3）使用铅笔绘图时用力得当，可用浅色绘制草图，然后加黑颜色，便于修饰。

（4）作业前仔细检查图纸，确定导线过障碍物方法。

（5）在导线过障碍物的方法中，平行四边形中矩形计算方法和野外操作方法最简单。

项目四　计算地形图分幅编号

一、准备工作

（一）工具

签字笔1支、40cm 透明直尺1把、科学计算器1个。

（二）人员

1人独立笔试，劳动用品穿戴齐全。

二、操作规程

(一)计算 1∶1000000 形图分幅编号

(1)确定基本比例尺 1∶1000000 地形图分幅纬差和经差:纬差 4°经差 6°。

(2)根据纬度计算 1∶1000000 地形图分幅行号:行号=纬度/纬差,得到结果取整数加 1,并将行号数字变换为英文字母,用 A 代表第 1 行、B 代表第 2 行,以此类推。例如:纬度为 46°30′45″,则行号为 12,用 L 表示。

(3)根据经度计算 1∶1000000 地形图分幅列号:列号=经度/经差,得到结果取整数加 31,得分幅行号。例如:纬度为 124°20′41″,则列号为 51。

(4)1∶1000000 地形图分幅编号记为 L-51。

(二)计算 1∶100000 地形图分幅编号

(1)确定 1∶100000 地形图分幅纬差和经差。因 1∶100000 地形图是由 1∶1000000 地形图均分为 12 行 12 列,所以 1∶100000 地形图的纬差为 4°÷12=4×60′÷12=20′。1∶100000 地形图的经差为 6°÷12=6×60′÷12=30′。

(2)绘制分幅草图。使用演算纸绘制 20cm×20cm 左右的方框,作为 1∶1000000 地形图图幅,内插横线和纵线将方框均分成 12 行 12 列,每个小方格为 1 个 1∶100000 图幅。

(3)在横线段上标注纬度,在纵线段上标注经度。

(4)在格网内找到纬度值所在行、经度值所在列,得到坐标所在方格。

(5)从上至下计数行数,从左至右计数列数,本例行号为 5,列号为 9。

(6)从左上角开始向右、向下计数分幅序列号,本例为 58。

(7)编写 1∶100000 地形图分幅编号。传统分幅编号以 1∶1000000 分幅编号为基础,加 1∶100000 分幅序列号。本例记为 L-51-55;新规则分幅编号为 L51D005007,其中 D 代表 1∶100000 比例尺,005 代表图幅在 1∶1000000 分幅内的行数,007 代表图幅在 1∶1000000 分幅内的列数。

(三)计算 1∶50000 地形图分幅编号

(1)确定 1∶50000 地形图分幅纬差和经差。因 1∶50000 地形图可由 1∶100000 地形图均分 2 行 2 列,所以 1∶50000 地形图以 1∶100000 地形图为基础进行分幅编号。1∶50000 地形图分幅纬差为 20′÷2=10′,1∶50000 地形图分幅经差为 30′÷2=15′。

(2)绘制分幅草图。在演算纸 1∶100000 分幅所在方框,内插横线和纵线将方框均分成 2 行 2 列,每个小方格为 1 个 1∶50000 图幅。

(3)在横线段上标注纬度,在纵线段上标注经度。

(4)在格网内找到纬度值所在行及经度值所在列。

(5)从 1∶1000000 图幅外框自上至下以纬差 10′为单位计数行数,从左至右以 15′为单位计数列数,本例行号为 9,列号为 18。

(6)从 1∶100000 分幅内左上角开始向右向下计数分幅序列号,本例为 2。

(四)编写 1∶100000 地形图分幅编号

传统分幅编号以 1∶100000 分幅编号为基础,加 1∶50000 分幅序列号。本例记为 L-51-55-2;新规则分幅编号为 L51E009018,其中 E 代表 1∶50000 比例尺,009 代表图幅在

1∶1000000 分幅内的行数，018 代表图幅在 1∶1000000 分幅内的列数。

三、技术要求

（1）计算图幅分幅和编号可以选择使用草图内插或数据计算方法。
（2）计算过程不可使用预编程序。
（3）分幅编号可以选择使用传统格式或新格式。
（4）新分幅编号格式必须按照国家标准，行数和列数不足三位数用 0 填充，未填充数据无效。

四、注意事项

（1）1∶1000000 比例尺是分幅和编号的基本比例尺，其他比例尺地形图以 1∶1000000 比例尺为基础进行分幅和编号。
（2）新比例尺编号规则行数是从上至下，切勿从下至上计数。
（3）塑料透明直尺不可弯曲，有可能折断伤人。

项目五　计算机辅助绘制测线位置图

一、准备工作

（一）设备

计算机 1 台、打印机 1 台、CAD 软件。

（二）人员

1 人独立笔试，劳动用品穿戴齐全。

二、操作规程

（一）输入测线

（1）启动 CAD 软件。
（2）选择输入点或线。
（3）在界面交互窗口输入测线端点坐标。
（4）如果选择输入点，此时将同一测线端点进行连线。

（二）测线标注

在测线端点处标注测线线号和桩号。

（三）打印图纸

（1）保存数据。
（2）通过软件"打印"功能按照要求的比例尺打印。

三、技术要求

（1）根据个人技术能力可以选择不同的辅助制图软件来完成作业。

(2)测线端点展绘误差小于 0.1m。
(3)绘制直线与点连接误差小于 0.1m。
(4)标注位置偏移量小于测线长度的 1/10。

四、注意事项

(1)因使用的软件不同,输入方法有所区别,注意软件对输入坐标的格式要求。
(2)不允许在所操作的计算机上安装或使用与题目无关的软件。
(3)计算机和打印机使用 220V 电源,使用时不可触动电缆、主机等部件,防止触电。
(4)不可用尖锐物品触碰计算机屏幕。
(5)不可擦拭计算机任何部件。
(6)轻触计算机键盘。

项目六　利用地形图分析测线地形状况

一、准备工作

(一)设备
签字笔 1 支、40cm 透明直尺 1 个、计算器 1 个。

(二)人员
1 人独立笔试,劳动用品穿戴齐全。

二、操作规程

(一)统计数量
(1)沿测线观察测线周围地形地貌。
(2)统计村镇、湖泊、林地、河流、铁路、公路及高压线等主要地物的数量。

(二)统计长度
(1)查看地形图比例尺。
(2)利用比例尺和直尺量测,统计村镇、湖泊和林地等面积型地物内测线实地长度。
(3)汇总同类数据。

(三)确定位置
(1)利用直尺量测方法确定面积型地物内测线的起止桩号。
(2)利用直尺量测方法确定线性地物上测线的桩号。

三、技术要求

(1)长度计算误差小于图上 2mm。
(2)位置桩号误差小于图上 2mm。
(3)测线上有多个同类地物如村镇,长度需要累计,分别写出桩号范围。

(4)文字书写端正清晰。

四、注意事项

(1)仔细观察地图,沿测线方向依次找出地物。
(2)除数量以外,面积型地物统计桩号范围和长度,线性地物只统计位置。

模块二　使用仪器

项目一　相关知识

一、全站仪概述

（一）全站仪的概念

> GBC001 全站仪的概念

全站仪是既能测角又能测距的常规测量仪器，使用全站仪能够进行测距、测角、测高差及坐标放样导线测量。全站仪的照准设备是望远镜，全站仪通过电子度盘自动读取角度读数并在仪器上显示出来。使用全站仪可以进行坐标放样、导线测量。

目前，物探测量作业的主要仪器是 GNSS 接收机、全站仪。全站仪按测量功能模块分为测角系统和测距系统两大系统，由电子经纬仪、光电测距单元、计算机与记录器等部件组成。全站仪的角度度量设备主要是水平度盘和垂直度盘，测距设备由信号发生器和信号接收器组成，测距信号经过棱镜或目标表面返回才能得到测站点到目标的距离。全站仪的基座是用来调整仪器水平轴水平和固定仪器的重要设备。

> GBC002 全站仪的组成

在测站上，全站仪一经观测，其斜距、竖角、水平角等均自动显示，并能立即得到平距、高差和点的坐标。全站仪的望远镜在观测过程中需要调整焦距，目镜调焦的目的是使十字丝清晰，即使十字丝成像于人眼的明视距离处。

> GBC003 全站仪的分类

经典型的全站仪也称常规全站仪，一般全站仪测程小于 3km。全站仪的照准点即仪器观测照准的目标点，全站仪的视准轴即望远镜和物镜中心、十字丝中央交点的连线。全站仪采用了光电扫描测角系统，其类型主要有编码盘测角系统、光栅盘测角系统、动态光栅盘测角系统。全站仪的基本功能是测角和测距，并以此为基础自动计算坐标、高程等。

早期的全站仪，大都是积木型结构，即电子速测仪、电子经纬仪、电子记录器各是一个整体，可以分离使用，也可以通过电缆或接口把它们组合起来，形成完整的全站仪。在自动化全站仪的基础上，仪器安装自动目标识别与照准的新功能，因此在自动化的进程中，全站仪进一步克服了需要人工照准目标的重大缺陷，实现了全站仪的智能化。

新型全站仪的电子水准器和激光对点器使整平、对中更为简便和准确，新型全站仪内置的系统软件能自动进行仪器调校、参数设置、气象改正等，其三轴补偿器可自动测定竖轴误差、横轴误差和视准轴误差并加以改正。

> GBC004 全站仪的特性

随着电子测距仪进一步的轻巧化，现代的全站仪大都把测距、测角、记录单元在光学、机械等方面设计成一个不可分割的整体，测距仪的发射轴、接收轴、望远镜的视准轴一般为同轴结构，这对保证较大垂直角条件下的距离测量精度非常有利。利用应用软件还可进行前方交会、后方交会、道路横断面测量、悬高测量以及按设计坐标进行点位放样等功能。

电子经纬仪是一种集光学、机械、电子技术于一体的测角仪器。相对于普通光学经纬仪而言,全站仪电子经纬仪部分增加的检测项目主要有基座稳定性检测、照准部旋转正确性检测、竖轴倾斜补偿系统性能检测等。

全站仪中的电子经纬仪单元可以单独工作,许多新型电子经纬仪的对中系统采用了激光对点器,整平系统采用了电子气泡整平,记录装置都采用 PCMCIA 卡,借助于补偿器和电子气泡实现精确整平,全站仪中的电子经纬仪单元可以独立于电磁波测距单元工作。

> GBC005 电子经纬仪的概念

> GBC006 电子测角原理

(二)全站仪原理

电子经纬仪的读数可直接显示于显示屏。编码度盘直接把角度转换成二进制代码,称为绝对转换系统。光栅度盘把单位角度转换成脉冲信号,然后用计算机累积变化的脉冲数,求得相应的角度值,称为增量转换系统。经纬仪按测角精度分为精密经纬仪、普通经纬仪,经纬仪按测角原理和读数设备分为游标经纬仪、电子经纬仪、光学经纬仪。补偿器的补偿精度有两种含义:一种是在用户手册上给出的倾斜量测定精度,另一种是在检定证书中给出的垂直角修正精度。补偿器的补偿范围总是有限度的,全站仪的补偿范围一般在 3′~5′。

> GBC007 补偿器的概念

全站仪补偿器的作用就是减弱或消除整平误差和轴系误差对角度测量的影响。在全站仪中,所谓补偿,就是根据仪器竖轴的倾斜信息,自动对测量值进行改正。单轴补偿仪能补偿由于垂直轴倾斜而引起的垂直度盘的读数误差,双轴补偿可同时补偿由于垂直轴倾斜而引起的垂直度盘、水平度盘的读数误差。现代的电子经纬仪大都借助于补偿器、电子气泡,现代全站仪大都采用双轴(或三轴)补偿器,从而提高了半测回测角精度。

> GBC008 电子气泡的概念

全站仪的电子气泡,实际上就是补偿器的显示单元,全站仪上的电子气泡有数字型和图形型两种显示形式。当全站仪的电子气泡居中时,表示竖轴竖直。全站仪电子气泡显示的纵向和横向的倾斜值分别是指竖轴在视准轴方向、横轴方向的倾斜。

由垂直轴倾斜引起的水平角误差不能用正镜、倒镜观测加以消除。垂直轴的纵向倾斜是指垂直轴倾斜在视准轴与铅垂线平面内的分量,垂直轴的横向倾斜是指垂直轴倾斜在水平轴、铅垂线平面内的分量。对全站仪来说,若不采用补偿器,垂直轴纵向倾斜将主要影响垂直角的测量。单轴补偿就是对垂直轴纵向倾斜所引起的垂直角误差施加改正,单轴补偿仪能补偿由于垂直轴倾斜而引起的垂直度盘的读数误差。

> GBC009 三轴补偿的概念

新型全站仪的三轴补偿器可自动测定竖轴误差、横轴误差、视准轴误差并加以改正。垂直轴倾斜不仅引起对中误差,而且还引起水平角误差和垂直角误差。

(三)全站仪安置

> GBC023 全站仪安置的标准

全站仪的安置主要包括对中、整平工作。全站仪安置的目的是使仪器的旋转轴与测站点铅垂线一致。在全站仪安置中,当利用垂球对中时,应先对中后整平。当调节仪器脚螺旋整平水准器时,光学对点器的对中状态将随之变化。全站仪按功能分为普通型全站仪、智能型全站仪、自动跟踪式全站仪等,全站仪按结构可分为组合型全站仪和集成型全站仪。

> GBC024 全站仪测站检测的标准

在全站仪精确整平时,先使照准部水准管与任意两个脚螺旋的连线平行,用两手同时以相反方向转动两个脚螺旋使气泡居中,再将照准部旋转 90°,转动第三个脚螺旋使气泡居中,气泡移动的方向与操作者左手拇指方向一致。望远镜的调焦,就是调节目镜和物镜螺旋使十字丝和物像清晰的动作或过程。全站仪物镜调焦的目的是使目标成像与十字丝影像同时最为清晰,使目标成像准确落在十字丝平面上。望远镜的放大率越大,则分辨率越高,但视场角也随之减小。

(四) 全站仪的记录装置

全站仪与计算机之间的数据通信方式主要有 PC 卡及数据线。在现代全站仪上,广泛采用硬盘作为记录装置。人们习惯上又将酷似信用卡的 PCMCIA 储存卡称为 PC 卡,PCM—CIA 存储卡根据尺寸的不同分为Ⅰ型、Ⅱ型、Ⅲ型等几种不同的型号,依据材料和功能不同分为 SRAM 卡、FLASH 卡、硬盘卡等不同的类型。

(五) 全站仪的数据传输

数据通信协议亦称数据通信控制协议。在数据通信中,比特是指一个二进制数的位,即 0 或 1。一组比特(通常为 8 位)称为一个字节,一般用一个字节来代表一个字符。计算机所需要的某些特定字符、动作与 ASCII 代码一一对应。仪器的乘常数、仪器的比例误差以及测距的气象改正都属于比例改正因子,它们的单位都是 10^{-6}。某全站仪标称频率为 50MHz,当实测频率比标称频率高 100Hz 时,其乘常数为$-(100/50)\times10^{-6}$,即 -2ppm。

为了保证数据通信的正常进行,就要求预先对发送和接收双方所采用的数据格式、传输速率、传输协议等相互匹配,这项工作称为通信参数的设置。全站仪与计算机间的数据传输通常采用异步半双工串行接口,遵从 RS232C 通信标准。在全站仪与计算机间的数据传输中,发送方波特率与接收方波特率应设置成一致。数据传输中的数据位是指一个有效字符所占用的位数,一般为 7 位或 8 位。

在物探测量中,全站仪导线测量既用于平面控制的建立,也用于物探测线的布设。多个测回反复观测能提高测量精度。在地物分布比较密集复杂的建筑区,多采用导线测量方法。全站仪多用在隐蔽地带的导线测量工作中。导线测量作业前需收集的已知资料包括已知控制点坐标、控制点分布、控制点坐标系。点位应选在土质坚实、稳固可靠、便于保存的地方,视野应相对开阔,便于加密、扩展和寻找。相邻两点之间的视线倾角不宜过大或过小。导线测量中,当采用电磁波测距时,相邻点之叫视线成避开烟囱、散热塔、散热池、强电磁场。一等控制导线导线最大长度为 4km。导线边长最长不超过平均边长的 2 倍。

石油物探中 GNSS 观测直接获得的高程是椭球高。目前,我国在石油物探领域采用的高程系统是 1956 年黄海高程系。根据物探测量规范要求,物理点高程的最终成果采用 1956 年黄海高程系或者采用物探设计所要求的其他高程系统。根据所采用基准面以及高程传递和处理方法的不同,形成了几种不同的高程和高程系统,如大地高、正高、正常高等。石油物探施工中高程异常值的获得可采用查高程异常图获得。根据现行的国家水准测量规范,国家水准测量的高程系统采用由 1985 国家高程基准起算的正常高系统。

(六) 电磁波测距

在测量学中,距离测量的常用方法有视距法、钢尺量距、电磁波测距等。电磁波测距仪按所采用测距方式的不同分为脉冲式测距仪、相位式测距仪。本质上,电磁波是一种客观存在的物质和能量传输形式,可见光、红外线、紫外线、X 射线、γ 射线与微波、无线电波都属于电磁波,是交互变化的电磁场在空间传播的过程。各种电磁波的本质几乎完全相同,只是各自的波长、频率不同而已。电磁波测距仪是利用电磁波运载测距信号,通过直接或间接测定电磁波在两点间往返一次的传播时间,从而根据已知的电磁波传播速度求得两点间距离。脉冲式测距仪测程长而精度较低,相位式测距仪测程较短而精度高。

GBC013 电磁波的概念

电磁波测距仪按所采用载波的不同分为微波测距仪、光电测距仪。光电测距是利用波长为 400~1000nm 的光波作为载波的电磁波测距,微波测距是利用波长为 0.8~10cm 的微波作为载波的电磁波测距。

测距仪的固定误差和比例误差均属于偶然误差的性质。电磁波测距结果,一般要经过多项改正,包括乘常数改正、投影到参考椭球面上的改正、归算到高斯平面上的改正。在进行测距观测时,周围不能有其他光源及反射物。红外测距仪采用砷化镓半导体红外发光器作为电源,红外测距仪的误差主要有 3 种。

GBC011 电磁波测距仪的分类

电磁波测距公式中,与测得的距离有关的变量有光速、时间。目前,工程测量中应用的全站仪,其测距载波多采用红外光,其测距方式属于相位式。激光测距仪分为脉冲式激光测距仪、相位式激光测距仪,但一般理解,激光测距仪特指相位式激光测距仪。

测距仪测程是在一般良好条件下,测距仪器所能测量且符合精度要求的最大距离。一般电磁波测距仪的测程大于 15km 为远程,测程小于 3km 为短程。在实际作业中,由于环境因素的影响,电磁波测距仪的实际测程很难达到所标称的最大测程。

GBC012 电磁波测距仪的测程

一般由起算点间的距离作为 GNSS 网的尺度基准,可由电磁波测距的边长、GNSS 基线向量的弦长确定。为提高 GNSS 网的尺度精度,在布设 GNSS 网时,可引入高精度电磁波测距边,将它们作为起算边长、尺度精度与 GNSS 观测值进行联合平差。

GBC014 正弦波的特性

正弦波是电磁波最简单、最基本的振动方式之一。电磁波的波形重复出现一次所用的时间称为电磁波的周期,电磁波在真空中一个周期内所传播的距离称为波长。频率是周期的倒数,电磁波频率的最常用单位是 Hz。

GBC015 载波与调制波

电磁波信号的主要参数包括振幅、频率和相位。振幅是指电磁波振动的最大值,频率是电磁波在单位时间内完成周期性变化的次数,相位是指正弦波在某一时刻的状态,一般用相应时刻与初始时刻的夹角表示。调制就是使某一电磁波信号的某种参数随着另一电磁波信号的变化规律而变化的过程。调幅和调频是电磁波调制的两种基本方式。调幅是指调制的对象为电磁波的振幅,调频是指调制的对象是电磁波的振动频率。载波就像运载工具,调制波像需要传送的"货物"。

电磁波测距的公式是:

$$D=\frac{1}{2}c \cdot t \qquad (1-2-1)$$

式中　c——光速;
　　　t——时间差;
　　　D——空间距离。

距离丈量的结果是求得两点间的水平距离,电磁波测距的基本原理是利用电磁波在空气中传播的速度为已知这一特性,通过测定电磁波在待测距离上往返传播的时间,来间接求得待测距离。

二、全站仪测量

(一) 全站仪测图方法

> GBD021 全站仪测图所用仪器的标准

测图应使用比例误差系数不大于 5×10^{-5}，固定误差不大于 5mm 的全站仪。全站仪测图所使用的仪器宜使用 6″ 级全站仪。仪器安置及测站检核，应符合仪器的对中偏差不应大于 5mm，仪器高和反光镜高的量取应精确至 1mm。用全站仪测图时，不能在强光照射下长期工作，同一测站仪器高不能变动，并且为了方便测量，如果用多个棱镜同时测碎部时，各棱镜高一定要一致。当某一测点需变棱镜高时，一定要重新输入该点的棱镜高。

全站仪能够自动读出距离数值，只要将全站仪的镜头对准棱镜，全站仪便可很快读出实测的距离。全站仪野外测图数据每天要及时下载。

> GBD022 全站仪测图的方法

全站仪站点的要求是视线开阔，能看到测图范围内的大多数碎部点。野外测绘工作，一般采用草图测记法，需先绘出测区草图，将各碎部测量点上的点号记录在草图的相应位置上，并注记地物地貌。目前，全站仪数字测图已成为大比例尺地形测图的主流方法，用航空摄影测量方法开展大比例尺数字地形测量也已进入实用阶段。大比例尺地形测图的作业流程主要包括技术设计、图根控制、碎部点采集、地形图编绘等作业步骤。通常所说的大比例尺地形测图，主要是指利用普通测量方法进行大比例尺地形图测绘的过程。在布设测图图根点的过程中，一般要参照测区形状、测区地形、测图比例尺、测图方法。大面积地形图的测绘基本上采用航空摄影测量的方法。

> GBDD023 全站仪测图测距的要求

电子全站仪按测量功能模块分为测角系统和测距系统两大系统。全站仪测距时进行的温度改正，测定气温通常使用通风干湿温度计。只要温度精度达到 1℃，气压精度达到 27mmHg，则可保证 1km 的距离上。由此引起的距离误差约在 1mm 左右。运用全站仪测图时，通常是开机后将观测时的温度和气压输入全站仪，仪器会自动对距离进行温度和气压改正。测距仪都有一个标称精度，是仪器出厂的合格精度指标，仅一般地说明仪器的性能，而绝不能理解为只能达到这样的测距精度，尤其不能代表现场作业时的边长实测精度。全站仪测图测距作业过程中，如果是测量控制点或放样精度要求高的点，需要精确对中棱镜。

(二) 全站仪放样方法

当石油物探测区地表障碍较多，GNSS 作业困难时，常常采用全站仪配合 GNSS 进行物探物理点放样。不管是什么品牌的全站仪，放样步骤基本如下。

1. 设站

仪器对中整平，开机进入主菜单，开始设站程序，输入站点坐标，根据提示输入后视点坐标，把仪器对准后视点，然后按测距，观察测量出的后视点坐标和输入的坐标差值，如在允许范围内，就可以进行下一步放样，如不在，则需要找出原因。原因可能来自三方面：仪器问题、瞄准操作问题、点坐标问题。

2. 放样

输入放样点坐标，输入后一般仪器会显示出角度及距离，这表示根据输入的数据仪器算出要放样的点和站点的关系，然后按"下一步"，会进入一个水平角不断变化的界面，把仪器转到水平角数据显示为 0°0′0″ 附近，然后用水平微动把仪器调到 0°0′0″，这表示要放样的点在这条线上。

在仪器前方另一人拿棱镜对准仪器,测量一下,会显示比如-30m或+30m,表示设计点位距离目前的棱镜相差30m的距离,持棱镜人可按照仪器的提示前进或后退,在测量数据位正负满足要求时就可以打桩了。

三、全站仪检验

(一)全站仪指标差检验

全站仪指标差是指全站仪观测垂直角时由于竖直度盘偏心、竖直度盘微量转动、折光棱镜配合不正确及竖轴与横轴垂直度、自动安平补偿器失灵等因素的影响产生的竖盘指标差。竖盘指标差的大小可以通过检验确定。

检验原理是根据竖盘指标差对全站仪盘左垂直角和盘右垂直角的影响大小相同,通过盘左和盘右观测同一目标进行测定,主要步骤如下:

(1)安置全站仪,整平;
(2)选择远处清晰目标,照准,观测盘左垂直角;
(3)旋转望远镜180°,照准同一目标,观测盘右垂直角;
(4)计算指标差:$i=(L+R-360)\div 2$。

(二)测距仪的精度及误差

测距仪的分类包括激光测距仪、红外测距仪、超声波测距仪。测距仪的标称精度包括固定误差、比例误差。全站仪测距的标称精度一般表达为$\pm(A+BD)$的形式,其中A代表固定误差,单位为mm;BD代表比例误差(B为比例误差系数,D为所测距离)。相对于光学经纬仪而言,电子经纬仪消除了读数误差,大多数全站仪的补偿范围一般在3′~5′。

电磁波测距结果,一般要经过多项改正,测距时的实际大气折射率与电磁波测距仪的基准折射率不等所引起的距离改正为气象改正。全站仪测距标称精度中的比例误差主要由大气折射率误差、乘常数测定误差、仪器频率误差等引起。测距仪固定误差与所测距离的长短无关,即不论所测距离的长短,仪器总是存在着一个不大于该值的固定误差。在石油物探测量中使用的全站仪,其测距部分的固定误差一般在1~5mm。

激光测距仪测距时不能直接对准人眼,避免潮湿环境、强光暴晒、淋雨。

由于电磁波测距仪内部光学和电子线路中某些信号的窜扰、测相电路的失调等原因,精测尺的尾数值常呈现依一定的距离周期重复出现的误差,称为周期误差。在电磁波测距中,测距仪的比例改正因子有乘常数、比例误差、气象改正,测距仪比例误差主要由仪器乘常数的测定误差、仪器频率误差、大气折射率误差引起,它的数值随所测距离的长短变化。

测距仪比例误差系数的单位为ppm,是百万分之一的意思,它不是我国法定计量单位,但广泛出现在国内外有关技术资料上。

(三)测距仪常数及改正

电磁波在空气中传播的速度与大气密度有关,因此,在利用测距仪和全站仪进行测距时,必须进行气象改正。气象改正是通过测量作业现场的温度T、气压p以及湿度H,按照一定的气象改正公式,求出气象改正比例系数(ppm)及距离改正数ΔD。测距时的气象改正实际为实际大气折射率与电磁波测距仪的基准折射率不等所引起的距离改正。新型全站仪内置的系统软件能自动进行仪器调校、参数设置、气象改正等。

> GBC020 测距仪的气象改正

在电磁波测距原理中,将电磁波在空气中传播的速度当作常数,而实际上,电磁波在空气中传播的速度与电磁波频率、大气密度密切相关。实际上,电磁波在空气中传播的速度与大气密度和电磁波频率等密切相关,因此,在利用电磁波进行测距时,必须根据具体情况进行气象改正。在标准气象条件下,气象改正值系数等于0,通常所说的气象改正就是指相对于标准气象条件变化而进行的改正。

> GBC021 测距仪的加常数

全站仪气象改正可根据实测温度、气压从气象改正图表中查取,也可根据实测温度、气压按气象改正公式计算,也可由全站仪根据用户输入的实测温度、气压自动计算。测距仪精测频率发生变化而引起的测距误差,在精测频率发生变化相对稳定的情况下,其误差是一个比值常数为乘常数,对长距离的测量影响显著。应进行改正,此改正为乘常数改正,加常数的作用是用于改正与距离无关的系统误差

全站仪加常数的作用是用于改正由仪器常数、棱镜常数引起的测距误差。习惯上,将全站仪的仪器常数和棱镜常数综合在一起,统称为全站仪的加常数。在利用全站仪进行导线测量时,需要测量作业现场的气温和气压,其目的在于获取气象改正比例系数以及距离改正数 ΔD。

> GBC022 测距仪的乘常数

> GBC024 测距仪的误差来源

乘常数的作用是用于改正与所测距离成比例的系统误差,这种误差主要是由于频率偏移等原因所引起的。当实际频率偏高时,测尺偏短,这就必须将所测得距离值按比例缩小,所以乘常数的符号是负的。当实际频率偏高时,"测尺"偏短,所测得的距离值偏大,测距仪的乘常数与频率偏移、标称频率有关。气象改正与温度、湿度、气压等因素有关,全站仪加常数的作用是用于改正由仪器常数和棱镜常数引起的测距系统误差。全站仪乘常数的作用是用于改正由于频率偏移等原因所引起与距离成比例的系统误差。测距仪的乘常数的作用是用于改正与距离成比例的系统误差。

光电测距仪的读数误差、比例误差及棱镜误差为主要系统误差之一。

四、GNSS 仪器运行检查

> GBC025 GNSS 静态作业常见故障

(一) GNSS 静态作业状态

GNSS 测量的作业模式是指利用 GNSS 定位技术,确定观测站之间相对位置所采用的作业方式。它主要由 GNSS 接收设备的软件和硬件来决定。不同的作业模式其作业的方法和观测时间亦有所不同,因此亦有不同的应用范围,GNSS 静态和实时动态是常用的测量模式。

采用两台或两台以上静态接收机,分别安置在一条或数条基线的端点,根据基线长度和要求的精度,按静态 GNSS 测量系统外业的要求同步观测四颗以上的卫星,时段可从半小时至几个小时不等。采取这种作业模式所观测的独立基线边,应构成闭合图形如三角形、多边形等,以利于观测成果的检核,增强网的强度,提高成果的可靠性和精确性。

一般情况下,在测站点架设 GNSS 接收机后,通过主机或 GNSS 手簿启动静态观测模式。GNSS 开机后,一般要求连续接收到 4 颗卫星后才开始记录。GNSS 开机后需进行参数设置,参数设置中默认使用的长度单位是米。一体机处于正常静态观测记录的标志是主机前

面板上的记录灯会有规律的闪烁,分体机在进行外业静态观测时,采集灯亮或有规律闪烁时,接收机处于正常记录状态。

GNSS 接收机常见故障不一定是多重原因引起,也可能是某一单方面原因造成。常见的故障有以下几个方面:

(1)没有接收到卫星。没有接收到卫星的故障可能是由于环境遮挡、卫星天线部件损坏、卫星天线电缆断路或短路、设置了错误的卫星类型等单方面原因或多重原因。

(2)没有记录静态数据。没有记录静态数据可能是由于没有接收到卫星信号、记录介质已满或缺失、设置了错误的观测采样间隔等参数的单方面原因或多重原因。

(3)观测过程异常中止。观测过程异常终止可能是由于电源电力不足、内存卡没有空间、设置了快速静态自动终止观测功能引起,可重新设置静态操作参数。

(二)GNSS 基准站作业状态

架设基准站一般有两种方式,一是未知点架站,设置三参、四参或七参,通过移动站在已知点校对,或者无参数,直接用移动站在几个已知点采坐标,然后通过手簿的测量软件进行参数计算。二是在已知点进行架站,通过已知参数和基站坐标进行发射,移动站可直接工作。在常规的物探测量中,通常采用第二种方式进行架设。

(1)对中整平:找到控制点(也可以任意架站在未知点上),架好三脚架,安装基座,然后对中整平。

(2)安装 GNSS 基准站主机:从仪器箱中取出主机,拧上天线连接头,把主机安装在基座上,拧紧螺栓。

(3)连接电台:取出"主机至电台"的电缆,把电缆一头接口(电缆两端头通用)插在 GNSS 主机上(红点对红点),将电缆另一头接口插在电台上。

(4)安装、连接电台发射天线:在基准站旁边架设一个对中杆(或者三脚架),将两根连接好的棍式天线固定在对中杆(或者三脚架)上,用天线电缆连接发射天线和电台,电台连接电源,然后电台开机。

(5)量取仪器高:在互为 120°的 3 个方向上分别量取 1 次仪器高,共 3 次,读取至 mm,取平均值(如果基准站任意架设在未知点,则不必量取仪器高)。

注意:基准站架设点高度角在 15°以上,架设点应开阔、无大型遮挡物;无电磁波干扰(200m 内没有微波站、雷达站、手机信号站等,50m 内无高压线);应选择位置比较高的地点架设基准站,基准站到移动站之间最好无大型遮挡物,否则差分传播距离迅速缩短。

由于基准站要播发数据信号给流动站,因而要尽量选择地势高的 GNSS 网点设站。基准站架设前,应根据基准站位置草图的描述对点位进行确认。

在设置 GNSS 参考站时,主机严禁带电插拔,GNSS 主机面板上的卫星显示灯每闪一下绿灯代表收到一颗卫星,如果卫星显示灯一直显示红灯或者卫星显示灯不亮(除了停电),这时需要联系设备供应商。GNSS 主机严禁摔、碰,在主机上严禁压重物,主机需要防湿、防潮、通风。当参考站电台无法开机,应检查供电线上的保险,用万用表测量电源电压,检查是否电压过低,电瓶的正负极和数据通信电台的正负极相对,否则将可能烧毁电台。在数据通信电台天线没有连接好前,不得打开数据通信电台和启动 GNSS 接收机系统。

GBC026 GNSS 基准站常见故障

(三) RTK 流动站作业状态

将移动站主机接在碳纤对中杆上,并将接收天线接在主机顶部,同时将手簿夹在对中杆的适合位置。打开主机,主机开始自动初始化和搜索卫星,当达到一定的条件后,主机上的指示灯开始 1s 闪 1 次,表明已经收到基准站差分信号。

启动手簿中软件,软件一般会自动通过蓝牙和主机连通。如果没连通则首先需要设置蓝牙进行手簿与主机间的连接。手簿与主机连接后,软件首先会让移动站主机自动匹配基准站发射时使用的通道。如果自动搜频成功,则软件主界面左上角会有信号显示;如果自动搜频不成功,则需要进行电台设置。

在确保蓝牙连通和收到差分信号后,开始新建工程,依次按要求填写或选取如下工程信息:工程名称、椭球系名称、投影参数设置、四参数设置、七参数设置和高程拟合参数设置,最后确定,工程新建完毕,可以在此工程进行 RTK 放样和测量。

五、天文测量

(一) 测量基准

> GBA017 地球椭球体的基本参数

用以代替大地体的椭球体称为地球椭球体,一个与大地体外形符合最好的地球椭球,称为总地球椭球。总地球椭球的体积与大地体的体积相等,其表面与大地水准面最为吻合。总地球椭球的中心与地球的重心重合,总地球椭球赤道面与地球赤道重合。现代地球椭球参数主要几何和物理常数包含地球椭球赤道半径、地心引力常数、正常化二阶带谐系数。定义总地球椭球时估计了地球的几何形状和地球的物理参数。

> GBD026 标准方向的种类

标准方向包括真子午线方向、磁子午线方向、轴子午线方向。我国位于北半球,所以常把北方向作为标准方向。在测量工作中,常采用方位角表示直线的方向。坐标纵轴线方向,就是大地坐标系的方向。采用高斯平面直角坐标系,每 −6°带、3°带内都以该带的中央子午线为坐标纵轴方向,方位角的取值范围是 0°~360°。

大地基准是指为确定点在空间中的位置而采用的椭球参数及其在空间的定位、定向方式,另外还包括在描述空间位置时所采用的单位长度的定义。一个国家的大地基准通常包括一组椭球参数和一组起算数据。

> GBB004 大地基准的概念

在大地测量学中,一个完整的坐标系由大地基准和坐标系两方面要素构成。大地基准是建立国家大地坐标系统和推算国家大地控制网中各点大地坐标的基本依据,它包括一组大地测量参数、一组起算数据。大地原点,亦称大地基准点,大地基准的起算数据包含大地原点的大地经度、大地纬度、大地水准面差距、相邻点方向的大地方位角以及用以确定大地坐标系统和大地控制网长度基准的起算边边长。国家大地测量控制网的布设必须采用统一的大地基准。

在参考椭球定位时,需确定参考椭球面和大地水准面在大地原点处的关系数据,并以此作为起算数据建立大地坐标系。我国 1980 坐标系的大地原点设在陕西省西安。大地原点的整个设施由中心标志、仪器台、主体建筑、投影台四大部分组成。

> GBB005 大地原点的概念

在参考椭球定位时,需精确测定大地原点的天文经、纬度、方位角,并在参考椭球面和大地水准面尽量接近的条件下规定该点的大地经度、纬度和大地水准面差距。1954 年北京坐标系实际上是苏联 1942 年普尔科沃大地坐标系的延伸,它的大地原点设在苏联普尔科沃天文台。在普通测量中,所用的起算数据通常为各个等级的测量控制点。

测量上的平面直角坐标系,一般是利用一定的投影变换,将参考椭球面及其特征点、线映射到平面上而形成的。工程施工过程中,由于采用了不同的坐标系,需要不同坐标系之间的坐标转换。RTK测量采用WGS84系统,当RTK测量要求提供其他坐标系(北京坐标或1980西安坐标系等)时,应进行坐标转换。任意两空间坐标系的转换,常用的方法有三参数法、七参数法、四参数法。不同坐标系间可以进行坐标转换,不同坐标系间的转换使用的已知点应是一一对应关系。坐标变换中,七参数的平移因子单位是米,旋转因子单位是秒,比例因子单位是百万。在WGS-84坐标和北京54坐标之间是不存在一套转换参数可以全国通用。

> GBB006 大地基准的变换

CGCS2000中国大地坐标系(China Geodetic Coordinate System 2000,CGCS2000),中国人又称为2000年国家大地坐标系,是中国新一代大地坐标系,它属于地心大地坐标系统。CGCS2000国家坐标系参考历元为2000.0,CGCS2000国家大地坐标系以ITRF 1997参考框架为基准,CGCS2000坐标系是通过中国GNSS连续运行基准站、空间大地控制网、天文大地网与空间地网联合平差建立的地心大地坐标系统。

CGCS2000国家坐标系原点为地球的质量中心,Z轴指向IERS参考极方向,X轴为IERS参考子午面与通过原点且同z轴正交的赤道面的交线,Y轴为完成右手地心地固直角坐标系。

> GBD016 CGCS 2000坐标系的概念

(二)天球概述

> GBD010 天球的概念

天球是为了研究天体引进的一个半径为任意的假想圆球,它以测站(或地心、或日心)为中心、以无穷大为半径。测站铅垂线与天球相交于上、下两点,分别称为天顶和天底。通过测站并与测站点铅垂线垂直的平面,称为地平面。根据所选取的天球中心不同分为站心天球、日心天球、地心天球。

在天文测量中,包含天轴的平面与天球面的交线,称为时圈。习惯上称天球子午面与天球地平面的交线为子午线。地球绕太阳公转的轨道,即太阳绕地球作周年视运动的轨道,称为天球黄道。包含天轴、天顶、天底的平面称为天球子午面。天球赤道是0°,天球赤道向北至天球北极是+90°,天球赤道向南至天球南极是-90°;天球赤经是在天球赤道自西向东由0h至24h,把一周360°平均分成24份。

为了准确形容天上星体的位置,天文学家制定了一套坐标系统来标示星体在天球上的位置。这套坐标系统和地球上惯用的经纬度坐标十分相似。像转动中的陀螺一样,地球的自转轴在太空中其实并不固定。

> GBD011 天球的要素

在天文测量中,将天球黄道和天球赤道在天球面上的两个交点,称为二分点。太阳在黄道上做逆时针方向的周年视运动时,从南半球到北半球所经过的点称为春分点。天球坐标系的基本参考面称为基圈,天球坐标系基本参考面的垂直面称为主圈。子午线与天球面相交于两点分别称为南北点,而东西点是卯酉圈和地平圈的交点。天球空间直角坐标系的质心O为坐标原点,Z轴指向天球北极,X轴指向春分点,Y轴垂直于XOZ平面。天球坐标系分为地平坐标系、时角赤道坐标系、赤经赤道坐标系和黄道坐标系等几种。

> GBD012 天球坐标系的概念

(三)地平坐标系的概念

> GBD013 地平坐标系的概念

天体b在地平坐标系中的高度角h,就是由天体沿垂直圈量度到地平圈的弧距,天体在地平圈以上为正,从0°~90°。天体b在地平坐标系中的方位角A,就是由北点N沿地平圈顺时针量度到过天体b的垂直圈的弧距。地平坐标系的子午圈为主圈,地平圈为基圈,天顶Z为极点,北点N为主点。高斯平面坐标系是根据高斯-克吕格投影所建立的平面直角坐标系。

要得到天体的高度和方位,可以用经纬仪直接测出,也可以用量角器大致估测。

(四)时角赤道坐标系的概念

时角赤道坐标系以天球赤道为基圈、子午圈为主圈、北天极P为极点、上赤道点Q为主点。天体b在时角赤道坐标系内的时角t,就是由上赤道点沿赤道顺时针量度到过天体b的时圈的弧距,从0°~360°或从0~24h。天体b在时角赤道坐标系内的赤纬δ,就是由天体沿时圈量度到赤道的弧距,天体在赤道以北为正,从0°~90°,反之为负,从0°~-90°。时角赤道坐标系的基本圈是天赤道,基本点是天北极和天南极。在无数个赤经圈中,其中通过地平圈上南点和北点的赤经圈,叫作子午圈。

天体b在时角赤道坐标系内的时角t,就是由上赤道点沿赤道顺时针量度到过天体b的时圈的弧距,从0°~360°或从0~24h。时角赤道坐标系以天球赤道为基圈、子午圈为主圈、北天极P为极点、上赤道点Q为主点。

(五)赤经赤道坐标系的概念

在天文测量中,太阳的地心视差是指由测站观测太阳的视线方向与由地心到太阳的连线方向之间的偏差。太阳真高度角计算公式为:

$$h = h' - R + Q \tag{1-2-2}$$

式中　h'——太阳的视高度角;

　　　R——太阳的蒙气差。

由于所取主点以及随之而来的经向坐标的不同,赤道坐标系又分为第一赤道坐标系和第二赤道坐标系。

(六)太阳方位

太阳位置图用平面图形表示一年中太阳高度角、太阳方位角与地理纬度、赤纬、时角之间的相互关系,是确定太阳空间位置的一种辅助工具。太阳位置图一般用正投影、平射影、等距离射影的方法绘制。

在由天体高度角计算天体真方位角的计算公式中,测站纬度φ通常只需概略值。在由天体高度角计算天体真方位角的计算公式中,关键是如何获取太阳的视赤纬。太阳的视赤纬δ因年、月、日的不同而有周期性的变化,它可以从天文年历中查取,也可以利用天文学公式计算。

在用太阳高度法测定方位角时,一测回内正、倒镜观测太阳的时间间隔不应超过10min,各测回间的时间间隔一般不作限制。在太阳高度法测定方位角时,应尽量选择最有利的观测条件,如太阳宜在卯西圈附近,高度角宜在20°~30°之间。

根据太阳的运行方向,在上午观测太阳时,宜将太阳的影像置于十字丝的第Ⅰ象限、第Ⅲ象限;在下午观测太阳时,宜将太阳的影像置于十字丝的第Ⅱ象限、第Ⅳ象限。

项目二　检验全站仪对中器

一、准备工作

(一) 设备

全站仪 1 套、三脚架 1 个、硬纸板 1 张、2B 铅笔 1 支、镇纸 1 个、40cm 直尺 1 个。

(二) 人员

1 人独立操作,劳动用品穿戴齐全。

二、操作规程

(一) 准备工作

(1) 将全站仪、三脚架移到作业区域。

(2) 将检验用的工具,硬纸板、2B 铅笔、镇纸、直尺等移到作业区域。

(二) 安置设备

(1) 安置三脚架,使三脚架高度在操作者胸部以上,肩部以下,适宜操作,螺栓旋紧,角锥踩实。

(2) 安置仪器,将全站仪用三脚架对中螺旋固定在三脚架上。

(3) 操作基座脚螺整平仪器,使圆水准气泡或电子气泡居中。

(三) 检验对中器

(1) 打开全站仪激光对中开关,在地面可见激光斑点。

(2) 在激光斑点处放置白色硬纸板,并用镇纸压实。

(3) 在激光斑点中心处用铅笔标记小黑点。

(4) 打开全站仪底部基座锁紧旋钮,使全站仪基座与机身脱离。

(5) 旋转机身 120°,重新安装在基座上,旋紧旋钮。

(6) 查看地面硬纸板,在红色激光斑点处标记小黑点。

(7) 再次打开全站仪底部基座锁紧旋钮,使全站仪基座与机身脱离。

(8) 再次旋转机身 120°,重新安装在基座上,旋紧旋钮。

(9) 在红色激光斑点处标记第三个小黑点。

(10) 取硬纸板,用直尺量测三黑点之间的最大距离。

(四) 清理现场

(1) 关闭激光对中开关。

(2) 按全站仪开关键关机。

(3) 从三脚架上拆卸全站仪,装箱。

(4) 收起三脚架,捆好锁紧。

(5) 全部设备和工具恢复到原来位置。

三、技术要求

(1) 准备作业必需的设备和工具。

(2)三脚架高度应在操作者胸部以上肩部以下,适宜操作仪器。
(3)三脚架伸缩腿固定螺栓必须旋紧,角锥踩实。
(4)三脚架对中螺旋旋紧,仪器无松动。
(5)安置地面标记时要尽量使纸板水平,并用镇纸压实。
(6)旋转机身2次,标记3个地面标志点,取3个点中距离最大的两个点进行量测,得到全站仪对中误差值。

四、注意事项

(1)安置三脚架时注意伸缩腿螺栓旋紧,角锥踩实,防止跌坏仪器。
(2)三脚架角锥尖锐,使用和移动时注意周围人员和物品,防止受到伤害。
(3)断开机身和基座时要轻柔,不可使三脚架、基座移动或震动。
(4)旋转机身时要轻柔,切勿使机身与基座相互剧烈碰撞。
(5)标记对中位置时要尽量使标记点细小,便于量测。
(6)标记对中位置时切勿碰动标记纸板和三脚架。

项目三 检验全站仪指标差

一、准备工作

(一)设备
全站仪1套、三脚架1个。

(二)人员
1人独立操作,劳动用品穿戴齐全。

二、操作规程

(一)安置设备
(1)安置三脚架,使三脚架高度在操作者胸部以上,肩部以下,适宜操作,螺栓旋紧,角锥踩实。
(2)安置仪器,将全站仪用三脚架对中螺旋固定在三脚架上。
(3)操作基座脚螺整平仪器,使圆水准气泡或电子气泡居中。

(二)检验指标差
(1)打开全站仪电源开关。
(2)转动望远镜瞄准远处清晰目标,记录垂直角 L。
(3)将全站仪旋转180°,使望远镜重新找准目标,记录垂直角 R。
(4)计算全站仪竖盘指标差:$i=(L+R-360)/2$。

(三)清理现场
(1)按全站仪开关键关机。
(2)从三脚架上拆卸全站仪,装箱。

(3)收起三脚架,捆好锁紧。
(4)全部设备和工具恢复到原来位置。

三、技术要求

(1)准备作业必需的设备和工具。
(2)三脚架高度应在操作者胸部以上肩部以下,适宜操作仪器。
(3)三脚架伸缩腿固定螺栓必须旋紧,角锥踩实。
(4)三脚架对中螺旋旋紧,仪器无松动。
(5)观测时用望远镜十字丝瞄准目标。

四、注意事项

(1)安置三脚架时注意伸缩腿螺栓旋紧,角锥踩实,防止跌坏仪器。
(2)三脚架角锥尖锐,使用和移动时注意周围人员和物品,防止受到伤害。
(3)正镜读数后,望远镜或机身旋转180°进行倒镜观测。
(4)用垂直角而不是用水平角计算竖盘指标差。

项目四 检查GNSS静态仪器运行状态

一、准备工作

(一)设备
GNSS卫星定位仪1套、三脚架1个。

(二)人员
1人独立操作,劳动用品穿戴齐全。

二、操作规程

(一)检查仪器安置状况
(1)检查天线安装是否牢固。
(2)检查三脚架安装是否平稳。
(3)检查电缆连接是否牢固。

(二)检查测站设置
(1)检查测站点名。
(2)检查观测设置的天线类型。
(3)检查输入的天线高度数值。

(三)检查仪器运行状态
(1)通过手簿状态信息检查电池电量。
(2)检查数据卡剩余容量。
(3)检查正在观测的卫星数量。

(4)检查观测卫星的 PDOP 值。
(5)检查测站概略坐标。
(6)检查观测数据采样间隔。
(7)检查已记录的观测历元数量。

三、技术要求

(1)天线必须旋紧,对中固定螺栓不可以松动。
(2)三脚架伸缩腿固定螺栓必须旋紧,三脚架角锥踩实。
(3)电缆连接无松动、无错位。
(4)观察和记录的部分数据为仪器瞬间状态,如卫星数量、电池容量、内存容量、定位坐标、观测历元等,可以存在一定误差。卫星数量误差不大于 2 颗,电池容量误差不大于 10%,定位坐标误差不大于 10m。

四、注意事项

(1)触碰键盘按钮时要轻重适度,不可用力按压键盘,防止损坏。
(2)手簿控制器屏幕具有触摸交互功能,可以使用专用触屏笔或指尖触屏,切勿使用坚硬、尖锐的物品操作触摸屏。
(3)开机运行状态下,不可拔插电池、数据卡。
(4)调试报告填写文字端正、清晰。

项目五　检查 GNSS 基准站仪器运行状态

一、准备工作

(一)设备

GNSS 卫星定位仪 1 套、三脚架 1 个。

(二)人员

1 人独立操作,劳动用品穿戴齐全。

二、操作规程

(一)检查仪器安置状况

(1)检查天线安装是否牢固。
(2)检查三脚架安装是否平稳。
(3)检查电缆连接是否牢固。

(二)检查测站设置

(1)检查测站点名。
(2)检查观测设置的天线类型。
(3)检查输入的天线高度数值。

(4)检查正在使用的坐标系统。
(5)检查设置的基准站坐标数据。

(三)检查仪器运行状态

(1)通过手簿状态信息检查电池电量。
(2)检查数据卡剩余容量。
(3)检查正在观测的卫星数量。
(4)检查观测卫星的 PDOP 值。
(5)通过主机或电台上的指示灯判断电台工作状态。

三、技术要求

(1)天线必须旋紧,对中固定螺栓不可以松动。
(2)三脚架伸缩腿固定螺栓必须旋紧,三脚架角锥踩实。
(3)电缆连接无松动、无错位。
(4)观察和记录的部分数据为仪器瞬间状态,如卫星数量、电池容量、数据卡容量、PDOP 值等,可以存在一定误差。PDOP 值误差不大于 1,卫星数量误差不大于 2 颗,电池及数据卡容量误差不大于 10%。

四、注意事项

(1)触碰键盘按钮时要轻重适度,不可用力按压键盘,防止损坏。
(2)手簿控制器屏幕具有触摸交互功能,可以使用专用触屏笔或指尖触屏,切勿使用坚硬、尖锐的物品操作触摸屏。
(3)开机运行状态下,不可拔插电池、数据卡。
(4)运行状态不可切断电台电源或电台天线。
(5)调试报告填写文字端正、清晰。

项目六　检查 GNSS 流动站仪器运行状态

一、准备工作

(一)设备
GNSS 卫星定位仪 1 套、对中杆 1 套。

(二)人员
1 人独立操作,劳动用品穿戴齐全。

二、操作规程

(一)检查仪器安置状况
(1)检查天线安装是否牢固。
(2)检查三脚架安装是否平稳。

(3)检查电缆连接是否牢固。
(二)检查仪器可持续性
(1)检查电池电量。
(2)检查数据卡容量。
(三)检查仪器观测状态
(1)检查正在观测的卫星数量。
(2)检查观测卫星的 $PDOP$ 值。
(3)检查仪器测量中误差 CQ 值或 RMS 值。
(4)检查流动站是否初始化,完成初始化为固定解,否则为浮点解。
(5)检查流动站测量坐标。
(四)检查数据链通信状态
通过手簿上方状态条、主机面板或电台上的指示灯判断电台工作状态。

三、技术要求

(1)天线必须旋紧,对中固定螺栓不可以松动。
(2)三脚架伸缩腿固定螺栓必须旋紧,三脚架角锥踩实。
(3)电缆连接无松动、无错位。
(4)观察和记录的部分数据为仪器瞬间状态,如卫星数量、电池容量、数据卡容量、$PDOP$ 值及测量坐标等,可以存在一定误差。$PDOP$ 值误差不大于1,卫星数量误差不大于2颗,电池及数据卡容量误差不大于10%,测量坐标数据误差不大于10m。

四、注意事项

(1)触碰键盘按钮时要轻重适度,不可用力按压键盘,防止损坏。
(2)手簿控制器屏幕具有触摸交互功能,可以使用专用触屏笔或指尖触屏,切勿使用坚硬、尖锐的物品操作触摸屏。
(3)开机运行状态下,不可拔插电池、数据卡。
(4)运行状态不可切断电台天线。
(5)调试报告填写文字端正、清晰。

项目七 全站仪设站操作

一、准备工作

(一)设备
全站仪1套、三脚架1个、单棱镜1个、棱镜杆1个。
(二)人员
1人独立操作,劳动用品穿戴齐全。

二、操作规程

(一) 安置仪器

(1) 安置三脚架,使三脚架高度在操作者胸部以上、肩部以下,适宜操作,螺栓旋紧,角锥踩实。

(2) 将全站仪用三脚架对中螺旋固定在三脚架上。

(3) 对中整平仪器,仪器圆水准气泡或电子气泡居中,对中激光对准地面标志。

(二) 设置作业

(1) 按全站仪功能键,启动"应用程序"。

(2) 启动"放样设置"功能。

(3) 执行"设置作业"。

(4) 输入"作业名称"和"作业员"。

(5) 按功能键"确认",回到"放样设置"界面。

(三) 设置测站

(1) 在"放样设置"界面,执行"设置测站"功能。

(2) 输入"测站点号",可通过增加点的方式新建测站点,输入平面坐标和高程,保存和使用。

(3) 量测仪器高,并输入仪器。

(4) 按功能键"确认",回到"放样设置"界面。

(四) 定向操作

(1) 在"放样设置"界面,执行"定向"功能。

(2) 转动望远镜,瞄准后视棱镜。

(3) 选择"坐标定向"方式。

(4) 输入后视点,可通过增加点的方式新建测站点,输入平面坐标和高程,保存和使用。

(5) 显示"坐标定向"信息,按功能键"测存"定向信息,显示定向方位角。

(五) 清理现场

(1) 按全站仪开关键关机。

(2) 从三脚架上拆卸全站仪,装箱。

(3) 收起三脚架,捆好锁紧。

(4) 全部设备和工具恢复到原来位置。

三、技术要求

(1) 准备作业必需的设备和工具。

(2) 三脚架高度应在操作者胸部以上、肩部以下,适宜操作仪器。

(3) 三脚架伸缩腿固定螺栓必须旋紧,角锥踩实。

(4) 三脚架对中螺旋旋紧,仪器无松动。

(5) 用望远镜十字丝对准后视棱镜。

四、注意事项

(1) 安置三脚架时注意伸缩腿螺栓旋紧,角锥踩实,防止跌坏仪器。
(2) 三脚架角锥尖锐,使用和移动时注意周围人员和物品,防止受到伤害。
(3) 操作时动作要轻柔,不可碰动三脚架。
(4) 按压全站仪键盘时要用力得当,避免造成按键损坏。
(5) 不可用尖锐物品触碰全站仪显示屏。

项目八 全站仪放样

一、准备工作

(一) 设备
全站仪 1 套、三脚架 1 个、单棱镜 1 个、棱镜杆 1 个、小旗 1 个。

(二) 人员
1 人操作仪器,1 人辅助移动棱镜,劳动用品穿戴齐全。

二、操作规程

(一) 启动程序
(1) 按全站仪功能键,启动"应用程序"。
(2) 启动"放样设置"功能。
(3) 按功能键或数字键执行"放样"作业。

(二) 输入放样点
(1) 启动放样点"搜索"功能。
(2) 通过增加点的方式新建目标点,输入平面坐标和高程,保存和使用。

(三) 放样
(1) 选定放样点,显示目标点导航信息。
(2) 转动望远镜到 0 角度方向,即目标方向。
(3) 按照显示的导航信息指示棱镜前进方向。
(4) 按照显示的导航信息指示棱镜前进距离。
(5) 根据棱镜与望远镜视准轴的相对方向修正棱镜前进方向,如果棱镜处在望远镜左侧,指挥棱镜向右移动,使棱镜在望远镜十字丝附近,反之亦然。
(6) 按测距功能键测量棱镜到目标点的距离,按照显示的导航信息修正棱镜前进距离,直到到达目标。

(四) 测量
(1) 当棱镜到达目标点,导航误差在容许范围内时,按"测量"键测量水平角、垂直角及距离等。
(2) 按"存储"键存储测量信息,也可直接按"测存"键测量并存储目标点水平角、垂直角、距离、高差等测量信息。

(3)在棱镜位置安插小旗。

三、技术要求

(1)在进行放样作业之前,全站仪仪器已经设站和定向完毕,无须再次设站和定向操作,如果进入设站操作过程,并破坏了原来的设站和定向状态,需要操作者完成设站和定向操作之后才能进行放样。

(2)按照作业的要求输入放样点,其他数据无效。

(3)放样过程中操作者可用语言或手势指示棱镜移动方向和距离。

(4)棱镜移动方向和距离可以反复修正直到满足放样要求。

(5)放样位移误差不大于 0.5m。

四、注意事项

(1)操作时动作要轻柔,不可碰动三脚架。

(2)按压全站仪键盘时要用力得当,避免造成按键损坏。

(3)不可用尖锐物品触碰全站仪显示屏。

(4)指挥棱镜移动时声音要洪亮、果断。

(5)当棱镜移动到目标区域后,必须进行测距才能显示是否到达目标。

项目九　全站仪观测水平角

一、准备工作

(一)设备

全站仪 1 套、三脚架 1 个、单棱镜 2 个、棱镜杆 2 个。

(二)人员

1 人独立操作仪器,劳动用品穿戴齐全。

二、操作规程

(一)安置仪器

(1)安置三脚架,使三脚架高度在操作者胸部以上、肩部以下,适宜操作,螺栓旋紧,角锥踩实。

(2)将全站仪用三脚架对中螺旋固定在三脚架上。

(3)对中整平仪器,仪器圆水准气泡或电子气泡居中,对中激光对准地面标志。

(二)上半测回

(1)用望远镜十字丝竖丝瞄准目标 A,读取并记录水平角 a。

(2)用望远镜十字丝竖丝瞄准目标 B,读取并记录水平角 b。

(三)上半测回

(1)用望远镜十字丝竖丝瞄准目标 B,读取并记录水平角 b。

(2)用望远镜十字丝竖丝瞄准目标 A,读取并记录水平角 a。

(四)关机及清理现场

(1)按全站仪开关键关机。

(2)从三脚架上拆卸全站仪,装箱。

(3)收起三脚架,捆好锁紧。

(4)全部设备和工具恢复到原来位置。

三、技术要求

(1)仪器对中误差小于 3mm。

(2)整平后全站仪圆水准气泡在标志圈内。

(3)三脚架无松动、无晃动。

(4)三脚架对中螺旋旋紧,仪器无松动。

(5)目标瞄准精度以水平角读数为准,瞄准精度不大于 $1'$。

(6)上下测回需变换观测方向顺序。

(7)仪器关机后才可以整理装箱。

四、注意事项

(1)安置三脚架时注意伸缩腿螺栓旋紧,角锥踩实,防止跌坏仪器。

(2)三脚架角锥尖锐,使用和移动时注意周围人员和物品,防止受到伤害。

(3)断开机身和基座时要轻柔,不可使三脚架、基座移动或震动。

(4)旋转机身时要轻柔,切勿使机身与基座相互剧烈碰撞。

(5)操作微动螺旋时要轻柔,不可动作剧烈。

(6)不可敲击或用尖锐物品触碰全站仪屏幕。

模块三 处理数据

项目一 相关知识

一、RTK 实测点统计方法

(一) RTK 实测数据统计方法

在石油物探测量中,经过工程设计制定的测线物理点坐标、测线方位角等称为设计数据。而通过测量仪器,包括全站仪、GNSS 卫星定位仪等仪器观测、计算得到测线物理点坐标、高程等数据称为实测数据,包括野外原始观测数据和室内计算成果数据。

无法安置物探仪器,不需要测量的物理点,或者由于测量员人为原因、测量仪器原因、环境原因、卫星信号原因等没有观测的设计物理点,称为空点。产生空点,野外测量时必须实地记录空点原因。

RTK 野外观测数据必须进行处理和统计,检查实测物理点的偏移量、统计实测点数量、复测点数、空点数量等。RTK 实测数据统计的目的是了解当日完成生产工作量,了解需要补测的点数和位置等。

主要流程如下:
(1) 数据备份。
(2) 统计实测点数。
(3) 统计起止点桩号。
(4) 计算设计点数量。
(5) 计算空点数量及空点率。
(6) 统计复测点数量。
(7) 实测点按照设计点顺序排序。
(8) 形成测量成果数据。
(9) 保存实测成果数据。

(二) RTK 复测量统计方法

GBE010 RTK 复测量统计方法

为了检核物理点测量的精度,在每日施工前、更换参考站或接收机参数变更后需要在已知点上复测检核,一般应复测 2 个以上物理点或对一个控制点复测 2 次,当复测精度满足技术要求时才能开始施工或上交成果资料。根据现行石油物探测量规范,采用 GNSS 实时载波相位差分测量进行物理点复测检核时,检核的限差为 $\Delta x \leq 0.4\text{m}$、$\Delta y \leq 0.4\text{m}$、$\Delta h \leq 0.8\text{m}$,每条或每束测线的复测率应达到测线物理点数的 1%。

由于 RTK 测量独立性的特点,统计物探测线复测点质量时,按照等精度测量值进行统计。等精度测量是指在测量条件,包括测量仪、测量人员、测量方法及环境条件等不变的情况下,对某一被测几何量进行多次测量,在测量过程中全部或部分因素和条件发生改变,称为不等精度测量。所以在较长时间内对同一试样进行的多次重复测量,有可能是等精度测量,亦可能是非等精度测量。

RTK测量方法物理点布设中的质量控制主要应从参考站的选定发展与检核、流动站的天线高度、参数设置、精度因子、观测值精度、坐标值质量、距参考站的距离、与设计点的偏差、天线的稳定情况,以及复测点的点位分布、复测比率、复测限差等方面考虑。石油物探测量规范推荐的物探测量成果整理格式,需要在地震测线测量质量统计表中统计出线(束)号、完成工作量、物理点放样误差、物理点复测误差等。

二、水平角观测数据整理方法

(一)水平角观测数据整理方法

利用经纬仪、全站仪进行物探测量时,需要观测水平角、垂直角和距离。利用水平角和距离,可以计算方位角和坐标,通过垂直角和距离,可以计算测站至目标点的高差。

当经纬仪或全站仪的竖直度盘位于望远镜左侧时,观测的读数为盘左读数,一般称为正镜读数。相对应,当经纬仪或全站仪的竖直度盘位于望远镜右侧时,观测的读数为盘右读数,一般称为倒镜读数。在一个测站,盘左分别观测两个目标并取得水平角观测读数的过程为盘左半测回或上半测回;盘右分别观测两个目标并取得水平角观测读数的过程为盘右半测回或下半测回。盘左和盘右两个半测回合在一起叫作一个测回。

当观测视准点方向多于3个时,如A、B、C、D目标点,为了更快更好地测定测站上所有观测方向的水平角,通常采用全圆测回法或方向观测法测量其水平角。具体做法是:在测站上安置仪器,盘左瞄准起点A,配置水平度盘为0°或大于0°处,顺时针方向分别观测A、B、C、D各个方向的水平角读数,并顺时针回到A点,观测A点的水平角读数,完成上半测回。同一度盘位置两次瞄准起始方向的A的观测称为"归零",目的是水平度盘在观测过程中是否发生变动。零方向A的两次读数之差称为"归零差"。倒转望远镜,在盘右位置上,逆时针依次瞄准和测量A、D、C、B、A,完成下半测回。

观测的水平角数据是经纬仪或全站仪测量的基础观测数据,由于人为操作、仪器误差,测站环境影响等因素,角度观测存在误差,需要进行整理,检查误差是否在允许范围内。如果误差超限,需要重新进行观测,如果在技术指标容许范围内,需要计算水平角测量值。

水平角的观测数据整理的主要步骤如下:

(1)计算$2C$差。$2C$差也称$2C$互差,是同一方向正、倒镜读数之差,也称两倍照准差。计算方法是:

$$2C = 盘左读数 - 盘右读数 \pm 180°$$

现行物探测量规范规定$2C$互差控制测量不大于12″,放样或施工导线测量不大于60″。

(2)计算正倒镜中数。正倒镜中数是指同一目标正倒镜读数的平均数,计算方法是:

$$正倒镜中数 = (盘左读数 + 盘右读数 - 180°) \div 2$$

(3)计算归零差。归零差 = (闭合方向读数 - 起始方向读数) ÷ 2。

(4)计算水平方向。各目标水平方向 = 正倒镜中数 - 归零差。

（二）坐标方位角计算的方法

当纵横坐标增量均为负时，则方位角 α 与象限角 R 的关系为 $\alpha=180°+R$。当纵坐标增量 $\Delta x<0$，横坐标增量 $\Delta y>0$ 时，则方位角 α 与象限角 R 的关系为 $\alpha=180°-R$。当纵坐标增量 $\Delta x>0$，横坐标增量 $\Delta y<0$ 时，则方位角 α 与象限角 R 的关系为 $\alpha=360°+R$。当纵坐标增量 $\Delta x<0$，横坐标增量 $\Delta y<0$ 时，则方位角 α 与象限角 R 的关系为 $\alpha=180°+R$。在导线计算过程中，计算导线角度闭合差需要起始边坐标方位角、导线各边观测右角。当纵坐标增量 $\Delta x<0$，横坐标增量 $\Delta y>0$ 时，则方位角 α 与象限角 R 的关系为 $\alpha=180°-R$。

在测量实际工作中，常应用以上公式进行坐标方位角、坐标增量及坐标推算。例如，已知 $\alpha_{AB}=89°12'01''$，$x_B=3065.347\text{m}$，$y_B=2135.265\text{m}$，坐标推算路线为 $B\rightarrow 1\rightarrow 2$，测得坐标推算路线的右角分别为 $\beta_B=32°30'12''$，$\beta_1=261°06'16''$，水平距离分别为 $D_{B1}=123.704\text{m}$，$D_{12}=98.506\text{m}$，试计算 1，2 点的平面坐标。

解：（1）推算坐标方位角：

$$\alpha_{B1}=(89°12'01'')-(32°30'12'')+180°=236°41'49''$$

$$\alpha_{12}=(236°41'49'')-(261°06'16'')+180°=155°35'33''$$

（2）计算坐标增量：

$$\Delta x_{B1}=123.704\times\cos(236°41'49'')=-67.922\text{m}$$

$$\Delta y_{B1}=123.704\times\sin(236°41'49'')=-103.389\text{m}$$

$$\Delta x_{12}=98.506\times\cos(155°35'33'')=-89.702\text{m}$$

$$\Delta y_{12}=98.506\times\sin(155°35'33'')=40.705\text{m}$$

（3）计算 1，2 点的平面坐标：

$$x_1=3065.347-67.922=2997.425\text{m}$$

$$y_1=2135.265-103.389=2031.876\text{m}$$

$$x_2=2997.425-89.702=2907.723\text{m}$$

$$y_2=2031.876+40.705=2072.581\text{m}$$

（三）坐标方位角的传递

在根据方位角传递公式推算方位角时，如果计算结果小于 $0°$，则应加 $360°$。导线测量就是依次测定各导线边的边长、各转折角，根据起算数据，推算各边的坐标方位角，从而求出各导线点的坐标。坐标正算要知道的已知条件是已知点的平面直角坐标，已知点到未知点距离，已知点到未知点的坐标方位角。

在实际工作中，常用到坐标方位角的推算，例如，已知图中 AB 的坐标方位角，观测了图 1-3-1 中 4 个水平角，试计算边长 $B\rightarrow 1$，$1\rightarrow 2$，$2\rightarrow 3$，$3\rightarrow 4$ 的坐标方位角。

解：$\alpha_{B1}=197°15'27''+90°29'25''-180°=107°44'52''$

$\alpha_{12}=107°44'52''+106°16'32''-180°=34°01'24''$

$\alpha_{23}=34°01'24''+270°52'48''-180°=124°54'12''$

$\alpha_{34}=124°54'12''+299°35'46''-180°=244°29'58''$

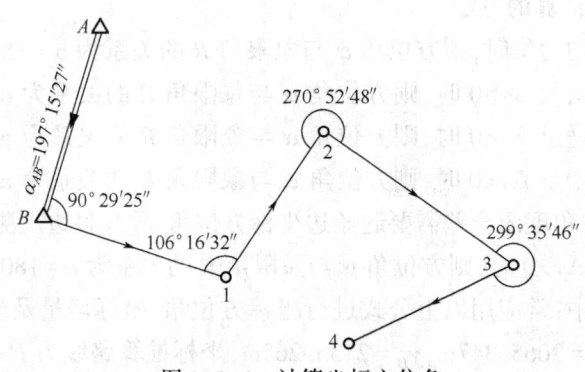

图 1-3-1 计算坐标方位角

三、垂直角观测数据整理方法

(一) 绝对高程及相对高程

自由静止的海水面向大陆、岛屿内延伸而成的闭合曲面称为水准面,水准面上任一点的铅垂线都与该面相垂直。与平均海水面相重合的水准面称为大地水准面。某点到大地水准面的铅垂距称为该点的绝对高程。绝对高程的起算面是大地水准面。我国原以 1950 年至 1956 年 7 月青岛验潮站观测资料所求得的黄海平均海水面作为全国统一的高程基准面,由该高程基准面起算的高程系统,称为 1956 年黄海高程系。例如,该地区绝对标高是 125m,就是该地区相对于黄海海拔标准点高出 125m,我国在青岛设立验潮站,长期观测和记录黄海海水面的高低变化,取其平均值作为绝对高程的基准面。

绝对高程是指地面点沿垂线方向至高程基准面的距离,我国在青岛设立验潮站,长期观测和记录黄海海水面的高低变化,取其平均值作为绝对高程的基准面,青岛市观象山建立了国家水准原点,其高程为 72.260m,作为我国高程测量的依据。海拔高是指地面点沿铅垂线方向到大地水准面的距离。海拔高是以大地水准面为起算面的,因此海拔高又属于绝对高程。

例如,在测站 A 进行视距测量,仪器高 $i=1.45$m,望远镜盘左照准 B 点标尺,中丝读数 $v=2.56$m,视距间隔为 $l=0.586$m,竖盘读数 $L=93°28'$,求水平距离 D 及高差 h。

解:(1)$D = 100 \cdot l \cdot \cos^2(90-L) = 100 \times 0.586 \times [\cos(90-93°28')]^2 = 58.386$m

(2)$h = D \cdot \tan(90-L) + i - v = 58.386 \times \tan(-3°28') + 1.45 - 2.56 = -4.647$m

例如,观测 BM1 至 BM2 间的高差时,共设 25 个测站,每测站观测高差中误差均为 ±3mm,问:(1)两水准点间高差中误差是多少?(2)若使其高差中误差不大于 ±12mm,应设置几个测站?

解:(1)因 $h_{BM1-BN2} = h_1 + h_2 + \cdots + h_{25}$

则 $m_h = \pm\sqrt{m_1^2 + m_2^2 + \cdots + m_{25}^2}$

又因 $m_1 = m_2 = \cdots = m_{25} = = \pm 3$mm

则 $m_h = \pm\sqrt{25m^2} = \pm 15$mm

(2)若 BM1 至 BM2 高差中误差不大于 ±12(mm),该设的站数为 n 个:

则 $n \cdot m^2 = \pm 12^2 \text{mm}$

故 $n = \dfrac{144}{m^2} = \dfrac{144}{9} = 16$ 站

(二)垂直角观测数据整理方法

垂直角是经纬仪、全站仪测量的主要观测数据之一,垂直角用来计算测站与目标点的高差。由于人为操作、测站环境、仪器系统等因素的影响,垂直角的观测数据一定含有误差,所以在进行三角高程计算之前,必须进行整理,发现和检查测站垂直角观测数据的误差,核实误差大小,如果在技术要求范围内,计算出垂直角数值;如果误差超出技术要求,必须进行重测或补测。

顺时针注记的仪器观测垂直角时,盘左测量高处目标,盘左度盘读数 L 是减小的,并小于 $90°$;相反,盘右观测同一目标时,盘右度盘读数 R 是增大的,并大于 $270°$。则垂直角分别为:

$$\begin{cases} \alpha = 90° - L \\ \alpha = R - 270° \end{cases} \quad (1-3-1)$$

逆时针注记的仪器观测垂直角时,盘左测量高处目标,盘左度盘读数 L 是增加的,并大于 $90°$;相反,盘右观测同一目标时,盘右度盘读数 R 是减小的,并小于 $270°$。则垂直角分别为:

$$\begin{cases} \alpha = L - 90° \\ \alpha = 270° - R \end{cases} \quad (1-3-2)$$

同一类型的仪器观测低处目标时,上述公式依然适用。

测站的垂直角误差主要来源于观测粗差、记录粗差和垂直度盘指标差。垂直度盘随仪器望远镜转动,盘上有一个指标水准器。当望远镜水平,指标水准器气泡居中时,垂直度盘的读数是 90 或 90 的整倍数。但实际上由于结构上的问题往往不是 90 或 90 的整倍数,存在一个差值,这个差值就是垂直度盘指标差,一般用 x 表示。当指标差偏移方向与度盘注记方向一致时,则使读数增加了一个 x,因此 x 为正值;反之,x 为负值。

如果使用带有指标差的垂直度盘观测垂直角,则观测结果必然带有指标差的影响。为了衡量垂直角观测精度和准确计算垂直角,必须由其观测值计算出指标差的数值。垂直度盘指标差的计算公式为:

$$x = \dfrac{L + R - 360°}{2} \quad (1-3-3)$$

同一仪器、同一测站各视准方向的指标差应近似于某一常数,由于观测误差使观测目标的指标差产生变化。同一测站点上各视准目标的指标差之差称为指标差变动范围。指标差数值的大小,对于垂直角计算是没有影响的。但是为了方便和快速,用正、倒镜读数及指标差计算垂直角。

顺时针注记度盘用式(1-3-4)计算垂直角:

$$\begin{cases} \alpha = 90° - (L - x) \\ \alpha = (R - x) - 270° \end{cases} \quad (1-3-4)$$

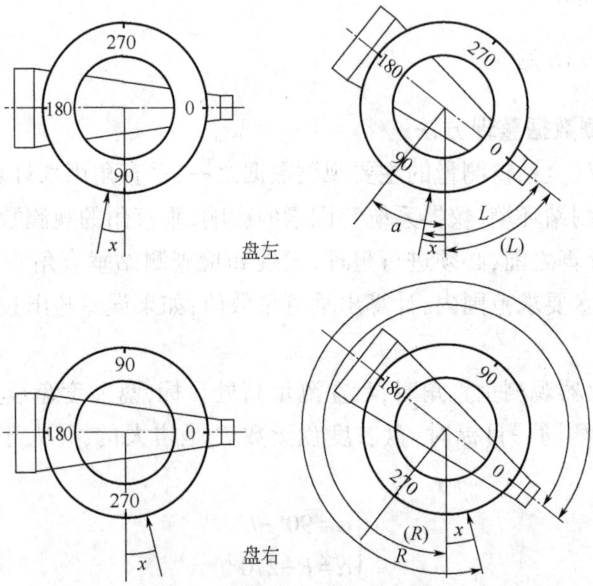

图 1-3-2　垂直度盘指标差

逆时针注记度盘用式(1-3-5)计算垂直角：

$$\begin{cases}\alpha=(L-x)-90^\circ\\ \alpha=270^\circ-(R-x)\end{cases} \tag{1-3-5}$$

内页垂直角数据整理时使用式(1-3-6)计算视准目标的垂直角：

$$\alpha=\frac{1}{2}(R-L-180^\circ) \tag{1-3-6}$$

四、导线精度统计

GBD031　控制点的概念

(一)控制点的概念

测量控制点是指在进行测量作业之前，在要进行测量的区域范围内，布设一系列的点来完成对整个区域的测量作业。传统的测量控制点分为平面控制点和高程控制点，控制测量的基准面是大地水准面，与其垂直的铅垂线是外业测量的基准线，高程控制点通常以水准测量的方法建立。平面控制测量的标石中心就是控制点的实际点位。控制点位置的选定应满足相应工程的基本要求，一般要求相邻导线点间要通视，点应选在土质坚硬稳定、地势较高、视野开阔的地方。

GBE001　导线测量概述

(二)导线的形式

在石油物探测量中，导线测量一般是指导线测量和三角高程测量综合在一起而进行的测量工作。用于导线测量的仪器，应采用测角标称精度不低于 6″和测距标称精度不低于 20mm 的全站仪。在导线测量中，需分别测定各折线边的边长和相邻折线边之间的夹角。在地面上选定一系列点连成直线或折线，在点上设置测站，然后采用测边和测角方式来测定这些点的水平位置及高差的方法。在物探测量中，导线测量既可用于平面控制的建立，也用于物探测线的布设。

按国家大地网的精度要求实施的导线测量,每隔一定距离测定天文经纬度和方位角以控制方位误差,称为闭合导线测量。传统的精密导线测量用基线尺在地面上直接丈量每相邻两点间的距离。按照不同的情况和要求,导线可以布设为附合导线、闭合导线、支导线、节点导线网等几种形式。

1. 附和导线

导线的布设形式主要有单一导线和导线网两种。导线起始于一个已知点而终止于另一个已知点,这种导线称为附合导线。作为控制测量的附合导线,其总长应不超过 40km。附合导线又分为单定向导向、双定向导线、无定向导线。

附合导线既可以对已知数据进行检核,又可以发现角度和边长观测数据中的错误,因此应作为布设单一导线的首选形式。导线转折角测量一般采用经纬仪、全站仪用测回法测量。

2. 闭合导线

导线以已知点为起始点,利用已知方位,经过一系列的导线点测量后又回到起始点,这种导线称为闭合导线。闭合导线坐标闭合差的理论值等于 0,但由于观测误差的存在,通常闭合差不为 0。例如,有一闭合导线,起始边方位角为 $214°07'36''$,已知点连接角为 $175°34'39''$,6 个测站的水平角(内角)总和为 $719°59'32''$,则角度闭合差为 $-28''$。一般来说,闭合导线可以发现除连接角外的角度、边长测量中的粗差。

计算闭合导线需要的已知数据是一个已知点的坐标及已知点至一个方向的方位角。闭合导线的角度闭合差是指闭合多边形各内角或外角的观测值之和与多边形内角或外角和的理论值之差。

3. 支导线

导线以一个已知点为起始点,利用已知方位,经过一系列的导线点观测后,未闭合与任何已知点和方位,这样的导线称为支导线。支导线末端没有检核的已知点,精度难以保证。为了保证支导线成果的准确性,防止粗差,一般起始后视方向选择两个方向。支导线距离越长,误差越大,转折角及计算的坐标不需要改正,只作为补充形式用于特别困难地带,并须严格限制其总长度和导线边数。支导线的应用范围包括城市测图中的碎步测量。由于支导线只具有必要的起始数据,缺少对观测数据的检核,因此只限于在下工程导线和图根导线中使用。

4. 节点导线网

节点导线网是指多条附和导线、闭合导线或支导线利用节点连接,形成网状的导线。

导线网是工程测量控制网较常用的一种布设形式,网中的观测值是角度、方向和边长。独立导线网的起算数据是:一个起算点的 x,y 坐标和一个方向的方位角,导线网特别适合于隐蔽地区、障碍物较多的平坦地区。导线网的主要缺点是多余观测数比同样规模的三角网少,相比三角网而言可靠性不高。随着电磁波测距仪的不断完善和普及,导线网和边角网逐渐得到广泛应用,在精度要求较高的情况下,可布设部分测边、部分测角的控制网或边、角全测的控制网。

附和导线的出发点和闭合点是基于两组不同的已知控制点。一般来说,单一导线按图形结构的优劣由低到高排序为支导线、闭合导线、附合导线。从三组或三组以上已知控制点出发,数条导线交于一个或多个点,这样的导线网称为节点导线网。导线点应选择通行方便、通视良好的地带。

(三) 导线野外观测

1. 基本技术要求

<GBD001 导线控制测量基本技术要求>

在陆上石油物探测量规范中规定，用于控制导线测量的仪器，应采用测角标称精度不低于3″和测距标称精度不低于10mm的全站仪。导线测量外业观测阶段的质量控制主要从仪器的安置及参数的设置、棱镜的竖立、角度测量的测回数、观测程序、边长测量的测回数、观测程序和技术要求等方面考虑。导线测量的技术指标主要包括平均边长、测距精度、角度闭合差、全长相对闭合差。

导线用于测图区域的首级控制时，应布设环形控制网或多边形控制网。控制网内不同线路上的站点不宜相距太近。在导线点位置的选定上，导线的路线应通行方便，通视良好，导线点的位置应选定在开阔地带，以便于测角和量距，以及保存和今后使用。导线边的长度应大致相等，以尽量减免望远镜调焦带来的误差，特别是要避免相邻导线边的长度一条过短一条过长。

相对闭合差是衡量导线测量精度重要指标之一。例如，假设某测区的平均经度为75°，平均纬度为38°，平均高程为4000m，沿东西方向布设一条长约20km的导线，如果起算数据和观测数据都没有问题，那么造成导线相对闭合差超限的原因最有可能是边长未归化至统一基准面或边长未加入投影改正。

<GBE007 测回的概念>

测回是由若干单次观测组成的观测单元。一个测回中，顺转仪器要连续两周，在进行全站仪极坐标法实施测量时，水平角采用半测回法测定。在利用太阳高度法进行天文方位观测时，质量控制应从温度的测定、时间的测定、观测起讫时间、一测回观测所用时间、观测太阳的高度角等方面考虑。在电子全站仪基座稳定性的检测时，应连续测几个测回。在测回法水平角观测中，测站限差有半测回角值较差、各测回角值较差等。

为了保证导线测量的精度，在进行导线测量前应检查仪器有无误差、内存卡的容量，检查脚架的牢固程度、电池电量等。

2. 水平角观测

<GBD002 导线控制测量水平角观测要求>

在水平角观测中，一测回中同一方向上、下半测回水平度盘读数之差，称为二倍照准差。半测回角值等于右目标读数或右目标读数加360°减去左目标读数，一测回角值等于上、下半测回角值的中数再加或减180°。

陆上石油物探测量规范中规定，在进行全站仪极坐标法实施测量时，水平角采用半测回法测定，质量控制主要从测站点的选定、发展与检核、仪器的安置、参数的设置、边长的改正、放样点与设计点的偏差、复测点的点位分布、复测率和复测限差等方面考虑。在全站仪极坐标法物理点放样的数据处理中，仪器高和觇标高可参照野外手簿进行编辑修改，作为控制测量的附合导线，其水平角观测中测回间较差的限差为30″，方位角闭合差的限差为$40″\sqrt{n}$。用于地震测线和物理点放样的导线，其方位角闭合差的限差为$60″\sqrt{n}$。对全站仪来说，应采用补偿器，否则垂直轴横向倾斜将主要影响水平角的测量。

<GBE008 2C差的概念>

在方向法水平角观测中，测站限差主要有2C互差、归零差和各测回间方向值互差等。2C差是指同一方向正倒镜水平角读数的差值，2C差是普遍存在的，只要不偏出某限

定值,可以通过盘左盘右的观测值取中数,来作为本次方向观测的数据。2C 互差是指在一测回内,最大 2C 差与最小 2C 差的差值。当 2C 互差、两个半测回同一方向值互差或各个测回间同一方向值互差超限时,均应重测该测回。对一测回内两个半测回角值互差与两个方向 2C 互差加以控制具有等价效果。

导线测量观测过程中,在水平角观测记录手簿对度盘读数中度数部分的读记错误允许改动,但必须在现场更改。读记错误的秒值不许改动,必须重新观测。

<GBD005 导线控制测量观测记录要求>

3. 垂直角观测

天顶距是指从某点的天顶方向到某一目标方向之间的夹角,高度角是指目标方向与水平方向的夹角。利用普通光学经纬仪进行垂直角观测时,要特别注意在读取竖盘读数前使指标水准管气泡居中。垂直度盘的注记按读数零点位置的不同分为天顶距式和垂直角式。经纬仪望远镜、竖盘和竖盘指标差之间的关系是望远镜转动,竖盘和指标都跟着转动。垂直度盘按读数增加方向的不同分为逆时针式和顺时针式两种形式。设在倒镜位置,望远镜视线水平时竖盘读数为270°,当望远镜视线上仰时读数逐渐减小,则高度角等于270°减去瞄准目标时的读数。

在三角高程测量中,若对向观测的外界条件相同,则取直、反觇观测高差的平均值即可消除或减弱地球曲率和大气折光的影响。双盘位观测某个方向的竖直角可以消除竖盘指标差的影响。

<GBD003 导线控制测量垂直角观测要求>

导线测量观测过程中,在垂直角观测记录手簿对度盘读数中度数部分的读记错误允许改动,但必须在现场更改。读记错误的秒值不许改动,必须重新观测。

<GBD005 导线控制测量观测记录要求>

4. 边长测量

在地物分布比较密集复杂的建筑区多采用导线测量方法,当采用电磁波测距时,相邻点之间视线应避开烟囱、散热塔、散热池和强电磁场等。在选定导线点时,相邻两点之间的视线倾角不宜过大,应注意使导线边的长度大致相等,尤其要避免相邻导线边的长度一条过短一条过长,其目的主要是减弱望远镜调焦引起的误差。导线边长最长不超过平均边长的 2 倍。一等控制导线最大长度为 4km。

<GBD028 导线测量作业流程>

作为控制测量的附合导线,其距离测量往返测较差的限差为 0.05m,其总长应不超过 20km,其全长相对闭合差的限差为 1/5000。

5. 跨越障碍

<GBA015 导线跨越障碍物的施工要求>

在导线测量施工过程中,难免遇到山地、树林、村庄、工厂等障碍物。这些障碍物能够阻挡仪器视线,或者无法设置测站,也就无法正常观测距离和角度。所以遇到障碍物时可以变更设计测线或偏移物理点。二维测线施工遇到大型障碍物时,首先考虑测线平移或进行折线设计;三维测线遇到大障碍物时检波点点的横向偏移一般为整道距偏移,但是一般物探测量障碍物的正常偏移变观,可造成物探资料最深的目的层易造成覆盖次数降低,连续性差。

<GBA016 导线跨越障碍物草图的设计方法>

当遇到障碍物时,可绘制跨越障碍物草图,设计导线跨越障碍物方法。首先要绘制障碍物和正常测线,确定障碍物影响的大小及位置。障碍物的边界可以通过地形图、卫星图片或者实地踏勘等方式获得。在跨越障碍时,可采用任意图形进行跨越,跨越障碍后,导线要尽快回到测线上。障碍物较小时,二维测线可以设计 8°角偏移测线跨越,即在

距离障碍物一定距离的设计物理点规划起始偏移点，导线向左或向右偏移不大于8°的水平角，经过一定距离跨越障碍物后导线在回到原设计测线的某一个物理点，形成三角形，三角形两边与原测线形成的角度都应该小于8°。由于以三角形偏移后的物理点在原测线的投影应与设计点位重合，所以偏移后的物理点间距大于原设计点间距，测线偏移角度越大，物理点间距越大；三维测线在横纵方向尽量整道距偏移。

(四) 导线坐标增量的计算

> GBF008 坐标增量闭合差的计算方法

在导线计算中，闭合差是一系列测量值函数的计算值与其已知值之差。导线坐标增量闭合差包括纵坐标增量闭合差和横坐标增量闭合差。导线坐标闭合差的理论值等于零。坐标闭合差分配的原则是按边长成正比分配各改正数，改正数总和与坐标闭合差符号相反、大小相等。

附合导线、闭合导线、导线网都存在坐标增量闭合差，支导线不存在坐标增量闭合差。计算附和导线坐标增量闭合差应用的已知数据有导线各边方位角、导线各边边长、起始点坐标。计算坐标增量所用的坐标方位角应是经角度平差之后，根据角度平差值所推算的坐标方位角，计算各导线点纵、横坐标所用的坐标增量应是经坐标增量闭合差改正后的坐标增量。

在实际工作中，经常利用已知点坐标及坐标增量计算未知点的坐标，例如已知 A 点的坐标为：

$X_A = 2746316.0 \text{m}$；

$Y_A = 19534976.1 \text{m}$。

A 点至 B 点的坐标增量为：

$\Delta x = 184.2 \text{m}$，改正数为 $+0.3 \text{m}$；

$\Delta y = 654.3 \text{m}$，改正数为 -0.5m。

则 B 点的坐标为：

$X_B = 2746500.5$；

$Y_B = 19535629.9$。

> GBF009 坐标增量闭合差的分配方法

同时，可以利用已知边长及坐标方位角计算坐标增量，例如，已知 AB 两点的边长为 188.43m，方位角为 146°07′06″，则 AB 的 X 坐标增量为 -156.433m。

(五) 导线测量的精度统计

导线测量的技术指标主要包括角度闭合差、全长相对闭合差、测角精度、测距精度等。

> GBF006 角度闭合差的计算方法

1. 角度闭合差

附合导线的角度闭合差是指由导线起端已知方位角和各转角观测值所推算出的导线终端方位角与导线终端已知方位角的差值。导线计算中的闭合差是由于观测值存在误差而产生的，闭合差的大小将反映出观测值的误差大小，如果闭合差过大，则表明观测值中的误差太大。角度闭合差的大小反映了水平角观测的质量。

例如，设有一附合导线，起始边方位角为 177°04′42″，结束边方位角为 147°41′06″，5个测站的水平角（左角）总和为 870°37′30″，则角度闭合差为：

$$f_\beta = \sum \beta - (a_n - a_0) - n \times 180$$
$$= 870°37′30″ - (147°41′06″ - 177°04′42″) - 5 \times 180°$$
$$= +1′06″$$

导线计算中常对闭合差给予一个容许值,通常称为限差。当限差在技术要求范围内时,可以对角度闭合差进行平差配赋。如果观测的是左角,则将角度闭合差反号平均分配到各左角上,如果观测的是右角,则将角度闭合差同号平均分配到各右角上。当导线的角度闭合差按平均分配仍有余数时,原则上应将余数分配到短边夹角。

> BF007 角度闭合差的分配方法

2. 全长相对闭合差

从导线起点推算出的终点位置与已知的正确终点位置不一致,两者的偏离距离称为导线全长闭合差,按照误差理论,导线全长闭合差属于绝对误差。例如,某导线全长789.78m,纵坐标增量闭合差、横坐标增量闭合差分别为-0.21m、+0.19m,则导线相对闭合差为1/2800。在附合导线、闭合导线、导线网中存在导线全长闭合差,支导线不存在闭合差。

> GBF004 导线全长闭合差的概念

衡量导线测量精度的指标是导线全长相对闭合差,它与导线闭合差和导线长度有关。用导线全长相对闭合差来衡量导线测量精度的公式是:

$$K = 1 \Big/ \left(\frac{\sum D}{f_D} \right) \tag{1-3-7}$$

式中 $\sum D$——导线长度;

f_D——导线位移闭合差。

例如,某导线全长620m,算得$f_X=0.123$m,$f_Y=-0.162$m,导线全长相对闭合差$K=1/3048$。

> GBF005 导线全长相对闭合差的概念

根据现行的石油物探测量规范,作为控制测量的附合导线,其全长相对闭合差的限差为1/5000。用于地震测线和物理点放样的导线,当地震勘探成图比例尺为1:10000时,其全长相对闭合差的限差为1/3000。当地震勘探成图比例尺为1:100000时,其全长相对闭合差的限差为1/2500。

> GBD004 导线控制测量边长观测要求

(六)三角高程测量

三角高程测量就是根据所测得的两点间的高度角、水平距离以及所量取的仪器高和觇标高,应用三角学公式计算出两点间的高差,然后依据其中一个点的已知高程,求得另一个点的高程。理论和实践表明,电磁波测距三角高程测量的精度能够达到三等、四等水准测量的精度。在三角高程测量中,导致高差闭合差的原因主要由垂直角观测误差和边长测量误差所引起。

> GBF001 三角高程测量的原理

三角高程测量可采用单一路线、闭合环、结点网的形式布设。在三角高程测量中,测站点既可以设在已知高程点上,也可以设在待定高程点上。三角高程测量是根据两点间的竖直角和水平距离计算高差而求出高程的,其精度低于水准测量。

三角高程测量公式为:

$$h_{AB} = D \cdot \tan\alpha + i_A - v_B \tag{1-3-8}$$

式中 i_A——仪器高;

v_B——觇标高;

D——水平距离。

> GBF002 三角高程测量的基本公式

两点间的垂直角需实测,水平距离既可以实测,也可以根据平面坐标反算。

例如,在测站A进行视距测量,仪器高$i=1.45$m,望远镜盘左照准B点标尺,中丝读数$v=2.56$m,视距间隔为$l=0.586$m,竖盘读数$L=93°28'$,求水平距离D及高差h。

解：$D = 100l\cos^2(90-L) = 100 \times 0.586 \times [\cos(90-93°28')]^2 = 58.386\text{m}$

$h = D\tan(90-L) + i - v = 58.386 \times \tan(-3°28') + 1.45 - 2.56 = -4.647\text{m}$

<u>GBF003 三角高程测量球差改正方法</u>
三角高程测量路线的总长原则上可参考同等级的水准路线的长度。三角高程测量基本公式成立的前提条件是地球表面为水平面和光线传播方向为直线,当两地面点间的距离较远时,就必须考虑地球曲率、大气折光的影响。球差是以水平面作为基准面的高差和以水准面作为基准面的高差之间的差值。在三角高程测量中,球差使所测高差减小,应在所测结果中加入正值。球差的大小与两点间距离的平方成正比,而与两点间高差基本无关。大气折光系数的计算与地球半径、大气折光曲线曲率半径有关。

五、高程异常

<u>GBB015 正高的概念</u>
(一) 高程异常的概念

石油物探测量成果需提供的高程成果为海拔高即正高,正高是地面点沿该点的重力线到大地水准面的距离。由于不同深度处的重力值无法实测,重力平均值也无法精确计算,因此无法精确获得地面点的正高。若想获得某点的正高,必须知道沿该点到大地水准面间铅垂线上不同深度处的重力平均值,同时还要从一已知高程点出发沿水准路线进行水准测量、重力测量。

理论上两点之间的高差,是两点沿铅垂线方向到大地水准面的距离之差,具有唯一性。由于水准面的不平行性,使得在实际的水准测量中,随着所经过水准路线的不同,测得的两点间高差也不同。

大地高等于正常高与高程异常之和,GNSS 测定的是大地高,解算正常高必须先知道高程异常。在局部 GNSS 网中已知一些点的高程异常,考虑地球重力场模型,利用多面函数拟合法求解其他点的高程异常和正常高。

假设地球是一个以一定角速度旋转并且内部质量以一定规律分布的地球椭球,在该假设条件下产生的重力称为正常重力,由一系列正常重力位相等的各相邻点形成的曲面称为正常位水准面。在大地测量学中,正常高的基准面,即由地面点沿铅垂线向下量取正常高所得各对应点形成的连续曲面,称为似大地水准面。根据现行的国家水准测量规范,国家水准测量的高程系统采用由 1985 年国家高程基准起算的正常高系统。

<u>GBB016 正常高的概念</u>
似大地水准面不是等位面,没有明确的物理意义。1945 年苏联的 M.C. 莫洛坚斯基提出了"正常高"的概念,即将正高系统中的分母 g_m 改用平均正常重力值 γ_m 来代替,γ_m 是可以精确计算的,因此正常高也可以精确地计算出来。似大地水准面很接近大地水准面,在海洋上两者是重合的,在平原地区为几厘米,在高山地区最大为 3m 左右。

<u>GBB020 高程异常的概念</u>
似大地水准面与参考椭球面之间的距离,称为高程异常,高程异常 ξ 和大地高 H_d、正常高 H_γ 的关系为:$H_d = H_\gamma + \xi$。RTK 控制点高程的测量,是将流动站测得的大地高减去流动站的高程异常获得。要计算某点的高程异常值,需要知道该点的海拔高(正常高)和椭球高。山地地震勘探中,物理点的高程异常可以在高程异常图上量取。

<u>GBB017 大地水准面差距</u>
(二) 大地水准面差距

大地水准面是正高的基准面,在测量工作中,均以大地水准面为依据。大地水准面差距是指大地水准面上一点到椭球面上的距离。造成大地水准面差距的主要原因是地球表面起伏、地球内部质量分布不匀。大地基准的起算数据包含大地原点的大地水准面差距。地面上一点大地高 H_d、正高 H_g 和大地水准面差距 N 之间的关系为 $H_d=H_g+N$。

对于仅涉及一个国家内部的常规测量而言,由于参考椭球面与大地水准面符合得最好,因此采用参心坐标系比较适宜。目前在大多数情况下,大地水准面差距值难以精确决定,因此 GNSS 控制网一般用于平面高级控制网的布设。

六、物理点偏移

(一)物理点偏移量的概念

目前常用的物探测量方法是 GNSS RTK 测量方法,由 RTK 测量放样并实测得到的是物理点的坐标和高程。由于地形地物的原因,如化工厂、深水水域、河流、陡坡等不能安置检波器、不能进行钻井或震源作业的设计点位需要进行偏移,偏移后的点称为偏移点。

偏移点与设计点或设计测线之间的距离称为偏移量(图 1-3-3)。偏移点到设计点的纵坐标 x 变化量称为纵坐标偏移量;偏移点到设计点的横坐标 y 变化量称为横坐标偏移量;偏移点到设计测线的垂直距离一般称为横向偏移距离;偏移点沿测线方向到设计点位的距离一般称为纵向偏移距离;偏移点至设计点的直线距离称为偏移点位移。

偏移点的偏移量必须符合测量施工设计的要求。

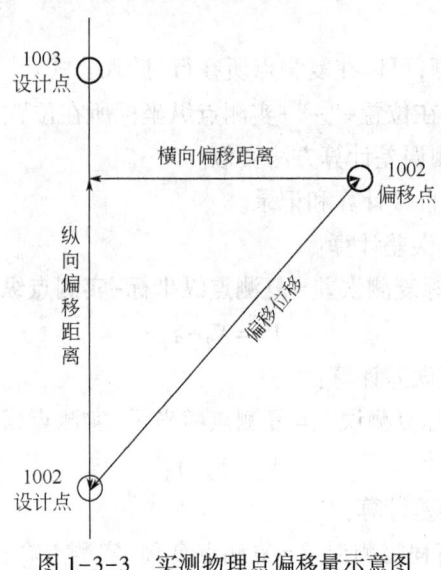

图 1-3-3　实测物理点偏移量示意图

(二)数据处理

每日的 RTK 原始数据记录要及时转储到外部介质上做好备份,进行保存前不应做任何剔除、编辑及删改;按照石油物探测量规范推荐的物探测量成果整理格式,在地震测线测量质量统计表中填入测线号完成工作量、物理点放样误差、物理点复测误差等。

项目二 统计 RTK 复测点

一、准备工作

(一)设备
计算机 1 台,科学计算器 1 个。

(二)人员
1 人独立操作,劳动用品穿戴齐全。

二、操作规程

(一)点数统计
(1)打开数据文件。
(2)通过观测起始点和终止点点号统计观测物理点总数。
(3)通过直接检索或排序功能检查统计复测点数量。
(4)计算复测率:复测率=复测点数÷实测物理点总数×100%。

(二)计算复测误差
如果使用电子表格计算,可以在复测点所在行,插入公式:
"="+复测点纵坐标所在位置+"−"+实测点纵坐标所在位置+"回车"。
其他横坐标和高程复测误差计算方法类似。
如果使用计算器,可以直接计算和记录。
(1)物理点纵坐标复测误差计算:
$$纵坐标复测误差=复测点纵坐标-实测点纵坐标$$
即
$$V_X = X_2 - X_1$$
(2)物理点横坐标复测误差计算:
$$横坐标复测误差=复测点横坐标-实测点横坐标$$
即
$$V_Y = Y_2 - Y_1$$
(3)物理点高程复测误差计算:
$$高程复测误差=复测点高程-实测点高程$$
即
$$V_H = H_2 - H_1$$

(三)统计最大值
(1)在纵坐标复测误差数据列检索绝对值最大的数值,即最大纵坐标复测误差。
(2)在横坐标复测误差数据列检索绝对值最大的数值,即最大横坐标复测误差。
(3)在高程复测误差数据列检索绝对值最大的数值,即最大高程复测误差。

(四)统计中误差
(1)计算纵坐标复测中误差:纵坐标复测中误差 $M_X = \sqrt{\dfrac{\sum V_X^2}{N}}$,式中 N 表示复测点数。

(2)计算横坐标复测中误差:横坐标复测中误差 $M_Y = \sqrt{\dfrac{\sum V_Y^2}{N}}$ 式中 N 表示复测点数。

(3)计算高程复测中误差:高程复测中误差 $M_H = \sqrt{\dfrac{\sum V_H^2}{N}}$ 式中 N 表示复测点数。

三、技术要求

(1)严格按照作业数据进行统计,其他任何数据无效。
(2)复测率保留整数,计算误差不大于 1%。
(3)坐标复测误差保留三位小数,计算误差不大于 2mm。
(4)复测中误差保留 3 位小数,计算误差不大于 5mm。

四、注意事项

(1)可以使用计算机或计算器作为计算工具,以得出计算结果为准。
(2)不允许在所操作的计算机上安装其他软件。
(3)计算机使用 220V 电源,使用时不可触动电缆、主机等部件,防止触电。
(4)不可用尖锐物品触碰计算机屏幕。
(5)不可擦拭计算机任何部件。
(6)轻触计算机键盘。

项目三 统计 RTK 实测点

一、准备工作

(一)设备
计算机 1 台,科学计算器 1 个。
(二)人员
1 人独立操作,劳动用品穿戴齐全。

二、操作规程

(一)备份数据
(1)新建文件夹。
(2)拷贝 RTK 实测数据文件。
(二)点数统计
(1)打开数据文件。
(2)统计实际观测点点数。
(3)统计观测起始物理点和终止物理点。
(4)统计应测物理点数量,即每条线观测起始点至终止点应观测的点数量。

(三)统计空点

(1)实测点点号排序。
(2)统计空点范围。
(3)计算空点点数。
(4)计算空点率:

$$空点率=空点总点数÷应测总点数×100\%$$

(四)整理数据

通过操作去除设计数据、复测数据,并按照桩号顺序进行排序,形成实测 RTK 物理点成果。

(1)严格按照线号整理数据,将不同线号数据存入不同的数据文件。
(2)将每条线按照桩号顺序排序,整理数据文件。
(3)去除文件中的复测点数据。
(4)去除文件中的设计数据。
(5)保存数据文件。

三、技术要求

(1)严格按照作业数据进行统计,其他任何数据无效。
(2)空点率保留整数,计算误差不大于1%。
(3)不同的测线数据保存在不同的数据文件。
(4)测线数据文件按照物理点桩号进行排序。
(5)数据文件使用电子表格或文本编辑软件可以编辑的格式,其他格式无效。

四、注意事项

(1)可以使用计算机或计算器作为计算工具,以得出计算结果为准。
(2)不允许在所操作的计算机上安装其他软件。
(3)计算机使用220V电源,使用时不可触动电缆、主机等部件,防止触电。
(4)不可用尖锐物品触碰计算机屏幕。
(5)不可擦拭计算机任何部件。
(6)轻触计算机键盘。

项目四 整理水平角观测数据

一、准备工作

(一)设备

铅笔1支,科学计算器1个。

(二)人员

1人独立笔试,劳动用品穿戴齐全。

二、操作规程

(一)计算 2C 差

2C 差计算公式为：

$$2C = 盘左读数 - 盘右读数 \pm 180°$$

(二)计算正倒镜中数

正倒镜中数计算公式为：

$$正倒镜中数 = (盘左读数 + 盘右读数 - 180°) \div 2$$

(三)计算归零差

归零差计算公式为：

$$归零差 = (闭合方向读数 - 起始方向读数) \div 2$$

(四)计算水平方向

水平方向计算公式为：

$$各目标水平方向 = 正倒镜中数 - 归零差$$

三、技术要求

(1)严格按照作业数据进行统计，其他任何数据无效。
(2)计算角度保留整数，计算误差不大于 $1''$。

四、注意事项

(1)可以使用计算器作为计算工具，以得出计算结果为准。
(2)注意角度单位为度分秒。
(3)书写数字清晰、端正。

项目五　整理垂直角观测数据

一、准备工作

(一)设备

铅笔 1 支，科学计算器 1 个。

(二)人员

1 人独立笔试，劳动用品穿戴齐全。

二、操作规程

(一)计算指标差

计算公式为：

$$X = (L + R - 360) \div 2$$

即：

$$指标差 = (盘左读数 + 盘右读数 - 360°) \div 2$$

(二)计算垂直角

计算公式为：

$$\alpha = (90+X) - L \text{ 或 } \alpha = R - (270+X)$$

三、技术要求

(1)严格按照作业数据进行统计,其他任何数据无效。
(2)计算角度保留整数,计算误差不大于1″。

四、注意事项

(1)可以使用计算器作为计算工具,以得出计算结果为准。
(2)注意角度单位为度分秒。
(3)书写数字清晰、端正。

项目六　计算物理点实测偏移量

一、准备工作

(一)设备

计算机1台,科学计算器1个。

(二)人员

1人独立操作,劳动用品穿戴齐全。

二、操作规程

(一)备份数据

(1)新建文件夹。
(2)复制数据文件到新的文件夹。

(二)计算偏移量

(1)用电子表格软件打开数据文件。
(2)计算实测物理点纵坐标偏移量 V_X：

纵坐标偏移量＝实测纵坐标－设计纵坐标

即：
$$V_X = V_{实测X} - V_{设计X}$$

在电子表格实测坐标所在行空白列输入"＝"、实测 X 坐标位置、"－"、设计 X 坐标位置、回车键。

(3)计算实测物理点横坐标偏移量 V_Y：

横坐标偏移量＝实测横坐标－设计横坐标

即：
$$V_Y = V_{实测Y} - V_{设计Y}$$

在电子表格实测坐标所在行空白列输入"＝"、实测 Y 坐标位置、"－"、设计 Y 坐标位置、回车键。

(4)计算实测物理点位移量 S：

$$S=\sqrt{V_X^2+V_Y^2}$$

在电子表格实测坐标所在行空白列输入"=SQRT"、V_X 位置、"*"、V_X 位置、"+"、V_Y 位置、"*"、V_Y 位置、回车键。

(三)计算实测道距

(1)计算相邻点纵坐标差 d_x。

(2)计算相邻点横坐标差 d_y。

(3)计算道距：

$$D=\sqrt{d_x^2+d_y^2}$$

(四)统计最大值

(1)通过排序或使用"MAX""MIN"函数统计所有实测物理点纵坐标最大偏移量。

(2)通过排序或使用"MAX""MIN"函数统计所有实测物理点横坐标最大偏移量。

(3)通过排序或使用"MAX""MIN"函数统计所有实测物理点最大位移。

三、技术要求

(1)在备份的数据文件上操作,不可破坏源文件数据和格式。

(2)严格按照作业数据进行统计,其他任何数据无效。

(3)计算数据保留 3 位小数,计算误差不大于 2mm。

四、注意事项

(1)可以使用计算器作为计算工具,以得出计算结果为准。

(2)最大纵坐标偏移、横坐标偏移及最大位移包括正值和负值,应取绝对值进行比较。

(3)不允许在所操作的计算机上安装其他软件。

(4)计算机使用 220V 电源,使用时不可触动电缆、主机等部件,防止触电。

(5)不可用尖锐物品触碰计算机屏幕。

(6)不可擦拭计算机任何部件。

(7)轻触计算机键盘。

项目七　计算导线角度闭合差

一、准备工作

(一)设备

签字笔 1 支,科学计算器 1 个。

(二)人员

1 人独立笔试,劳动用品穿戴齐全。

二、操作规程

（一）计算角度闭合差

设：导线水平角分别为 B_1、B_2、$\cdots$、B_n，起算方位角为 A_0、A_n，则角度闭合差计算公式为：

$$F_B = \sum_{i=1}^{n} B_i - (A_n - A_0) - n \times 180$$
$$= A_0 + B_1 + B_2 + B_3 + \cdots + B_n - A_n - n \times 180$$

操作步骤：

(1) 对所有水平角观测值求和。

(2) 计算角度闭合差。

（二）角度闭合差配赋

按照角度个数平均配赋闭合差，每个水平角改正数为：

$$V_B = \frac{F_B}{n}$$

（三）改正水平角

将观测记录的水平角加改正数即为改正后水平角：

$$B_i' = B_i - V_i$$

（四）计算方位角

计算公式为：

$$A_i' = A_{i-1} + B_i' + 180$$

如果计算值大于 360°，将结果减去 360。

（五）计算方位角闭合差

理论上经过水平角配赋改正后计算的方位角应与已知方位角相等，可以用来检核计算的正确性，即方位角闭合差：

$$V_A = A_n' - A_n$$

三、技术要求

(1) 严格按照作业数据进行统计，其他任何数据无效。

(2) 计算角度保留整数，计算误差不大于 1s。

四、注意事项

(1) 注意当计算角度大于 360°时可减去 360，当角度为负值时可加 360。

(2) 注意角度单位为度分秒，改正数单位为秒。

(3) 书写数字清晰、端正。

项目八　计算导线坐标增量闭合差

一、准备工作

(一)设备
签字笔 1 支,科学计算器 1 个。

(二)人员
1 人独立笔试,劳动用品穿戴齐全。

二、操作规程

(一)统计边长
统计导线边的边长总长:
$$\sum S = S_1 + S_2 + S_3 + \cdots + S_n$$

(二)计算坐标增量
(1)利用科学计算器计算 X 纵坐标增量:
$$\Delta X_i = S_i \cdot \cos A_i'$$

式中　S_i ——导线边边长;
　　　A_i' ——该导线边的方位角。

(2)利用科学计算器计算 Y 横坐标增量:
$$\Delta Y_i = S_i \times \sin A_i'$$

式中　S_i ——导线边边长;
　　　A_i' ——该导线边的方位角。

(三)计算坐标增量闭合差
设:出线点 N 坐标(X_N, Y_N),闭合点 A 坐标(X_A, Y_A)。
(1)计算纵坐标增量闭合差:
$$f_X = X_N + \sum_{i=1}^{n} X_i - X_A$$

(2)计算横坐标增量闭合差:
$$f_Y = Y_N + \sum_{i=1}^{n} Y_i - Y_A$$

(四)分配坐标增量改正数
(1)计算纵坐标增量改正数:
$$V_{\Delta X_i} = \frac{f_X}{\sum S} \times S_i$$

(2)计算横坐标增量改正数:
$$V_{\Delta Y_i} = \frac{f_Y}{\sum S} \times S_i$$

(五) 计算坐标

(1) 计算导线点 X 纵坐标：

$$X_i = X_{i-1} + \Delta X_i - V\Delta X_i$$

(2) 计算导线点 Y 横坐标：

$$Y_i = Y_{i-1} + \Delta Y_i - V_\Delta Y_i$$

三、技术要求

(1) 严格按照作业数据进行统计，其他任何数据无效。
(2) 计算数据保留 1 位小数，计算误差不大于 0.1m。

四、注意事项

(1) 角度单位为度分秒，注意在计算器上正确使用函数计算功能。
(2) 书写数字清晰、端正。

第二部分

技师、高级技师相关知识

模块一 使用仪器

项目一 普通水准测量

一、水准测量的基本原理

J(GJ)BA014 水准测量的基本原理

水准测量,是指水准仪和水准尺测定地面上两点间高差的过程和方法。如图 2-1-1 所示,A、B 是两个树立尺子的地面点,两个地面点之间安置一台水准仪,单实线是水准仪的水平视线,a、b 是水平视线在尺面上读得的读数。

$$\begin{cases} H_B = H_A + h_{AB} \\ h_{AB} = a - b \\ H_B = H_A + (a-b) \\ H_B = (H_A + a) - b \\ H_B = H_i - b \end{cases} \tag{2-1-1}$$

式中 H_i——水准仪的高程。

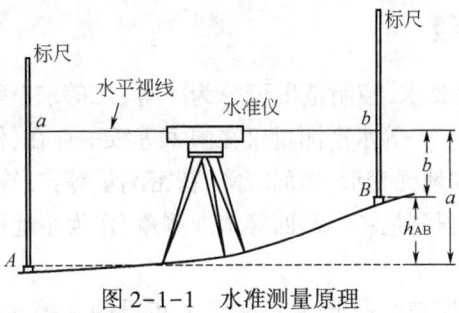

图 2-1-1 水准测量原理

A 点为后视点,A 点尺上的读数 a 称为后视读数;B 点为前视点,B 点尺上的读数 b 称为前视读数,高差等于后视读数减去前视读数。

水准测量的基本设备是一台能提供水平视线的水准仪和一对能保持竖立的水准标尺。在水准测量中,当两点间高差太大或距离太远时,应在中途加设若干个临时立尺点作为传递高程的过渡点。在水准测量的高差计算公式中,式中的 h_{AB} 可以为正数也可以为负数。

进行水准测量时,当已知点与待定点相距较远或高差较大时,安置一次仪器往往不能测得两点的高差。进行水准测量时,为了简单起见,将水准面看成水平面,而在实际的高差测量中,必须考虑地球曲率的影响。

概括起来水准测量的原理:主要是利用水准仪提供的水平视线,直接测定地面上各点之间的高差;然后根据其中一点的已知高程推算其他各点的高程。

水准测量可以通过以下方法消除地球曲率对高差的影响：对各测站观测高差施加地球曲率改正，但逐站施加地球曲率改正非常麻烦；在实际作业中，都是通过使前、后视距相等来消除地球曲率对高差的影响。

水准测量的主要目的是测出一系列点的高程，无论是科学研究还是经济建设，对水准点的密度和水准点高程的精度要求，都随着具体任务的不同而有所差别。为了适应各方面的需要，国家测绘局对全国的水准测量做了统一的规定，按不同的要求定了四个等级：这四个等级以精度分，一等水准点测量最高，四等水准点测量最低；以用途分，一等、二等水准测量主要用于科学研究也作为三等、四等水准测量的起算根据，三等、四等水准测量主要用于国防建设、经济建设和地形测图的高程起算。

为了进一步满足工程建设和地形测图的需要，以国家水准测量的三等、四等水准点为起始点，尚需布设工程水准测量、图根水准测量，通常统称为普通水准测量。由于主要用途及精度要求不同，因此，对各等级水准测量的路线布设、点的密度、使用仪器以及具体操作在规范中有相应的规定。

在仪器及使用方面，光学水准仪是指利用望远镜直接读取普通水准尺读数的仪器。一般来说，普通光学水准仪大多配备普通水准标尺。为了使水准尺能够精确地处于竖立位置，通常在水准标尺侧面装配一个圆水准器。水准点对地壳变化、地表形状等方面的科学研究，以及对各类经济建设的设计施工都很重要。

> J(GJ)BA011
> 水准测量概述

为了便于水准标尺竖立并保持水准测量过程中水准尺不发生数值方向的升降，需要配备供立尺用的尺垫或尺桩。在水准测量的过程中，尺垫或尺桩只能用于高程传递点，而不能用于已知高程点和待定高程点。

> J(GJ)BB002
> 水准测量的等级

二、水准测量的等级

水准测量等级按精度要求、控制范围可分为一等、二等、三等、四等，其中一等、二等水准测量称为精密水准测量。一等水准测量仅在国家等级中存在，作为国家高程控制，建立统一的高程基准，科学研究如地壳变形、地面沉降、精密测量等；二等水准测量作为大城市的高程控制，地面沉降、精密工程测量；三等、四等水准测量，作为小地区的高程控制，普通工程测量、图根水准测量之用。

一等水准路线是高程控制的骨干，在此基础上布设的二等水准路线是高程控制的全面基础，在一等、二等水准网的基础上加密三等、四等水准路线，三等、四等水准测量主要用于国防建设、经济建设、地形测图的高程起算。按国家水准测量规范规定，各等级水准路线一般都应构成闭合环线或附合于高级水准路线上。

作为一个测区高程控制的水准测量，通常分为二等、三等、四等，各等级均可以作为首级控制，即首级控制可选用各等级的水准测量，具体采用哪个等级作为首级控制，主要根据测区大小和实际需要确定。作为一个测区加密高程控制的三等、四等水准测量，水准路线宜优先考虑布设成附合路线的形式。如果测区内只有与首级控制同级或比首级控制低级的水准点，则通常选择一个水准点作为起算点，将首级控制布设为闭合路线或环形网形式。一般来讲，水准路线可布设成水准网或单一水准路线的形式。

三、水准仪的分类

水准仪是用来建立水平视线测定地面两点间高差的仪器,主要部件有望远镜、管水准器(或补偿器)、垂直轴、基座、脚螺旋。水准仪按结构分为微倾水准仪、自动安平水准仪、激光水准仪和数字水准仪(又称电子水准仪);按测量精度分为普通水准仪和精密水准仪;按整平的原理分为微倾水准仪和补偿器水准仪两类。

(1)微倾水准仪,是借助于水准管微倾螺旋导致视线精确水平的。其管水准器分划值小、灵敏度高。望远镜与管水准器联结成一体。凭借微倾螺旋使管水准器在竖直面内微作俯仰,符合水准器居中,视线水平。

(2)自动安平水准仪,借助自动安平补偿器获得水平视线。当望远镜视线有微量倾斜时,补偿器在重力作用下对望远镜做相对移动,从而迅速获得视线水平时的标尺读数。这种仪器较微倾水准仪工效高、精度稳定。

(3)激光水准仪,利用激光束代替人工读数。将激光器发出的激光束导入望远镜筒内使其沿视准轴方向射出水平激光束。在水准标尺上配备能自动跟踪的光电接收靶,即可进行水准测量。

(4)数字水准仪,集光机电、计算机和图像处理等高新技术为一体,是现代科技最新发展的结晶,数字水准仪与传统水准仪具有相同的光学、机械以及补偿器结构。电子水准仪可以利用条形码识别器捕捉视线方向上的特制水准尺上的条形码。

而国产水准仪等级系列标准"DS05、DS1、DS3、DS10、DS20"中的数字表示采用该等级仪器进行水准测量时以毫米为单位的每公里高差中数的偶然中误差。

四、光学水准仪

(一)光学水准仪的结构

普通光学水准仪主要由基座、竖轴系、望远镜、水准管等部件组成。普通光学水准仪的望远镜和水准管连在一起,而且使水准管的水准轴与视准轴平行,水准管的水准轴水平,即气泡居中时,视准轴也就处于水平位置。圆水准器的用途是用它粗略地整平仪器,也就是使仪器竖轴处于垂直状态。按一定的操作方法调节基座的三个脚螺旋可将圆水准气泡导至中央,从而将仪器大致置平。通过调节基座上的三个脚螺旋,可使仪器竖轴处于竖直位置。

制动和微动螺旋用来控制望远镜在水平方向的转动,只有当制动螺旋止动之后微动螺旋才能使望远镜做缓慢的移动。

微倾螺旋调节水准管连同望远镜一起做微小的上下倾斜转动,因为圆水准器的分划值比较大,圆水准器的气泡居中后,水准管的气泡不一定居中,每当用望远镜瞄准水准尺进行读数时,必须先用微倾螺旋调整水准管使气泡居中。通过调节水准管微倾螺旋,可以改变望远镜视准轴的水平状态。为了提高水准管气泡居中的判读精度,一般水准仪都为水准管装配了符合棱镜系统。

为了是整个水准仪在三脚架上安置的比较稳固,在仪器的基座下部装了一块有弹性的三角压板,三角压板在中间是与三脚架连接的螺母,三脚架上的中心连接螺旋即旋入这个螺母之中而使仪器与三脚架连接在一起。

DS3 水准仪的主要组成部分及其作用是：(1) DS3 水准仪的主要组成部分有：望远镜、水准管、基座三个部分。(2) 望远镜的主要作用是照准目标和读数。(3) 水准管用于整平。(4) 基座主要用于支撑仪器和三脚架连接作用。

微倾式水准仪应该满足的两个主要条件：

(1) 水准管的水准轴应与望远镜的视准轴平行。

(2) 望远镜的视准轴不应调焦而变动位置。

微倾式水准仪应该满足的两个次要条件：

(1) 圆水准器的水准轴应与水准仪的旋转轴平行。

(2) 十字丝的横丝应当垂直于仪器的转轴。

J(GJ)BB007
光学水准仪基本操作的方法

(二) 光学水准仪操作方法

使用水准仪时将仪器装于三脚架上，安置在选好的测站上，三脚架头大致水平，仪器的各种螺旋都调整到适中的位置，以便螺旋向两个方向均能转动。用脚螺旋导致圆水准气器的气泡居中，称为粗平，放松制动螺旋水平方向转动望远镜，用准星和照门大致瞄准水准尺，固定制动螺旋，用微动螺旋使望远镜精确瞄准水准标尺，用微倾螺旋使水准管气泡居中，称为精平，最后通过望远镜用十字丝中间的横丝在水准尺上读数。目镜对光，是将望远镜对向明亮背景，调节目镜对光螺旋使十字丝成像清晰。

1. 水准仪的安置

水准仪安置通常是用两手分别握住三脚架的两条腿，先将第三个腿在地上放稳然后调动两手握住的腿，注意圆水准气泡不要偏离中心太远，将脚架平稳地放在地上。

2. 粗平

粗平工作是用脚螺旋将圆水准器的气泡导至居中。

3. 瞄准

在用望远镜瞄准目标之前，必须先将十字丝调至清晰。瞄准目标应首先使用望远镜上的瞄准器，在基本瞄准水准尺后立即用制动螺旋将仪器止动。精确瞄准就是调节水准微动螺旋使十字丝竖丝落在水准尺的分划面上。

4. 精平

读数之前应用微动螺旋调整气泡居中，使视线精确水平。由于气泡的移动有一个惯性，所以转动微倾螺旋的速度不能太快，特别在符合水准器的两端，气泡影像将要对齐的时候尤应注意，只有当气泡已经稳定不动而又居中时视线才是水平的。

5. 读数

仪器已经精平后即可在水准尺上读数。为了保证读数的准确性，并提高读数的速度，可以首先看好厘米的估读数，然后再将全部读数报出，一般习惯上是报 4 个数字，即米、分米、厘米、毫米，并且以毫米为单位，例如 1.367m，只需读 1367 4 个数字。

J(GJ)BB008
电子水准仪的基本原理

五、电子水准仪

(一) 电子水准仪的原理

电子水准仪又称数字水准仪，其基本构造由光学机械部分、自动安平补偿装置和电子设备组成。电子水准仪的望远镜光学部分和机械结构与自动安平光学水准仪相同，因而具有人工操作和自动照准读数两套功能，只是配置的标尺刻画形式不同。水准仪利用精度为 $8'/2mm$ 的圆水准器概略整平，补偿器就使视线自动安平。补偿器采用悬挂在吊丝下的摆棱镜，它在重力作用下起定向作用，空气阻尼器使摆迅速稳定，补偿器安平精度小于 $±0.4mm$。在电子水准仪的部分元件中采用非磁性材料，比如补偿器和吊丝，使得这些元件在均匀磁场作用下磁滞效应不明显。电子水准仪与光学水准仪不同之处，是采用条码水准标尺和仪器内装有电子识别处理系统。如果使用传统水准标尺，电子仪又可以像普通自动安平水准仪一样使用，这时的测量精度低于电子测量的精度。

电子识别处理与条码设计属专利保护，各厂方设计方式不尽相同，但其基本要求是一致的。条码标尺设计要求各处条码宽度和条码间隔不同，以便探测器正确测出每根条码的位置。

电子水准仪在人工完成照准和调焦之后，标尺条码一方面被成像在望远镜分划板上，供目视观测，另一方面通过望远镜的分光镜，标尺条码又被成像在光电传感器(又称探测器)上，即线阵 CCD 器件上，供电子读数。

电子水准仪自动读数的基本原理：条码标尺上的影像通过望远镜成像在十字丝面上，行阵探测器将标尺图像转换成模拟视频信号，经读出电子部件将视频信号放大和电子构成测量信号。测量信号与仪器中内存的参考信号(已知代码)按相关方法进行比对，使测量信号移动以达到两信号最佳符合，从而获得标尺读数和视距读数。

目前流行的几种电子水准原理主要是相关法、几何法、相位法、RBA 原理及叶氏原理。从这几种原理的共同性的角度看，都使用了光学水准仪的光路原理，也都使用了条形码标尺，条码明暗相间，通过改变明暗条码的宽度实现编码，且条码不存在重复的码段。

除编码环节存在共同性外，解码环节也有共同性。所有的电子水准原理的解码过程都存在粗测、精测和精粗衔接这些步骤过程，且这些过程和普通的光学模拟水准仪仍然有相似之处。

相关法解码原理就是对图像信号与约定的编码进行相关解算，寻找最大相关点的位置从而完成图像识别进而获得所截获的条码片段的原码(粗测值)和物像比(距离)，相关法的精测原理仍然利用电子中丝和所截获的码片段码元的相位(位置)关系实现。其解码突破口在于二维相关搜索运算。

粗测是确定光电传感器所截获条码片段在标尺上的位置，这一过程也是图像识别过程。

精测是确定电子中丝在所截获的条码片段中的位置。

精粗衔接是根据精测值和粗测值求得电子中丝在标尺上的位置，即测量结果。

相位法的精测、粗测含义则有所不同。

除相关法外，相位法、几何法、RAB 原理和叶氏原理都利用了载码调制编码解码，通过载码波谱的使用以实现快速图像识别，相位法的波谱相对复杂，必须以傅立叶变换来解码，而后三种原理则只需相对简单的算法就可以获得载码成像的周期波谱信息。而实践应用证实了后两种原理的实际测量速度比相位法和相关法明显快捷。

就三种使用载码调制的原理而言，几何法必须增加细条纹码克服近距离时信息密度过低的缺陷，RAB 原理和叶氏原理只需增加调制级数就可以轻易解决近距离时信息密度低的问题。

相位法原理的基本特征是：利用标尺条码图像信号中的几个不同周期码的波谱相位差来实现粗测，算法是快速傅立叶变换，其运算量也不小；精测原理利用 R 周期码的相位信息实现。

RAB 原理编码规则是：载码码宽数字电子，其解码的突破口是利用相邻码元中心等距离特征，即图像信号中包含有周期波谱，从而通过周期波谱的测量实现了准确的码元坐标定位，继而实现物像比解算、快速粗测的相关运算等。

（二）电子水准仪的特点

电子水准仪是以自动安平水准仪为基础，在望远镜光路中增加了分光镜和探测器（CCD），并采用条码标尺和图像处理电子系统而构成的光机电测量一体化的高科技产品。采用普通标尺时，又可像一般自动安平水准仪一样使用。它与传统光学水准仪相比有以下优点：

（1）读数客观。不存在误读、误记问题，没有人为读数误差。

（2）精度优。视线高和视距读数都是采用大量条码分划图像经过处理后取平均得出来的，因此削弱了标尺分划误差的影响。多数仪器都有进行多次读数取平均的功能，可以削弱外界条件如振动、大气扰动等的影响。这同时也就要求标尺条码要有足够的可见范围，任何对有效条码的遮挡都将影响仪器的测量精度。

（3）速度快，效率高。由于只需整置仪器圆气泡居中后即可进行测量（补偿器已经开始工作），而且电子水准仪没有测微器，省去了一次照准两次测微器符合进行重复测量，测量时间与传统仪器相比至少可以节省 1/3 左右。

（4）效率高，只需调焦和按键就可以自动读数，减轻了劳动强度。视距还能自动记录、检核、处理并能输入电子计算机进行后处理，可实线内外业一体化。

（5）操作简单。由于仪器实现了读数和记录的自动化，并预存了大量测量和检核程序，在操作时还有实时提示，因此测量人员可以很快掌握使用方法，减少了培训时间，即使不熟练的作业人员也能进行高精度测量。

（6）易于实现测量内外一体化。测量数据能自动采集、检核、处理。光学水准仪的标尺读数，只能用人工键盘式输入电子手簿，难以实现自动化。数字电子仪将数据直接记录在卡上，检核时，按规定格式输出，便于在计算机上处理，形成自动流程。

但是，电子水准仪与传统光学水准仪相比存在以下缺点：

（1）电子水准仪不如光学水准仪测量灵活。由于电子水准仪只能对其配套标尺进行照准读数，而在有些部门的应用中，使用自制的标尺，甚至是普通的钢板尺，只要有刻划线，光学水准仪就能读数，而电子水准仪则无法工作。同时，电子水准仪要求有一定的视场范围，但有些情况下，只能通过一个较窄的狭缝进行照准读数，这时就只能使用光学水准仪。

（2）与光学水准仪相比，电子水准仪受外界条件影响大。由于电子水准仪是由 CCD 探测器来分辨标尺条码的图像，然后进行电子读数，而光照强度、大气折射、热抖动、调焦质量的好坏，都会影响编码标尺在 CCD 上的成像质量，从而影响测量精度。此外，周围环境的磁场强度、通视程度等因素都会影响电子水准仪测量。

（三）电子水准仪的误差来源

1. 与主机有关的误差

（1）圆水准器位置不正确。圆水准器位置不正确可引起水准仪竖轴倾斜，形成"水平面倾斜"误差。

（2）补偿器误差。电子水准仪的补偿器与光学自动安平水准仪的补偿器，都属于交叉吊带重力摆补偿器,其表现特性也基本一致,基本能够满足精密水准测量的要求不得大于0.10″。但是,经过运输、温度变化和长时间的使用使其内应力变化,其补偿性能差异也较大。

（3）视准轴误差（i角误差）。在电子水准仪上,i角误差分为光学i角误差和电子i角误差。环境温度、机械振动（如仪器搬站等）、望远镜调焦和磁场（包括地球磁场和外部电磁场）都会引起i角变化。

（4）补偿误差。由于补偿器性能不完善导致的仪器视准轴倾斜,会对前后观测带来"水平面倾斜"误差。

（5）高程误差。其他原因导致的"水平面倾斜"误差。

（6）望远镜调焦误差。当观测前后视距不等时,望远镜在旋进或旋出的过程中,引起视准轴的位置发生变化,从而给观测值带来影响。它是反映电子水准仪望远镜性能好坏的一项指标。

2. 与条码尺有关的误差

与条码尺有关的误差包括尺底面缺陷、水准尺缺陷以及水准尺分划误差。

（1）尺底面缺陷。尺底面缺陷包括零点误差、尺底面不平和尺底面与尺的轴线不垂直等。

（2）水准尺缺陷。水准尺缺陷主要有水准尺上的圆水准器不正确、因瓦钢带的拉力不正确、水准尺的比例误差（包括比例误差和比例误差的变化）、温度膨胀和尺弯曲和扭曲等。其中圆水准器不正确将引起水准尺的倾斜,导致较大系统误差。

（3）水准尺分划误差。水准尺分划误差包括标尺条码线的编码分划误差和有缺陷的条码线引起的分划误差。

3. 与光电读数有关的误差

（1）最小读数及其进位误差。

（2）读数误差。读数误差由测量信号遮挡、测尺照度不均匀、视线位于顶部或底部、调焦位置不正确、震动等外界因素和周期误差（包括周期误差随视距变化）等内在因素引起。

（3）内符合精度。通常情况下,仪器的内符合精度与视距、震动、光强、对比度、调焦和气象条件等因素直接相关。

J(GJ)BB011
电子水准仪的误差源

六、水准测量的观测

普通水准测量野外施测程序如下：将水准尺立于已知高程的水准点上,后视水准仪置于施测路线附近合适位置,在施测路线的前进方向上取仪器至后视大致相等的距离放置尺垫,也就是说水准仪应安置于两水准标尺的等距处。

在普通水准测量中,仪器至标尺的视距通常是采用光学视距法获得的,在尺垫上竖立水准尺作为前视,观测员将仪器用圆水准器粗平之后瞄准后视标尺,用微倾螺旋将水准管气泡居中,用中丝读后视读数至毫米,掉转望远镜瞄准前视标尺,此时水准管气泡一般会偏离少许,将气泡居中,用中丝读前视读数,记录员根据观测员的读数在手簿上记下相应的数字,并立即计算高差,此为第一站的全部工作量。

J(GJ)BB003
普通水准测量观测的方法

国家三等、四等水准测量的精度要求较普通水准测量的精度高,因此除仪器的技术参数有具体规定外,对观测程序、操作方法、视线长度及读数都有严格的技术指标,用于三等、四等水准测量的水准尺,通常采用木质的两面有分划的红黑双面标尺。为了减弱仪器沉降的影响,一测站观测顺序应为"后前前后"。为了减弱标尺沉降的影响,一条水准路线应进行往返观测取平均值。为了消除水准标尺零点误差的影响,应使两相邻水准点间水准路线的测站总数为偶数。

三等水准测量应沿路线进行往返观测,四等水准测量当端点为高等级水准点或自成闭合环时只进行单程测量,四等水准支导线则必须进行往返测量,每一测段的往测与返测其测站数均为偶数,否则要加入标尺零点差改正,由往测转向返测时,必须重新整置仪器,两根水准尺也应互换位置。

一个完整的控制测量体系应包括平面控制测量和高程控制测量两部分。进行水准测量必须先做技术设计,其目的在于根据作业的具体任务要求,从全局考虑统筹安排,使整个水准测量任务能够顺利地完成。水准路线的拟定工作内容包括:水准路线的选择,水准点位置的确定,以及编制施测计划。水准测量的方案设计,就是根据已知点的分布、测区情况、实际需要等因素拟定经济上合理、技术上可靠的设计和施测方案。

拟定水准路线一般首先要收集现有的较小比例尺地形图,收集测区已有的水准测量资料,包括水准点的高程、精度、高程系统、实测年份及实测单位。设计人员还应亲自到现场勘察,核对地形图的正确性,了解水准点的现状,在此基础上根据任务要求确定如何合理使用已有资料,然后进行图上设计。水准测量方案的图上设计是根据已知水准点分布和实地情况,选定水准路线和水准点的概略位置。

一般来说,对精度要求高的水准路线应沿公路、大道布设,精度要求低的水准路线也应尽可能沿各类道路布设,目的在于路线通过的地面要坚实,使仪器和标尺都能稳定。为了不增多测站数,并保证足够的精度,水准线路尽量沿坡度较小的公路及其他道路布设,水准测量的设计方案确定后,在实地选线和选点时,要注意使路线避开土质松软地段。水准点的位置应在拟定水准路线时同时考虑,对于较大测区,如果水准路线布设成网,则应考虑平差计算的初步方案,以便内业工作顺利进行。

图上设计结束后,绘制一份水准路线布设图,图上按一定比例绘出水准路线、水准点的位置,注明水准路线的等级、水准点的编号,此外应编制实测计划,其中大致包括人员编制、仪器设备、经费预算和作业进度表等。

一个完整的控制测量体系应包括平面控制测量和高程控制测量两部分,两者具有同等重要的地位。传统上,一般分别建立平面控制和高程控制,即使如此,往往也需要对平面控制作水准或三角高程联测。近年来,虽然经常采用 GNSS 测量建立三维控制测量,但为了获得满意的水准高程成果,往往仍需要对 GNSS 控制点进行水准测量。可见,水准测量作为高程控制的主要方法具有不可替代的作用。

J(GJ)BB006
水准测量的设计方案

水准测量的设计过程:收集资料,包括测区地形图、交通图、地质、水文资料,水准点成果资料等;实地踏勘:实地查看水准点的完好情况,着重落实水准路线可能经过地带的地形、交通、地质、水文情况;图上设计:根据已知水准点分布和实地情况,按照水准路线布设原则和技术要求,选定水准路线和水准点的盖洛位置;技术设计编制:主要内容包括任务来源、技术依据、测区范围及概况、现有资料及分析、高程起算点及联测方案的布设及精度估计、水准点标石的规格及埋设方式等。

项目二 广域差分系统

一、局域差分系统概述

所谓局域差分系统,是一个在局域范围内布设的由若干个参考站组成的差分 GNSS 网,在局部区域中应用差分 GNSS 技术。先在该区域中布设一个差分 GNSS 网,该网由若干个差分 GNSS 参考站组成,还包括一个或者数个监控站。位于该局域 GNSS 网中的用户根据多个参考站所提供的改正消息,经平差后求得自己的改正数。

该技术原理是根据主控站和用户站在一定距离内对 GNSS 卫星同步同轨观测值之间存在的相关性,使用户站利用主控站提供的 GNSS 定位误差的综合改正信息,来提高定位精度。局域差分系统的作用半径比较小,例如通常伪距差分的作用半径不超过 150km,这时用户站的实时定位精度一般可提高至 ±(3~5)m。

局域差分系统中,每个参考站与用户之间有无线电数据通信链。局域差分系统的参考站,应配置能提供伪距或相位差分信息的双频接收机。位于该局域范围的用户通常采用加权平均法或最小方差法对来自多个参考站的改正信息进行平差计算以求得自己的坐标改正数。而多基站导航系统的导航精度,主要取决于参考站的密度、各参考站的覆盖范围、所提供的修正量的精度。

利用载波相位差分的局域差分系统,主要应用于建立局部地区的控制网。通常,利用伪距差分的局域差分系统,主要应用于提供局部地区较高精度的实时导航和定位服务。

二、广域差分系统概述

广域差分系统一般由一个主控站,若干个 GNSS 卫星跟踪站,一个差分信号播发站,若干个监控站,相应的数据通信网络和若干个用户站组成。对通信的技术要求是:跟踪站需不间断地实时向主控站传输 GNSS 卫星的跟踪数据;主控站要通过差分信号播发站对在 1000km 范围内的用户不间断地发播差分改正值,其更新率大体是:星历 3min,星钟 6s,电离层 1h。

这种传输首先必须是高速率的,否则差分改正的讯龄和时间差会变大而降低导航和定位精度;同时必须是低误码率,否则不能保证用户定位的完备性。广域差分系统要求数据通信网络传输数据量大、实时传输、高速率、传输距离长等。因此,如何实现这一数据通信网络是建立广域差分系统的技术关键。

广域差分系统的技术思想是对 GNSS 观测量的误差源加以区分,对每一种观测量的误差源加以模型化,然后将计算出的每一种误差源的数值通过无线电通信数据链传输给用户。该系统是为了削弱 GNSS 定位的三种主要误差,即星历误差、卫星钟差、大气延时误差而设计的一种 GNSS 工程系统。削弱误差的基本手段是通过使用精密星历取代广播星历、精确计算各个时刻卫星钟差、建立精密的区域大气延迟模型等方法。

广域差分系统的数据链根据实际情况可选用通信卫星、无线电台等数据传输系统。广域差分系统通过数据链的误差源数值传输,对用户 GNSS 观测量加以改正,达到消除误差源,改善定位精度的目的。

项目三 经纬仪检验

一、照准部水准管轴垂直于竖轴的检验与校正

(一)检验方法

转动照准部,使水准管轴平行于任意一对脚螺旋,调节脚螺旋,使水准管气泡居中,然后将照准部绕竖轴旋转180°,如气泡仍居中,说明条件满足;如气泡偏离水准管中点,则说明条件不满足,应进行校正。

(二)校正方法

转动两个脚螺旋,使气泡向中央移动偏离格值的一半,然后用校正针拨动水准管一端的校正螺栓,使气泡居中。此项检验、校正必须反复进行,直到气泡居中后,再转动照准部180°后,气泡偏离在一格以内为止。

二、十字丝纵丝垂直于横轴的检验与校正

(一)检验方法

整平仪器,以十字丝的交点精确瞄准任一清晰的小点 p,拧紧照准部和望远镜制动螺旋,转动望远镜微动螺旋,使望远镜作上、下微动,如果所瞄准的小点始终不偏离纵丝,则说明条件满足;若十字丝交点移动的轨迹明显偏离了 p 点,则需进行校正。

(二)校正方法

卸下目镜处的外罩,即可见到十字丝分划板校正设备,松开4个十字丝分划板套筒压环固定螺钉,转动十字丝套筒,直至十字丝纵丝始终在 P 点上移动,然后再将压环固定螺钉旋紧。

三、视准轴垂直于横轴的检验与校正

(一)检验方法

整平仪器后,以盘左位置瞄准远处与仪器大致同高的一点 P,读取水平度盘读数 a_1;纵转望远镜,以盘右位置仍瞄准 P 点,并读取水平盘读数 a_2;如果 a_1 与 a_2 相差180°,即 $a_1 = a_2 \pm 180°$,则条件满足,否则应进行校正。

(二)校正方法

转动照准部微动螺旋,使盘右时水平度盘读数对准正确读数 $a = 1/2[a_2+(a_1 \pm 180°)]$,这时十字丝交点已偏离 P 点。用校正拨针拨动十字丝环的左右两个校正螺栓,一松一紧使十字丝环水平移动,直至十字丝交点对准 P 点为止。

四、横轴垂直于竖轴的检验与校正

使经纬仪的垂直轴与测站铅垂线一致,是获得垂直照准面和水平切面,从而测得水平角和垂直角的基本前提条件,因此需要横轴误差的检验。望远镜横轴 HH 与竖轴 VV 不相互垂直,二者之间存在偏角,这一误差称为横轴误差。

(一)检验方法

检验时,在距一洁净的高墙 20~30m 处安置仪器,应大致在同一铅垂线上设置高、低两个观测标志。在进行光学经纬仪横轴误差的检验时,高、低标志的倾(俯)角值宜在 ±25°~±35°之间,高、低标志倾(俯)角的差值应在 30′以内。

以盘左瞄准墙面高处的一固定点 P(视线尽量正对墙面,其仰角应大于 30°),固定照准部,然后大致放平望远镜,按十字丝交点在墙面上定出一点 A;同样再以盘右瞄准 P 点,放平望远镜,在墙面上定出一点 B,从盘左变换到盘右时,应始终沿同一方向转动照准部。如果 A、B 两点重合,则满足要求,否则需要进行校正。在进行光学经纬仪横轴误差的检验时,盘左时,依次照准高、平或高、低目标点,分别读取水平读盘和垂直读盘的读数,盘右时,依次照准平、高或低、高目标点,分别读取水平读盘和垂直读盘的读数。

(二)校正方法

取 AB 的中点 M,并以盘右(或盘左)位置瞄准 M 点,固定照准部,抬高望远镜使其与 P 点同高,此时十字丝交点将偏离 P 点而落到 P′点上。校正时,可拨动支架上的偏心轴承板,使横轴的右端升高或降低,直至十字丝交点对准 P 点,此时,横轴误差已消除。

由于光学经纬仪的横轴是密封的,一般能够满足横轴与竖轴相垂直的条件,测量人员只要进行此项检验即可,光学经纬仪横轴误差的校正应提交专业维修人员进行,通过调整横轴支架的偏心轴承环进行。

五、竖盘指标差的检验与校正

(一)检验方法

安置仪器,分别用盘左、盘右瞄准高处某一固定目标,在竖盘指标水准管气泡居中后,各自读取竖盘读数 L 和 R。根据公式计算指标差 x 值,若 $x=0$,则条件满足;如 x 值超出 ±2′,应进行校正。

(二)校正方法

检验结束时,保持盘右位置和照准目标点不动,先转动竖盘指标水准管微动螺旋,使盘右竖盘读数对准正确读数 $R-x$,此时竖盘指标水准管气泡偏离居中位置,然后用校正拨针拨动竖盘指标水准管校正螺钉,使气泡居中。反复进行几次,直至竖盘指标差小于 ±1′为止。

项目四 水准仪检验

一、水准仪技术要求

根据水准测量的原理,要求水准仪具有一条水平视线。这个要求是水准仪构造上的一个极为重要的问题,此外还要创造一些条件使仪器便于操作。例如,增设一个圆水准器,利用它使水准仪初步安平。在正式作业之前必须对水准仪加以检验,视其是否满足所设想的要求,对某些不合要求的条件,应对仪器加以必要的校正,使之符合要求。

(一)水准仪应满足的主要条件

水准仪应满足的主要条件有两个:一是水准管的水准轴应与望远镜的视准轴平行;二是

望远镜的视准轴不因调焦而变动位置。

第一个主要条件的要求如果不满足,那么水准测量的水准管气泡居中后,即水准轴已经水平,而视准轴未水平,不符合水准测量基本原理的要求。

第二个主要条件是为满足第一个条件而提出的,如果望远镜在调焦时视准轴位置发生变动,就不能设想在不同位置的许多条视线都能够与一条固定不变的视准轴平行,望远镜的调焦在水准测量中是绝不可免的,因此必须提出此项要求。

(二)水准仪应满足的次要条件

水准仪应满足的次要条件也有两个:一是圆水准器的水准轴应与水准仪的旋转轴平行;二是十字丝的横丝应当垂直于仪器的旋转轴。

第一个次要条件的目的在于能迅速地整置好仪器,提高作业速度。也就是当圆水准的气泡居中时,仪器的旋转轴已处于竖直状态,使仪器旋转至任何位置都易于导致水准管的气泡居中。

第二个次要条件的目的是当仪器旋转轴已经竖直,那么在水准尺上读数可以不必严格用十字丝的交点而可以用交点附近的横丝。

二、水准仪 i 角检校

水准仪的检校主要是对望远镜视准轴与水准管水准轴的平行性检校。

水准仪望远镜的视准轴和水准管水准轴,都是空间直线,如果它们互相平行,那么无论是在竖直面上的投影,还是在水平面上的投影都应该是平行的。对竖直面上投影是否平行的检验称为 i 角检验,水平面上的投影是否平行的检验称为交叉误差检验。

对于水准测量,重要的是 i 角检验。如果 $i=0$,则水准轴水平后,视准轴也是水平的,满足水准测量基本原理的要求。

(一)i 角对读数上的影响

如图 2-1-2 所示,设 i 角使视线向上倾斜,那么它在 A 点尺子上的读数将较水平视线的读数增大一个 x 值。若 A 点距仪器的距离为 S,则有:

$$x = S \cdot \tan i \tag{2-1-2}$$

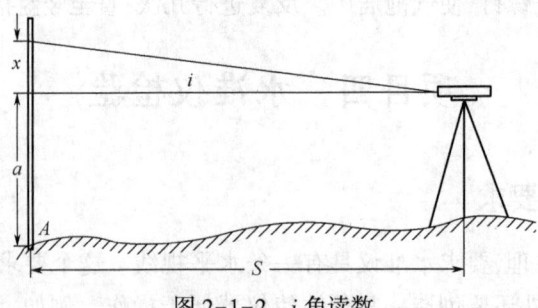

图 2-1-2 i 角读数

一般 i 角均甚小,所以式(2-1-3)可写成:

$$x = \frac{S \cdot i}{\rho} \tag{2-1-3}$$

当 i 角的大小不变时，则 x 的大小与 S 成正比，即尺子离仪器越远，i 角对读数的影响越大。现规定向上倾斜的 i 角为正，则由此引起的读数误差 x 亦为正。设 a' 为水准尺的实际读数，那么水准尺上的读数 a 为：

$$a = a' - x \tag{2-1-4}$$

（二）i 角对高差的影响

已知 A、B 两点的高差 h'_{AB} 按式（2-1-5）计算：

$$h'_{AB} = a' - b' \tag{2-1-5}$$

式中　a'——后视读数；

　　　b'——前视读数。

于是 A、B 两点的正确高差为：

$$\begin{aligned} h_{AB} &= (a' - x_A) - (b' - x_B) \\ &= h'_{AB} - (x_A - x_B) \end{aligned}$$

式中 $x_A - x_B$ 即为 i 角在高差中的影响，用 δh_{AB} 表示：

$$\delta h_{AB} = x_A - x_B = \frac{i}{\rho} S_A - \frac{i}{\rho} S_B = \frac{i}{\rho}(S_A - S_B) \tag{2-1-6}$$

可见，当后视与前视的距离相等时，i 角的影响 $\delta h_{AB} = 0$，得到正确的高差。而当后视与前视的距离不相等，后视与前视的距离相差越大时，i 角在高差中的误差影响 δh_{AB} 也越大，且 $S_A > S_B$ 时，δh_{AB} 与 i 的符号相同，反之与 i 的符号相异。

（三）i 角检验

检验 i 角的具体方法较多，基本原理是相同的，都是在两个固定点上竖立标尺，利用仪器的两个不同位置，测得两个立尺点高差的不同，求出 i 角的大小。在进行水准仪的 i 角检验时，两次安置水准仪的位置是不同的，但两个立尺点的高差都会受到 i 角的影响。i 角检验按基本原理可分为两类。

第一类检验方法的原理，在地面上选定两个固定点 A、B，将仪器置于 A、B 两点等距处，测得 A、B 的正确高差 h_{AB}，然后将仪器置于距 A、B 两点不等距处，比如置于 A、B 任一点附近，测得一个带有 i 角影响的高差 h'_{AB}，若 $h'_{AB} = h_{AB}$ 则表示 i 角等于零，否则表示存在 i 角误差。

第二类检验方法的原理，在地面选定两个固定点 A、B，用水准仪测出带有 i 角影响的两次高差 h'_{AB} 和 h''_{AB}，若第一次仪器位置的后前视距离差 $(S'_A - S'_B)$ 等于第二次仪器位置的前后视距离差 $(S''_A - S''_B)$，则 i 角在 h'_{AB} 和 h''_{AB} 中的影响正好是绝对值相等而符号相反。因此，若 $h'_{AB} = h''_{AB}$，则表示 h'_{AB} 和 h''_{AB} 中都没有误差，即 $i = 0$；反之，$h'_{AB} \neq h''_{AB}$，则它们的和可以消去 i 角的影响，它们的差即是 i 角影响的两倍。i 角的计算公式为：

$$i = \frac{h''_{AB} - h'_{AB}}{(S''_A - S''_B) - (S'_A - S'_B)} \cdot \rho \tag{2-1-7}$$

式中　ρ——弧度常数，取值 206265。

仪器经过长途运输、长期作业、操作环境的不断变化等因素，均可能使仪器的 i 角发生变化。因此，在使用水准仪前需要进行 i 角的检验和校正。在进行水准仪的 i 角检验时，两个立尺点的位置是固定不动的。

J(GJ)BA020 i 角的检验方法

1. 第一类方法的检验

在较平坦的地方选定适当距离的两个点 A、B，并用木桩钉入地面，或用尺垫代替。置水准仪于 A、B 的中间，使两端距离严格相等，此时测得正确高差 h_{AB}，然后将水准仪置于两点的任一点附近，比如 B 点，这时因距离不等，在测得的高差中将有 i 角的影响 $\delta h_{AB}=h'_{AB}-h_{AB}$。

2. 第二类方法的检验

将水准仪置于 AB 延长线上 A 点的一端，则 AB 两点的第一次高差 $h''_{AB}=h_{AB}-\delta h_{AB}$，此时测得的高差含有 i 角影响，显然 h''_{AB} 就是正确高差 h_{AB} 被减小了一个 δh_{AB} 之后的值。如果先将仪器安置于两个立尺点连线的中点，测得的两个立尺点的高差 h_{AB}，然后将仪器置于两立尺点延长线上的适当位置，测得的高差 h''_{AB}，则：

$$i=\frac{h''_{AB}-h_{AB}}{S_{AB}}\cdot\rho \qquad (2-1-8)$$

然后将仪器置于 AB 延长线 B 点一端，得 A、B 两点的第二次高差 h''_{AB}，经整理得：

$$h''_{AB}=h_{AB}-\frac{i}{\rho}(S''_A-S''_B) \qquad (2-1-9)$$

而 $h_{AB}=h''_{AB}+\delta h_{AB}$，显然，$h''_{AB}$ 是正确高差 h_{AB} 被增大了一个 δh_{AB} 之后的值。

如果先将仪器安置于两个立尺点延长线的一端，测得两个立尺点的高差 h'_{AB}，然后将仪器置于两立尺点延长线上的另一端，测得的高差 h''_{AB}，则：

$$i=\frac{h''_{AB}-h'_{AB}}{2(S''_A-S''_B)}\cdot\rho \qquad (2-1-10)$$

对于电子水准仪的 i 角检验的方法包括 Forshler method（富斯特乃尔法）、Nabauer method（纳保尔法）、Kukkanaki method（库卡马可法）、Japanese method（日本方法）。虽然电子水准仪具有将测定的 i 角存入机内，并对所测数据按该 i 角进行自动修正的功能，但仪器 i 角受外界温度、湿度、振动的影响而瞬时变化。

在电子水准仪的光电系统光路中，改变 CCD 探测器参考点位置或补偿器出射主光轴方向才能改变光电系统 i 角。以电子水准仪结构原理看，调整仪器十字丝上下位置，只改变电子水准仪光学系统 i 角，而对电子水准仪光电系统 i 角没有关系。电子水准仪的 CCD 探测器光具有可变性和 4 个自由度，每个自由度不正确将直接影响仪器精度。

J(GJ)BA022 i 角的校正步骤

（四）i 角的校正

水准仪产生 i 角变化的原因是仪器本身的结构与外业工作条件的变化而致。水准仪 i 角允许误差的概念有三方面的含义，也是三种情况下的不同要求，包括出厂时工厂调校的允许误差、用户调校时的允许误差、测量等级或规定所要求的允许误差。

水准仪的 i 角校正工作应紧接着检验工作进行，即不要搬动水准仪。在水准仪的 i 角校正时，首先要计算 i 角对远尺点读数的影响值。当水准尺立尺点的实际读数大于计算出的该点的正确读数时，说明视线向上倾斜。

（1）在水准仪 i 角检验的第一类方法中，可求的 i 角在读数上的影响值 x_A 表示对固定点 A 点的影响值，即 $x_A=\frac{\delta h_{AB}}{S_A-S_B}\cdot S_A$，有了 x_A 之值即可以对水准仪进行校正，先算出在 A 点标尺上的正确读数 a_2：

$$a_2 = a_2' - x_A \qquad (2-1-11)$$

校正工作在检验的基础上进行,用微倾螺旋使读数对准 a_2,这时水准管气泡将不居中,调节上下两个校正螺钉使气泡居中。对微倾式水准仪来说,用微倾螺旋使读数(十字丝横丝)对准立尺点的正确读数,此时附合水准管气泡将不再居中,视线已处于水平位置。

实际操作时,需先将左面或者右面的螺钉略为松开一些,使水准管能够活动,然后校正上、下两螺钉,校正结束后仍将左面或右面的螺钉上紧,这种校正方法的实质是先将视线水平,即读数对准 a_2,然后校正水准轴至水平位置,检验校正应反复进行,直到符合要求为止。在进行 i 角校正时,应先稍松动左右两个校正螺栓,再根据气泡偏离情况,遵循"先松后紧"规则。改正水准仪 i 角的方法就是转动 V 形槽上面螺栓钉的位置,旋进或旋出。

当采用第一类方法对水准仪进行检验后的校正时,操作的步骤包括计算正确读数、使用微动螺旋使仪器对准正确读数、调节校正螺钉使气泡居中。这种校正方法实质是将视线水平、读数对准正确值、校正水准轴至水平位置。

(2)在第二类检验方法中,求出较远一点尺子的影响值为:

$$x_A'' = \frac{i}{\rho} \cdot S_A'' = \frac{\delta h_{AB}}{S_{AB}} \cdot S_A'' \qquad (2-1-12)$$

式中 S_{AB}——前视至后视距离。

因此,正确读数为 $a_2 = a_2' - \frac{\delta h_{AB}}{S_{AB}} \cdot S_A''$,此时仪器在 B 点一端。同理,仪器在 A 点一端的正确读数为 $b_1 = b_1' - \frac{\delta h_{AB}}{S_{AB}} \cdot S_A''$。有了正确读数后,就可以对仪器进行校正了,校正工作也是在检验的基础上进行。校正时,用微倾螺旋使得读数对准正读数,然后用水准管上下校正螺钉将气泡居中。说具体些就是,用微倾螺旋使读数(十字丝横丝)对准用立尺点的正确读数,然后用校正针拨动位于目镜端的水准管上、下两个校正螺栓,使附合水准气泡严密居中。

i 角的检验校正通常都规定了一个允许范围,根据我国国家水准测量规范和工程测量规范的要求,用于一等、二等水准测量的水准仪,仪器的 i 角不应超过 $15''$,用于三等、四等水准测量的仪器,仪器的 i 角不应超过 $20''$。

对 S3 级水准仪,当对后前视距差严格限制时,一般规定 i 角值不得大于 $20''$,当后前视距差未做具体限制时,一般规定在 100m 的水准尺上读数误差不得大于 4mm,如果仪器经检验了解已能满足规定的要求即可不再进行校正。

水准仪 i 角的检验方法如下:在相对平坦的场地上,选择相距 60~80m 的 A、B 两点,并打下木桩(或安放尺垫),并在 A、B 两点连线的中点,选择点 E;将水准仪安置于 E 点处,用两次仪器高法测定 A、B 两点高差 h_{AB},若两次测得高差之差不超过 3mm,则取平均值作为最后结果;将水准仪设置在靠近 B 点约距 3m 处 F 点(A、B 两点内外侧均可),精平仪器后,瞄准 B 点水准尺,读数为 b_2;再瞄准 A 点水准尺,读数为 a_2,则 A、B 间高差 h_{AB}' 为 $h_{AB}' = a_2 - b_2$。若 $h_{AB}' = h_{AB}$,则表明水准管轴平行于视准轴,几何条件满足。

若 $h_{AB}' \neq h_{AB}$,则按式(2-1-13)计算 i 角秒值:

$$i = \frac{h'_{AB} - h_{AB}}{D_{AF}} \cdot \rho \tag{2-1-13}$$

式中 D_{AF}——A 点至 F 点的距离。

> J(GJ)BA021 i 角的校正方法

微倾式水准仪 i 角的校正方法如下：校正工作应紧接着检验工作进行，即不要搬动水准仪，先算出视线在远尺上的正确读数；用微倾螺旋使读数（十字丝横丝）对准正确读数，此时附合水准管气泡将不再居中，但视线已处于水平位置；用校正针拨动位于目镜端的水准管上、下两个校正螺栓，使附合水准气泡严密居中，此时，水准管轴也处于水平位置，达到了水准管轴平行于视准轴的要求；此项检验与校正往往重复进行多次，直至符合规范要求为止。

> J(GJ)BB012 电子水准仪的检验

三、电子水准仪系统检定

电子水准仪的系统精度，是指在良好的测量条件下，电子水准仪—编码标尺测量系统在高度方向上测量值的可靠程度，它是反映水准仪及其配套标尺综合精度的一个重要指标。

尽管电子水准仪系统检定的原理比较简单，但是，检定方案设计的优劣对检定结果有很大影响。一个好的方案，不仅可以保证试验数据可靠，而且得到的信息量大，便于以后进一步的分析，这是得出正确检定结果的必要保证。

(1)视距的设计。在检定过程中，应选择一个短视距。因为视距短，这时补偿器、温度、空气反射等影响引起视线的变化最小。由于视距短，标尺条码图像覆盖较多的 CCD 像素，精度比长视距时高；由于视距短，视场中的条码较少，条码分划误差对测量值的影响相对较大，此时能够反映标尺的质量情况。

同时，检定还应该取一个长视距的位置，通常选定为 30m 左右，因为电子水准仪的内部测量值处理过程同视距有关，选取 30m 视距更符合水准测量的实际情况。长视距时，在测量过程中由于补偿器和机械振动等原因引起的视线变化影响大，更容易检测到；由于标尺读数的分辨率随视距的增加而降低，比较长、短视距的检定结果可反映该趋势的数量级。

(2)系统精度检定的主要装置——双频激光干涉仪。目前，国外对于电子水准仪系统精度的检验研究进行了试验，并取得了一定的成绩。进行电子水准仪系统精度的检验，常采用双频激光干涉仪作为高精度的测长设备。电子水准仪测量系统的精度调试，要求双频激光测量系统经过精确调整，其测量误差要足够小。

> J(GJ)BB013 电子水准仪的校正

(3)系统精度检定的主要装置调校。在进行电子水准仪系统精度的检定时，将双频激光测量系统的测量结果作为真值，以此为基准来评估电子水准仪的系统精度。因此，要求双频激光测量系统经过精确调整，其测量误差要足够小，对于水准仪检定试验而言可以达到忽略不计，这样才符合前提假定条件，才能客观地反映水准仪的系统精度。否则，测量系统自身的误差将给检定结果带来系统性的影响，甚至导致错误的结论。

(4)机械系统调整。调整机械系统的目的是为了保证测量运动具有测量所要求的精度和运动平稳性。机械系统调整包括运动导轨平直度调整、导轨接触精度调整等。通过对双频激光干涉仪进行精度检定，以及测量系统的光学机械部件的精密调整，从而保证了以双频激光干涉仪为核心的双频激光测量系统用于电子水准仪系统精度的研究，是完全可靠的。

项目五 全站仪检验

一、基座稳定性检测

利用基座可以整平测量设备和对中地面标志点。要想取得正确的测量成果,必须用螺栓将基座牢牢地固定在三脚架头上,保证仪器正确、可靠地安装在基座上。

三脚架和基座的稳定性是测量数据可靠性的主要影响因素。保证测量精度的关键因素是测量仪器平台的稳定性。仪器的平台不稳定,测量数据就没有可靠性可言。仪器及其基座经过一段时间的使用、长时间的放置或者长途的运输后,在使用前仍然需要检测与校正。

仪器的基座、水平度盘、垂直轴套、调平仪器的脚螺旋是经纬仪的基础部分,叫作基座。在电子全站仪基座稳定性的检测时,首先要整平仪器。在电子全站仪基座稳定性的检测时,应顺转仪器一周,照准目标并读取水平方向的读数,然后再顺转一周,照准目标并读取水平方向的读数,计算顺转一周的基座方位系统误差。在一个测回中,顺转仪器要连续两周。在电子全站仪基座稳定性的检测时,应连续测几个测回。

值得注意的是,在使用仪器前应检查三个脚螺旋松紧是否适度,脚螺旋过松,仪器基座稳定性差,仪器照准部旋转时,可能使基座产生位移或偏转。

> J(GJ)BA005
> 电子全站仪基座稳定性的检测方法

二、照准部旋转正确性检测

机内没有测试垂直轴稳定性的专门指令程序的全站仪,其检验方法和技术要求与光学经纬仪相同。机内配有测试垂直轴倾斜专门指令的全站仪,可从显示的垂直轴倾斜量的变化幅度检验其照准部旋转的正确性。其检验步骤如下:

(1)首先将仪器安置于稳固的脚架和基座上,或安置于稳定的仪器观测墩上并精确整平,顺时针和逆时针转动照准部几周,设置水平方向读数为零,转入电子气泡屏后,要记录垂直轴的倾斜量。

(2)输入测试指令,顺时针转动照准部,从显示屏记下0°位置和每隔45°各位置上垂直轴倾斜量(带符号),连续顺时针转两周。

(3)再逆转照准部并每隔45°读记一次,连续逆转两周。

(4)计算照准部对应180°位置的两读数之和,测回内的互差值应小于4″,整个过程中各次读数的最大差值应小于15″。

在全部测回中各倾斜量读数的最大变化量应小于规定限差。在同一测回中各对径位置两次倾斜量读数之和的互差应小于规定限差。

> J(GJ)BA006
> 电子全站仪照准部旋转正确性的检测方法

三、测距轴和视准轴重合性检验

随着科学技术的不断发展,由光电测距仪、电子经纬仪、微处理仪及数据记录装置融为一体的电子速测仪简称全站仪,正日臻成熟,逐步普及。这标志着测绘仪器的研究水平、制造技术、科技含量、适用性程度等,都达到了一个新的阶段。

全站仪是指能自动测量角度和距离,并能按一定程序和格式将测量数据传送给相应的

> J(GJ)BA002
> 全站仪测距轴和视准轴重合性的检测方法

数据采集器的仪器。全站仪自动化程度高,功能多,精度好,通过配置适当的接口,可使野外采集的测量数据直接进入计算机进行数据处理或进入自动化绘图系统。与传统方法相比,省去了大量的中间人工操作环节,使劳动效率和经济效益明显提高,同时也避免了人工操作、记录等过程中差错率较高的缺陷。

为了确保全站仪的精度和稳定性能够符合出厂设计和工程设计的要求,在使用前要对全站仪进行各项指标的检验,全站仪的检验项目很多,其中比较重要的包括全站仪视准轴误差的检验,下面主要介绍全站仪测距轴和视准轴重合性的检测方法。

全站仪的测距轴和视准轴重合条件为发射出的调制光束应以视准轴为轴心上下左右对称,其不对称偏差应不大于 1.5′。

在相距 50~100m 的水平距离两端分别安置仪器与棱镜,检定方法步骤为:

(1) 照准棱镜中心,读取水平方向读数 H 及垂直角 α。

(2) 分别向左、右(水平方向)偏移望远镜,直到接收信号减少到临界值(不能正常测距)为止,分别读取水平读数 H_1 和 H_2。

(3) 分别向上、下(竖直方向)偏移望远镜,直到接收信号减少到临界值,分别读取垂直角 α_1 和 α_2。

(4) 计算水平角及垂直角的张角绝对值:

$$\Delta H_1 = |H_1 - H| \quad \Delta \alpha_1 = |\alpha_1 - \alpha|$$
$$\Delta H_2 = |H_2 - H| \quad \Delta \alpha_2 = |\alpha_2 - \alpha|$$

若 $(\Delta H_1 - \Delta H_2)$ 及 $(\Delta \alpha_1 - \Delta \alpha_2)$ 均小于或等于 1.5′,则合格。

以上检定操作,也可以与偏移法进行光电测距单元相位均匀性的检定结合起来进行。对于组合式全站仪检定,还需要检定测距光轴与经纬仪视准轴的平行性。

全站仪由于经常在野外使用及在运输途中的振动和缺乏保养措施,导致仪器的结构发生变化、电子元器件的自然老化等,会导致仪器性能发生变化,造成技术指标的降低。为了全面掌握仪器的性能,合理使用仪器观测到合格的测量成果,仪器在使用过程中必须定期进行检定。由于全站仪是精密电子仪器,在使用过程中如出现问题或故障不要随意拆卸和调整,应到具有仪器鉴定资质的部门进行鉴定和维修。国家计量检定规程规定,全站仪的检定周期不能超过 1 年。

> J(GJ)BA007
> 电子全站仪的零位误差的概念

四、补偿器检定

(一) 零位差检定

补偿器零位误差是由于补偿器与铅垂方向不一致而引起的误差,也称补偿器指标差。

带有电子补偿器的仪器均经过如下调整,当仪器竖轴铅直时,补偿器的补偿值为零,当补偿器的补偿值为零时,仪器的竖轴处于铅直状态。在实践中,由于使用和搬迁的震动等因素,使补偿器的零位置发生了变化,这时就需要重新调整不长期的零位,现在大部分全站仪经过软件消除零位差,重新设置零位。

如果全站仪补偿器零位不正确,在进行照准部误差、横轴误差、竖轴指标差预置校正时,照准部误差、横轴误差、竖轴指标差的余量就包含了补偿器的零位误差,即改正的结果包含了误差。

预置零位误差,以保证补偿器在自动补偿时加入零位差改正。当仪器的垂直轴绝对垂直时补偿器应处于绝对零位,而垂直轴倾斜时,补偿器的自动改正量才能是完全正确的。为了消除补偿器零位误差,各类全站仪校正零位误差指令大同小异,在操作说明书中均有操作步骤。

如 SOKKIA 全站仪(使用"双轴补偿器")在用户应用程序中向用户提供了"补偿器零位改正"功能,即"Tilt offset"功能。其调整步骤如下:

(1)精确整平仪器,将水平方向读数显示设置为零。

(2)进入<Tilt offset>屏幕,在设置模式下选取"Instr const",显示 X 和 Y 方向上的当前改正值,如图 2-1-3 所示。

(3)选取"Tilt X Y"后,按[↙]键,显示 X 和 Y 方向上的倾角值,见图 2-1-4。

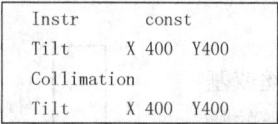

图 2-1-3 当前改正值

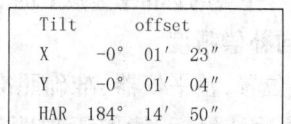

图 2-1-4 倾角值

(4)稍等片刻,等待显示数据稳定后读取自动补偿倾角值 X_1 和 Y_1,松开水平制动将照准部转动 180°,水平制动后等显示稳定后读取自动补偿倾角 X_2 和 Y_2。

(5)用下面公式计算倾斜传感器零点偏差值:

$$X 方向偏差 = (X_1 + X_2)/2$$

$$Y 方向偏差 = (Y_2 + Y_2)/2$$

计算所得偏差均在±20″以内,则不需校正。否则按后面步骤进行校正。

(6)在步骤(3)中按[OK]键,存储 X_2 和 Y_2 值并将水平方向值设置为零,屏幕显示 Take F2。

(7)转动照准部 180°,稍候片刻等显示稳定后按[YES]键存储 X_1 和 Y_1 的值,屏幕显示出 X 和 Y 方向上的原改正值和新改正值,见图 2-1-5。

(8)确认所显示的改正数值是否在校正范围内,若 X 和 Y 均在 400±20 范围内,按[NO]键,对原来改正值进行更新后返回<Instr offset>屏幕,然后按[↙]。

(9)重复第(4)步,按第(5)步的公式重新进行计算。

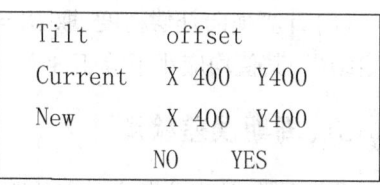

图 2-1-5 新改正值

若计算所得偏差均在 20″以内,说明倾斜传感器零点偏差已校正好。

补偿器的使用在给竖轴倾斜的误差带来补偿的同时,补偿器同样存在零位误差的问题,会给补偿的结果带来新的误差。通过研究发现,补偿器零位误差这个新的误差源可以通过正倒镜读数取均值的方法来抵消其影响,但竖轴倾斜误差不具备这种自抵偿的特征,这说明正倒镜双盘位测量取均值可获得很好的测量精度。现在大部分全站仪补偿器的零位是动态的,可以经过软件消除零点差,重新设置零位。

（二）纵向补偿精度

（1）盘左位置，整平仪器，精确照准平行光管水平丝或基于水平的远处目标，读取天顶距 M_1（照准读数 3 次取平均）。

（2）转动脚螺旋 A（图 2-1-6），使仪器上倾 $2'\sim 3'$（仪器补偿范围内）后，再用竖直微动螺旋，重新使望远镜照准平行光管水平丝，读取天顶距 M_2（照准读数 3 次取平均）。

（3）反向转脚螺旋 A，使仪器恢复水平后下倾 $2'\sim 3'$，再用竖直微动螺旋使望远镜重新照准平行光管水平丝，读取天顶距 M_3（照准读数 3 次取平均）。

（4）转动脚螺旋 A，使仪器恢复水平，又微动望远镜精确照准平行光管水平丝，读取天顶距 M_4（照准读数 3 次取平均）。

（5）计算纵向补偿精度，取 $D_1=M_2-M_1$，$D_2=M_3-M_1$，$D_3=M_4-M_1$，取其中绝对值最大者为检定结果，当补偿的标准差为 $\pm 1'$ 时，其值应小于等于 $3''$。

（三）横向补偿精度

（1）盘左位置，整平仪器，准确照准平行光管水平丝或基于水平的远处目标，读取天顶距读数 N_1。第一步的操作与纵向补偿精度检测的相同。

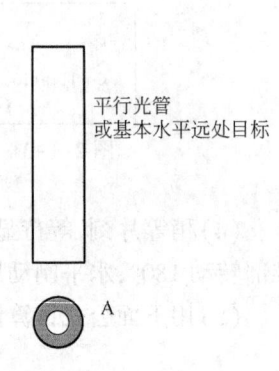

图 2-1-6 脚螺旋位置

（2）同向调节位于仪器到标志垂直方向上的脚螺旋 C 和 B，使仪器左倾 $3'$ 后，再用竖直微动螺旋使望远镜重新照准平行光管的水平丝，读取天顶距读数 N_2（照准读数 3 次取平均）。

（3）按相反方向同向转动脚螺旋 C 和 B，使仪器向上倾，恢复水平后又上倾 $3'$，再用竖直微动螺旋使望远镜重新照准平行光管水平丝，读取天顶距读数 N_4（照准读数 3 次取平均）。

（4）转动脚螺旋 C，使仪器恢复水平，再用竖直微动螺旋使望远镜重新照准平行光管水平丝，读取天顶距读数 N_4（照准读数 3 次取平均）。

（5）以上补偿精度的测定也可以借助双向微倾台进行。

（6）计算横向补偿精度，取 $D'_1=N_2-N_1$，$D'_2=N_3-N_1$，$D'_3=N_4-N_1$，取其中绝对值最大者为检定结果，其值均应小于等于 $3''$。

五、周期误差检测

所谓周期误差是指按一定的距离为周期重复出现的误差。周期误差主要来源于仪器内部固定的串扰信号，如发射信号通过电子开关、电源线等通道串到接收部分，此时相位计测得的相位值就不单是测距信号的相位值，而且包含串扰信号的相位值，这就使测距产生误差。由于测量相位的方式不同，其误差来源也有所不同，一般地说，周期误差的周期取决于精测尺长。

为了保证仪器的精度，仪器在出厂时都已将电子线路调整好，使周期误差的振幅压低到仪器测距中误差的 50% 以内。但由于外界条件、电子元件参数的变化等原因，周期误差也随之变化，所以必须测定周期误差。当其振幅大于测距中误差的 50%，并且数值较为稳定时,则在测距中必须加入周期误差的改正数。

(一)周期误差的检定方法

周期误差的检定一般采用平台法。平台全长应大于测距的精测尺长度,常见仪器的精测尺长有 10m、20m 及 30m。若建造永久性的通用检定平台,一般取 35m;平台的平直度应优于 $5×10^{-5}$;平台与仪器墩(或脚架)的高差不大于 2mm,且在同一方向线上。

平台全长上分段数可取 $n=20$(每段长 d 可取仪器精测尺长 $\lambda/2$ 的 1/40 或 1/20),这已保证算出周期误差振幅精度 $m_A \leq \frac{1}{3}m_D$(m_D 为仪器检测时测试的中误差,即单位权中误差)。若 $n=10$,则 $m_A \leq \frac{1}{2}m_D$,只能刚好达到检测要求。

平台上分段长 d 的精度要求达到 $(0.1~0.2)$mm。

(二)观测方法与步骤

如图 2-1-7 所示,被检测主机安置在距平台 20m 处的平台中心轴线的延长线上,高度安置与平台上棱镜相同。首先,将反光镜整平对中在平台的第 1 点上测得距离 D_1,再由近及远依次观测(往测),取 5 次读数为 1 组,依次观测完 21 个点,然后,由远及近依次观测(返测),取往返观测平均值作为相应各点距离值。

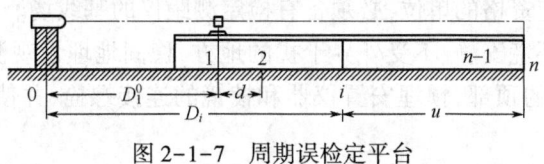

图 2-1-7 周期误检定平台

J(GJ)BA004
全站仪加常数的检测方法

六、加常数检测

仪器的加常数是由于仪器的电子中心与其机械中心不重合形成的,乘常数是由于测距频率偏移产生的。仪器加常数实际包括仪器加常数和棱镜加常数,棱镜加常数由厂家按不同型号标出,一般为 $PC=0mm$ 或 $PC=-30mm$。

仪器加常数一般在测距仪调试中使其为零,但不可能完全为零,即存在剩余值,所以又称剩余加常数,它与被测距离的大小无关,检定后可以在测距成果中加入加常数改正。仪器的乘常数与被测距离的大小成正比,又称比例因子,通过一定的检定方法可以求得,必要时在测距成果中加入乘常数改正。

检测测距仪的加常数和乘常数的方法有多种,最常用的基线比较法,它同时可以测定仪器加常数 K 和乘常数 C。

基线比较法是全站仪加常数的检测中比较常用的方法之一。基线比较法在野外已知标准长度的基线场上进行,将仪器观测距离值与已知长度相比较,用间接平差求得仪器的加常数 K 和乘常数 C。

设置一条基线,其长度在几百米至 2km 左右,将其分为 $d_1,d_2,\cdots,d_n$ 段,如图 2-1-8 所示。经观测可得 D 及各分段 d_i 的观测值,设仪器的加常数为 K,则:

$$D+K=(d_1+K)+(d_2+K)+\cdots+(d_n+K) \qquad (2-1-14)$$

图 2-1-8 基线比较法测定仪器加常数和乘常数

由此得：

$$K=\frac{D-\sum_{i=1}^{n}d_i}{n-1} \tag{2-1-15}$$

将式(2-1-15)微分，根据误差传播定律，则得加常数 K 的精度估算值：

$$m_K=\pm\sqrt{\frac{n+1}{(n-1)^2}}m_d \tag{2-1-16}$$

式中 m_d——等精度观测值的测距中误差。

一般要求加常数测定中误差 m_K 应小于仪器测距中误差 m_d 的 1/2，即使 $m_K\leqslant 0.5$mm，将 $m_K=0.5\,m_d$ 代入式(2-1-16)，求得 $n=6.5$，取 $n=6$。所以，一般基线场将基线分为六段，故又称六段比较法。为了提高测距精度，需增加多余观测，所以采用全组合观测法可得 21 个距离观测值。

具有测绘仪器检定资格的单位，必须备有检定测距仪的基线场。

基线场应选择在环境安静、不受外界干扰的地方，稳固地埋设观测墩。(六段法可埋设 7 个观测墩)。观测墩的顶部，预埋安置仪器和棱镜的连接螺栓，并使其位于同一直线和同一水平面上。

J(GJ)BB001 全站仪加常数的测定流程

基线场上各观测墩间的距离应用铟钢尺精确测定，其准确度应优于 2×10^{-5}，并定期进行检测。

全站仪的加常数与被测距离的大小成反比，鉴定后可以在测距中加入加常数改正。

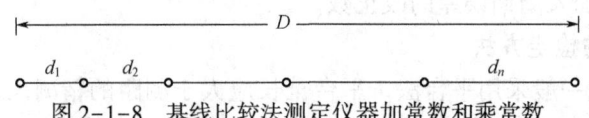

(1)基线场上各观测墩，依次按 0、1、2、3、4、5、6 顺序编号。

(2)将仪器安置于 0 号墩，棱镜依次安置于 1、2、3、4、5、6 号墩，各基线段上的观测均为一次照准，取 6 次读数求平均值，分别测得各基线段的距离观测值为 d_{01}，d_{02}，d_{03}，d_{04}，d_{05}，d_{06}。

d_{01}	d_{02}	d_{03}	d_{04}	d_{05}	d_{06}
	d_{12}	d_{13}	d_{14}	d_{15}	d_{16}
		d_{23}	d_{24}	d_{25}	d_{26}
			d_{34}	d_{35}	d_{36}
				d_{45}	d_{46}
					d_{56}

图 2-1-9 检测值

(3)将仪器分别安置于 1、2、3、4、5，测定的距离观测值如下(图 5-1-7)，为了全面考察仪器的性能，最好将 21 个被测距离长度大致均匀分布于仪器的最佳测程之内。

项目六 GNSS 接收机检测

J(GJ)BB014 GPS接收机的检测项目

一、GNSS 接收机的检测项目

GNSS 测量工作所采用的接收设备，都必须对其性能和可能达到的精度水平进行检验，合格后方能参加作业，尤其对于新购置的设备，应按规定进行全面的检验，GNSS 接收机的常规性检测项目包括一般检视、通电测试、静态精度指标测试、动态精度指标测试等。

(一)一般检视

一般性检视主要检查接收设备的各部件及其附件是否齐全、完好,紧固部件有否松动,设备的使用手册及随机软件等资料是否齐全。

(二)通电检验

GNSS 接收机通电检验的主要项目包括设备通电后有关信号灯、按键、显示系统的仪表的工作情况,包括观察接收机自检的进程是否正常,以及自测系统的工作情况。当自测试正常后,按操作步骤进行卫星的捕获及跟踪,检验接收机捕获卫星的时间、接收信号的信噪比及信号的锁定等情况。

> J(GJ)BB015 GPS接收机的通电检视方法

(三)实测检验

实测检验应在不同长度的标准基线上,或专设的 GNSS 测量检验场上进行。标准基线的相对精度应不低于被检验设备的标称精度。实测检验是卫星定位设备检验的主要内容之一,凡是用于精密定位的接收设备,都应按作业时间的长短,至少在每年出测前进行一次检验。

实测检验的主要内容包括接收机野外作业的性能、接收机的内部噪声、水平天线相位中心的稳定性以及不同测程的基线测量所能达到的精度等。

另外,天线底座的圆水准器和光学对中器,也要在每年出测前进行检验和校正,对于作业中所使用的气象测量仪,也要定期送气象部门检验,以保障其正常工作。

> J(GJ)BB016 GPS接收机内部噪声水平测试的方法

二、GNSS 接收机检测的方法

随着 GNSS 接收机硬件与软件的不断完善,对 GNSS 接收机的检验内容和方法也将有所变化,GNSS 接收机的检验包括以下方法。

(一)接收机内部噪声水平检验的方法

接收机的内部噪声水平主要是由于接收机硬件不完善的综合反映,包括接收机通道间偏差、延迟锁相环、钟差等引起的测距和测相误差。其检验方法,可根据实际情况采用以下两种方法之一。

1. 零基线检验法

零基线是检验接收机钟差、信号通道延时、延迟锁相环误差,以及接收机内部噪声等电性能所引起的定位误差的一种有效方法。零基线检测方法,是指多台接收机通过功率分配器接收同一天线信号,挑选任意两台接收机的观测数据所解算的基线,其理论长度为零,比较解算值与真值之差,便可对接收机的质量做出评价。零基线测试法可以消除一系列影响 GNSS 定位精度的误差来源,如卫星轨道误差及星历误差、卫星星钟误差、电离层和对流层时延误差、天线多路径效应误差、天线相位中心偏移误差等。零基线测试法能够比较真实地反映接收机的质量水平,并且排除了天线的因素,因此对于接收机的内部噪声水平检测具有重要意义,是检验接收机内部噪声的一种可靠方法。

2. 超短基线法

在无功分器的情况下,GNSS 接收机的内部噪声水平,也可以利用长度精确已知的超短基线或基线网进行检验。为此,须在地势平坦、对空视野开阔的地区,布设一边长为 5~10m 的基线或基线网。检验时须将两台接收机的天线,分别安置在超短基线的两端,并按高精度静态相对定位的要求进行同步观测,接收卫星数要在 5 颗以上,观测时段的长度,根据情况可取 1.0~2.0h。

这时,对于所观测的数据,要采用缺省处理参数,用接收机的静态测量数据处理软件进行基线处理。由于基线长度很短,所以观测数据通过差分处理后,可以有效地消除卫星轨道误差、大气折射误差和多路径效应等外界因素的影响,其测量结果与已知的基线长度之差,便反映了接收机的内部噪声水平。

(二)GNSS接收机静态精度指标测试的方法

GNSS接收机静态精度指标测试的方法有两种,根据实际情况分别可以采用短基线检验法和中长检验法,在进行GNSS静态测量精度指标测试时,重复边法检验至少要观测两个时段。

(1)在短基线上静态相对定位,通过比较短基线的解算值与标准值之差,可以评价GNSS接收机对短基线的测量精度。该法在标准鉴定场上进行,天线严格整平对中,对中误差应小于1mm,天线指向正北,天线高取至1mm,两台或多台仪器同步观测,内业计算采用单双频分别计算,测试结果以基线长比较应小于仪器标准误差。

仪器标称精度为$\pm(a+b\times d)$,仪器标准误差以下式计算:

$$\sigma=\sqrt{a^2+(b\cdot d)^2} \qquad (2-1-17)$$

式中 σ——标准差,mm;
a——固定误差,mm;
b——比例误差系数,10^{-6};
d——相邻点间距离,km。

在进行GNSS静态测量精度指标测试时,对短基线检验的方法如下(短基线检验采用在核查基线上进行直接比较的方法):准备好所使用的设备,包括角架、基座、适配器、电池和磁卡等;在短基线的端点上安置天线,严格整平、对中、定向并量取天线高;分别启动两台GNSS接收机对5颗以上的卫星进行1h以上的同步观测;用接收机随机的静态测量数据处理软件进行基线解算;比较短基线的解算值与标准值之差。

(2)中长基线检验。在进行GNSS静态测量精度指标测试时,对中、长基线检验通常采用重复边法或闭合环法,闭合环的构成边应为独立观测基线。如无鉴定场,则可采用重复边检验和异步环检验,重复边法检验至少要观测两个时段。

在中长基线(30~50km)上进行静态相对定位,通过中长基线的重复观测较差或异步环闭合差,可以评价GNSS接收机对中长基线的测量精度。

在进行GNSS静态测量精度指标测试时,中长基线检验采用重复边法闭合环法:步骤如下:准备好所使用的设备,包括角架、基座、适配器、电池和磁卡等;在基线的端点上安置天线,严格整平、对中、定向并量取天线高;分别启动两台GNSS接收机对5颗以上的卫星进行4h以上的同步观测;用接收机随机的静态测量数据处理软件进行基线解算;比较基线的解算值与标准值之差或异步环闭合差。

(三)GNSS接收机天线相位中心稳定性的检验

GNSS接收机天线相位中心稳定性的检验,目前可根据情况采用以下两种方法,即旋转天线法和相对定位法。

（1）旋转天线法，虽是目前较为严格的测定天线相位中心位置及其变化规律的方法，但这一方法，需在微波暗室中进行，并要利用专门的微波天线测量设备，检验较为复杂，尚难以普遍采用。

（2）相对定位法，是目前应用较为普遍的方法。检验工作需要在超短基线网上进行，以便尽可能地消除卫星轨道误差、大气折光误差和多路径效应等因素的影响。这一方法的基本工作过程是，将 GNSS 接收天线分别精确地安置在基线网的端点上，并将天线的定向标志指向正北，观测一个时段，时间约为 1~2h，之后，固定一个天线不动，将其余天线依次同向旋转 90°、180°、270°，并各观测一个时段，最后再将固定不动的天线，相对其余任意一天线，依次旋转 90°、180°、270°，并再分别观测一个时段。根据以上观测数据，利用相对定位原理，求解各时段的基线值，其互差一般规定不应超过 GNSS 接收机标称固定误差的两倍。

J(GJ)BB019
GPS 接收机频标稳定性检验的方法

（四）GNSS 接收机频标稳定性的检验

GNSS 接收机频标稳定性的检验（主要是短期频率稳定特征），对观测数据的质量有着重大意义，主要表现为观测值残差大小和噪声水平，小周跳特别是半周跳出现的频率。它是考核接收机性能和潜在的可达到的精度水平的一个重要指标。对于高精度 GNSS 测量和地球动力学研究方面的应用，频标稳定性及其观测值噪声的影响分析将具有更为重要的意义。

考核的主要指标为：数据的噪声水平、周跳出现的频率、低仰角情况下（例如：15°~25°）数据质量的变化、低仰角情况下多路径效应的影响。

检验方法：通过对较长观测时间段、不同测程的观测数据的结果作残差统计分析，确定数据的平均噪声水平、周跳出现的频率，以及低仰角条件下观测数据质量的变化和多路径效应的影响。在没有专门的标准测试软件之前，暂时可用高精度 GNSS 分析软件做此项工作。

三、RTK 测量精度检测方法

在进行 GNSS RTK 测量生产之前、测量仪器检测时需要检测 RTK 测量的精度，以保证测量放样和实测坐标的准确性。RTK 测量误差主要来源于卫星信号、电台差分信号及环境干扰等，每次 RTK 测量观测的误差相互独立，可以按照同精度观测量进行统计和检测。

为了保证 RTK 测量精度检测的准确，需要做到以下几点：

（1）参考站和流动站仪器必须安置稳定，避免仪器晃动产生人为粗差。

（2）参考站和流动站仪器必须安置在开阔环境下，减少卫星信号和电台通信信号遮挡。

（3）由于检测的是仪器内符合精度，所以参考站坐标可以使用点位已知坐标，当点位没有已知坐标时可以使用仪器观测的当地概略坐标。

（4）参考站仪器坐标系统可以使用缺省 WGS-1984 世界坐标系统，也可以使用与流动站相同的地方坐标系统，对检测结果没有影响。

（5）流动站仪器宜采用地方坐标系统，保存平面直角坐标系坐标，便于进行精度统计。

（6）检测时进行坐标采样，可以采用随机观测或定时观测。

主要操作流程如下：

（1）安置参考站。

（2）安置流动站。

（3）观测和进行坐标采样。

（4）计算 RTK 测量精度。

模块二　处理数据

项目一　测线桩号反算

一、二维测线反算桩号方法

石油物探二维测线由主测线和联络测线组成。为了实现勘探目的,主测线一般垂直于石油勘探目的层构造走向部署,联络测线与之垂直,构成二维测线网。测线由检波点和炮点组成,统称为物探物理点。每个物理点用线号和桩号加以区分,每条测线的物理点的线号相同,桩号从小到大排列。一个二维测线网有一个测线原点,原点包含原点线号 L_0、原点桩号 P_0、原点坐标 (x_0, y_0)、主测线方位角 α_0 及联络测线方位角 α_{90} 等信息。二维测线上的所有物理点的桩号从这个原点进行推算。

二维测线的线号以千米为单位,桩号以米为单位,与原点之间是实际距离的关系,即某条二维测线的线号与测线网原点的线号之差为两条测线的距离;某条测线上某一点的桩号与测线网原点的桩号之差为该点在该测线方向上到原点的垂直距离。由测线点线号和桩号推算测线点坐标为正算,由测线点坐标推算线号和桩号为反算。反算通常被用于核实一个坐标位置在二维测线网或测线上的位置。主要方法是通过计算坐标点与原点连线和主测线形成的夹角,利用勾股定理计算坐标点相对于原点的线号增量及桩号增量。

测线桩号反算有三个主要步骤:

(1)计算坐标点与原点连线的距离 S 和坐标方位角 α。因为坐标点的坐标 (x, y) 和原点的坐标 (x_0, y_0) 已知,则方位角为:

$$A = \tan^{-1} \frac{(y_0 - y)}{(x_0 - x)} \tag{2-2-1}$$

$$S = \sqrt{(x_0 - x)^2 + (x_0 - x)^2} \tag{2-2-2}$$

(2)计算坐标点与原点连线与主测线形成的夹角。已知主测线的方位角为 α_0,联络测线的方位角为 α_{90},则夹角为:

$$B = A - A_0 \tag{2-2-3}$$

(3)计算线号和桩号。坐标点与原点的桩号变化量为:

$$\Delta P = S \cdot \cos(\alpha - \alpha_0) \tag{2-2-4}$$

坐标点与原点的线号变化量为:

$$\Delta L = S \cdot \cos(\alpha - \alpha_{90}) \tag{2-2-5}$$

则线号和桩号分别为:

$$\begin{cases} L = L_0 + \Delta L \\ P = P_0 + \Delta P \end{cases} \tag{2-2-6}$$

二、三维测线反算桩号方法

在地震勘探设计中，每个物理点既有坐标又有桩号，这样既方便每个点的定位，又方便每个点的查找，而有一些点不是设计中的物理点，因此很多时候需要用点的桩号推算出点的坐标，或用点的坐标推算出点的桩号。反算三维测线桩号的方法与反算二维测线桩号的方法相似，该项工作可以通过科学计算器、电子表格或自行编写程序来完成。

条件如下：已知本工区三维测线的原点 A_0 坐标 (X_0, Y_0)，工区测线原点的线号 L_0，原点桩号 P_0，测线的方位角 α_0，线号增大方向为 α_{90}，以及三维桩号间距为 V_P、线号间距为 V_L，假如待求点 A 的坐标为 (X, Y)，通过下面的步骤可以计算出待求点 A 的线号 L 和桩号 P。

(1) 计算方位角，即计算待定点 A 到原点 A_0 的方位角，先计算待定点 A 到原点 A_0 的坐标增量：

$$\begin{cases} \Delta X = X - X_0 \\ \Delta Y = Y - Y_0 \end{cases} \tag{2-2-7}$$

通过坐标增量计算出待定点 A 到原点 A_0 的距离 S 和方位角 α：

$$S = \sqrt{\Delta X^2 + \Delta Y^2} \tag{2-2-8}$$

$$\alpha = \tan^{-1} \frac{\Delta Y}{\Delta X} \tag{2-2-9}$$

当 $\Delta X < 0$ 时，方位角处于第二、第三象限，计算结果加 $180°$；当 $\Delta X > 0$ 时，如果 α 为负数，方位角处于第四象限，计算结果加 $360°$。

(2) 计算桩号。计算点桩号增量，即计算待定点 A 到原点 A_0 的桩号变化量：

$$\Delta P = S \cdot \cos(\alpha - \alpha_0) / V_P \tag{2-2-10}$$

计算点桩号 (m)：

$$P = P_0 + \Delta P \tag{2-2-11}$$

计算点线号增量，即计算待定点 A 到原点 A_0 的线号变化量：

$$\Delta L = S \cdot \cos(\alpha - \alpha_{90}) / V_L \tag{2-2-12}$$

计算点线号 (km)：

$$L = L_0 + \Delta L \tag{2-2-13}$$

计算得出的 P 和 L 就是待定点 A 在本工区的桩号和线号。

项目二 测线偏移设计

一、二维测线偏移设计方法

二维测线的偏移设计应按照下列要求进行：

(1) 地震测线的实施工作要严格按照设计要求进行测量，测线偏移设计位置最大不超过 100m。

(2) 在遇到障碍物无法进行变观时，按设计和测量规范的要求提前偏移，但各转折段的方位角与设计测线方位角之差不得大于 $8°$，偏移设计测线的最大垂直距离小于 1/4 测线距离,或依照设计要求普查、概查工作最大偏移距离小于1km。其转折点必须是激发点或接收点,转折段的长度应大于1km,并回到原测线的位置和方位上。拐角大于8°时要按两条测线施工,增加附加段,保证两直线段拐点均获得满覆盖。

二、三维测线偏移设计方法

三维地震勘探测量应按设计的坐标位置对接收点、激发点进行放样测量,所有接收点、激发点的平面坐标实测值与设计值之差不得大于5m。所有相邻接收点、激发点之间的距离以及接收线、激发线之间的距离,其实测值与理论值之差,点距离不得大于2m,线距差不得大于理论值的2%,且绝对值不能大于5m。

遇各种地面障碍无法放样激发点时,为减少丢失覆盖次数可将此激发点沿平行接收线方向移动几个道距的距离,这样的施工称为恢复性激发,所移动的激发点称为恢复性激发点。3个以上的恢复性激发点应位于障碍物的两侧,恢复性激发点不应与其他正常激发点重合。恢复性激发点仍按移动前激发点编号,但在编号后要标明移动的方向和距离。沿接收线方向移动用"+"表示,向小号方向移动用"-"表示,距离单位用"m",如508043-150表示原508043这一激发点沿接收线方向向小号方向移动150m。每一激发点所能移动的距离一般不超过6个道距。

遇特殊困难地区,无法正常布设接收点、激发点或恢复性激发点时,采用变观或特观进行三维地震勘探。此时可采用卫星照片、数字地形图等准确的地理信息进行三维变观或特观设计,若无上述手段,应采用其他测量手段将障碍物区的地形、地物准确描述在图纸上,供三维变观或特观设计与施工使用。

项目三 RTK 观测数据整理

一、RTK 观测数据格式变换

经过 GNSS RTK 野外观测的物理点坐标数据和测量精度等信息被存储于 RTK 控制手簿中,通过数据传输、磁盘拷贝等方式可以转移到计算机中,进行处理和精度统计。在进行数据统计形成测量成果之前,需要进行观测数据格式的转换,将 RTK 存储的专用加密格式转换为其他程序可以使用的文本格式,一般为 ASCII 码格式。

RTK 观测数据格式的转换通常是使用仪器厂家提供的专用软件进行处理,如徕卡测量数据使用 LGO 软件,天宝测量仪器的数据使用 TGO 软件或 TBC 软件。软件不同,基本原理和操作步骤是相似的。

首先要建立一个作业项目,选择需要转换的数据文件及删除文件中的观测数据,将数据输入项目中。

然后定义转换后的数据格式,即转换为哪种文件格式,一般选用 ASCII 码文件格式。同时设置输出数据的内容和具体格式,一般数据内容包括点标识、北坐标(纵坐标 x)、东坐标(横坐标 y)、高程、点位精度指标等。设置各数据的排列顺序、数据之间的间隔符号等。

通过软件中的输出功能,可以将转换后的实测数据按照人机交互的信息保存在计算机中,以备数据质量统计使用。

二、RTK 观测数据整理方法

RTK 野外观测数据记录以测量仪器专用格式记录在控制手簿内存或磁卡中,在成为测量成果之前需要进行一系列的数据整理,选择技术规定的坐标系统,去除冗余数据,并将数据转换成 ASCII 码数据文件。

整理数据首先需要建立一个数据项目,一般使用工区、测线、日期或操作组编号等作为项目名称,以便有所区别和管理。

项目属性中的坐标系统选择工区施工规定的坐标系统。正常情况下每个工区施工开始,按照测量施工设计的技术信息建立一个坐标系统,一直使用到施工结束,无特殊情况不需要修改,保存到测量数据处理软件、控制手簿或数据卡中。在进行 RTK 数据整理时只需要选择和检查参数即可。

一般数据卡中包含测线设计数据、实测数据、检核数据等,实测数据往往会有多条测线或累计几天的数据存储,所以在 RTK 数据整理时选择需要整理的数据,可以按照观测起始时间、测量点名等多种条件进行筛选,并把选择好的数据输入数据项目中。

输出的 ASCII 数据格式一般是固定的,包括点标识,即观测点名,纵坐标、横坐标和高程等。选择规定的输出格式,使用日期、测线号或测量组编号等作为文件名输出测量数据到计算机。

项目四 测量平差原理

一、测量平差概述

J(GJ)BD001
测量平差概述

当对某量进行重复观测时,就会发现,这些观测值之间往往存在一些差异,例如,对同一段距离重复丈量若干次,量得的长度通常互有差异;另一种情况是,如果已经知道某几个量之间应该满足某一理论关系,但当对这几个量进行观测后,也会发现实际观测结果往往不能满足应有的理论关系,例如从几何上知道三角形三个内角之和应该等于 180°,但如果对这三个内角进行观测,则三内角观测值之和常常不等于 180°,而有差异。为了确定一个三角形的形状和大小,需要 3 个必要元素,但它们不能全为角度。这 3 个必要元素可以是 3 个边长、1 个边长 2 个角度或 1 个角度 2 个边长。

在同一量的各观测值之间,或在各观测值与其理论上的应有值之间存在差异的现象,在测量工作中是普遍存在的。这是因为观测值中包含有观测误差的缘故。

在测量平差中最重要的概念就是最小二乘法。"最小二乘法"由高斯于 1794 年首先提出,并于 1809 年正式发表在《天体运动的理论》一文中。勒戎德于 1806 年独立地提出了最小二乘法并正式定名,所以最小二乘法又被后人称为高斯—勒戎德方法。

测量平差的基本任务,就是根据观测值与待定量之间的数学模型,运用最小二乘法原理解求待定量的最或是值,并评定测量成果的精度。测量平差的含义是依据某种最优化的准则,由一系列带有测量误差的观测,求定未知量的最优估值以及精度的理论和方法。

二、测量平差的任务

由于观测结果不可避免地存在偶然误差的影响，因此，在实际工作中，为了提高成果的质量，同时也为了检查和及时发现观测之中有无错误存在，通常要使观测值的个数多于未知量的个数，也就是要进行多余观测。例如：对一条导线边，丈量一次就可得出其长度，但实际上总要丈量两次或两次以上；一个平面三角形，只要观测其中的两个内角，即可决定它的形状，但通常是观测三个内角。由于偶然误差的存在，通过多余观测必然会发现在观测结果之间存在不相一致的情况，或不符合应有的关系而产生不符值，因此，必须对这些带有偶然误差的观测值进行处理，使得消除不符值后的结果，可以认为是观测值的最可靠结果。由于带有偶然误差的观测值是一些随机变量，因此可以根据概率统计的方法来求出观测量的最可靠结果，这就是测量平差的一个主要任务。测量平差的另一个任务，就是评定观测值以及最可靠结果的精度，也就是考核测量成果的质量。

测量平差研究的是如何处理带有偶然误差的观测值，以寻求被观测量的最佳估值。对 A、B 两点间的未知距离只丈量一次，尽管这一次丈量的观测值含有误差，但不会产生测量平差。比如，对于某一组待定观测量来说，如果实际观测量是 5，必要观测量也是 5，将不会产生测量平差问题。对于某一个待定的观测量来说，测量平差的条件是，实际观测数大于必要观测数。

测量平差的任务是研究观测误差的统计规律性，建立观测误差理论，其内容包括误差分布、精度统计、误差估计、误差传播以及误差检验、误差预测和控制等。观测值中含有偶然误差，是产生测量平差的一个重要原因。

在实际测量工作中，为了提高观测成果的质量，同时也为了发现和消除错误，通常要进行多余观测，即观测数大于必要观测数，加之观测值中必然包含有观测误差，这就产生了观测值之间的矛盾，为了消除这种矛盾，就必须依据一定的数据处理准则，采用适当的计算方法，对有矛盾的观测值加以必要而又合理的调整，即分别给以适当的改正，从而消除矛盾，求得被观测量的最佳估值。

测量平差有两大任务：一是通过数据处理求待定量的最佳估值；二是评估测量成果的质量。

三、线性函数模型

测量平差的基本模型包括条件平差、附有参数的条件平差、间接平差模型、附有限制条件的间接平差法等。函数模型是确定客观实际的本质或特征的，描述观测量与待求量之间函数关系的模型，对于某一个客观实际的本质或特性来说，可以用不同的形式予以描绘，即可建立不同形式的模型。

由于客观实际的复杂性，想用一个模型来描述客观实际的全体是困难的，也是不必要的，因而，人们总是针对某一目的，为某客观实际建立一个或多个相应的模型，通过对模型的研究，就能按照预定的目的恢复和表现客观实际的某一侧面。在测量工程实践中，通常涉及的都是通过观测量确定某些几何量或物理量大小等有关的数量问题。

一个测量平差问题，首先要建立函数模型，然后采用一定的平差原则对待求量进行最优评估。对于一个具体的平差问题，可建立不同形式的函数模型，与此相应就产生了不同的平差方法。函数模型分为线性模型和非线性模型两类，一般测量平差方法是基于线性模型的，对于非线性模型，总是用台劳公式展开，并求取其一次项化为线性模型。

随着科学技术的发展，人们越来越多地需要研究诸如动态摄影、地壳变形等问题，这些问题中的某些变量将随着某因素比如时间的变动而变动，这类数学模型一般称为动态模型。动态模型一般是在静态模型的基础上加上某些变异速率的函数构成。

测量的目的就是通过测量得出的观测量，经过对它们的统计特性做检验后，按一定的准则，求出数学模型中待定参数的最佳估值，并研究这些估值的统计特性。

J(GJ)BC019 条件平差法的数学模型

(一)条件平差法的数学模型

以条件方程为函数模型的平差方法，称为条件平差法。条件平差的自由度也被称为多余观测数，一般而言，如果有 n 个观测值，需 t 个必要观测，则可列出 $r=n-t$ 个条件方程。

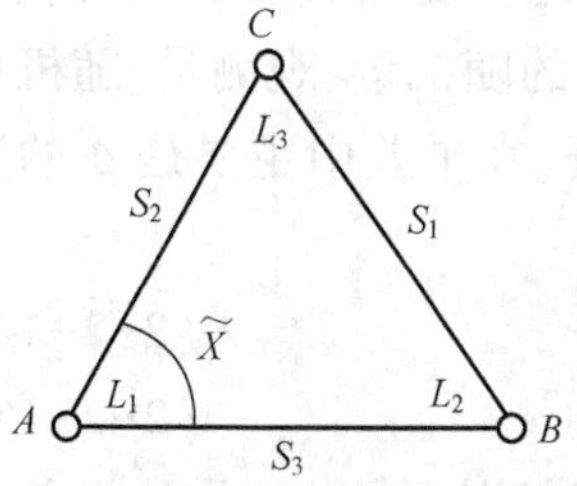

图 2-2-1　必要观测值示意图

在测量过程中，如果总共观测了某模型的 n 个量的大小，若观测个数少于必要元素个数，即 $n<t$，则数据不足无法确定该模型。在测量中如果观测了某模型的 t 个独立量，即 $n=t$，则可以确定该模型，可以发现粗差但没有多余观测。

设在某一平差问题中，为了解决这一问题，至少需要 t 个观测值，这样的观测个数，称为必要观测个数。比如，为了确定一个平面三角形的形状，至少要观测这个三角形的 2 个角即必要观测数是 2。

J(GJ)BC020 间接平差法的数学模型

(二)附有参数的条件平差法及其函数模型

平差问题中，设观测值个数为 n，必要观测个数为 t，则可以列出 $r=n-t$ 个条件方程，现又增设了 u 个独立量作为未知参数，且 $0<u<t$，每增加一个参数应增加一个条件方程，因此，共需列出 $r+u$ 个条件方程，以含有参数的条件方程为平差函数模型的平差方法，称为附有参数的条件平差法。

(三)间接平差法的数学模型

由前所述，在一个几何模型中，最多只能选出 t 个独立量，如果在进行平差时，只选 t 个独立量作为参数，那么通过这 t 个独立参数就能唯一地确定几何模型。换句话说，模型中的所有量都一定是这 t 个独立参数的函数，每个观测量也都可以表达为所选 t 个独立参数的函数。

选择几何模型中 t 个独立量为平差参数，将每一个观测量表达成所选参数的函数，共列出 $r+u=r+t=n$ 个这种函数关系式，以此作为平差的函数模型的平差方法称为间接平差。在一个平差问题中，设观测值个数为 n，必要观测数为 t，若选择 t 个独立量作为平差参数，则多余观测数为 $r=n-t$，因而可以列出 n 个观测值方程。

由于多余观测和观测值含有误差，使得各观测值之间总是存在矛盾，为此必须按最小二乘原则对各观测值加入改正数。间接平差法的平差步骤包括：选择 t 个独立的未知参数，将每个观测值表示成未知参数的函数且形成误差方程、形成法方程、求解法方程、计算改正数、精度评定。

尽管间接平差法选定了 t 个独立参数，但多余观测数不随平差方法的不同而改变。所谓最小二乘原则，就是在消除各观测值之间矛盾并确定待定量的最或是值时，使各观测值改正数的平方和为最小。

四、平差的随机模型

一般来说，数学模型可以分为随机模型和函数模型两类，建立随机模型和函数模型是测量平差首先要考虑的最基本的问题。对于一个具体的测量平差问题，通常可以建立多种形式的函数模型。随机模型是描述观测量及其相互之间统计相关性质的模型，它是通过观测值的数学期望和协方差阵(或协因数阵)来表示，借以说明观测值是否受系统误差的影响，观测值的精度(或相对精度)及它们是否相关等，这些统计特性是随机变量所固有的，因为中误差可以由相应的方差开方得到，所以它们之间的关系可以通过方差或协方差的运算规律导出。

描述平差问题中的观测量与观测量之间、观测量与位置参数之间相互关系的函数表达式，称平差函数模型。测量平差中的随机模型是描述平差问题中的随机量、观测量、随机量相互间统计相关性质的模型，是描述观测误差 Δ 的一些随机特征，在平差中主要是 Δ 的数学期望和方差，具有：

$$E(\Delta) = 0 \qquad (2\text{-}2\text{-}14)$$

$$D(\Delta) = \sigma_0^2 Q = \sigma_0^2 P^{-1} \qquad (2\text{-}2\text{-}15)$$

式(2-2-14)表明观测误差中不含有系统误差和粗差，是一般情况下最小二乘法平差的要求式(2-2-15)平差时定权的根据。

平差前随机模型要已知 $D(\Delta)$，称验前方差，只有精确地已知验前方差 $D(\Delta)$，才能精确地定权，所以随机模型的估计就是验前方差 $D(\Delta)$ 的估计，也就是观测值权的估计。

在各种平差问题中，最基本的数据都是观测向量，而观测向量是一种随机变量，除了建立函数模型外，还要同时考虑建立随机模型，亦即观测向量的协方差阵。

一般来说，在平差开始前，观测向量的协方差阵 D 是未知的，应先根据经验给出估值，通常称为先验协方差。在平差过程中或结束后，可确定出单位权方差的估值，从而再次求得协方差阵的估值，通常称为验后协方差。由于多余观测以及观测值含有误差，使得用观测值估计参数时总是存在各观测值之间的矛盾和观测值与参数之间的矛盾，为此必须对各观测值加入改正数。

五、最小二乘法的基本概念

最小二乘法，又称最小平方法，是一种数学优化技术，它通过最小化误差的平方和寻找数据的最佳函数匹配。利用最小二乘法，可以简便地求得未知数的数据，并使得这些求得的数据与实际数据之间误差的平方和为最小，最小二乘法可用于曲线拟合。其他一些优化问题也可以通过最小二乘法来表达。

最小二乘原理是最可信赖值应使残余误差平方和最小，按照最小二乘条件给出最终结果能充分利用误差的抵偿作用，可以有效减少随机误差的影响，因而所得结果具有最可信赖值，对测量数据最小二乘法处理的最终结果，不仅给出待求量的估计值，还要确定其精度。

最小二乘法是用来处理具有误差的观测数据的一种有效方法，是一种最早用于天文观测资料处理的数学工具，是一种在多学科领域中广泛应用的数据处理方法，可解决参数的最可信赖值估计、组合测量的数据处理、根据实验数据拟和经验公式、回归分析等问题。根据最小二乘准则,在等精度观测列的情况下,未知量的最或然值是使残差平方和最小的那些值。利用最小二乘原理进行不等精度测量数据的精度估计与等精度测量数据的精度估计相似,用加权残余误差平方和代替残余误差平方和即可。

项目五　GNSS 控制网平差

一、GNSS 控制网概述

J(GJ)BD006 GNSS网概述

GNSS 技术具有精度高、速度快、费用省、全天候、操作简便等优点,因此,它广泛应用于大地测量领域。所谓 GNSS 控制网,是指利用 GNSS 卫星定位技术建立的测量控制网的统称。一般 GNSS 控制网可分为两大类:一类是全球、全国性控制网;另一类是区域性的工程建设专用控制网。后者是指国家 C、D、E 级 GNSS 控制网或专为工程项目而建立的工程GNSS 控制网,这种网的特点是控制面积不大,边长较短,观测时间不长,现在全国用 GNSS 技术布设的区域性控制网很多。

通常,GNSS 测量控制网的建立主要采用载波相位静态相对定位方法。直接为工程建设服务的 GNSS 测量控制网,其精度应满足工程建设的实际需要,不一定低于国家 GNSS 控制网,也不一定高于光电测距导线网。从测量工作流程上看,GNSS 控制测量与常规控制测量相似,如果按照 GNSS 测量实施的工作程序,可大体分为以下几个阶段,选点与建立标志、外业观测、GNSS 控制网的优化设计、成果检验与处理等。

GNSS 控制网以同步图形的形式连接扩展,构成具有一定数量独立环的布网形式,不同的同步图形间由若干公共点连接。同步图形扩展式布网形式具有扩展速度快、图形强度高等优点,是布设 GNSS 网最常用的一种形式,可以分为点连式、边连式、网连式和混连式。

(1)点连式,在 GNSS 控制网中,所谓点连式,是指相邻的同步图形之间只通过 1 个公共点连接,其特点是图形扩展快,但图形强度较低,易有连环影响,一般不单独使用。

(2)边连式,是指相邻的同步图形之间通过 2 个公共点连接,至少需要 3 台接收机,也就是相邻两个同步图形只通过一条边连接,具有较多的重复基线和独立环,图形条件较强,作业效率较高,被广泛采用。

(3)网连式,是指相邻的同步图形之间通过 3 个或 3 个以上公共点相连接,需要 4 台或 4 台以上接收机。图形条件很强,成本较高,多用于高精度的控制网。

(4)混连式,是相邻两个同步图形可能通过点、边、网等形式连接,自检性和可靠性较好,能有效发现粗差,在 GNSS 工程控制网中广泛采用。

J(GJ)BD011 GNSS控制网的图形结构

常见的有三角形和环形网等布网形式。GNSS 控制网的布网形式主要有单基准站式边连式、多基准站式网连式、同步图形扩展式等几种形式。GNSS 环形网的主要优点有观测工作量较小、具有较好的自检性、具有较好的可靠性等。单基准站式布网方式的优点是效率很高,但是由于各流动站一般只与基准站之间有同步观测基线,因而图形强度很弱。

GNSS 控制网平差就是以基线向量作为观测值进行整体平差,求定 GNSS 点的坐标,评定成果的精度。对于 GNSS 基线向量网平差,是以 GNSS 基线向量为观测值,以观测值方差阵之逆阵为权阵，可消除许多图形闭合条件不符值，可求定各 GNSS 控制网各点坐标并进行精度评定。

根据实际情况，GNSS 控制网的整体平差原则上可以采用间接观测平差法，或条件观测平差法、序贯平差法和卡尔曼滤波等。GNSS 控制网的整体平差方法，根据数据利用的方式不同，一般可分为两种：一种是将各观测时段所确定的独立基线向量，作为具有先验精度信息的相关观测量，进行网的平差，这种方法也称为基线法；另一种就是直接利用各观测时段的原始同步观测量进行平差。以上两种方式在理论上是等价的，但后一种方式数据量较大，计算较为复杂，所以实际上多采用前一种方式。

GNSS 控制网平差的另一个目的，是确定网的基准，即网的位置、方向和尺度基准。对于一个仅含有相对观测量的 GNSS 控制网来说，其方向基准和尺度基准，可由网的最小二乘法唯一确定，与网的平差方法无关。而网的位置基准，与平差中所取网点坐标的近似值系统和平差方法密切相关，所以选择适宜的平差方法，对确定网的位置基准具有重要意义。为了确定 GNSS 控制网点在某一特定坐标系统下的绝对坐标，需要提供相应的位置基准、方位基准和尺度基准。一般认为，通过 GNSS 基线解算所获得的 GNSS 基线向量不具有位置属性，为了确定 GNSS 控制网点在某一特定坐标系统下的绝对坐标，需要另外引入位置基准。位置基准通常都是通过一个以上的起算点来提供的。仅凭 GNSS 基线向量所提供的基准信息，是无法确定网中各点的绝对坐标的。

J(GJ)BD014 GNSS基线向量网平差的概述

目前广泛采用的平差方法主要有经典自由网平差和非经典自由网平差，即亏秩自由网平差。经典自由网平差，或简称经典平差，是仅具有必要起算数据的平差方法。对 GNSS 控制网来说，即仅具有一个起始点，其坐标值在平差中保持不变，这时网的位置基准由该起始点及其坐标值所规定。经典自由网平差，也简称自由网平差或伪逆平差，是一种没有必要起算数据的平差方法，这时，在最小范数条件下卫星网的位置基准，由网点坐标近似值的平均值所规定。通常，GNSS 控制网与地面网的联合平差是指平差时所采用的观测值包含 GNSS 基线向量和地面常规观测值的数据。

J(GJ)BD015 GNSS控制网平差的类型

二、GNSS 控制网平差的类型

GNSS 控制网平差的类型有多种，根据平差所进行的坐标空间，可将 GNSS 控制网平差分为三维平差和二维平差；根据平差时所采用的观测值和起算数据的数量和类型，可将平差分为无约束平差、约束平差和联合平差等。

（一）三维平差与二维平差

三维平差：平差在三维空间坐标系中进行，观测值为三维空间中的观测值，解算出的结果为点的三维空间坐标。GNSS 控制网的三维平差，一般在三维空间直角坐标系或三维空间大地坐标系下进行。

二维平差：平差在二维平面坐标系下进行，观测值为二维观测值，解算出的结果为点的二维平面坐标。二维平差一般适合于小范围 GNSS 控制网的平差。

（二）无约束平差、约束平差和联合平差

无约束平差：在平差时不引入会造成 GNSS 控制网产生由非观测量所引起的变形的外部起算数据。常见的 GNSS 控制网的无约束平差，一般是在平差时没有起算数据或没有多

余的起算数据。

约束平差:平差时所采用的观测值完全是 GNSS 观测值(即 GNSS 基线向量),而且在平差时引入了使得 GNSS 控制网产生由非观测量所引起的变形的外部起算数据。

联合平差:平差时所采用的观测值除了 GNSS 观测值以外,还采用了地面常规观测值,这些地面常规观测值包括边长、方向、角度等观测值。

三、整周未知数的确定方法

确定整周未知数的整数值的方法有很多种,目前所采用的方法基本上是以下面介绍的搜索法为基础的。搜索法的具体步骤如下:

根据初始平差的结果 $\hat{X}_N$ 和 $D_{\hat{X}_N \hat{X}_N}$,分别以 $\hat{X}_N$ 中的每一个整周未知数为中心,以与它们中误差的若干倍为搜索半径,确定每一个整周未知数的一组备选整数值,从上面所确定出的每一个整周未知数的备选整数值中一次选取一个,组成整周未知数的备选组,并分别以它们作为已知值,代入原基线解算方程,确定出相应的基线解。

从所解算出的所有基线向量中选出产生单位权中误差最小那个基线向量结果,作为最终的解算结果,这就是所谓的基线向量整数解或称固定解。

整周未知数的搜索法,以数理统计理论的参数估计和假设检验为基础,利用初始平差的解向量及其精度信息,确定在某一置信区间整周未知数可能的整数解的组合。将整周未知数的每一组合作为已知值,重复进行平差计算,其中使估值的验后方差为最小的一组整周未知数,就是所搜索的整周未知数的最佳估值。由于观测值误差和函数模型不完善等原因,使得整周未知数的解算结果为实数。

一般整周未知数的快速解算法,主要包括交换天线法、P 码双频技术、搜索法、模糊函数法以及滤波法等。快速解算法所需观测时间很短,一般仅为数分钟。

实际中由于卫星信号被暂时遮挡或外界干扰因素的影响,经常引起卫星跟踪信号的暂时中断,将导致接收机整周计数中断。当接收机捕获卫星信号后,只要跟踪不中断,接收机便会给出在跟踪期间载波相位整周数的变化。

四、GNSS 控制网初始平差

GNSS 测量的静态定位,是通过多个测站上进行若干时段同步观测,从而确定测站之间相对位置的卫星定位测量。在 GNSS 测量中,观测时段是指在测站上接收机从开始接收卫星信号到停止接收卫星信号所连续观测的时间段。在 GNSS 测量中,所谓异步观测环,是指在构成多边形环路的所有基线向量中有非同步基线向量。所谓同步观测就是两台或两台以上的接收机同时对同一组卫星进行的观测,同步观测环是由三台或三台以上接收机同步观测所获得的基线向量所构成的闭合环,同步环各边的坐标差分量之和即为同步环闭合差。

GNSS 控制网中相互之间不能构成检核条件的边,称为独立基线。在 GNSS 测量中,若 N 台接收机同步观测,则共获得 $N(N-1)/2$ 个基线向量,但其中只能选出 $N-1$ 个独立基线向量。

GNSS 控制网的优化设计,是实施 GNSS 测量工作的第一步,是一项基础性工作,也是在网的精确性、可靠性和经济性方面,实现用户要求的重要环节。这项工作的主要内容包括:精度指标的合理确定,网的图形设计和网的基准设计。

基线解算一般采用差分观测值,较为常用的差分观测值为双差观测值,即由两个测站的原始观测值分别在测站和卫星间求差后得到的观测值。若在某个历元中,对 K 颗卫星进行了同步观测,则可以得到 $K-1$ 个双差观测值。GNSS 测量数据预处理的主要目的,是对原始数据进行编辑、加工、整理分流出各种专用信息文件。

基线解算的过程实际上主要是一个平差的过程,平差所采用的观测值主要是双差观测值。在基线解算时,平差要分三个阶段进行:在第一阶段,进行初始平差,解算出整周未知数参数和基线向量的实数解(浮动解);在第二阶段,将整周未知数固定成整数;在第三阶段,将确定了的整周未知数作为已知值,仅将待定的测站坐标作为未知参数,再次进行平差解算,解求出基线向量的最终解整数解。

根据双差观测值的观测方程(需要进行线性化),组成误差方程后,然后组成方程后,求解待定的未知参数其精度信息,其结果为:

待定参数:$\hat{X} = \begin{bmatrix} \hat{X}_C \\ \hat{X}_N \end{bmatrix}$,定参数的协因数阵:$Q = \begin{bmatrix} Q_{\hat{X}_C \hat{X}_C} & Q_{\hat{X}_C \hat{X}_C} \\ Q_{\hat{X}_N \hat{X}_N} & Q_{\hat{X}_N \hat{X}_N} \end{bmatrix}$,单位权中误差:$\hat{\sigma}_0$。

J(GJ)BD013 初始平差的概念

通过初始平差,所解算出的整周未知数参数 X_N 本应为整数,但由于观测值误差、随机模型和函数模型不完善等原因,使得其结果为实数,因此,此时与实数的整周未知数参数对应的基线解被称作基线向量的实数解或浮动解。为了获得较好的基线解算结果,必须准确地确定出整周未知数的整数值。若在整个同步观测时段同步观测卫星的总数为 L,则整周未知数的数量为 $L-1$。

J(GJ)BD017 提取基线向量的原则

要进行 GNSS 控制网平差,首先必须提取基线向量,来构建 GNSS 基线向量网。GNSS 基线解算数据处理结果可以得到观测站之间的基线向量、观测站之间的基线向量方差、观测站之间的基线向量协方差。提取基线向量的原则如下:

(1) 必须选取相互独立的基线,否则平差结果会与真实情况不符。
(2) 所选取的基线应构成闭合的几何图形。
(3) 选取质量好的基线向量,依据 RMS、PDOP、RATIO、同步环闭合差、异步环闭合差及重复基线较差来判定。
(4) 选取能构成边数较少的异步环的基线向量。
(5) 选取边长较短的基线向量。

J(GJ)BD016 三维无约束平差的原理

五、GNSS 控制网无约束平差

(一) 三维无约束平差原理

所谓三维无约束平差,就是 GNSS 控制网中只有一个已知点坐标。三维无约束平差的主要目的是考察 GNSS 基线向量网本身的内符合精度以及考察基线向量之间有无明显的系统误差和粗差,其平差应不引入外部基准,或者引入外部基准但不会由其误差使控制网产生变形和改正,平差时不引入使得 GNSS 控制网产生变形的外部约束条件,即所采用的起算条件不超过 3 个。

由于 GNSS 基线向量本身提供了尺度基准和定向基准，故在 GNSS 控制网平差时，只需提供一个位置基准，因此，网不会因为该基准误差而产生变形。常见的 GNSS 控制网的无约束平差，一般是在平差时没有起算数据，也没有多余的起算数据，所以是一种无约束平差。平差中引入基准的方法一般为：取网中任意一点的伪距定位坐标作为网的位置基准，通常，GNSS 控制网的无约束平差以一个点的 WGS-1984 三维坐标作为起算依据，以三维基线向量及其协方差阵作为观测信息。GNSS 控制网的三维无约束平差是在 WGS-1984 空间直角坐标系下进行的。

　　在 GNSS 无约束平差中，GNSS 控制网的几何形状完全取决于 GNSS 基线向量，而与外部起算数据无关，因此 GNSS 控制网的无约束平差结果实际上也完全取决于 GNSS 向量，所以 GNSS 控制网的无约束平差结果量的优劣，以及在平差过程中所反映出的观测值之间几何不一致的大小，都是观测值本身质量的真实反映。由于单点定位的精度有限，经过三位无约束平差的网中各点的 WGS-1984 坐标系下的坐标值的精度也较低，但它们相对于网的位置基准却有相当高的精度。

　　GNSS 无约束平差的结果，其精度指标被作为衡量 GNSS 控制网内符合精度的指标，其所反映的观测质量，又被作为判断粗差观测值及进行相应处理的依据。通过 GNSS 控制网的三维无约束平差，可以获得 GNSS 控制网中各点在 WGS-1984 系下经过了平差处理的三维空间直角坐标，可以评定 GNSS 控制网的内部符合精度、发现可能存在粗差的基线、剔除可能存在粗差的基线。

J(GJ)BD018
GNSS网三维无约束平差的方法

（二）三维无约束平差的方法

（1）选取作为网平差时的观测值的基线向量。选取基线向量应遵循的准则是：基线向量之间应该是函数独立的，基线向量应通过初步的质量检验，如闭合差、较差等的检验，所选定的基线向量应形成一个闭合的图形。

（2）利用所选的基线向量的估值，形成平差的数学模型。这个模型的特征为：观测值是基线向量，待定参数主要为 GNSS 控制网中的点坐标，随机模型是利用基线解算时随基线向量估值一同输出的基线向量的方差阵。

（3）对所形成的数学模型进行求解，得出待定参数的估值、观测值等的平差值、观测值的改正数、相应的精度统计信息。

（4）根据平差结果确定观测值中是否存在粗差，数学模型是否有需要改进的地方。三维无约束平差的结果完全反映了 GNSS 控制网本身质量的好坏，如果平差结果不好，则说明 GNSS 控制网的布设或 GNSS 观测值的质量有问题。若存在问题，删除粗差基线，或调整观测值权阵，重新解算。

（5）若在观测值和数学模型中未发现问题，输出结果，平差结果。

　　GNSS 控制网的三维无约束平差的结果，完全取决于 GNSS 控制网的布设方法、GNSS 观测值的质量。通过三维无约束平差，可以评定 GNSS 控制网的内符合精度，发现和剔除可能存在粗差的基线，通过检验发现基线向量随机模型误差，发现系统误差。通过三维无约束平差，可以获得 GNSS 控制网中各点在 WGS-1984 坐标系下，经过平差处理的三维空间直角坐标，为可能要进行的高程拟合提供经过了平差处理的大地高数据。

六、GNSS 控制网约束平差

GNSS 控制网的约束平差中所采用的观测量也完全为 GNSS 基线向量,但与无约束平差所不同的是,在平差进行过程中,引入了会使 GNSS 控制网的尺度和方位发生变化的外部起算数据。只要在网平差中引入了边长、方向或两个以上的起算点坐标,就可能会使 GNSS 控制网的尺度和方位发生变化。GNSS 控制网的约束平差常被用于实现 GNSS 成果由基线解算时所用 GNSS 卫星星历所采用的参照系到特定参照系的转换。

(一) GNSS 控制网二维约束平差的方法

J(GJ)BD027
GNSS网二维约束平差的方法

二维平差在二维平面坐标系下进行,观测值为二维观测值,解算出的结果为点的二维平面坐标。二维平差一般适合于小范围 GNSS 控制网的平差。

二维约束平差在实际应用中,是以两个重合点作为起算数据,在进行二维约束平差时,是将 GNSS 基线观测向量转换到应用坐标系的二维平面上,转换后的 GNSS 基线向量网与地面网在一个起算点上重合。二维约束平差避免了三维基线网转成二维基线向量时,地面网大地高不准确引起的尺度误差和变形,进而保证了 GNSS 控制网转换后整体及相对几何关系的不变形。

进行 GNSS 二维约束平差的步骤包括指定进行平差的基准和坐标系统、指定起算数据、检验约束条件的质量、进行平差解算等步骤。二维无约束平差时,当重合点多余两个时,也可以用最小二乘法求解平移转换参数的最或然值。

(二) GNSS 控制网三维约束平差的方法

J(GJ)BD028
GNSS网三维约束平差的方法

三维平差在三维空间坐标系中进行,观测值为三维空间中的观测值,解算出的结果为点的三维空间坐标。GNSS 控制网的三维平差,一般在三维空间直角坐标系或三维空间大地坐标系下进行。

三维约束平差基本方法:

(1) 利用已知参心坐标,计算参心系到地心系的转换关系,将已知的参心坐标转换到地心坐标系下,然后在地心系下进行约束平差,最后,将平差结果转换到参心坐标系。

(2) 建立包含地心系到参心系的转换参数和参心系下坐标参数在内的统一函数模型,指定参心系下已知点坐标作为约束条件,平差后可直接得出待定点在参心系下的坐标。

通常,GNSS 控制网的三维约束平差是在空间直角坐标系或空间大地坐标系下进行的,平差时引入了使得 GNSS 控制网产生变形的外部起算数据,即所采用的起算条件多于 3 个。在进行 GNSS 的平差时,为准确地判断起算点的好坏,一般需要轮换地将各个起算点分别作为检查点。在 GNSS 控制网的三维约束平差过程中,如果单位权方差的检验未通过,所反映的问题可能包括起算数据的质量不高、GNSS 控制网的质量不高等。如果经 GNSS 控制网约束平差后的基线向量改正数与 GNSS 控制网无约束平差后基线向量改正数的较差超限,则通常认为约束条件与 GNSS 控制网不兼容。

GNSS 控制网平差结果的质量评定,主要采用基线向量改正数、相邻点间弦长的中误差、相对中误差等指标。在进行约束平差或联合平差时,可根据实际情况,对一直地方坐标点作强制约束或加权约束。所谓检查点法,就是在平差时不是将所有的起算点坐标固定,而是保留某个点作为检查点。

项目六　GNSS 控制网精度评定

一、基线向量弦长精度

GNSS 控制网测量精度，根据目前国家全球定位系统测量规范，GNSS 测量按其精度划分为 AA、A、B、C、D、E 六级，相邻点间的基线向量弦长精度计算公式为：

$$\sigma = \sqrt{a^2 + (b \times D)^2} \tag{2-2-16}$$

式中　σ——相邻点间弦长的标准差；
　　　a——固定误差，mm；
　　　b——比例误差系数，10^{-6}；
　　　D——相邻点间的距离，km。

按照陆上石油物探测量规范的要求，首级 GNSS 控制网应布设成连续网，相邻同步图形间重合点数应不少于 2 个。加密 GNSS 控制网可布设成多边形或附合路线，但多边形或符合路线边数应不多于 6 个。

J(GJ)BD012
GNSS 控制网的技术指标

二、点位误差

如图 2-2-2 所示，P 为 P 点真点位置，其坐标值为 (x, y)，P' 为 P 点平差点位，其坐标值为 (x', y')，ΔP 为 P 点的点位真误差，Δx、Δy 为坐标真位差，Δs 为 P 点真位差在 AP 方向的投影，称为纵向误差，Δu 为 P 点真位差在垂直于 AP 方向上的投影，称为横向误差。

$$\Delta P^2 = \Delta x^2 + \Delta y^2$$
$$\Delta P^2 = \Delta s^2 + \Delta u^2$$

用点位方差衡量 P 点精度时有以下缺陷：不能完善说明 P 点在任意方向上的精度情况、不能确定 P 点在哪一个方向上的精度最好，不能确定 P 点在哪一个方向上的精度最差。

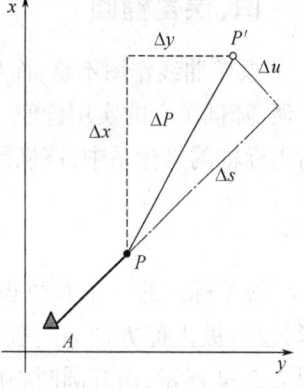

图 2-2-2　点位误差示意图

点位中误差虽然可以用来评定待定点的点位精度，但是不能代表该点在某一任意方向上的位差大小。某些情况下，要了解点位在哪个方向上的位差最大，在哪一个方向上的位差最小。

由于观测值总是带有随机误差，因而根据观测值，通过平差计算所获得的是待定点的最或然坐标。有些情况下，往往需要研究点位在某个特殊方向上的位差大小。

而点位方差的大小与坐标轴的方向无关、与坐标系的选择无关。当三角网按条件平差时，待定点的最或然坐标是平差值的函数。

J(GJ)BD021
点位误差

三、误差曲线

以 φ 和 $\hat{\sigma}_\varphi$ 为极坐标的点的轨迹所构成的封闭曲线称为误差曲线,或称为精度曲线,见图 2-2-3。

$$\hat{\sigma}_\varphi = \sqrt{E^2\cos^2\varphi + F^2\sin^2\varphi} \qquad (2\text{-}2\text{-}17)$$

以不同方向 φ 和在该方向上的位差值 m_φ 为极坐标的点的轨迹为闭合的曲线,显然,任意方向 φ 上的向径就是该方向的位差 m_φ。误差曲线关于极大值 E 轴和极小值 F 轴对称。

绘制待定点的误差曲线时,先以待定点 P 为原点,建立坐标轴 x,y。待定点的误差曲线可以用作图法画出来,但需要预先算出位差的极大值 E、极小值 F 以及极大值方向 φ_E。以任意方向 φ 以及任意方向上的方差 $\hat{\sigma}_\varphi$ 为极坐标的点的轨迹所构成的封闭曲线称为误差曲线,或称为精度曲线。

在工程测量中,误差曲线图用途很广泛,根据该图可以找出坐标平差值在各个方向上的位差。根据误差曲线图,还可以找到坐标平差值函数的中误差。

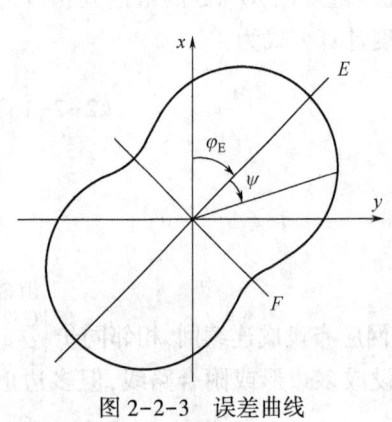

图 2-2-3 误差曲线

四、误差椭圆

误差曲线作图不易,而且做出来的曲线也不是一种典型曲线,因此,给使用者带来很大不便,降低了它的实用价值。然而,它的形状很近于以 E、F 为长短半轴的椭圆。在以 x_e、y_e 为坐标轴的坐标系中,该椭圆的方程为:

$$\frac{x_e^2}{E^2} + \frac{y_e^2}{F^2} = 1 \qquad (2\text{-}2\text{-}18)$$

误差椭圆的三个参数也被称为误差椭圆三要素,包括极大值方向 φ_E、极大值 E、极小值 F。如图 2-2-4 所示,由椭圆圆心向 φ 方向引一射线,垂直于 φ 方向上做椭圆的切线,则垂足与原点的连线长度就是 φ 方向上的位差 σ_φ。

如果网中有多个待定点,可以为每一个待定点确定一个误差曲线或误差椭圆。利用误差椭圆,可以求出某点在任意方向上的位差。误差曲线上,不能用图解法确定待定点与待定点之间的边长中误差或方位角中误差。为了便于求定待定点点位在任意方向上位差的大小,一般是通过求出待定点的点位误差椭圆来实现。

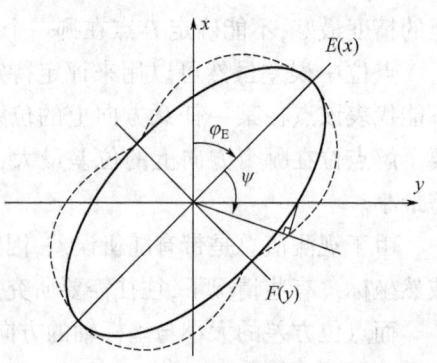

图 2-2-4 误差椭圆示意图

五、相对误差椭圆

计算 P_j、P_k 点间相对误差椭圆三个参数的公式为:

$$\tan 2\varphi_0 = \frac{2Q_{\Delta\hat{x}\Delta\hat{y}}}{Q_{\Delta\hat{x}} - Q_{\Delta\hat{y}}}$$

$$\begin{cases} E^2 = \dfrac{\hat{\sigma}_0^2}{2}\{Q_{\Delta\hat{x}} + Q_{\Delta\hat{y}} + \sqrt{(Q_{\Delta\hat{x}} - Q_{\Delta\hat{y}})^2 + 4Q_{\Delta\hat{x}\Delta\hat{y}}^2}\} \\ F^2 = \dfrac{\hat{\sigma}_0^2}{2}\{Q_{\Delta\hat{x}} + Q_{\Delta\hat{y}} - \sqrt{(Q_{\Delta\hat{x}} - Q_{\Delta\hat{y}})^2 + 4Q_{\Delta\hat{x}\Delta\hat{y}}^2}\} \end{cases} \quad (2-2-19)$$

与误差椭圆相关的点是该点和已知点,可用绘制误差椭圆的方法画出相对误差椭圆。相对误差椭圆通常以待定点连线的中点为中心。

如果有了两个点的相对误差椭圆,就可以用图解法量取所需要的任意方向上的位差大小。在平面控制网中,有时不需要研究点位相对于起始点的精度,而有必要了解任意两个待定点之间的相对位置的精度情况。为了确定任意两个待定点之间的某些精度,就需要进一步做出两待定点之间的相对误差椭圆。

在测量工作中,根据设计中所拟定的观测仪器可以确定单位权中误差 m_0 的大小。特别是在对精度要求较高的工程测量中,往往利用误差椭圆对布网设计方案进行精度分析。

在工程放样工作中,为了便于求待定点的点位在任意方向上位差的大小,一般通过求出待定点的点位误差椭圆来实现,通过误差椭圆可以求得待定点在任意方向上的位差,也可以较精确而全面地反映待定点点位在各个方向上误差分布情况。在确定误差椭圆三元素 φ_E、E、F 时,除了知道单位权中误差 m_0,还要知道各个协因数值的大小。

六、环闭合差

GNSS 控制网是由各个基线向量组成的,各条基线向量按照一定顺序形成闭合环。理论上,各条基线向量形成闭合环闭合差应为 0。基线独立解算,由于卫星、仪器、环境等影响,各条基线向量均存在误差,所以环的闭合差可以检验 GNSS 测量控制网的基本观测精度。

控制网环闭合差的统计必须是在基线解算完成的技术上,并且控制网没有进行坐标转换、约束平差等过程,避免统计数据受到人为影响。

首先对控制网观测数据进行基线解算,建立数据网。基线解算时并非所有的同步观测都需要进行基线计算。根据控制网的网形,可以选择周围就近的网点间计算基线,形成类似蜂窝状的网形,必要时可以根据网点间距增加多余的基线,增大控制网结构强度。

完成基线计算后,基线向量已经产生,控制网已经形成,可以计算控制网环闭合差。可以参考网形手工计算,即使用计算器将形成闭合环的几个向量的 X 增量、Y 增量和 Z 增量分别相加即得环的闭合差。也可以通过软件自动计算生成环闭合差,自动生成的闭合差是软件选择的环闭合差，计算时可以控制软件选择计算自己想要的闭合环闭合差。

闭合差分为同步环闭合差和异步环闭合差。同步环闭合差是指同步观测形成的基线向量构成的环闭合差，如同一条同一时段观测处理的闭合环闭合差。异步环闭合差是指非同步观测的基线向量构成的闭合环闭合差。

项目七　计算坐标系统转换参数

一、坐标系统转换的方法

由于 GNSS 卫星定位测量分别依据不同的坐标基准，如 WGS—1984 世界坐标系、2000 国家大地坐标系等，而石油勘探使用的是国家规定的坐标系统，如 1954 年北京坐标系统、1980 年西安坐标系统、2000 国家大地坐标系统等，一般称为地方坐标系。所以在应用卫星定位技术时一般需要进行坐标系统转换。

进行坐标系统转换首先要知道两个坐标系的参数，包括椭球参数、投影参数等，这些数据是公开的，可以通过技术资料进行查询。其次要了解两个坐标系的转换参数。由于两个坐标系是通过平移、旋转和尺度变化建立的联系，所以两个坐标系的转换参数一般包括三个原点平移参数、三个坐标轴旋转参数和一个尺度因子。转换参数一般利用三角点、水准点等已知点通过控制网平差计算得到。每个施工区域的转换参数有所区别，而且坐标系统的转换参数是需要保密的。

WGS-1984 坐标系至地方系转换的流程如图 2-2-5 所示，反之亦然。

图 2-2-5　坐标系转换流程示意图

坐标系统转换过程需要大量的计算公式，一般需要计算机编程程序完成，或使用现有的 GNSS 卫星定位数据处理软件，如徕卡的 LGO、天宝的 TGO 等都具有坐标系统转换的功能，操作方法大同小异。一般需要在软件上建立两个坐标系统和转换参数，然后输入需要转换的点的坐标即可进行转换。

J(GJ)BC012
坐标转换的模型

二、坐标转换的模型

研究两个坐标系统的转换问题，实质上，就是研究两个空间直角坐标系之间的坐标转换问题。坐标转换的过程实际上就是参数求解的过程，常用的有三参数法、四参数法和七参数法以及多项式回归模型等。一般而言严密的是七参数法，范围较小时（最远点距离小于 30km）可采用三参数法，局部区域的坐标转换采用七参数法较合适，范围较大时可采用多项式回归模型以提高坐标转换精度。

不少学者对当控制点在两个基准下分别已知三维坐标(B,L,H)或(X,Y,Z)和二维平面坐标(B,L)时进行了研究,传统的解决方法是先将三维空间基线向量投影到平面,然后利用最小二乘法求解两个平面基准间的转换参数。这种方法原理简单,对处理小范围的局域网可行,随着区域的扩大,三维基线向二维平面投影过程中发生的变形就不能忽视,而椭球重合法是确定三维空间和二维空间转换参数的新方法,可以避开传统方法大地高不准确和投影变形等弱点。

在 GNSS 定位成果向地方坐标系的转换中,经常采用七参数法,为此 GNSS 控制网与地方网之间至少需要有三个公共点。在采用七参数法进行 GNSS 定位成果向国家坐标系的转换中,如果 GNSS 控制网与地方网之间至少有两个公共点,能求取三个平移参数则、三个旋转参数和 1 个尺度参数。通常采用的七参数法,共有七个参数,如果认为某些参数很小,则根据实际情况进行分析研究,可剔除那些对转换精度影响不显著的参数,这就产生了三参数、四参数、五参数、六参数。

七参数转换模型主要着眼于线性三维基准转换,即考虑旋转角为小角度时的两个三维直角坐标系之间的坐标转换,如布尔沙—沃尔夫模型,即使遇到大角度的转换,一般对作业方式改进,使大角度变为小角度,或者将大角度过度坐标系转换成小角度,如莫洛金斯基模型,但它们也有一定的局限性,这些不足,可采用迭代法来解决非线性三维基准转换的问题。

在进行坐标转换前,应在工区较高等级已知点上对甲方或上级主管部门提供的坐标转换参数进行验证。

GNSS 观测量是基于 WGS-1984 地心坐标系,它是以地球质心为原点的空间坐标系,我们已采用的大地测量数据是基于本地坐标系,如 1954 年北京坐标系 1980 年西安坐标系等,实际应用中往往关心的是点位的平面坐标,因此,三维空间直角坐标到平面坐标的转换在生产中更为重要。大地坐标转换到空间直角坐标,可通过经纬度转直角的公式进行计算。

J(GJ)BD019 转换参数的求解方法

J(GJ)BC013 转换参数的计算方法

三、转换参数的计算方法

坐标转换问题,是 GNSS 测量必须要解决的问题,特别是实时动态差分测量,RTK 测量采用 WGS-1984 系统,当 RTK 测量要求提供其他坐标系(1954 年北京坐标系或 1980 年西安坐标系等)时,应进行坐标转换。

坐标转换求转换参数时应采用 3 点以上的两套坐标系成果,采用 Bursa-Wolf、Molodenky 等经典、成熟的模型。GNSS 坐标系与地面坐标系的转换问题,目前普遍采用的是 Bursa-Wolf 模型。可以使用 GNSS 厂家提供的软件进行求解,也可自行编制求解参数软件,经测试与鉴定后使用。

转换时通常采用三参数、七参数等,视具体工作情况而定,但每次必须使用一组的全套参数进行转换。在坐标转换中所谓的七参数包括 3 个平移参数、3 个旋转参数、1 个尺度变化参数。坐标转换参数不准确可影响到 2~3cmRTK 测量误差。一般选用 2 个点即可求解出 4 个转换参数,但最好选用 3 个以上点,利用最小二乘法求解。为了校检求解出的转换参数,最好预留一个点或两个点不参与求解参数而用于校检参数。

当要求提供 1985 年国家高程基准或其他高程系高程时,转换参数必须考虑高程要素。

如果转换参数无法满足高程精度要求,可对 RTK 数据进行后处理,按高程拟合、大地水准面精化等方法求得这些高程系统的高程。

求取转换参数时,已知点最好均匀分布在测区的四周及中心,已知点应避免分布于测区一侧,如果迫不得已,也必须计算出能满足给定精度要求的有效范围。

如果已知两个坐标系相应于某个模型的转换参数,则可以根据转换模型,将一点在一个坐标系的坐标转换成在另一个坐标系中的坐标。如果不知道两个坐标系统的转换参数,就必须根据两个坐标系中的公共点来求定,然后将待转点从一个坐标系转换到另一个坐标系。对于一个范围几千平方千米、上万平方千米规模的 GNSS 控制网,通常只要求取两个坐标系统之间的 3 个平移参数就能获得较好的转换结果。相对而言,两个坐标系统之间的 3 个平移参数总是显著的。进行转换参数求取时,如果要求 3 个平移参数,只需已知 1 个点在两个坐标系下的三维坐标即可,当然已知点越多求得的参数就越符合实际,最后用最小二乘法求得最佳参数。当从北京 1954 年坐标系转换到西安 1980 年坐标系,由于不是同一个椭球参数,因此转换后存在坐标平移,也存在一个相应的角度旋转。

常用的坐标转换一般包括各种直角坐标系与大地坐标系,地心空间坐标系与参心空间直角坐标系,以及不同参心空间直角坐标系之间的相互转换,当不同坐标系之间存在严密的数学转换模型时,可以采用相应的模型之间进行坐标转换,当不同坐标系之间不存在明确的函数关系时,常采用三参数、四参数、七参数转换模型。

工程应用中常常需要将不同参考椭球下的空间直角坐标转换,对于既有平移、旋转,又有缩放的两个空间直角坐标系的坐标转换,相应地存在 3 个平移参数、3 个旋转参数,以及 1 个尺度参数共计 7 个参数,称为七参数模型,相应的坐标转换模型为:

$$\begin{bmatrix} X \\ Y \\ Z \end{bmatrix} = \begin{bmatrix} \Delta X \\ \Delta Y \\ \Delta Z \end{bmatrix} + (1+m) \begin{bmatrix} 1 & \theta_Z & -\theta_Y \\ -\theta_Z & 1 & \theta_X \\ \theta_Y & -\theta_X & 1 \end{bmatrix} \begin{bmatrix} X' \\ Y' \\ Z' \end{bmatrix} \quad (2-2-20)$$

式中　$\Delta X, \Delta Y, \Delta Z$——3 个平移参数;

　　　$\theta_X, \theta_Y, \theta_Z$——3 个旋转参数;

　　　m——尺度参数。

为了求得这 7 个转换参数,至少需要 3 个公共点,当多余 3 个公共点时,按最小二乘法求得 7 个参数的最或然值。求取转换参数时,当公共点多于 3 个时,取不同的公共点就会求得不同的转换参数。

项目八　高程拟合

一、高程拟合的基本原理

J(GJ)BC014
高程拟合法的
基本原理

所谓高程拟合,就是利用高程异常在局部范围内具有几何相关性的特点,采用一定的数学方法根据若干已知点的高程异常求解其他点的高程异常。在范围不大的区域内,高程异常具有一定的几何相关性,根据这一原理,再利用一定的数学手段,求解正高、正常高或高程异常。

在 GNSS 测量中所获得的高程是大地高，而在实际应用上一般为海拔高。获得大地水准面差距或高程异常数据的方法主要有等值线图法、地球模型法、高程拟合法。实质上，地球模型法就是一种数字化的等值线图法，目前国际上较常用的地球模型有 OSU91A、EGM96 等。所谓地球模型法，就是采用一个适合工区的大地水准面模型，以每个物理点的大地坐标为自变量，从模型上拾取高程异常。

二、高程拟合的方法

J(GJ)BC016
高程拟合的方法

（一）等值线图示法

等值线图示法是从高程异常图或水准面差距图上分别查出各点的高程或大地水准面差距，并计算出正常高和正高。等值线图示法是最直接的求算高程异常的方法。这种方法的核心思想就是内插的思想，绘制高程异常的等值线图，然后采用内插法来确定未知点的高程异常值。具体操作十分简单，在测区内制定分布均匀的 GNSS 点，用水准测量的方法来测定这些点的水准高，根据公式 $\zeta = H - H_r$ 求出这些点的高程异常，选择适当的比例尺按照已知点的平面坐标展绘在图纸内，对已知点标注出高程异常值，再确定等高距，绘制出高程异常值的等值线图。之后就可以内插出待测点的高程异常值，进而求出待测点的正常高。这种方法只适用地形相对平坦的地方，在此种测区内采用这种方法拟合的高程精度可达到厘米级。测区的地形相对复杂内插出的高程异常值就不准确，而且这种内插法的精度往往取决于两个方面，分别是测区内 GNSS 点的分布密度和已知点大地高的精确度。GNSS 点的分布比较密集，那么内插精度就相对较高，如果比较稀疏这时候就要借助于此测区的重力测量资料，提高内插精度，还要注意 GNSS 点间高程异常的非线性变化。另外就是水准点的精度，联测时尽量选取高精度的正常高，尽可能使得出的高程异常值准确，进而才能内插出待测点高精度的高程异常值。这种方法虽然简单易操作，但是有其弱点，就是精度不高，只有当对拟合精度要求不高的时候才使用此种方法。等值线法不需构造数学模型。

（二）狭长带状区域线性拟合

解析内插法作为拟合高程最常用的方法，主要思想是把似大地水准面用数学曲面近似拟合，建立所在测区内最为接近似大地水准面的数学模型，以此来计算测区内任意点的高程异常值，从而计算出正常高。解析内插法在选择数学模型时，首先要考虑 GNSS 点的分布情况，GNSS 点的分布情况可分为带状、线状、面状等分布，这种方法计算出的高程异常值的精度是由所采用的数学模型和似大地水准面的拟合程度所决定的。

多项式曲线拟合使用起来非常方便，但是它有自身的局限性，即使用这种方法的时候，所测路线不能太长，要限制控制点到测点的距离不能太远，通常把距离控制在 300m 以内。这个要求是因为使用多项式曲线方法拟合似大地水准面，如果拟合的范围太大，点位的高程异常变化就越复杂，削高补低的方法不能满足所要求的精度。随着多项式阶数的增大，也会使拟合出的曲线振荡得更厉害，从而造成拟合的误差增大。这些造成了多项式曲线拟合的缺陷，但是在路线较短的情况下，这种方法有足够的精度来拟合 GNSS 点的正常高程。

（三）多项式曲面拟合法

多项式函数拟合法的基本思想是在小区域 GNSS 控制网内，将似大地水准面看成曲面

(或平面),将高程异常表示为平面坐标(x,y)的函数,通过网中起算点(既进行了 GNSS 测量又进行了几何水准联测的点)已知的高程异常确定测区的似大地水准面形状,求出其余各点的高程异常,然后根据公式求出其他点的正常高。

(四)地球重力场模型拟合法

所谓地球重力场模型拟合法的关键是要收集相关的重力场信息,这些数据包括卫星跟踪数据、卫星测高数据以及地球重力数据等。收集到足够的数据后利用地球挠动位的球谐函数级数展开式求算测区内点的高程异常值进而求得点位的正常高。

提高引位的精度就是提高高程异常值的精度。这种方法的缺点就是要收集比较多的数据,有时候在测区内会缺少某些数据,采用这种方法就会受到限制。而且这种方法的精度受到收集到的数据的精度的限制,往往比不上前面所述方法的精度高。

(五)地球重力场结合 GNSS 水准拟合法

从前面可以看出,无论是 GNSS 水准拟合法或是利用地球重力场计算高程异常值,分别都会有优点或缺点,在实际应用中,往往希望突出优点避免缺点,所以如果把两种方法结合起来,这是一个提高高程异常值精度的新思路。可以在以后的实践中应用。

该方法的基本思路是:首先在已知水准点用 GNSS 测出大地高,利用大地高和正常高的差值求出高程异常,然后再利用地球重力场模型法求出已知点的高程异常,两种方法的高程异常值求出后,由于所用方法的不同,会有差值,计算出两者的差值,在合理范围内取平均值作为高程异常值。

三、高程拟合的注意事项

J(GJ)BC015
高程拟合法的注意事项

一般来说,高程拟合法仅适用于高程异常变化较为平缓的地区,通常认为拟合精度可达到 1dm 以内。在采用一次平面函数对高程异常进行平面拟合时,一共要确定 3 个参数,因此至少需要 3 个已知点。在采用二次曲面函数对高程异常进行曲面拟合时,一共要确定 6 个参数,为此至少需要 6 个已知点。

在进行高程拟合时,已知点的获取,在实际工作中,可以采用对 GNSS 点进行水准联测或在水准点上布设 GNSS 点的方法实现。

高程拟合法是一种纯几何的方法,要获得好的拟合结果,关键是高程异常的已知点能够将高程异常的特征表示出来。若拟合区域较大,可采用分区拟合的方法,即将整个 GNSS 控制网划分为若干个区域。

项目九 普通水准测量计算

一、普通水准测量计算的方法

J(GJ)BB004
普通水准测量记录的方法

四等水准测量的观测记录及计算的表格见表 2-2-1,表内带括号的号码为观测读数和计算顺序,(1)~(8)为观测数据,其余为计算所得。

表 2-2-1　普通水准测量记录

测站编号	后尺	下丝	方向及尺号	标尺读数		K+黑减红	高差中数	备份
		上丝						
	后距			黑面	红面			
	视距差							
	(1)	(5)	后	(3)	(8)	(10)		
	(2)	(6)	前	(4)	(7)	(9)		
	(12)	(13)	后-前	(16)	(17)	(11)		
	(14)	(15)						
1	1571	0739	后 5	1384	6171	0		
	1197	0363	前 6	0551	5239	−1		
	374	376	后-前	+0833	+0932	+1	0832.5	
	−0.2	−0.2						

在普通水准测量记录手簿中，一个测站需记录的原始读数共 8 项。一个测站需控制的观测限差共 7 项，上、下丝读数主要用来求取仪器到标尺的视距。

若测站上有关观测限差超限，在本站检查发现后立即重测。若迁站后才检查发现，则应从水准点或间歇点起，重新观测。在完成一测段的往返观测后，应立即比较往返测的高差，其不符值若在限差之内，则取往返测高差的平均值作为合格的外业成果。再对外业成果进行认真仔细的检查，并确认无误后，便可着手进行水准测量的内业计算。

需要提醒的是，在进行四等水准支线的测量过程中，当由往测转向返测时，必须重新整置仪器；当由往测转向返测时，两根水准尺应互换位置。四等水准支线除必须进行往返测量外，还要满足以下要求：每一段都需要往测与返测，每一段的往测与返测，其站数均应为偶数，由往测转向返测时，使用新水准尺。

二、单一水准路线平差计算的方法

J(GJ)BD020
单一水准路线平差计算的方法

(一) 附和水准路线

从已知高程的水准点 BM_1 出发，测定 $1, 2, \cdots$ 等待定点的高程，最后附合到另一已知水准点 BM_2。其闭合差为：

$$f_h = \sum h_{测} - (h_{终} - h_{始}) \tag{2-2-21}$$

(二) 闭合水准路线

从已知高程的水准点 BM_1 出发，沿各待定高程的水准点 1、2、3、4 进行水准测量，最后又回到原出发点 BM_1 的环形路线，称为闭合水准路线。其闭合差为：

$$f_h = \sum h_{测} \tag{2-2-22}$$

(三) 支水准路线

从已知高程的水准点 BM_0 出发，沿待定高程的水准点 1、2 进行水准测量，这种既不闭合又不附合的水准路线，称为支水准路线。为了检验精度，支水准路线要进行往返测量。其闭合差为：

$$f_h = \sum h_{往} + \sum h_{返} \tag{2-2-23}$$

在三等水准测量中，测段往返测闭合差的限差为 $\pm 12\sqrt{S}$ mm，S 为相邻两水准点间的距离，单位为 km，附合或闭合路线闭合差的限差为 $\pm 12\sqrt{L}$ mm，L 为附合或闭合路线的长度，单位为 km。对三等水准测量来说，外业观测通常要进行往测和返测，内业计算时，应先计算测段往返测闭合差，后计算路线闭合差。

在四等水准测量中，附合或闭合路线闭合差的限差为 $\pm 20\sqrt{L}$ mm，L 为附合或闭合路线的长度，单位为 km。

水准测量概算的主要内容有水准标尺每米长度误差的改正数计算、正常水准面不平行的改正数计算、水准路线闭合差计算、高差改正数的计算。

原则上，在平坦地区，水准路线高差闭合差应按各测段的路线长度成正比地分配到高差观测值上。在地形起伏较大地区，水准路线高差闭合差应按各测段的测站个数成正比地分配到高差观测值上。

J(GJ)BB004
地球曲率对高差的影响度

三、地球曲率对高差的影响

在水准测量高差的计算公式 $h_{AB} = \sum_1^n a - \sum_1^n b$ 中，将大地水准面看作平面，因而该式中不包含地球曲率对高差的影响值。但实际上大地水准面接近于球面，一个测站上的水准测量的高差计算公式应该是 $h_{AB} = a - b - \Delta h_{AB}$，其中 Δh_{AB} 称为地球曲率的影响。在推导地球曲率对高差的影响过程中，把经过后视点的大地水准面当作理想的圆弧处理。

地球曲率的影响关系式为：

$$\Delta h_{AB} = \frac{1}{2R}(S_a - S_b)(S_a + S_b) \tag{2-2-24}$$

式中　S_a——后视距离；
　　　S_b——前视距离。

若 $S_a = S_b$，则 $\Delta h_{AB} = 0$，说明当前后视距相等时，地球曲率对一个测站的高差没有影响，可以看出前后视距之差 $S_a - S_b$ 对地球曲率、对高差值是至关重要的。在水准测量的实际工作中，一般将前后视距之差的总和加以限制，就可使地球曲率对高差的影响不致过大。在水准测量中，如果某站的前后视距相等，所测得的高差中可消除地球曲率对高差的影响，还可消除 i 角误差的影响以及大气折光改正的影响。

对于一条水准线路而言，地球曲率对高差影响的公式可写成：

$$\Delta h_{AB} = \frac{1}{2R}(S_a + S_b)\sum(S_a - S_b) \tag{2-2-25}$$

式中，$S_a - S_b$ 表示每一个测站的后视减去前视的距离值，该值可以为正值，可以为负值，但一般可能很小，在施测过程中只要注意它的积累，可将 $\sum(S_a - S_b)$ 限制在某一范围内。例如，当 $S_a + S_b$ 平均为 200m，$\sum(S_a - S_b) \leq 10$m 时，$\Delta h_{AB} \leq 0.16$m，以普通水准测量对成果的精度要求而言，这样的误差可忽略不计。

项目十 数据处理工具

一、数据处理的主要工具

数据处理是测量工作的重要环节,测量数据的主要特点是数据量大、重复工作、计算过程复杂等。所以测量数据处理需要大量的工具,GNSS 基线处理、GNSS 控制网平差等需要测量仪器厂家提供专业的软件,如 TRIMBLE 仪器提供 TBC 软件、LEICA 仪器提供的 LGO 软件等。而测线物理点设计坐标计算、坐标转换、高斯换带、质量统计等可以使用编程软件或电子表格等工具实现。电子表格具有丰富的统计、计算功能,是进行辅助测量数据处理的重要工具。

J(GJ)AA021
电子表格数据
排序的方法

二、电子表格数据排序的方法

在 Excel 中,当记录在数据清单中记录好之后,就可以使用"数据"菜单中的几个命令来重新整理或分析数据,"排序"命令可以根据一个或多个列的值并按不同顺序来整理数据,可以按递增或递减的顺序来对记录排序,也可以按自定义顺序,比如按一周的日期次序、一年的月份或者工作头衔来对记录排序。

对一个包含公式的数据清单进行排序可能会影响该公式中涉及的相关单元格,如果按行排序,只有当每一行的公式引用同一行中其他单元格的时候,排序的结果才不会有问题,否则不要对数据清单进行排序,并且将公式中的单元格引用变成绝对引用该数据清单以外的单元格,最好引用不同工作表中的单元格。如果在排序之后想将数据清单恢复到原来的顺序,可以选择"编辑"下的"取消排序"或显示"撤销"按钮的下拉列表并单击早先的排序操作。

在 Excel 中,对数据进行排序时最多允许用户认定 3 个排序关键字,如果在"主要关键字"下拉列表指定的数据列中含有重复的内容,可以通过次要关键字下拉列表指定另一列数据做进一步排序。在 Excel 默认状态,是按字母顺序对数据清单进行排序。

Excel 的常用工具栏提供了两个排序按钮,它们是升序排序和降序排序,可以利用"常用"工具栏中的"降序排序"和"升序排序"按钮直接对行数据排序。只要在待排序数据列中单击任一单元格,如果要升序排列,单击"升序排序",如果要按降序排序,单击"降序排序"按钮。

在电子表格中,可以根据数据清单中列的数值对数据清单中的行列数据进行排序,排序时 Excel 将利用指定的排序顺序重新排列行和列以及各单元格,可以根据一列或多列的内容按升序或降序对数据清单进行排序。

J(GJ)AA018
电子表格构建
公式的方法

三、电子表格构建公式的方法

在电子表格中,每个公式都以一个等号开头,这一等号表示后面的字符是一个要用于计算的公式的一部分,其结果将显示在一个单元格中,如果省略等号,电子表格将把这个公式当作纯文本处理,而不去计算其结果。

每个公式都使用一个或多个算术运算符,但是算术运算符并不是必需的,用户可简单地创建一个公式,使用一个或多个函数就可完成全部所需的计算,每个公式包含的值都使用算术运算符合并起来。

复制一个公式时,电子表格将相对每个新的公式位置调整单元格的引用,注意,采用的是相对位置,在电子表格中需要手动指明公式中的单元格位置是绝对的而非相对的,方法是在列和行指示符前面插入一个美元符号$。在电子表格中,使用"编辑"菜单上的"填充"子菜单,就可以很容易地在相邻的单元格中复制、再现一个公式。

在电子表格中,可通过逗号分隔单元格的方法,使用 SUM 函数来累加多个不相邻的区域。如果在一个公式中指定的圆括号的个数为奇数个,或者指定了一对不匹配的圆括号,电子表格将显示一条消息,告诉用户在公式中发现了一个错误并提出修改建议。

电子表格允许相同的方式编辑公式,具体操作如下:双击该单元格,用鼠标或箭头键定位错误的地方,纠正错误,然后按回车键,将鼠标指针定位到公式栏上,再用鼠标突出显示另外的单元格,就可以在编辑一个公式的同时,插入一个新的单元格引用。注意,电子表格用颜色来标识该工作表中对应的单元格,可以按 ESC 键取消编辑。

四、电子表格使用内置函数的方法

> J(GJ)AA019
> 电子表格使用内置函数的方法

为了完成更复杂的数字和文本处理操作,可以向公式中添加函数。一个函数就是一个预定义的等式,它对一个或多个值进行计算、处理并返回单个值。SUM 是最常用的函数,要使用 SUM 函数来合计一列数字,操作步骤如下:首先单击想要放置 SUM 函数的单元格,然后单击"自动求和"按钮,如果 Excel 选择的正是要合计的区域,按下回车键。

Excel 包含一些有用的函数集合,其中有 200 多个函数。面对如此多可供选择的函数,对于不熟悉它们特性的用户来说,可能会不知所措。Excel 在"插入"菜单上提供了一个名为"函数"的特殊命令,可以帮助使用者了解函数并将它们插入公式中,在电子表格的"插入函数"对话框中按类型列出了函数名字。在电子表格的"插入函数"对话框中,函数语法中出现的所有参数都用粗体显示,但不是所有参数都是必需的。在电子表格中,如果函数结果与其他函数兼容,还可以将函数作为一个参数包含在另一个函数中。

如果在输入一个函数时出现错误,可能会在一个或多个单元格中获得一个称为错误值的代码,该错误值以一个#符号开始,通常以一个叹号结束。而为一个单元格或区域指派一个名字后,就可将这个名字用于工作簿中的任意公式了。

五、电子表格创建图表的方法

> J(GJ)AA023
> 电子表格图表的创建方法

在创建图表之前,应该首先做好规划,因为电子表格图表是根据已有的电子表格工作表中的数据而创建的,所以在创建图表前,首先应该创建一个含有必需的元素和数字的工作表。尽管电子表格可以根据分布在表格中的数据创建图表,但如果组织好数字,使得它们易于组合和选择,那么创建图表的过程就会更容易一些。

在 Excel 工作表中,可以一步创建一个默认柱形图,操作步骤是:在工作表中选定绘制图表的单元格区域,然后按 F11 键即可完成简单图表的创建。如果在创建饼图前已经为图表中的数据选择了标题,那么 Excel 会自动地把该名称加到图表中。在 Excel 的二维图中,

Excel 把水平轴即 X 轴作为分类轴,把垂直轴或 Y 轴作为数据轴,沿着轴方向标明距离的线段被称为刻度线,在绘图区这些标记水平和垂直的扩展线被称为网格线。

在 Excel 图表中,利用"图表向导"生成图表一共有 4 步。"图表向导"步骤之一是图表类型,步骤之二是"图表源数据",步骤之三是"图表选项",步骤之四是"图标位置"。利用"图表向导"生成嵌入式图表,当单击"完成"按钮后,图表就显示在当前工作表中,此时图表周围有八个控制点,名称框中显示的名称为图表区。

在电子表格中,无论在一个新工作表中内嵌一个图表还是创建一个新的独立图表,改变其数据源时,Excel 都会同时改变图表中的数据。

模块三 质量控制

项目一 测量精度的概念

J(GJ)BC001 精度的概念

一、精度的概念

所谓精度,就是指误差分布的密度和离散的程度,也就是指离散度的大小,假如两组观测成果的误差分布相同,则说明两组观测值的精度相同,反之,若误差分布不同,则精度也不同。

如果一组观测值的误差分布比较集中,则说明该组观测值的精度较高,反之,如果一组观测值的误差分布比较分散,则说明该组观测值的精度较低。在一定的观测条件下进行的一组观测,对应着一种确定的误差分布。如果分布较密集,则表示该组观测质量较好。

利用统计表、直方图等均能够描述一组观测值质量或精度,这样比较直观,但不便于比较两组观测值质量的好坏或精度高低。与测量精度直接相关的值包括实际值、理想值、测量结果值。

J(GJ)BC002 准确度的概念

二、准确度的概念

所谓准确度,是指观测值的数学期望与其真值的接近程度。当观测值中不含有系统误差和粗差时,即只含有偶然误差的情况下,真误差的数学期望等于零。当观测值除含有偶然误差外,还含有系统误差或粗差,或二者均有的情况下,观测值的数学期望将偏离真值。如果某一组观测值,观测条件较好,观测值较密集,但含有较大的系统误差,则该组观测值精度较高、准确度较低。准确度取决于系统误差和偶然误差,表示测量结果的正确性。

人们常用准确度这个概念来表示观测值的数学期望 $E(L)$ 与其真值 L 偏离的程度,偏离越大,准确度越低。如果用观测值的期望值 $E(L)$ 与其真值 L 间距离的倒数来定义准确度的大小,若设 $E(L)$ 与 L 间的距离为 e,则 e^{-1} 表示该组观测值的准确度,e^{-1} 越大,准确度越高。

当用于测量结果时,准确度表示测量结果与被测量真值之间的一致程度;当用于测量仪器时,定义为测量仪器给出接近真值的能力。由于各种测量误差的存在,任何测量都是不可能完善的,所以真值是不可知的,"接近于真值的能力"也是不确定的。

准确度是表征测量仪器品质和特征的主要性能,因为使用任何测量仪器的目的是得到准确的测量结果,实质就是要求示值更接近真值。准确度不像测量误差、测量不确定度,它不是物理量。

准确度划分为等级和级别,统称为准确度等级,准确度等级是指符合一定计量要求,使误差保持在规定极限以内的测量仪器的等级、级别。

三、方差的概念

所谓方差,就是真误差平方(Δ^2)的数学期望,也就是Δ^2的理论平均值的极限。误差Δ的概率密度函数为:

$$f(\Delta) = \frac{1}{\sqrt{2\pi}\sigma} e^{-\frac{\Delta^2}{2\sigma^2}} \tag{2-3-1}$$

式中 σ^2——误差分布的方差。

按照方差的定义,方差是一个理论值,也是一个极限值。选择σ^2作为观测值的精度指标,主要是因为σ^2能反映观测值的离散程度。

方差的大小能如实地反映观测值的密集与离散程度,它是表征观测精度的一个理想指标。如果观测条件好,观测值的取值越密集,则观测值与其数学期望的差值就越小、方差就越小、精度就越高、中误差就越小。在一定观测条件下,一组独立观测所获得的观测值,如果方差越大,精度越低,反之如果方差越小,精度越高。

四、标准差的意义

由方差的定义知:

$$\sigma^2 = D(\Delta) = E(\Delta^2) = \int_{-\infty}^{+\infty} \Delta^2 f(\Delta) d(\Delta) \tag{2-3-2}$$

式中 σ——中误差,也称标准差。

因此,在正态分布的方程,即观测误差分布方程中,参数σ称为观测误差的标准差,不同的σ将对应不同形状的分布曲线,σ越小,曲线越陡峭,σ越大,则曲线越平缓。同时,还说明了正态分布曲线具有两个拐点,它们在横轴的坐标为:

$$X_{拐} = \mu_x \pm \sigma \tag{2-3-3}$$

式中 $X_{拐}$——拐点的横坐标;
μ_x——变量x的数学期望;
σ——标准差。

对于偶然误差而言,由于其数学期望$E(\Delta) = 0$,所以拐点在横轴的坐标应为$\Delta_{拐} = \pm\sigma$,可见误差分布曲线在纵坐标轴两侧各有一个拐点,两个拐点的横坐标分别是$-\sigma$和$+\sigma$。

由此可见σ的大小可以反映精度的高低,故常用中误差σ作为衡量精度的指标。如果在相同的条件下得到了一组独立观测误差,根据定积分的定义可以写出:

$$\sigma^2 = D(\Delta) = E(\Delta^2) = \int_{-\infty}^{+\infty} \Delta^2 f(\Delta) d(\Delta)$$

$$= \lim_{n \to \infty} \sum_{k=1}^{n} \Delta_k^2 f(\Delta_k) d\Delta = \lim_{n \to \infty} \sum_{k=1}^{n} \frac{v_k \Delta_k^2}{n} = \lim_{n \to \infty} \sum_{k=1}^{n} \frac{\Delta_k^2}{n}$$

$$\sigma^2 = D(\Delta) = E(\Delta^2) = \lim_{n \to \infty} \frac{[\Delta\Delta]}{n}$$

标准差的公式为:

$$\sigma = \pm \lim_{n \to \infty} \sqrt{\frac{[\Delta\Delta]}{n}} \tag{2-3-4}$$

标准差 σ 的物理意义是,偶然误差分布的密集和离散程度。根据标准差的定义可知,标准差受到极值的影响,它表明数据的离散程度,因此标准差越小,数据越聚集,反之标准差越大,数据越离散。

在不同观测条件下的两组观测值,如果一组的观测条件较好,误差比较密集,则误差曲线比较陡,参数 σ 较小。根据标准差定义的公式,只有在观测个数 n 充分大时才能成立,而实际上观测的个数总是有限的,也就是说真正的标准差是得不到的,通常依据有限个真误差的大小来求得标准差的估值。

五、等精度观测值的概念

任何测量工作都是由观测者使用测量仪器和某种设备,按照一定的操作程序和方法,在一定的外界条件下进行观测的。因此观测误差产生的原因大体上有以下三个来源:

(1)仪器工具的原因,因为仪器本身的光学、机械、电子系统并不会完美无缺,它的光路、轴系、电路等均可能存在一定的误差。

(2)观测者及观测能力有一定的局限性,所以在仪器的安置、照准、读数等方面都会产生误差。

(3)外界条件的影响,观测时温度、湿度、风力以及大气折光等的变化所产生的影响。

这三个方面综合起来称为观测条件。观测条件相同的观测称为等精度观测,观测条件不同的观测称为不等精度观测。

在作业条件不变的情况下,对于一组独立观测所获得的各观测量,对应着同一个标准差。等精度观测值对于同一观测量或不同观测量作的一组独立观测所获得的每一个观测值来说,它们对应着同一个误差分布。在一定的观测条件下,真误差 Δ 具有确定不变的概率分布,也就是说,在计算估计方差 σ^2 或估计标准差 σ 时,Δ 必须是在相同的观测条件下得到的同精度量的真误差。

如果在同一被测量的多次重复测量中,不是所有测量条件都维持不变,这样的测量称为非等精度测量或者不等精度测量。在一定观测条件下,对同一量或不同量做的一组独立观测所获得的每一个观测值来说,尽管真误差各不相同,但它们对应着同一个概率分布。

在一定观测条件下,真误差具有确定不变的概率分布,也就是说,方差或标准差均为定值,是一个固定不变的常数。

六、观测值方差的估算方法

平差前观测值向量的方差阵一般是未知的,因此平差时随机模型都是使用观测值向量的权阵。而权的确定往往都是采用经验定权,也称随机模型的验前估计。对于不同类的观测值,就很难合理地确定各类观测值的权。为了合理地确定不同类观测值的权,可以根据验前估计权进行预平差,用平差后得到的观测值改正数来估计观测值的方差,根据方差的估计值重新进行定权,以改善第一次平差时权的初始值,再依据重新确定的观测值的权再次进行平差,如此重复,直到不同类观测值的权趋于合理,这种平差方法称为验后方差分量估计。此概念最早由赫尔默特(F. R. Helmert)在1924年提出,所以又称赫尔默特方差分量估计。

利用公式 $\hat{\sigma}^2 = \dfrac{[\Delta\Delta]}{n} =$ 计算估算观测量的方差时,观测量的真值或理论值必须是已知的。在进行观测量方差的估算时,需要计算各观测量的真误差,而真误差就是真值与观测值之差。当真值或理论值已知时,在计算观测值方差的估值过程中,$\hat{\sigma}^2 = \dfrac{[\Delta\Delta]}{n}$ 与 $\hat{\sigma}^2 = \dfrac{\sum \Delta_i^2}{n}$ 具有相同的意义。

在观测值方差的估计方法中,当真值或理论值未知时,可采用数理统计中常用的方法,先计算观测值的算术平均值作为其真值的估值,观测值估计方差的计算公式为:

$$\hat{\sigma}^2 = \dfrac{1}{n-1} \sum_{i=1}^{n}(X_i - \overline{X})^2 \qquad (2\text{-}3\text{-}5)$$

因此,当真值或理论值未知时,也可以估算观测值的方差。在测量工作中,直接观测得到的高差、距离、角度、方向都是独立观测值。

七、正态分布的概念

在理论上和实用上,正态分布都是一种很重要的分布。正态曲线下面积分布有一定的规律性:

(1)对于服从正态分布的随机变量(X),随机变量值出现在某一区间(x_1,x_2)的概率与正态分布概率密度曲线和横轴在该区间所围成的区域的面积大小相对应(相等)。

(2)正态分布概率密度曲线与横轴围成的区域的总面积恒等于 1。正态分布概率密度曲线下横轴上一定区间的面积可应用数学知识求出。

(3)在实际应用中,由于所有正态分布都可以通过变量变换转变为标准正态分布,为了省去积分计算不同正态分布曲线下横轴上一定区间面积的烦琐过程,所以数理统计学家专门编制了标准正态分布曲线下横轴上一定区间面积分布表,供查表求标准正态分布曲线下一定区间面积。

标准正态分布曲线下对称于 0 的区间,面积相等,各占 50%,即左右各为 0.5。标准正态分布曲线的纵坐标与面积关系图如图 2-3-1 所示。

即纵坐标从 $-\infty$ 移到 u 所对应区域的面积为图中阴影区域面积的大小,这样一个区域的面积用 $\Phi(u)$ 表示,可通过查标准正态分布曲线面积分布表得到 $\Phi(u)$ 的大小。

u 值查表所对应的面积是区间($-\infty$,u)所对应的面积,即 $\Phi(u)$。

若 $u = -1.96$,那么 $\Phi(-1.96)$ 则表示从 $-\infty$ 移到 -1.96 所对应区域的面积,通过查标准正态分布曲线面积分布表得到 $\Phi(-1.96) = 0.025$。

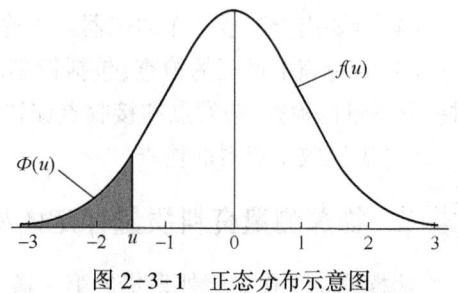

图 2-3-1 正态分布示意图

正态分布方程的公式为:

$$f(\Delta) = \dfrac{1}{\sqrt{2\pi}\sigma} e^{-\dfrac{\Delta^2}{2\sigma^2}}$$

根据正态分布方程的特性,如果$|\Delta_1|<|\Delta_2|$,那么$f(\Delta_1)<f(\Delta_2)$。根据正态分布方程的特性,当$\Delta=0$时,$f(\Delta)=\dfrac{1}{\sqrt{2\pi}\sigma}$为最大值。在正态分布方程中,当$\Delta\to\pm\infty$时,$f(\Delta)=0$,实际上,当$\Delta$达到一定值时,$f(\Delta)$已经相当小,此时的$\Delta$可作为偶然误差的限度。

下列服从或近似服从正态分布规律的是农作物每株的收获量、机器所制造的某零件的长度、打靶时弹着点离目标中心的距离。在观测误差的正态分布方程中,参数σ^2被称为观测误差的方差。

项目二　野外质量监控要点

一、石油勘探测量质量监控的目的

J(GJ)BE001 石油勘探测量质量监控的目的

石油勘探测量质量监控的目的,就是通过对物探测量施工的全程质量监测和对物探测量资料的全面质量检查,确保物探测量施工能顺利进行,确保物探测量最终成果能全面满足物探的要求。石油物探测量的质量控制,一般以现行的石油物探测量规范为基本依据。

当一个物探项目对测量的要求与规范不一致时,应以物探采集技术设计书和项目合同约定的标准要求为准。物探测量现场监督的目的是保证测量野外作业方法正确,导线测量放样、RTK放样的物理点点位、测量成果、图件等符合所采用的行业标准、企业标准和工程设计的有关规定。

物探测量工作的施工进度和成果质量直接影响整个物探施工的进度和物探资料的品质,是整个物探工作的先行和有机组成部分。

石油勘探测量主要包括以下质量监控内容:

(1)开工前的基础资料的检查。

(2)用于施工测量的全站仪、经纬仪、测距仪、GNSS接收机的型号和数量是否与招标的承诺相符,并持有有效的检测合格证书。

(3)仪器参数检查。

(4)所要用于测量工作的仪器经长途运输到工地后是否经过各项指标的检验和校正。

(5)测量施工过程的检查,包括控制网的检查、加密控制点的检查、导线测量的检查、实时差分测量的检查、激发点和接收点偏移值质量的检查。

(6)工区收工资料的检查。

二、物探测量资料质量评定的标准

J(GJ)BE010 物探测量资料质量评定的标准

物探测量工作是野外采集的第一道工序,它为地震钻井、爆炸防线和仪器提供激发点、接收点的位置,为静校正、现场处理和解释成图提供物理点的坐标和高程数据,测量工作还要为物探后续班组提供HSE等方面的信息,测量工作的好坏和快慢将直接影响物探施工的进度和采集资料的质量。

测量每个施工项目完毕或施工阶段结束后,应在对原始资料、过程资料和成果资料做全面检查的基础上进行资料整理。

物探测量成果资料的验收,通常在物探施工结束后作为物探成果资料验收的一个环节一并进行。一般以现行的石油物探测量规范为依据,若某项目对测量的要求与规范有差异,应以供需双方合同约定的技术标准为依据。对于仪器鉴定资料,应检查鉴定合格证是否有效。物理点放样的方法、精度、道距长度、点位偏移要符合规范的要求。

物探测量成果资料的验收报告,通常由物探任务的委托单位编写,并经委托单位领导审核后,随测量成果资料一并归档、反馈给施工作业单位一份。

在陆上石油物探测量规范中规定,如果控制网主要技术指标不符合要求,那么整个项目为不合格品。如果参考站主要技术指标不符合要求,那么与其相关的物理点为不合格品。

三、野外施工质量监控

J(GJ)BH005
野外施工质量
监控的方法

(一)GNSS 作业选点与埋石的监控

1. 观测条件

GNSS 控制网的选点,应视野开阔,接收机天线架设处的视场不宜有高度角在 15°以上的障碍物。15°以上不宜有金属导体,便于安置仪器及观测作业,远离可能的干扰源。

2. 位置及设施

地质条件良好、点位稳定、易于保存。尽可能顾及交通等条件。充分利用符合要求的现有观测设备,尽量选择测站小环境与周围大环境一致的地点。

3. 标石

岩层普通标石、普通基本标石、冻土基本标石、固定沙石基本标石、普通标石、建筑物上的标石等,各种类型的标石均应设置中心标志,该标志应有清晰、精细的十字丝或嵌有半径不超过 2mm 的金属钉。

(二)外业观测成果的质量检核

1. 观测记录完整性及合理性检查

GNSS 实时差分法施工测量的观测记录项目应该包括参考站、流动站名(号)、参考站发送给流动站的坐标、参考站、流动站的天线高、各点的观测时间,WGS-1984 坐标,平面和高程成果、精度及属性信息等。

记录手簿中的内容是否完整,是否按要求量测天线高,天线类型及量测方式是否正确,天线高的数值是否合理,通过点位略图和测量近似坐标判定设站是否正确。

2. 外业观测数据质量的检核

按照现行的陆上石油物探测量规范的要求,利用 GNSS 动态差分的 RTK 法进行施工测量时,每个物理点的采样历元个数应不少于 2 个。通过对外业 GNSS 观测数据进行处理,对处理结果进行检核来进行,反映 GNSS 外业观测数据质量的数据处理结果是基线解算的结果和 GNSS 网无约束平差的结果。

(三)常规测量

对于常规法物理点布设的质量监控包括棱镜的竖立是否准确。对于常规测量的野外质量监控应包括两倍照准差及互差、指标差及互差、水平角测回间较差等。利用全站仪极坐标法测量时,当各测站无直接关联的极坐标法测定物理点时,应在已知点上检核或在已测过的点上复测,并进行半测回归零检核。

(四)控制点标志设置质量监控

J(GJ)BE004
控制点标志设置
质量监控方法

1. 平面控制点的选点

一级 GNSS、二级 GNSS 点位的选择应做到:

(1)GNSS 接收机的点位选在视野开阔,障碍物较少的地方。

(2)远离大功率无线电发射源。

(3)避开大面积水域。

(4)交通方便,易于到达和联测之处。

(5)地面基础稳定,易于点的保存。

2. 平面控制点的埋石

一级 GNSS、二级 GNSS 点的标石埋设应做到:

(1)沙、石、水泥现场浇灌,尺寸一般为高 60cm,顶面 15cm×15cm,底面 18cm×18cm,标心为直径 10mm 钢标。

(2)选择部分坚固房屋平台布设,方法为模具浇灌。

(3)位于水泥地、沥青地的一、二级 GNSS 点,必须刻十字或用钢钉作为中心标志,周边用红油漆绘出方框并写清点号。

(4)不要求全部通视,但每一点应至少和周边点中的一个通视(含一、二级)。

3. RTK 点、图根点埋石

RTK 点、图根点标石埋设应做到:

(1)沙、石、水泥现场浇灌,尺寸一般为高 50cm,顶面 12cm×12cm,底面 15cm×15cm,标心为直径 10mm 钢标。

(2)选择部分坚固房屋平台布设,方法为刻石,必须正规刻出十字方框。

(3)位于水泥地、沥青地的图根点,必须刻十字或用钢钉作为中心标志,周边用红油漆绘出方框并写清点号。

(4)当图幅内没有埋石点时,至少应埋设 2 个图根埋石点,并与另一埋石控制点(二级以上)通视。

4. 高程控制点的埋设

如仅需要满足地形测图精度,可不专门进行三等、四等水准标石的埋设。如有要求,在满足地形测图精度的同时进行三、四等水准标石点的埋设。

(1)水准路线应选择坡度较小、土质坚实、施测方便的道路布设,并避免通过大河、湖泊、沼泽与峡谷等障碍物。

(2)水准点位应选择在坚实稳固与安全僻静之处,墙脚水准点位应选于永久性建筑或构筑物上,点位应便于寻找、长期保存和引测。

(3)等级水准点均应埋设成永久性标石或标志,标石或标志应稳固耐久、保持垂直方向的稳定,标石底部埋设在冻土层以下,并浇灌混凝土基础,水准点可以利用基岩或在坚固的永久性建筑物上凿埋标志,即将进行建筑位置或准备拆除的建筑物上不应设置水准点。

四、导线成果质量质量监控

水平角观测所使用的全站仪、电子经纬仪和光学经纬仪,应符合下列相关规定:

(1)照准部旋转轴的正确性指标,管水准器气泡或电子水准器长气光在各位置的读数较差,1″级仪器不应超过2格,2″级仪器不应超过1格,6″级仪器不应超过1.5格。

(2)光学经纬仪的测微器行差及隙动差指标,1″级仪器不应大于1″,2″级仪器不应大于2″。

(3)水平轴不垂直于垂直轴之差指标,1″级仪器不应超过10″,2″级仪器不应超过15″,6″级仪器不应超过20″。

(4)水平角观测过程中,气泡中心位置偏离整置中心不宜超过1格。

三、四等导线的水平角观测,当测站只有两个方向时,应在观测总测回中以奇数测回的度盘位置观测导线前进方向的左角,以偶数测回的度盘位置观测导线前进方向的右角。左右角的测回数为总测回数的一半。但在观测右角时,应以左角起始方向为准变换度盘位置,也可用起始方向的度盘位置加上左角的概值在前进方向配置度盘。

首级控制网所联测的已知方向的水平角观测,应按首级网相应等级的规定执行。每日观测结束,应对外业记录手簿进行检查,当使用电子记录时,应保存原始观测数据,打印输出相关数据和预先设置的各项限差。

假设某测区的平均经度为75°,平均纬度为38°,平均高程为4000m,现沿东西方向布设一条长约20km的导线,如果起算数据和观测数据都没有问题,那么造成导线相对闭合差超限的原因最有可能是边长未归化至统一基准面。

导线测量外业观测阶段的质量控制主要从仪器的安置、棱镜的竖立、参数的设置、角度测量的测回数、观测程序和技术要求、边长测量的测回数、观测程序和技术要求等方面考虑。

全站仪或经纬仪的仪器基座在照准部旋转时的位移指标为1级仪器不应超过0.3″,2″级仪器不应超过1″,6″级仪器不应超过1.5″。

在陆上石油物探测量规范中规定,控制导线的二倍照准差互差不得大于12″,导线测量的原始观测记录采用电子记录的方式,记录格式应符合测量数据处理软件的要求。

五、GNSS控制测量质量监控

按照陆上石油物探测量规范的要求,卫星定位控制测量的仪器宜采用测地型双频GNSS接收机,对于长度不超过50km的边也可采用测地型单频GNSS接收机。卫星控制测量的观测方法宜采用静态相对定位方法,对于长度不超过30km的边也可采用快速静态相对定位方法。

首级控制网应布设成连续网,相邻同步图形间重合点数应不少于2个,每点的连接点数不少于3个,加密控制网可布设成多边形或附合路线,但多边形或附合路线边数应不多于6个。

首级控制网布设时,应优先考虑纳入工区附近已有的2000国家大地控制网点或按照《全球定位系统(GPS)测量规范》(GB/T 18314—2009)所布设的GNSS控制点,当需要通过约束平差实现向物探设计所要求的坐标系统转换时,或需要求取坐标转换参数和高程拟合参数时,应纳入或联测相应坐标系统和高程基准下的已知控制点,纳入或联测的点应满足约束平差、坐标转换参数求取或高程拟合参数求取的要求。

GNSS 控制测量外业观测阶段的质量控制主要从观测计划、天线的安置、参数的设置、观测时段的长度、记录手簿的填写等方面考虑。GNSS 基线解算的质量控制指标主要有观测值残差、基线向量精度、同步环闭合差、异步环闭合差等。基线解算的星历可采用广播星历或精密星历,对于一级控制网或远距离联测基线宜采用精密星历。

GNSS 控制测量网平差的质量控制指标主要有基线向量改正数、相邻点间的弦长中误差、相对中误差等。基线解算的质量控制对于单个基线,主要有整周模糊度、观测值残差、均方根误差、数据剔除率等指标。基线解算按同步观测时段为单元进行,可采用多基线解算模式或采用单基线解算模式。

为了保证对卫星的连续跟踪观测,要求在测站上空 10°~15°高度角以上不应有成片的障碍物,为避免或减少多路径效应的发生,GNSS 点应远离对电磁波信号反射强烈的地形、地物,如大片水域、高耸建筑物、对电磁波强反射物体、对电磁波强吸收物体等。远离电台、发射塔等大功率无线电发射源,距离应大于 150m,离高压线、变电所等的距离应大于 50m;在实际作业中较低的高压输电线有时影响不大,其远离的距离可因地制宜。交通方便,有利于其他测量和联测,地面基础条件稳定,便于点的保存,有利于安全作业。

GNSS 控制网的图形结构比较灵活,观测站之间不一定要求通视。GNSS 的点位选定后,均应按规定绘制点之记,其主要内容应包括点位及点位略图、点位的交通情况、选点情况等。

六、静态野外观测质量监控

在利用旧点进行 GNSS 静态作业时,应对所选用旧点的稳定性做检查,符合要求才可利用。在进行 GNSS 静态作业时,所选的点位附近不应有大面积水域或强烈干扰卫星信号接收的物体。GNSS 静态作业时所选用的点,一般应埋设具有中心标志的标石,以精确标志点位置,点的标石和标志必须稳定坚固以利于长久的保存和使用。

目前 GNSS 接收机的自动化程度较高,操作人员只需做好以下工作即可:各测站的观测员应按计划规定的时间作业,确保同步观测;确保接收机存储器(目前常用 CF 卡)有足够存储空间;开始观测后,正确输入高度角、天线高及天线高量取方式;观测过程中应注意查看测站信息、接收到的卫星数量、卫星号、各通道信噪比、相位测量残差、实时定位的结果及其变化和存储介质记录等情况。

一般来讲,主要注意 DOP 值的变化,如 DOP 值偏高($GDOP$ 一般不应高于 6),应及时与其他测站观测员取得联系,适当延长观测时间。同一观测时段中,接收机不得关闭或重启,也不允许进行接收机的自测试、改变卫星高度角、删除文件;将每测段信息如实记录在 GNSS 测量手簿上。进行长距离高等级 GNSS 测量时,要将气象元素、空气湿度等如实记录,每隔一小时或两小时记录一次。GNSS 接收机在静态作业过程中不要靠近接收机使用对讲机。

按照陆上石油物探测量规范要求,在进行 GNSS 点控制测量的静态观测时,应该在观测前、观测后分别量取天线高。在 GNSS 静态作业过程中要随时检查仪器内存或硬盘容量,每日观测结束后,应及时将数据转存在计算机、软盘上,确保观测数据不会丢失。

七、RTK 测量质量监控

GNSS RTK 定位是将一台 GNSS 接收机安装在已知点上对 GNSS 卫星进行观测,将采集的载波相位观测量调制到参考站电台的载波上,再通过参考站电台发射出去,流动站在对 GNSS 卫星进行观测的同时,也通过流动站电台接收由参考站电台发射的信号,经调解得到参考站的载波相位观测量,流动站的 GNSS 接收机再利用 OTF 技术由参考站的载波相位观测量和流动站的载波相位观测量来求解整周模糊度,最后求出厘米级精度流动站的位置。

RTK 采用超短波进行差分数据传输,这个波段主要是超高频 UHF 与甚高频 VHF,这两个波段广泛用于电视、调频广播、移动电话、传呼机、股票信息机、微波通信和雷达,信道极为拥挤。

RTK 的数据传输采用 UHF 波,传输的方式主要是空间波,即直射波、散射波、折射波以及它们的合成波,其穿透性强,直线传播性强,但易受到障碍物、地形和地球曲率的影响。采用 UHF 波的原因是,多数工业电磁干扰,如汽车点火装置、电台、吸尘器、辉光放电灯的干扰频谱大部分在 VHF 频段内,而且电视台、调频电台、信息台和移动通信台等反射功率大,频谱范围宽,对于 VHF 频段的干扰大于对 UHF 频段的干扰。另外,收发天线的类型、长度、匹配状态直接影响天线的增益和效率,高效收发天线采用 1/2 波长的半波振子天线,如果天线的长度与波长不相称,将直接影响传输距离。

RTK 数据传输距离是 RTK 应用的关键,距离的长短决定了其性能的优劣。RTK 的数据传输技术是 RTK 作业中的关键技术之一,高波特率数据传输的可靠性和抗干扰性是检验 GNSS RTK 设备的重要指标。RTK 作业时电台的实际覆盖范围,会受到电台天线架设的高度和区内地形的影响。在理论上,在自由空间无线电波的传播损耗大小与传播距离的平方及使用频率的平方成正比。UHF 的波长短,UHF 天线长度比 VHF 天线更短,发射机天线更便于隐装,小巧的天线也便于野外作业。

RTK 作业应尽量在天气良好的状况下作业,要尽量避免雷雨天气,夜间作业精度一般优于白天。RTK 测量必须在完成初始化后才能进行。初始化可以采用静态、OTF 两种。初始化时间长短与距参考站的距离有关,两者距离越近,初始化越快。开机后经检验有关指示灯与仪表显示正常后,方可进行自测试并输入测站号(测点号)、仪器高等信息。

接收机启动后,观测员可使用专用功能键盘和选择菜单,查看测站信息接收卫星数、卫星号、卫星健康状况、各卫星信噪比、相位测量残差实时定位的结果及收敛值、存储介质记录和电源情况,如发现异常情况或未预料情况,及时做出相应处理。流动站作业时,应先打开接收机电源开关,检查是否接收到参考站发射的数据信号。

不得在天线附近 50m 内使用电台,10m 内使用对讲机。天气太冷时,接收机应适当保暖;天气太热时,接收机应避免阳光直接照晒,确保接收机正常工作。

无论是 GNSS 动态定位还是静态定位,整周模糊度正确解求都是为了获得高精度定位成果的关键问题。流动站初始化时间的长短主要取决于卫星数目、卫星分布图形、数据通信链的强弱等因素。流动站无法求测固定解的情况可能是因为电台信号太弱、可接收的卫星数太少、卫星分布不均匀。流动站接收机可以在静止状态下,也可以在运动状态下完成初始化。只要能保持 5 颗以上的卫星相位观测值的跟踪和必要的几何图形,则流动站可以随时给出厘米级的定位结果。流动站接收机在整周模糊度确定后,当精度指标满足放样要求时,表明初始化成功。

RTK 测量宜采用协调世界时 UTC。当采用北京标准时间时,应考虑时区差加以换算。这在 RTK 用作定时器时尤为重要。RTK 作业时,物理点放样的主要指标包括与理论点的偏移量、点的解算类型、CQ 值或 RMS 值、历元数。

由于 RTK 数据链的传播限制和定位精度要求,RTK 测量一般不超过 10km。但在中小比例尺测图时,在等高距大于 2m 时,测距放宽至不大于 15km;当等高距小于 2m 时,应不大于 10km,但要注意下列要求:

(1) GNSS 接收机的性能要高,且机内有先进的数学模型,能确保长基线进行正确整周未知数的求解。

(2) 数据链的性能要好,传送距离要远,能正确无误地将参考站的数据发送到流动站。

(3) 根据无线电传播的规律,参考站和流动站离地面要有一定的高差。

(4) 参考站和流动站之间必须没有山体、楼群之类的遮挡,另外作业区域内还不能存在强烈的电磁波等干扰。

推荐静态初始化,只有在运动状态下才进行 OTF 初始化。OTF 初始化方式一般在测量船、汽车等运动载体上使用。RTK 作业时,在信号受影响的点位,可将仪器移到开阔处或升高天线,待数据链锁定后,再小心无倾斜地移回待定点、放低天线机身稳定,一般可以初始化成功。

RTK 作业期间,参考站不允许进行以下操作:关机又重新启动;进行自测试;改变卫星截止高度角或仪器高度值、测站名等;改变天线位置;关闭文件或删除文件等。

> J(GJ)BE007
> RTK流动站放样质量控制方法

参考站运行期间的作业要求如下:当为了节省控制器电量或用于流动站时,参考站在工作期间可关闭手持控制器后去掉;尽管各 RTK 设备在设计时考虑了防水、防晒等因素,但作业时应尽量避免烈日暴晒或雨水淋湿;参考站工作期间,工作人员不能远离,要间隔一定时间检查设备工作状态,对不正常情况及时做出处理;由于参考站除了 GNSS 设备耗电外,还要为 RTK 电台供电,可采用双电源电池供电,或采用汽车电瓶供电,条件许可时,可采用 12V 直流调变压器直接同市电网络连接供电。

> J(GJ)BE011
> 物探测量资料的最终检查验收内容

八、物探测量资料的最终检查验收内容

物探测量资料的最终检查验收内容包括:

(1) 仪器鉴定情况。与仪器鉴定检验有关的验收应包括仪器鉴定合格证书的有效期、超期使用仪器的检验资料及超期范围。

(2) 起算数据情况。与起算数据有关的验收应包括所使用控制点的可靠性,所使用控制点的级别、数量、分布等。

(3) 野外施工情况。与野外施工有关的验收应包括控制点的点位、标志设置及埋设、物理点的点位、标志设置及埋设。

(4) 电子资料的验收。电子资料的验收应包括各种电子资料的内容与格式,各种原始资料的完整性和修改情况,各种过程资料的完整性、方法的正确性和技术指标,各种成果资料的完整性以及控制点和物理点精度,各种技术报告和说明文件的内容。

(5)纸质资料的验收。纸质资料的验收应包括,控制点点之记、测量记录手簿、测量施工设计、控制测量报告、测量施工总结等、物探技术设计或物探施工设计要求提交的其他测量成果资料。

按照现行的石油物探测量规范,物探测量成果资料的质量评定分为合格和不合格。通常,物探测量成果资料的质量评定由生产单位负责实施,由验收单位负责核定。

如果所提交资料的项目齐全、格式正确,野外原始记录齐全、清晰、真实,控制测量主要技术指标符合要求,测线位置和物理点标记满足物探设计和施工要求,物理点的点位、点距与设计值之差在允许范围之内,物理点的点位中误差和高程中误差在允许范围之内,那么该质量评定为合格品。如果放样误差超过规定范围的物理点数大于物理点总数的2%,认为物理点放样的精度不合格。

在测量成果的质量评定中,下列情况之一为不合格品:控制网主要技术指标不符合要求时,整个项目为不合格品;参考站主要技术指标不符合要求时,与其相关的物理点为不合格品;施工导线主要技术指标不符合要求时,与其相关的物理点为不合格品;测线(束)位置不满足物探设计和施工要求时,该测线(束)为不合格品;物理点的点位、点距不满足物探设计和施工要求时,该点(或两点)为不合格品;物理点的点位中误差或高程中误差超过限差允许值,该测线(束)为不合格品。

在物探测量资料质量评定中,如果发现导线测量的各项技术指标有一项不符合要求,那么评定导线测量为不合格产品。如果发现测线的位置、长度不满足物探设计和施工的要求,那么认定物探测线布设不合格。

项目三　GNSS控制网平差质量

一、基线向量固定解的确定方法

J(GJ)BC008
基线向量固定解的确定方法

GNSS基线解算分为单基线解算和多基线解算。一般来说,GNSS两个量之间的相关性分为物理相关、数学相关。

当有m台GNSS接收机进行了一个时段的同步观测后,每两台接收机之间就可以形成一条基线向量,共有$\frac{1}{2}m(m-1)$条同步观测基线,其中最多可以选出相互独立的$m-1$条同步观测基线,至于这$m-1$条独立基线如何选取,只要保证所选的$m-1$条独立基线不构成闭和环就可以了。

这也是说,凡是构成了闭和环的同步基线是函数相关的,同步观测所获得的独立基线虽然不具有函数相关的特性,但它们却是误差相关的,实际上所有的同步观测基线间都是误差相关的。所谓单基线解算,就是在基线解算时不顾及同步观测基线间的误差相关性,对每条基线单独进行解算。

单基线解算的算法简单,但由于其解算结果无法反映同步基线间的误差相关的特性,不利于后面的网平差处理,一般只用在普通等级GNSS网的测设中。

与单基线解算不同的是,多基线解算顾及了同步观测基线间的误差相关性,在基线解算时对所有同步观测的独立基线一并解算。多基线解由于在基线解算时顾及了同步观测基线间的误差相关特性,因此,在理论上是严密的,当确定了整周未知数的整数值后,与之相对应的基线向量就是基线向量的整数解。

二、GNSS 基线解算的质量指标

[J(GJ)BC009 基线解算的质量指标]

在基线解算时,如果观测值的改正数大于某一个阈值,则认为该观测值含有粗差,需要将其删除。被删除观测值的数量与观测值的总数的比值,就是所谓的数据删除率。

数据删除率从某一方面反映了 GNSS 原始观测值的质量。数据删除率越高,说明观测值的质量越差。

所谓 RDOP 值,指的是在基线解算时待定参数的协因数阵的迹 $tr(Q)$ 的平方根,即 RDOP 值的大小与基线位置和卫星在空间中的几何分布及运行轨迹(即观测条件)有关,当基线位置确定后,RDOP 值就只与观测条件有关了,而观测条件又是时间的函数,因此,实际上对于某条基线向量来讲,其 RDOP 值的大小与观测时间段有关。实际上,RDOP 值表明了 GNSS 卫星的状态对相对定位的影响,RDOP 值的大小与观测时间段有关,并取决于观测条件的好坏,但不受观测值质量好坏的影响。

在基线解算的质量指标中,观测值残差是指载波相位观测值与其平差值之差,数据剔除率是指被剔除观测值数量与观测值总数的比值,而均方根误差表明了观测值质量的优劣,而与卫星星座无关。

基线解算的质量主要通过观测值残差、数据剔除率、均方根误差、基线弦长误差、重复基线较差、同步环闭合差、异步环闭合差等来进行检验。

三、GNSS 基线解算质量分析的方法

[J(GJ)BC010 基线解算质量分析的方法]

根据 RATIO 值的定义可知,RATIO 反映了所确定出的整周未知数参数的可靠性,这一指标取决于多种因素,RATIO 与观测值的质量、观测条件的好坏、观测时间的长短有关。

同步环闭合差是由同步观测基线所组成的闭合环的闭合差,由于同步观测基线间具有一定的内在联系,从而使得同步环闭合差在理论上应总是为零,如果同步环闭合差超限,则说明组成同步环的基线中至少存在一条基线向量是错误的,但反过来,如果同步环闭合差没有超限,还不能说明组成同步环的所有基线在质量上均合格。

不是完全由同步观测基线所组成的闭合环称为异步环,异步环的闭合差称为异步环闭合差。当异步环闭合差满足限差要求时,则表明组成异步环的基线向量的质量是合格的;当异步环闭合差不满足限差要求时,则表明组成异步环的基线向量中至少有一条基线向量的质量不合格,要确定出哪些基线向量的质量不合格,可以通过多个相邻的异步环或重复基线来进行。

同观测时段,对同一条基线的观测结果,就是所谓重复基线。这些观测结果之间的差异,就是重复基线较差。

RMS 表明了观测值的质量,观测值质量越好,RMS 越小,反之,观测值质量越差,则 RMS 越大,它不受观测条件(观测期间卫星分布图形)好坏的影响。依照数理统计的理论,观测值误差落在 1.96 倍 RMS 的范围内的概率是 95%。

四、影响 GNSS 基线解算的因素

影响基线解算结果的因素主要有以下几个方面:

(1)基线解算时所设定的起点坐标不准确。起点坐标不准确,会导致基线出现尺度和方向上的偏差。少数卫星的观测时间太短,导致这些卫星的整周未知数无法准确确定。而对于与基线解算来讲,参与计算的卫星,如果与其相关的整周未知数没有准确确定的话,就将影响整个基线的解算。

(2)在整个观测时段里,有个别时间段里周跳太多,致使周跳修复不完善。在观测时段内,多路径效应比较严重,观测值的改正数普遍较大,对流层或电离层折射影响过大。

(3)基线起点坐标不准确,会导致基线出现尺度和方向上的偏差。对于多路径效应、对流层折射、电离层折射、周跳的影响或判别,通过观测值残差来进行。若只是个别卫星经常发生周跳,则可采用删除经常发生周跳的卫星的观测值的方法,来尝试改善基线解算结果的质量。若某颗卫星的观测时间太短,则可以删除该卫星的观测数据,不让它们参加基线解算,这样可以保证基线解算结果的质量。

(4)基线解算时,起点坐标不准确的应对方法:解决基线起点坐标不准确的问题,可以在进行基线解算时,使用坐标准确度较高的点作为基线解算的起点;较为准确的起点坐标可以通过进行较长时间的单点定位或通过与 WGS-1984 坐标较准确的点联测得到;也可以采用在进行整网的基线解算时,所有基线起点的坐标均由一个点坐标衍生而来,使得基线结果均具有某一系统偏差;然后,再在 GNSS 网平差处理时,引入系统参数的方法加以解决。

(5)基线解算时,对流层或电离层折射影响过大的应对方法:提高截止高度角,剔除易受对流层或电离层影响的低高度角观测数据,但这种方法具有一定的盲目性,因为高度角低的信号,不一定受对流层或电离层的影响就大;分别采用模型对对流层和电离层延迟进行改正;如果观测值是双频观测值,则可以使用消除了电离层折射影响的观测值进行基线解算。

五、GNSS 控制网平差质量

物探测量控制网是实施物探物理点放样测量的基础工作,物探测量控制网的质量直接影响物理点的测量精度。物探测量控制网分为导线控制网和 GNSS 卫星定位测量控制网,目前常用的 GNSS 卫星定位测量控制网,较之导线控制网,施工速度快,测量精度高。

根据石油物探测量规范的要求,检查 GNSS 卫星定位测量控制网的平差质量需要注意以下几个要点:

(一)坐标系统

GNSS 控制网平差应在 WGS-1984 世界坐标系下进行基线解算、无约束平差,在石油勘探工程要求的地方坐标系下进行约束平差,得出地方坐标的平差成果。

(二)复测基线精度

基线向量是 GNSS 控制网平差的基本数据,基线复测是检验控制网观测数据的主要方法之一,所以基线复测精度必须满足技术指标的要求。

(三)平差类型

平差类型分为无约束平差和约束平差,无约束平差用来检验原始观测数据的质量,并取

得控制网整体自由平差坐标;约束网平差是在地面点坐标高程的约束下,完成控制网在地方坐标系环境下的平差。平差报告中一般描写为:

(1)内部约束,控制网中没有固定点。

(2)最小约束,一个固定点平面位置和固定点高程(不需要对应于同一点),网平差将绕固定点转动网。

(3)完全约束,有两个和更多个固定点。

(4)权重约束,按照它们的标准差控制点被作为固定点。

(四)控制点坐标和高程

控制点是 GNSS 控制网的基础,控制坐标和高程在平差过程中被用于对控制网向量的控制和改正。控制网的控制点坐标和高程必须准确无误,并且在平差过程中真正起到控制作用。

(五)坐标改正数

坐标改正数是评价控制网平差质量的重要指标之一。坐标改正数越大,表示控制网的观测质量越差,或者使用的控制点的坐标高程精度较低,在平差过程中需要对观测值进行选择,对控制点进行取舍。

(六)基线向量残差

GNSS 控制网平差实质上是对基线向量的平差。平差后基线向量残差应该控制在一定的指标范围内,残差越大表示控制网精度越不稳定。

项目四 编制测量作业流程

> J(GJ)BF003
> 静态测量施工
> 作业流程编制
> 要点

一、静态测量施工作业流程编制要点

(一)施测前的检验

GNSS 静态作业施工前,必须对所选用的接收机的性能和可靠性进行检验,合格后方可参加作业。对新购置的经修理后的接收机,应按规定经国家计量主管部门授权的计量检测单位进行检验,并出具检定证书。接收机全面检验的内容,包括一般视检、通电检验和实测检验。

一般视检,主要检查接收机设备各部件及其附件是否齐全完好,紧固部分是否松动与脱落,使用手册及资料是否齐全等,另外,天线底座的圆水准器和光学对中器,应在测试前进行检验和校正。

通电视检就是检查接收机通电后有关信号灯、按键、显示系统和仪表的工作情况,以及自测试系统的工作情况,当自测正常后,按操作步骤检验仪器的工作情况。

实测检验是 GNSS 接收机检验的主要内容,可采用标准基线检验、已知坐标、边长检验、零基线检验,相位中心偏移量检验等方法。

(二)GNSS 静态测量

GNSS 静态测量的内业工作一般包括技术设计、测后数据处理、技术总结等;GNSS 静态测量的外业工作一般包括选点、造标、埋石、野外观测作业、成果质量检核等。

在进行 GNSS 静态操作时,在正常点位,天线应架设在三脚架上,并安置在标志中心的上方直接对中,天线基座上的圆水准气泡必须整平。在确认外接电源电缆及天线等各项连接完全无误后,方可接通电源,启动主机。在进行 GNSS 静态操作时,开机后接收机有关指示显示正常并通过自检后,方能输入有关测站和时段控制信息。

接收机在开始记录数据后,应注意查看有关观测卫星数量、卫星号、相位测量残差、实时定位结果及其变化、存储介质记录等的情况。

GNSS 静态测量是一项技术复杂、要求严格的工作,实施原则是在满足用户对测量精度和可靠性等要求的情况下,尽可能地减少经费、时间、人力的消耗。为了满足实际的要求,GNSS 测量作业应遵守统一的规范和细则。

领取 GNSS 接收机测量仪器时,检查是否有经国家计量主管部门授权的计量检测单位出具的检定证书并核对其有效性。在正式出工前,应再次对施工所用的 GNSS 测量仪器及附属设备的性能、状况进行现场检测,设置有关参数,确认仪器各项指标是否达到其标称精度。

GNSS 静态作业的选点与其他点位不一定要通视,而且网的图形结构较灵活,所以选点工作比常规测量的选点要简单。由于点位选择对于保证工作的顺利进行和保证测量结果的可靠性具有重要意义,所以在选点工作开始前,选点工作应遵守一定的原则。

J(GJ)BF004
静态测量野外操作流程编制要点

观测员上点后首先要检查点位标志是否正确。架设三脚架、上基座,对中、整平误差在 5mm 以内。安置好 GNSS 接收机天线后,连接主机,检查所有连线无误后才能开机。观测记录手簿是在 GNSS 接收机启动前和观测过程中由观测者实时填写,其记录格式可参照现行规范执行,静态观测记录和测量手簿是 GNSS 精密定位的依据,必须认真及时填写,坚决杜绝事后补记或追记。

二、静态测量数据处理流程编制要点

J(GJ)BF005
静态测量数据处理流程编制要点

一般的静态数据处理软件,基线处理模式分为手工和自动两种。在 GNSS 静态数据处理软中导入原始数据后,能看到点名、数据观测开始时间、时段长,可以进行编辑修改的是天线类型、天线高、点名。

在处理静态数据时,基线的处理模式只有在设置成自动时,才可以使用自动处理参数。如果一个项目仅仅只有浮点解存在,则允许使用该点作为参考站做进一步处理。

在进行基线处理时,若多颗卫星在相同的时间段内经常发生周跳,则可采用删除周跳严重的时间段的方法,来改善基线解算结果的质量;若某颗卫星的观测时间很短,可以删除该颗卫星的观测数据,不让它们参加基线解算,才可以保证基线的解算质量。

基线处理后基线长度中误差应在标称精度值内。对于 20km 以内的短基线,双差求解模型可有效地消除电离层的影响,其相应的中误差小于 0.01m。若超过此项限差,基线解算成果的可信度就较差。基线的单位权方差主要反映偶然误差,一般也应小于 0.01m。

对于 20km 以内的短基线,其求解的整周模糊度应具有良好的整数特性,若在基线平差解算中,有一两个模糊度与相近整数相差到 0.15~0.20,则该成果较好,当差值超过 0.30 时,所求的结果往往不太可靠。此时,可采用换基准参考卫星,以及去掉周跳出现较多的某颗卫星或截去信号条件较差的一段时间的信号等措施,重新再求解基线。

三、RTK 参考站作业流程编制要点

> J(GJ)BF006
> RTK基准站作业
> 流程编制要点

(一)RTK 参考站的基本原理

GNSS 单点定位又被称为 GNSS 绝对定位,即利用 GNSS 卫星和用户接收机天线之间的距离直接确定用户接收机天线所对应的点位在坐标系中的位置。GNSS 绝对定位又分为静态绝对定位和动态绝对定位。在 $1+N$ 动态 RTK 测量中,参考站设置中的自动定位就是 GNSS 静态绝对定位。

值得注意的是,同一个点上架设的 GNSS 接收机作为参考站,在不同的时间采用自动定位获得的 WGS–1984 坐标值都存在差别,因为不同时间,参考站所能接收到的观测卫星、电离层折射影响、对流层折射影响以及参考站架设瞬时环境都不尽相同,参考站接收机接收到的定位数据信息都不尽相同,从而单点定位获得不同的三维位置信息。单点定位精度在 $5\sim10\mathrm{m}$。

(二)RTK 参考站的作业流程

在日常以 RTK 为作业方式的测量中,一般采用 $1+1$ 或 $1+N$ 的测量方式,即 1 个参考站和 1 个或多个流动站。流动站接收的是同一个参考站发射来的信息,因此在流动站和参考站参数必须是相同的。在日常工作中,已知点的成果多数为地方坐标,而 GNSS 定位所获得的是 WGS–1984 坐标。在此条件下,将多个已知点的 WGS–1984 坐标与相应的当地坐标输入每台手簿中,可以计算出坐标系统转换等作业参数。

参考站一般架设在已知点上,选择已有的点位坐标或手工输入该点位的已知坐标,设置参考站电台频道或电台发射频率,准确地量取并输入天线高。参考站天线高的量取方式因仪器不同而略有差别。

连续接收 GNSS 卫星信号,得到测站点的地心坐标,将测站点坐标、载波相位观测值、伪距观测值、卫星跟踪状态以及接收机工作状态等数据通过数据链发送出去,流动站接收机在跟踪 GNSS 卫星信号的同时接收来自参考站的数据,通过差分处理求解载波相位整周未知数,得到参考站和流动站之间的坐标差值,坐标差值加上参考站坐标转换参数转换得出流动站每个站点的平面坐标和海拔高。在同一点上架设 GNSS 接收机观测,在不同的时间,参考站所接收的观测卫星、电离层折射和对流层折射影响等都不尽相同。

(三)RTK 参考站的作业要求

1. 点位要求

参考站的选择必须严格。因为参考站接收机每次卫星信号失锁将会影响网络内所有流动站的正常工作。周围应视野开阔,截止高度角应超过 $15°$;周围无信号反射物(大面积水域、大型建筑物等),以减少多路径干扰,并要尽量避开交通要道、过往行人的干扰。

参考站应尽量设置于相对制高点上,以方便播发差分改正信号。参考站要远离微波塔、通信塔等大型电磁发射源 200m 外,要远离高压输电线路、通信线路 50m 外。

按照石油物探测量规范的要求,放样用的参考站可以建立在已布设的控制点上,也可利用其他经检核的差分参考站进行放样。参考站架设前,应根据参考站位置草图的描述对点位进行确认。

由于参考站要播发数据信号给流动站,因而尽量选择控制范围广,离测线比较近的GNSS控制网点设站,参考站点位信息的获得可以通过手工输入的方式也可以从文件中已有的点清单直接调用。

2. 参考站设置

参考站上仪器架设时卫星信号天线要严格对中、整平。GNSS 天线、信号发射天线、主机、电源等应连接正确无误。严格量取参考站接收机天线高,量取二次以上,符合限差要求后,记录均值。

参考站的定向指北线应指向正北,偏离不得超过左右 10°。对无标志线的天线,可预先设置标志位置,在同一测区内作业期间,应每次标志指向做到基本一致。

3. 参考站运行期间作业要求

为了节省控制器电量或用于流动站时,参考站在工作期间可关闭手持控制器后去掉。尽管各 RTK 设备在设计时考虑了防水、防晒等因素,但作业时应尽量避免烈日暴晒或雨水淋湿。

参考站工作期间,工作人员不能远离,要间隔一定时间检查设备工作状态,对不正常情况及时做出处理。

由于参考站除了 GNSS 设备耗电外,还要为 RTK 电台供电,可采用双电源电池供电,或采用汽车电瓶供电。条件许可时,可采用 12V 直流调变压器直接同市电网络连接供电。在数据通信电台天线没有连接好前,不得打开数据通信电台和启动 GNSS 接收机系统。电瓶的正负极和数据通信电台的正负极相对,否则将可能损坏发射电台。

J(GJ)BE005
RTK基准站操作质量控制方法

四、RTK 流动站作业流程编制要点

对于分体式 GNSS 接收机来说,在进行流动站的架设时,应该将数据通信电台安置在背包内。主机与 GNSS 卫星天线只能用电缆连接,磁卡可以放置在接收机的主机里,也可以放置在控制器里,因设置的数据的存储位置和接收机的不同类型而有所差别。在 GNSS RTK 流动站接收机开机之前,应确认电台与发射天线的完好连接。主机与控制器的无线连接方式通常采用蓝牙连接。

J(GJ)BF007
RTK流动站作业流程编制要点

RTK 观测的基本条件要求见表 2-3-1。

表 2-3-1 RTK 观测的基本条件要求

观测窗口状态	卫星数	卫星高度角	PDOP 值
良好窗口	≥5	20 以上	≤5
勉强可用的窗口	4	15 以上	≤8
避免观测的窗口	4	15 以上	≥8
不能观测的窗口	≤3		

RTK 作业期间,参考站不允许下列操作:

(1)关机又重新启动。

(2)进行自测试。

(3)改变卫星截止高度角或仪器高度值、测站名等。

(4)改变天线位置。

(5)关闭文件或删除文件等。

RTK 工作时,参考站可记录静态观测数据,当 RTK 无法作业时,流动站转化快速静态或后处理动态作业模式观测,以利后处理。在流动站作业时,接收机天线姿态要尽量保持垂直(流动杆放稳、放直),一定的斜倾度,将会产生很大的点位偏移误差,RTK 观测时要保持坐标收敛值小于 5cm。

GNSS RTK 的流动站接收机在跟踪 GNSS 卫星信号的同时接收来自参考站的数据,这些数据信息可能包括参考站的坐标、参考站的载波相位观测值、参考站的伪距观测值、参考站接收机的工作状态,GNSS RTK 这种动态测量中,一旦因周跳、失锁使连续跟踪的卫星少于 4 颗、与参考站的数据链中断则高精度的动态无法继续,这就限制了载波相位在 GNSS 动态定位中的应用。

不得在天线附近 50m 内使用电台,10m 内使用对讲机。天气太冷时,接收机应适当保暖;天气太热时,接收机应避免阳光直接照晒,确保接收机正常工作。

RTK 放样工作主要进行下列项目:

(1)测线设计(既可在计算机上设计,也可在手簿上设计)。

(2)参考站设置和参数输入。

(3)流动站设置和参数输入。

(4)按设计测量和采点(线路放样时测线上按线路测量和采点)。

(5)查看卫星可见状况显示,自动接受或用户自定义容差,均方根误差(RMS)显示。

(6)图解式放样,通过前后、左右偏距控制,快速完成放样工作。

(7)存储点名、点属性与坐标。

五、RTK 和全站仪联合作业方案

(一)三角网的概念

在地面上选定一系列点位,使互相观测的两点通视,把它们按三角形的形式连接起来即构成三角网。如果测区较小,可以把测区所在的一部分椭球面近似看作平面,则该三角网即为平面上的三角网。三角网中的观测量是网中的全部或大部分方向值。

在工程测量中,三角网起算数据可由下列方法求得:

(1)起算边长。当测区内有国家三角网(或其他单位施测的三角网)时,若其精度满足工程测量的要求,则可利用国家三角网边长作为起算边长。若已有网边长精度不能满足工程测量的要求(或无已知边长可利用)时,则可采用电磁波测距仪直接测量三角网某一边或某些边的边长作为起算边长。

(2)起算坐标。当测区内有国家三角网(或其他单位施测的三角网)时,则由已有的三角网传递坐标。若测区附近无三角网成果可利用,则可在一个三角点上用天文测量方法测定其经纬度,再换算成高斯平面直角坐标,作为起算坐标。三角网的起算坐标,对于保密工程、小测区、特殊工程也可采用假设坐标系统。

(3)起算方位角。当测区附近有控制网时,可由已有网传递方位角。若无已有成果可利用,可用天文测量方法测定三角网某一边的天文方位角,再把它换算为起算方位角。在特殊情况下也可用陀螺经纬仪测定起算方位角。

为了得到所有三角点的坐标,必须已知三角网中某一点的起算坐标、某一起算边长、某一边的坐标方位角。由起算元素和观测元素的平差值推算出的三角形边长、坐标方位角和三角点的坐标统称为三角测量的推算元素。在三角点上观测的水平角或方向是三角测量的观测元素。

(二)导线网的概念

J(GJ)BD004
导线网的概念

导线网是目前工程测量控制网较常用的一种布设形式,它包括单一导线和具有一个或多个结点的导线网。网中的观测值是角度(或方向)和边长。独立导线网的起算数据是:一个起算点的 x,y 坐标和一个方向的方位角。

导线网与三角网相比,主要优点有:

(1)网中各点上的方向数较少,除结点外只有两个方向,因而受通视要求的限制较小,易于选点和降低觇标高度,甚至无须造标。

(2)导线网的图形非常灵活,选点时可根据具体情况随时改变。

(3)网中的边长都是直接测定的,因此边长的精度较均匀。

导线网的缺点主要是:导线网中的多余观测数较同样规模的三角网要少,有时不易发现观测值中的粗差,因而可靠性不高。

导线网特别适合于障碍物较多的平坦地区或隐蔽地区。导线网是目前工程测量控制网较常用的一种布设形式,网中的观测值是角度、边长、方向。随着电磁波测距仪的不断完善和普及,导线网和边角网逐渐得到广泛的应用。在精度要求较高的情况下,可布设部分测边、部分测角的控制网或边、角全测的控制网。

(三)全站仪施工作业流程编制要点

J(GJ)BF001
全站仪施工作业
流程编制要点

1. 测量资料收集与放样方案制定

(1)测量放样前,应从合法、有效途径获取施工区已有的平面和高程控制成果资料。

(2)根据现场控制点标志是否稳定完好等情况,对已有的控制点资料进行分析,确定是否全部或部分对控制点进行检测。

(3)已有控制点不能满足精度要求应重新布设控制,已有的控制点密度不能满足放样需要时应根据现有的控制点进行加密。

(4)必须按正式设计图纸、文件、修改通知进行测量放样,不得凭口头通知和未经批准的图纸放样。

(5)根据规范规定和设计的精度要求并结合人员及仪器设备情况制订测量放样方案,其内容应包括控制点的检测与加密、放样依据、放样方法及精度估算、放样程序、人员及设备配置等。

2. 全站仪坐标法设站+极坐标法放点

(1)在控制点上架设全站仪并对中整平,初始化后检查仪器设置:气温、气压、棱镜常数;输入(调入)测站点的三维坐标,量取并输入仪器高,输入(调入)后视点坐标,照准后视点进行后视。如果后视点上有棱镜,输入棱镜高,可以马上测量后视点的坐标和高程并与已知数据检核。

(2)瞄准另一控制点,检查方位角或坐标;在另一已知高程点上竖棱镜或尺子检查仪器的视线高。利用仪器自身计算功能进行计算时,记录员也应进行相应的对算以检核输入数据的正确性。

(3)在各待定测站点上架设脚架和棱镜,量取、记录并输入棱镜高,测量、记录待定点的坐标和高程,以上步骤为测站点的测量。

(4)在测站点上按步骤1安置全站仪,照准另一立镜测站点检查坐标和高程。

(5)记录员根据测站点和拟放样点坐标反算出测站点至放样点的距离和方位角。

(6)观测员转动仪器至第一个放样点的方位角,指挥司镜员移动棱镜至仪器视线方向上,测量平距 D。

(7)计算实测距离 D 与放样距离 $D°$ 的差值: $\Delta D = D - D°$,指挥司镜员在视线上前进或后退 ΔD。

(8)重复过程7,直到 ΔD 小于放样限差(非坚硬地面此时可以打桩)。

(9)检查仪器的方位角值,棱镜气泡严格居中(必要时架设三脚架),再测量一次,若 ΔD 小于限差要求,则可精确标定点位。

(10)测量并记录现场放样点的坐标和高程,与理论坐标比较检核,确认无误后在标志旁加注记。

(11)重复6~10的过程,放样出该测站上的所有待放样点。

(12)如果一站不能放样出所有待放样点,可以在另一测站点上设站继续放样,但开始放样前还须检测已放出的2~3个点位,其差值应不大于放样点的允许偏差。

(13)全部放样点放样完毕后,随机抽检规定数量的放样点并记录,其差值应不大于放样点的允许偏差值。

(14)作业结束后,观测员检查记录计算资料并签字。

(15)测量放样负责人逐一将标注数据与记录结果比对,同时检查点位间的几何尺寸关系及有关结构边线的相对关系尺寸并记录,以验证标注数据和所放样点位无误。

在采用全站仪边角交会法设站时,在未知点 P 上架设全站仪,在已知点 A 上安置棱镜,在已知点 B、C 上安置照准标志。在采用全站仪测角后方交会设站时,是在未知点 P 上架设全站仪,在已知点 A、B、C、D 上安置。

3. 放样

J(GJ)BF002 全站仪野外操作流程编制要点

(1)阅读设计图纸,校算建筑物轮廓控制点数据和标注尺寸,记录审图结果。

(2)选定测量放样方法并计算放样数据或编写测量放样计算程序、绘制放样草图并由第二者独立校核。

(3)准备仪器和工具,使用的仪器必须在有效的检定周期内。给仪器充电,检查仪器常规设置,如单位、坐标方式、补偿方式、棱镜类型、棱镜常数、温度、气压等。

(4)使用有内存的全站仪时,可以提前将控制点,包括拟用的测站点、检查点和放样点的坐标数据输入仪器内存并检查。

在利用全站仪进行极坐标法放点时,在测站点安置仪器,在调入测站、后视点的坐标及输入仪器高,测量后视点的坐标和高程后,便可以进行已知数据的检核。需要在各待定点架设棱镜,量取记录并输入棱镜高,测量并记录待定的坐标和高程。如果一站不能放样出所有的待定点,可以在另一站点上设站继续放样,但开始放样前,还须检测地物点的2~3点,其差值不大于放样点的允许偏差。

在全站仪边角交会法的设站中,是在未知点上架设全站仪。在采用全站仪测角后方交会设站时,是在未知点 P 上架设全站仪,在已知点 A、B、C、D 上安置照准标志,然后以4个点中较远的点为零方向。

4. RTK 和全站仪联合作业方法

目前石油勘探测量常用的测量方法是 GNSS 卫星定位技术 RTK 实时动态测量方法,施工效率和测量精度都比其他方法较高。但是卫星定位技术受到卫星运行状态、卫星信号传输、差分信号状况等多方面因素的影响,在山地、丛林和城镇等特殊复杂的区域内,全站仪施工方法仍可发挥重要作用,特别是全站仪和 RTK 测量方法联合使用施工效果更好。

在全站仪与 RTK 测量方法联合作业过程中,RTK 测量方法发挥其快速、高精度的优势,为全站仪作业提供控制点、检核点。全站仪一般以设站放样的方式放样测线物理点。根据施工环境,可以应用 RTK 方法放样环境较好的局部区域,如没有树木遮挡的林区、楼房较空旷的市区或山间平地等,当卫星信号或差分信号受到遮挡或距离限制的时候,采用全站仪方法施测,利用 RTK 测设的点位设站,放样事前传输到全站仪内存中的物理点。当全站仪测量达到一定距离或一定物理点数量时,测量前面测设的 RTK 点进行坐标和高程检核。

联合作业需要注意以下几点:

(1) RTK 为全站仪提供控制点和检核点时,必须设置稳固清晰的地面标志,使用三脚架或对中杆精确对中,并输入量取的天线高度。

(2) RTK 提供的控制点或检核点应尽量布设在测线上,减少清线工作量,避免通视障碍。

(3) 全站仪测量过程中及时进行检核。

项目五 编写测量技术报告

一、编写测量技术设计

(1) 石油物探测量的基本任务是:将物探设计的物理点布设到实地并测定器坐标和高程,作为物探资料采集、处理及解释的位置依据。

(2) 石油物探测量施工的坐标系统、高程基准,采用现行国家统一的坐标系统、高程基准,所提供物理点的最终成果采用物探设计所要求的坐标系统、高程基准和投影方式。

(3) 当石油物探测量施工的坐标系统、高程基准与物探设计所要求的坐标系统、高程基准不一致时,应使用由国家测绘主管部门提供的或根据本标准达成协议的各方均认可的转换参数模型,也可以使用建立石油物探测量控制网时求取的转换参数模型。

(4) 石油物探测量的坐标起算数据可采用下列成果:2000 国家大地控制网点的坐标成果,按照《全球定位系统(GPS)测量规范》(GB/T 18314—2009)所布设的 GNSS 控制网点的坐标成果,物探设计所要求的坐标系统下的平面控制网点的坐标成果。

(5) 石油物探测量的高程起算数据应采用国家水准点的高程成果,也可采用归化到国家现行高程基准的国家 GNSS 点或国家三角点的高程成果。

精密单点定位技术,是基于某种方式获得的 GNSS 卫星精密星历和精密钟差,对单台 GNSS 接收机采集伪距观测值和载波相位观测值进行非差定位数据的处理,以实现静态或动态精密单点定位的方法。

卫星定位控制网测量的观测方法宜采用静态相对定位方法,对于长度不超过 30km 的边也可采用快速静态相对定位方法。

用全站仪极坐标法进行测量工作的过程中,观测时应根据需要进行指标差改正、加常数改正、乘常数改正、气象改正以及归算到高程基准面和投影面的改正。

在采用 GNSS 动态差分法进行施工测量时,在每连续施测不超过 100 个物理点时或每连续取浮点解不超过 20 个物理点时,应强制重新初始化并在已测过的点上复测。

施工导线宜布设成附合导线形式或闭合导线形式,当联测已知方位有困难时,附合导线可布设为只有起始方位的单向导线。对于施工导线的水平角采用测回法一测回测定,同一测站内各方向 2C 互差不大于 60″。

J(GJ)BH003
石油物探测量
规范的培训

卫星定位控制测量的观测作业应遵循的要求:按观测计划进行作业;精确整平、对中天线,对中误差应不超过 5mm;观测前后分别量取天线高,互差应不超过 5mm;遇暴风雨天气应立即停测,并卸下天线以防雷击;及时填写卫星定位控制测量观测记录表。

J(GJ)BG006
测线合格通知
书一般要求

二、编写测线合格通知书

在石油地震勘探测线合格报告单中总点数应该包括激发点、接收点和物理点的总点数统计。报告单中的起止点桩号包括激发点的起止点桩号和接收点的起止点桩号,实地与设计较差中应统计激发点和接收点的最大横偏和最大纵偏。

在石油地震勘探测线合格报告单中完成工作量中应统计所完成的测线束的测线长度、物理点总数,不但要统计所完成测线束的接收点的空点数,还要统计接收点的空点桩号,应该包含本测线束的恢复性激发点的信息,报告单上应该有计算员、测量组长、队经理、驻队监督的签字认可。测线合格通知书样本见表 2-3-2。

表 2-3-2 测线合格通知书样本

测线(束)号						
完成工作量	测线长度		激发线长度		接收线长度	
	物理点总数		激发点总数		接收点总数	
起止点桩号	激发点	起点桩号		接收点	起点桩号	
		终点桩号			终点桩号	
实地与设计较差	激发点	最大横偏		接收点	最大横偏	
		最大纵偏			最大纵偏	
接收点空点	个数			桩号		
恢复性激发点	个数			桩号		
简要报告						

计算员:　　年　月　日　　　　　测量组长:年　月　日
队经理:　　年　月　日　　　　　驻队监督:年　月　日

三、编辑测量成果格式

(1)石油物探测量成果文件的格式采用 MS-DOS 兼容的 ASCⅡ格式。文件(包括扩展名)宜反映工区、施工日期等信息,文件扩展名宜反映成果的类型和顺序等信息,每个文件开始是头块记录,中间是若干数据记录,结尾是终止符标识 EOF。每条记录的长度是 80 个字节,第 81 列为回车符,第 82 列为换行符。

(2)石油物探测量成果文件分为两类文件:激发点文件和接收点文件。激发点文件包括所有激发点的坐标和高程及其他必要信息,接收点文件包含所有接收点和永久标志点的坐标和高程及其他必要信息。激发点文件和接收点文件均按照线号、点号和索引号升序排列。地震勘探测量数据记录由记录标识、线号、点号、点横坐标、点纵坐标、点海拔高等字段组成。

J(GJ)BG007
测量成果格式
一般要求

项目六　网络资源利用

一、网络管理方法

互联网是通过专用设备而连接在一起的若干个网络的集合,通过专用互联设备,可以进行局域网之间的互联、局域网与广域网之间的互联以及若干局域网通过广域网的互联。

局域网是指在较小的地理范围内,由计算机、通信线路、网络连接设备组成的网络。局域网一般是通过高速通信线路相连接的,有地理范围的限制,如覆盖范围仅限于组织内部或建筑物内部,通常由各组织自行组网并专用。但对于一个有多家分支机构的企业而言,只有局域网是不够的,此时更需要互联网。

网络互连需要有一些专用设备,典型的设备就是路由器,由路由器连接起来的若干局域网集合就是互联网。路由器是一种多端口设备,可以连接不同传输速率并运行于各种环境的局域网和广域,还能选择出网络节点间的最近、最快的传输途径。基于这个原因,路由器成为大型局域网和广域网中功能强大且非常重要的设备,国际互联网就是依靠遍布全世界的几百万台路由器连接起来的。

路由器能够在多个网络和介质之间提供网络互联能力,但路由器并不要求在两个网络之间维持永久的连接。中继器可以延长网络的距离,在网络数据传输中起到放大信号的作用,数据经过中继器,不需进行数据包的转换。当相连两个完全不同结构的网络时,就必须使用网关,例如以太网与一台大型的 IBM 主机相连时。

根据所允许的传输方向,数据通信方式可分三种:单工通信、双工通信、半双工通信。TCP/IP 本质上采用的是分组交换技术,其基本意思是把信息分割成一个个不超过一定大小的信息包传送出去。TCP/IP 是为了使接入因特网的异种网络、不同设备之间能够进行正当的数据通信,而预先制定的一簇大家共同遵守的格式和约定。

J(GJ)BH004
网络管理方法

二、网络地理信息的利用

随着互联网技术的普及和发展,大量的地理信息被公布到网络上,为民众共享。在公开分享的地理信息中,有大量的资料具有相当高的精度,如百度地图、谷歌地图、奥维地图等,位置精度达到50m甚至更高。使用这些信息非常灵活和直观,可以将石油勘探的测线边框、测线直线或测线点展绘到网络地图上,进行地图综合,了解测线地理状况。

利用网络地理信息一般需要以下几个步骤:

(1)建立计算机网络。网络地理信息需要使用网络分享的地图资源,所以需要计算机连接到互联网。可以通过事先网络下载的地图数据,也可以通过平台软件使用离线地图资源。离线地图资源往往不如在线测绘数据完整和实效。

(2)启动资源平台。网络地理信息是通过平台软件进行展示和控制的,如百度地图浏览器软件、谷歌地图浏览器软件、谷歌地球应用软件、奥维地图应用软件等。其中地图浏览器软件无须安装,但是应用工具较少,一般不具备展绘点、线、面的功能,一般用来导航。地图应用软件须要安装,交互工具比较多,如阅读坐标高程、展绘点线面等。选择和启动平台软件,才能使用地理信息数据。

(3)绘制测线。在地图应用平台上绘制石油勘探测线,才能使地图与勘探测线建立联系。简单的做法是在地图上绘制"标记",标记出二维测线的起点、拐点和终点,三维测线的边框拐点、特殊点位等。然后通过绘制"路径",将标记的点根据需要连接起来,形成线或面。也可以通过编辑平台软件规范的文本格式数据来输入点、线和面坐标。如谷歌地球常用的 KML 为 ASCII 码数据文件,编辑 KML 文件中点、线、面的坐标,然后加载到谷歌地球平台上,就可实现测线的展示。

(4)检查地形地貌。根据地图上展示的测线,可以了解测线上、测线周围的地形起伏,建筑物、河流、耕地、道路等状况。

(5)地图量算。通过软件提供的量测工具可以了解障碍物大小,与测线相对距离等,同时可以对测线沿线地形高程进行采样,了解测线高程变化趋势。也可以将地图与测线数据进行综合,绘制各种不同功能的专题地图。根据网络地理信息资源,可以更加灵活和直观地为测线部署、施工、安全及工农事务处理提供帮助。

第三部分

技师操作技能

模块一　使用仪器

项目一　检验全站仪视准轴误差

一、准备工作

(一)设备

全站仪1套、三脚架1个。

(二)人员

1人独立操作,劳动用品穿戴齐全。

二、操作规程

(一)安置设备

(1)安置三脚架,使三脚架高度在操作者胸部以上、肩部以下,适宜操作,螺栓旋紧,角锥踩实。

(2)安置仪器,将全站仪用三脚架对中螺旋固定在三脚架上。

(3)操作基座脚螺整平仪器,使圆水准气泡或电子气泡居中。

(4)安置目标棱镜到100m左右,棱镜高度与全站仪望远镜高度基本相同。

(二)检验

(1)打开全站仪电源开关。

(2)转动望远镜瞄准远处目标,记录水平角 L。

(3)将全站仪旋转180°,使望远镜重新照准目标,记录水平角 R。

(4)计算全站仪视准轴误差:$C=(L-R\pm180°)/2$。

(三)清理现场

(1)按全站仪开关键关机。

(2)从三脚架上拆卸全站仪,装箱。

(3)收起三脚架、棱镜,捆好锁紧。

(4)全部设备和工具恢复到原来位置。

三、技术要求

(1)检验时棱镜高度与望远镜高度基本相同,高差不大于0.5m。

(2)三脚架高度应在操作者胸部以上、肩部以下,适宜操作仪器。

(3)三脚架伸缩腿固定螺栓必须旋紧,角锥踩实。

(4)三脚架对中螺旋旋紧,仪器无松动。

(5)观测时用望远镜十字丝瞄准目标。

(6)视准轴误差计算精度不大于1″。

(7)公式书写正确,文字端正。

四、注意事项

(1)安置三脚架时注意伸缩腿螺栓旋紧,角锥踩实,防止跌坏仪器。

(2)三脚架角锥尖锐,使用和移动时注意周围人员和物品,防止受到伤害。

(3)正镜读数后望远镜或机身旋转180°进行倒镜观测。

(4)旋转仪器时,双手握住全站仪机身支架进行旋转,切勿推动望远镜、旋钮或其他精密机件。

(5)调整微动螺旋时要轻柔,不可剧烈、快速转动螺旋旋钮。

(6)禁止使用手指或坚硬物品触碰显示屏。

(7)轻触全站仪操作按键,避免伤害键盘。

(8)禁止使用望远镜观察太阳、灯光等发光物体。

项目二　检验全站仪横轴误差

一、准备工作

(一)设备

全站仪1套、三脚架1个。

(二)人员

1人操作仪器,1人辅助标记目标点,劳动用品穿戴齐全。

二、操作规程

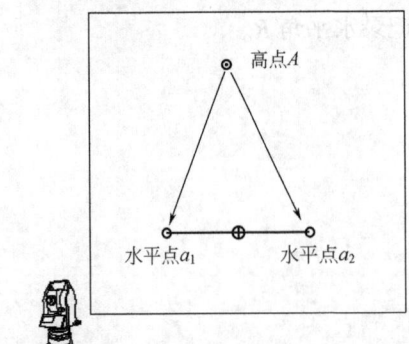

图 3-1-1　全站仪横轴误差检验

(一)安置设备

(1)安置三脚架,使三脚架高度在操作者胸部以上、肩部以下,适宜操作,螺栓旋紧,角锥踩实。

(2)安置仪器,将全站仪用三脚架对中螺旋固定在三脚架上。

(3)操作基座脚螺整平仪器,使圆水准气泡或电子气泡居中。

(二)检验

(1)转动望远镜瞄准高处目标点A(图3-1-1)。

(2)垂直转动望远镜,使望远镜视准轴处于水平位置。

(3)观察望远镜十字丝,并指挥辅助人员用铅笔在墙上标出十字丝照准的水平检验位置a_1。

(4)望远镜水平旋转180°,对准标准高处目标点。
(5)垂直转动望远镜,使望远镜视准轴处于水平位置。
(6)观察望远镜十字丝,并指挥辅助人员用铅笔在墙上标出十字丝照准的水平检验位置a_2。
(7)用铅笔连接a_1、a_2两点。
(8)量测并标记出a_1和a_2连线的中点a,a点为校正点。

(三)清理现场
(1)从三脚架上拆卸全站仪,装箱。
(2)收起三脚架,捆好锁紧。
(3)全部设备和工具恢复到原来位置。

三、技术要求

(1)三脚架高度应在操作者胸部以上、肩部以下,适宜操作仪器。
(2)三脚架伸缩腿固定螺栓必须旋紧,角锥踩实。
(3)三脚架对中螺旋旋紧,仪器无松动。
(4)观测时用望远镜十字丝瞄准目标。
(5)用铅笔在墙上标记水平检验目标,标记误差不大于3mm。
(6)用铅笔连接两个水平检验目标点,并取两点中间位置为校正点,校正点标记误差不大于3mm。

四、注意事项

(1)安置三脚架时注意伸缩腿螺栓旋紧,角锥踩实,防止跌坏仪器。
(2)三脚架角锥尖锐,使用和移动时注意周围人员和物品,防止受到伤害。
(3)正镜读数后望远镜或机身旋转180°进行倒镜观测。
(4)旋转仪器时,双手握住全站仪机身支架进行旋转,切勿推动望远镜、旋钮或其他精密机件。
(5)调整微动螺旋时要轻柔,不可剧烈、快速转动螺旋旋钮。
(6)禁止使用手指或坚硬物品触碰显示屏。
(7)轻触全站仪操作按键,避免伤害键盘。
(8)禁止使用望远镜观察太阳、灯光等发光物体。

项目三 简易测定棱镜加常数

一、准备工作

(一)设备

全站仪1套、三脚架1个、单棱镜1个、棱镜杆1根、快速棱镜稳定架1个、50m钢卷尺1个。

(二)人员

1人独立操作,劳动用品穿戴齐全。

二、操作规程

(一)安置设备

(1)用木桩和铁钉设置测站标志 A。

(2)安置三脚架,使三脚架高度在操作者胸部以上,肩部以下,适宜操作,螺栓旋紧,角锥踩实。

(3)安置仪器,将全站仪用三脚架对中螺旋固定在三脚架上。

(4)操作基座脚螺对中整平仪器,使圆水准气泡或电子气泡居中,仪器中心对准地面标志。

(二)检验

(1)使用钢卷尺一端固定在 A 点,选择平坦区域将钢卷尺拉直。

(2)在钢卷尺上依次选择2个检测点 B、C,使 B、C 与测站 A 在一条直线上,并且 AB 与 BC 距离大致相等。

(3)在检测点 B、C 上设置稳定标志。

(4)在 B 点安置棱镜,利用全站仪测量 AB 距离 S_{AB}。

(5)在 C 点安置棱镜,利用全站仪测量 AC 距离 S_{AC}。

(6)将全站仪安置在 B 点。

(7)测量 BC 距离 S_{BC}。

(8)书写加常数计算公式:$C = S_{AB} + S_{BC} - S_{AC}$。

(9)计算加常数。

(三)清理现场

(1)从三脚架上拆卸全站仪,装箱。

(2)收起三脚架、棱镜,捆好锁紧。

(3)全部设备和工具恢复到原来位置。

三、技术要求

(1)三脚架高度应在操作者胸部以上、肩部以下,适宜操作仪器。

(2)三脚架伸缩腿固定螺栓必须旋紧,角锥踩实。

(3)三脚架对中螺旋旋紧,仪器无松动。

(4)观测时用望远镜十字丝瞄准目标。

(5)简易棱镜加常数检验一般使用三站法,即分两个观测段进行距离观测,测量不少于3个距离观测值。

(6)三站法分出的两个观测段的距离应基本相等,可以降低环境对观测的干扰,分段误差不大于1m。

四、注意事项

(1)安置三脚架时注意伸缩腿螺栓旋紧,角锥踩实,防止跌坏仪器。

(2)三脚架角锥尖锐,使用和移动时注意周围人员和物品,防止受到伤害。

(3)检测过程只能使用一台全站仪和一个棱镜。

(4)全站仪迁站重新设站时要精确对中,测量距离时棱镜要对中、稳定,不可晃动。

(5)旋转仪器时,双手握住全站仪机身支架进行旋转,切勿推动望远镜、旋钮或其他精密机件。

(6)调整微动螺旋时要轻柔,不可剧烈、快速转动螺旋旋钮。

(7)禁止使用手指或坚硬物品触碰显示屏。

(8)轻触全站仪操作按键,避免伤害键盘。

(9)禁止使用望远镜观察太阳、灯光等发光物体。

项目四 全站仪三角高程测量

一、准备工作

(一)设备

全站仪1套、三脚架1个、单棱镜1个、棱镜杆1根、快速棱镜稳定架1个。

(二)人员

1人独立操作,劳动用品穿戴齐全。

二、操作规程

(一)直觇安置仪器

(1)安置三脚架于点 A,使三脚架高度在操作者胸部以上、肩部以下,适宜操作,螺栓旋紧,角锥踩实。

(2)安置仪器,将全站仪用三脚架对中螺旋固定在三脚架上。

(3)操作基座脚螺对中整平仪器,使圆水准气泡或电子气泡居中,仪器中心对准地面标志。

(4)在目标点 B 上设置棱镜。

(二)直觇观测

(1)在测站 A 点转动全站仪望远镜瞄准目标点 B 棱镜。

(2)观测记录垂直角读数。

(3)观测记录距离读数。

(4)量测记录仪器高和标高。

(三)返觇安置仪器

(1)从 A 点拆卸仪器、装箱,运输到 B 点。

(2)安置三脚架于点 B,使三脚架高度在操作者胸部以上、肩部以下,适宜操作,螺栓旋紧,角锥踩实。

(3)安置仪器,将全站仪用三脚架对中螺旋固定在三脚架上。

(4)操作基座脚螺对中整平仪器,使圆水准气泡或电子气泡居中,仪器中心对准 B 点地面标志。

(5)在 A 点设置棱镜。

(四)返觇观测

(1)在测站 B 点转动全站仪望远镜瞄准目标点 A 棱镜。

(2)观测记录垂直角读数。

(3)观测记录距离读数。

(4)量测记录仪器高和标高。

(五)清理现场

(1)从三脚架上拆卸全站仪,装箱。

(2)收起三脚架、棱镜,捆好锁紧。

(3)全部设备和工具恢复到原来位置。

三、技术要求

(1)三脚架高度应在操作者胸部以上肩部以下,适宜操作仪器。

(2)三脚架伸缩腿固定螺栓必须旋紧,角锥踩实。

(3)三脚架对中螺栓旋紧,仪器无松动。

(4)观测时用望远镜十字丝瞄准目标。

(5)观测和记录角度和距离保留 1 位小数,仪器高和标高保留 3 位小数。

四、注意事项

(1)安置三脚架时注意伸缩腿螺栓旋紧,角锥踩实,防止跌坏仪器。

(2)三脚架角锥尖锐,使用和移动时注意周围人员和物品,防止受到伤害。

(3)迁站时全站仪要装箱运输。

(4)全站仪设站时要精确对中,测量距离时棱镜要对中、稳定,不可晃动。

(5)旋转仪器时,双手握住全站仪机身支架进行旋转,切勿推动望远镜、旋钮或其他精密机件。

(6)调整微动螺旋时要轻柔,不可剧烈、快速转动螺旋旋钮。

(7)禁止使用手指或坚硬物品触碰显示屏。

(8)轻触全站仪操作按键,避免伤害键盘。

(9)禁止使用望远镜观察太阳、灯光等发光物体。

项目五　普通水准测量两点高差

一、准备工作

(一)设备

水准仪 1 套、三脚架 1 个、水准尺 1 个、尺垫或尺桩 2 个、快速稳定支架 2 个。

(二)人员

1 人独立操作,劳动用品穿戴齐全。

二、操作规程

(一)选择测点

(1)观察高程点 A、B 两点间的地形地物情况,确定水准观测路线。

(2)选择转点位置。

(二)安置仪器

(1)在 A 点安置水准尺。

(2)在转点 1 安置尺垫和水准尺。

(3)在距离 A 点与转点 1 距离相近的位置选择水准仪测站点。

(4)安置水准仪,整平。

(三)水准观测

(1)旋转水准仪照准部照准后视 A 点水准尺。

(2)观察水准仪望远镜读取和记录水准尺读数。

(3)旋转水准仪照准部照准前视转点 1 水准尺。

(4)观察水准仪望远镜读取和记录水准尺读数。

(四)迁站

(1)将 A 点水准尺迁移到转点 2 或高程点 B,并安置。

(2)将转点 1 水准尺旋转 180°。

(3)在距离两尺之间相近的位置选择水准仪测站点,设站。

(4)观测,直到完成水准路线。

(五)清理现场

(1)从三脚架上拆卸水准仪,装箱。

(2)收起三脚架、棱镜,捆好锁紧。

(3)全部设备和工具恢复到原来位置。

三、技术要求

(1)三脚架高度应在操作者胸部以上肩部以下,适宜操作仪器。

(2)三脚架伸缩腿固定螺栓必须旋紧,角锥踩实。

(3)三脚架对中螺旋旋紧,仪器无松动。

(4)水准尺和测站要选择在基础坚硬稳定的地面上,水准尺要使用尺垫或尺桩。

(5)观测和记录水准尺读数保留 3 位小数。

(6)前后视距差不大于 5m。

四、注意事项

(1)安置三脚架时注意伸缩腿螺栓旋紧,角锥踩实,防止跌坏仪器。

(2)三脚架角锥尖锐,使用和移动时注意周围人员和物品,防止受到伤害。

(3)迁站时全站仪可不装箱,但是要注意保护。
(4)水准仪测站不一定与前后视尺在一条线上,只要前后视距相等即可。
(5)水准仪设站时要进行整平,保证稳定,不可晃动。
(6)调整微动螺旋时要轻柔,不可剧烈、快速转动螺旋旋钮。
(7)观测时先读后视,后读前视。

项目六　设置 RTK 参考站作业参数

一、准备工作

(一)设备

GNSS 全球导航卫星定位仪 1 台、参考站电台 1 套、三脚架 1 个。

(二)人员

1 人独立操作,劳动用品穿戴齐全。

二、操作规程

(一)卫星设置

(1)选择"卫星跟踪"功能,对卫星进行基本选择的设置。
(2)设置跟踪卫星类别:GNSS、GLONASS、北斗等,在需要观测的卫星类别多选框选择。
(3)选择或输入卫星截止高度角。

(二)记录参数

(1)选择"原始数据记录"。
(2)设置"记录数据用于后处理"。
(3)设置数据记录位置。
(4)根据作业要求设置数据采样率。
(5)根据作业要求选择记录数据类型。

(三)通信参数

(1)设置电台功率:按电台功能按钮,调整电台功率为最大功率。
(2)点按电台功能按钮,选择电台工作频道和频率。

(四)检查状态

(1)进入"仪器状态"功能。
(2)检查静态观测值记录历元数量。

三、技术要求

(1)按照题目给定的卫星类型、高度角、采样率、频率、功率等参数作业,其他参数无效。
(2)设置过程不影响仪器正常工作状态。

四、注意事项

(1)操作过程中注意脚下和身后,不要踩踏电缆、三脚架、主机等仪器部件。

(2) 触碰键盘或按钮时要轻重适度,不可强力按压,防止损坏。
(3) 手簿控制器屏幕具有触摸交互功能,可以使用专用触屏笔或指尖触屏,切勿使用坚硬、尖锐的物品操作触摸屏。
(4) 开机运行状态下,不可拔插电池、电缆及数据卡。
(5) 基站设备运行中禁止断开电台发射天线,避免烧坏仪器电台。
(6) 必须通过按钮或控制器程序关闭主机、控制器,不可通过其他方式切断设备电源。

项目七　设置 RTK 流动站导航参数

一、准备工作

(一) 设备
GNSS 全球导航卫星定位仪 1 台。

(二) 人员
1 人独立操作,劳动用品穿戴齐全。

二、操作规程

(一) 选择项目
(1) 选择作业规定的导航项目。
(2) 设置存储点号格式。
(3) 编辑项目属性,设置流动站作业坐标系统。

(二) 卫星设置
(1) 选择"卫星跟踪"功能,对卫星进行基本选择的设置。
(2) 设置跟踪卫星类别:GNSS、GLONASS、北斗等,在需要观测的卫星类别多选框选择。
(3) 选择或输入卫星截止高度角。

(三) 设置参考方向线
(1) 设置以"线"为参考方式。
(2) 设置以 2 点方式定线。
(3) 选择参考线起点。
(4) 选择参考线终点。

(四) 设置记录参数
(1) 设置放样测量中误差。
(2) 设置目标点导航距离限差。

三、技术要求

(1) 操作题目给定的作业项目。
(2) 按照技术要求点号参数、坐标系统、卫星类别、高度角、参考线起始点和终点、误差限差参数作业,其他参数无效。

四、注意事项

(1)所有设置的参数要进行储存和应用,未能应用到项目无效。

(2)触碰键盘或按钮时要轻重适度,不可强力按压,防止损坏。

(3)手簿控制器屏幕具有触摸交互功能,可以使用专用触屏笔或指尖触屏,切勿使用坚硬、尖锐的物品操作触摸屏。

(4)开机运行状态下,不可拔插电池、电缆及数据卡。

(5)必须通过按钮或控制器程序关闭主机、控制器,不可通过其他方式切断设备电源。

模块二　处理数据

项目一　反算二维测线桩号

一、准备工作

（一）设备

科学计算器 1 个、签字笔 1 支。

（二）人员

1 人独立笔试，劳动用品穿戴齐全。

二、操作规程

设：已知二维测线原点线号为 L_0、原点桩号为 P_0；主测线方位角为 α_0，联络测线方位角为 α_{90}；原点纵坐标为 X_0，横坐标为 Y_0；计算点的纵坐标为 X，横坐标为 Y。

（一）计算方位

（1）反算计算点与二维测线原点之间的坐标增量：

$$\Delta X = X - X_0$$
$$\Delta Y = Y - Y_0$$

（2）反算计算点至二维测线原点之间的距离：

$$S = \sqrt{\Delta X^2 + \Delta Y^2}$$

（3）反算二维测线原点至计算点的方位角：

$$\alpha = \tan^{-1} \frac{\Delta Y}{\Delta X}$$

当 $\Delta X < 0$ 时，方位角处于第二象限、第三象限，计算结果加 180°：

$$\alpha = \alpha + 180$$

当 $\Delta X > 0$ 时，如果 α 为负数，方位角处于第四象限，计算结果加 360°：

$$\alpha = \alpha + 360$$

（二）反算桩号

（1）计算点桩号增量，即计算点 (X, Y) 至二维测线原点的桩号变化量：

$$\Delta P = S \times \cos(\alpha - \alpha_0)$$

（2）计算点桩号（m）：

$$P = P_0 + \Delta P$$

（3）计算点线号增量，即计算点 (X, Y) 至二维测线原点的线号变化量：

$$\Delta L = S \times \cos(\alpha - \alpha_{90})$$

(4)计算点线号(km)：

$$L = L_0 + \Delta L \div 1000$$

三、技术要求

(1)二维测线线号以 km 为单位，桩号以 m 为单位。
(2)计算数据保留 3 位小数。
(3)所有数据计算误差不大于 0.5m。

四、注意事项

(1)计算结果线号转换为 km 单位。
(2)也可以使用其他公式或其他方法反算桩号，但题目相关数据需要计算。

项目二 反算三维测线桩号

一、准备工作

(一)设备

科学计算器 1 个、签字笔 1 支。

(二)人员

1 人独立笔试，劳动用品穿戴齐全。

二、操作规程

设：已知三维测线原点线号为 L_0、原点桩号为 P_0；测线方位角为 α_0，线号增大方向为 α_{90}；原点纵坐标为 X_0，横坐标为 Y_0；计算点的纵坐标为 X，横坐标为 Y；三维桩号间距为 V_P、线号间距为 V_L。

(一)计算方位

(1)反算计算点与三维测线原点之间的坐标增量：

$$\Delta X = X - X_0$$
$$\Delta Y = Y - Y_0$$

(2)反算计算点至三维测线原点之间的距离：

$$S = \sqrt{\Delta X^2 + \Delta Y^2}$$

(3)反算三维测线原点至计算点的方位角：

$$\alpha = \tan^{-1} \frac{\Delta Y}{\Delta X}$$

当 $\Delta X < 0$ 时，方位角处于第二象限、第三象限，计算结果加 180°：

$$\alpha = \alpha + 180°$$

当 $\Delta X > 0$ 时，如果 α 为负数，方位角处于第四象限，计算结果加 360°：

$$\alpha = \alpha + 360$$

(二)反算桩号

(1)计算点桩号增量,即计算点(X,Y)至三维测线原点的桩号变化量:

$$\Delta P = S \times \cos(\alpha_0 - \alpha) \div V_P$$

(2)计算点桩号(m):

$$P = P_0 + \Delta P$$

(3)计算点线号增量,即计算点(X,Y)至三维测线原点的线号变化量:

$$\Delta L = S \times \cos(\alpha_{90} - \alpha) \div V_L$$

(4)计算点线号(km):

$$L = L_0 + \Delta L$$

三、技术要求

(1)三维测线线号和桩号使用自编号,无单位,计算时需变换为距离,以 m 为单位。
(2)线号间距和桩号间距是指线号和桩号增加一个单位,距离的变化量。
(3)计算数据保留 3 位小数。
(4)所有数据计算误差不大于 0.5m。

四、注意事项

(1)计算结果线号转换为 km 单位。
(2)也可以使用其他公式或其他方法反算桩号,但题目相关数据需要计算。

项目三 整理 RTK 观测数据

一、准备工作

(一)设备
计算机 1 台。

(二)人员
1 人独立操作,劳动用品穿戴齐全。

二、操作规程

(一)建立项目

(1)右键菜单选择"新建"项目。
(2)输入规定的项目名称。
(3)双击或使用菜单打开新建项目。
(4)通过"文件"菜单打开"项目属性"。
(5)通过"坐标"选项卡选择规定的"坐标系统",如图 3-2-1 所示。

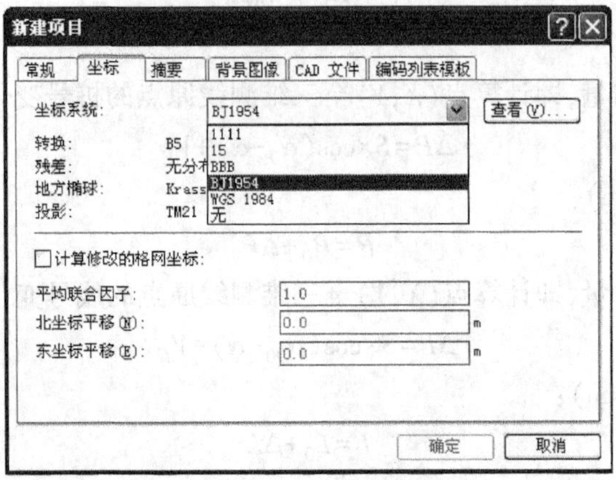

图 3-2-1 新建项目

(二)输入数据

(1)通过菜单或快捷按钮"输入""原始数据"。

(2)通过浏览器找到观测数据文件夹和作业文件名"输入"到新建项目。

(3)通过"GNSS"选项卡多选框根据观测时间和点号选择或排除观测点。

(4)将选择好的数据"分配"到项目中,如图 3-2-2 所示。

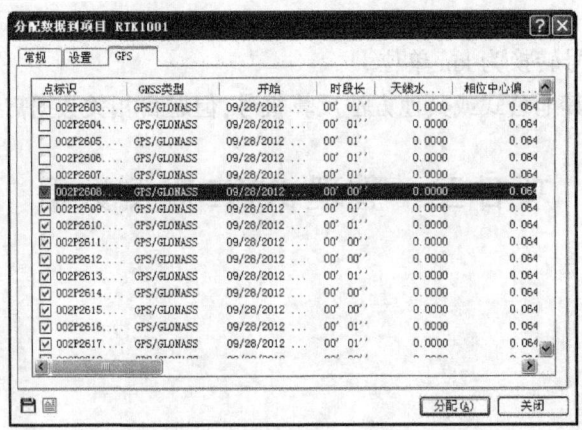

图 3-2-2 输入数据

(三)输出数据

(1)通过菜单或快捷按钮"输出""ASCII 数据"。

(2)编辑输出文件名。

(3)"设置"输出数据格式。

"常规"选项卡:

文件类型:点;

坐标类型:地方、格网坐标。

高程模式:椭球高。

排序:点标识。

凑整:0.001(输出数据保留3位小数);
不选:关键字、标题、冻结点等数据信息(图 3-2-3)。

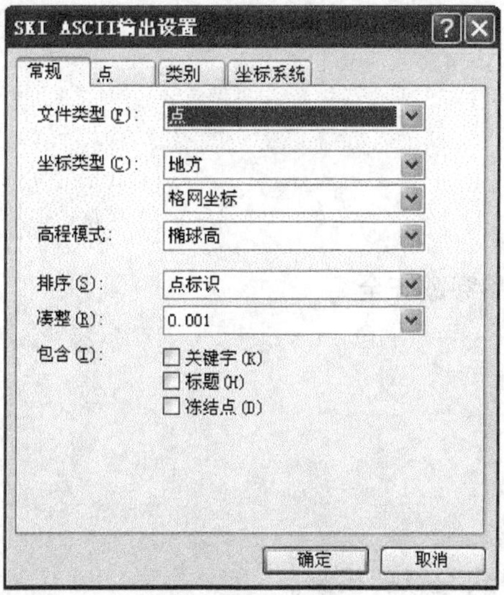

图 3-2-3 输出数据

"点"选项卡:
点类型:全部、坐标类别。
"类别"选项卡:
坐标类别:手工、测量值,排除其他选项。
"坐标系统"选项卡:
名称:BJ54(地方坐标系统名称)。
(4)"输出"ASCII 数据到计算机。

三、技术要求

(1)使用作业规定的观测数据文件,使用其他数据无效。
(2)使用作业规定项目名称、坐标系统、输出文件名等参数。
(3)输出作业规定的测量点坐标,其他数据无效。
(4)所有计算过程、结果需要存储,作业效果以存储数据为准。

四、注意事项

(1)严格按照作业给定数据进行编辑,其他任何参数无效。
(2)必须选择规定的坐标系统,否则将得到错误计算结果。
(3)不允许在所操作的计算机上安装或使用与题目无关的软件。
(4)计算机使用 220V 电源,使用时不可触动电缆、主机等部件,防止触电。
(5)不可用尖锐物品触碰计算机屏幕。
(6)不可擦拭计算机任何部件。
(7)轻触计算机键盘。

项目四　转换坐标系统

一、准备工作

(一)设备

计算机 1 台。

(二)人员

1 人独立操作,劳动用品穿戴齐全。

二、操作规程

(一)新建投影参数

(1)启动"坐标系统"程序。

(2)选择"投影"选项。

(3)鼠标右键或其他方式"新建"投影。

(4)输入新建投影"名称"。

(5)选择投影"类型":TM 横轴墨卡托投影。

(6)输入假定东坐标、假定北坐标、纬度原点、中央子午线、带宽和原点比例系数等参数。

(7)"确定"保存新建投影。

(二)新建椭球参数

(1)选择"椭球"选项。

(2)鼠标右键或其他方式"新建"椭球。

(3)输入新建椭球"名称"。

(4)输入椭球长半轴、扁率倒数等参数。

(5)"确定"保存新建椭球。

(三)新建转换参数

(1)选择"坐标转换"选项。

(2)鼠标右键或其他方式"新建"转换参数。

(3)输入新建坐标转换"名称"。

(4)选择转换"类型":经典 3D。

(5)选择"椭球 A"为 WGS-1984 椭球,选择"椭球 B"为自定义椭球,即上一步新建的椭球。

(6)选择转换"模型":选择 Bursa Wolf 转换模型。

(7)分别输入坐标系统转换参数:

X 轴平移参数 d_x;

Y 轴平移参数 d_y;

Z 轴平移参数 d_z;

X 轴旋转参数 R_x；

Y 轴旋转参数 R_y；

Z 轴旋转参数 R_z；

尺度比例参数 SF。

(8)"确定"保存新建坐标转换。

(四)新建坐标系统

(1)选择"坐标系统"选项。

(2)鼠标右键或其他方式"新建"坐标系统。

(3)输入新建坐标系统"名称"。

(4)选择"转换"：自定义的转换参数，即上一步新建的转换。

(5)选择"地方椭球"：自定义椭球，即上一步新建的椭球，如果在转换参数编辑时已经确定"椭球A"和"椭球B"，则此步骤可以省略，当转换选择后，自动加载"地方椭球"。

(6)选择"投影"：自定义投影，即上一步新建的投影。

(7)"确定"保存。

(五)新建项目

(1)右键菜单选择"新建"项目。

(2)输入项目名称。

(3)双击或使用菜单打开新建的项目。

(4)通过"文件"菜单打开"项目属性"。

(5)通过"坐标"选项卡选择新建的"坐标系统"。

(六)WGS-1984 坐标转换

(1)在新建项目上"新建""点"。

(2)输入点标识。

(3)选择坐标系为 WGS-1984 坐标系，坐标类型选择"大地坐标"。

(4)输入 WGS-1984 坐标系下大地坐标和高程。

(5)选择"地方"坐标系，坐标类型选择"大地坐标"，即得转换后大地坐标。

(6)选择"地方"坐标系，坐标类型选择"格网坐标"，即得转换后格网坐标，即平面直角坐标。

(七)地方坐标转换

(1)选择坐标系为"地方"，坐标类型选择"大地坐标"。

(2)输入地方坐标系下大地坐标和高程。

(3)选择"WGS-1984"坐标系，坐标类型选择"大地坐标"，即得转换后 WGS-1984 大地坐标和高程。

(4)选择坐标系为"地方"，坐标类型选择"格网坐标"。

(5)输入地方坐标系下格网坐标和高程。

(6)选择"WGS-1984"坐标系，坐标类型选择"大地坐标"，即得转换后 WGS-1984 大地坐标和高程。

三、技术要求

（1）按照作业给定的参数进行编辑，其他参数无效。
（2）在计算机上操作，作业结果以书面记录数据为准。
（3）所有数据保留 2 位小数。

四、注意事项

（1）严格按照作业给定坐标系统参数进行编辑，其他参数会产生错误结果。
（2）不允许在所操作的计算机上安装或使用与题目无关的软件。
（3）计算机使用 220V 电源，使用时不可触动电缆、主机等部件，防止触电。
（4）不可用尖锐物品触碰计算机屏幕。
（5）轻触计算机键盘。

项目五　计算三角高程

一、准备工作

（一）设备

科学计算器 1 个、签字笔 1 支。

（二）人员

1 人独立笔试，劳动用品穿戴齐全。

二、操作规程

（一）计算直返觇视高差

$$d_h = S \times \tan\beta$$

式中　d_h——A、B 两点间视高差；
　　　S——A、B 两点间水平距离；
　　　β——垂直角；
　　　L——标高。

（二）计算直返觇高差

$$h_{AB} = d_h + i - L$$

式中　h_{AB}——A、B 两点间高差；
　　　i——仪器高；
　　　L——标高。

（三）计算平均高差

$$h'_{AB} = (h_{AB} - h_{BA}) \div 2$$

（四）计算高程

$$H_B = H_A + h'_{AB}$$

三、技术要求

(1)计算数据保留 2 位小数。
(2)所有数据计算误差不大于 0.2m。

四、注意事项

(1)注意角度函数计算在科学计算器的操作方法。
(2)注意直返觇数据的正负号。

项目六　GNSS 控制网无约束平差

一、准备工作

(一)设备
计算机 1 台。

(二)人员
1 人独立操作,劳动用品穿戴齐全。

二、操作规程

(一)建立项目
(1)右键菜单选择"新建"项目。
(2)输入规定的项目名称。
(3)双击或使用菜单打开新建项目。
(4)通过"文件"菜单打开"项目属性"。
(5)通过"坐标"选项卡选择规定的"坐标系统"。

(二)输入原始数据
(1)通过菜单或快捷按钮"输入""原始数据"。
(2)通过浏览器找到观测数据文件夹和作业文件名"输入"到新建项目。
(3)通过"GNSS"选项卡多选框根据观测时间和点号选择或排除观测点。
(4)将选择好的数据"分配"到项目中。

(三)基线计算
(1)进入"GNSS-处理"选项卡。
(2)选择参考站点数据。
(3)选择流动站点数据。
(4)右键选择"处理",计算进行计算。
(5)右键对基线结果进行储存。
(6)选择已经计算出基线结果的流动站作为新的参考站,依次计算其他的基线,直到构成控制网。

(四)输入控制点数据

(1)在"编辑"状态下,双击点选控制点标示或右键选择"属性"。

(2)在"常规"选项卡选择。

点类别:控制点;

坐标类型:地方、格网坐标。

坐标格式:东,北,高程。

(3)输入已知地方平面直角坐标和高程,点"确定"保存。

(五)平差计算

(1)进入"平差"操作界面。

(2)右键选择"网平差计算"。

(3)进入"点"界面,检查点类别是否已经成为控制点或平差点。

三、技术要求

(1)按照作业给定的观测数据操作,其他数据无效。

(2)使用制定的坐标系统、控制点坐标进行基线处理,其他任何数据无效。

(3)在计算机上操作,作业结果以计算机项目存储数据为准。

四、注意事项

(1)严格按照作业给定坐标系统参数进行编辑,其他参数会产生错误结果。

(2)不允许在所操作的计算机上安装或使用与题目无关的软件。

(3)计算机使用220V电源,使用时不可触动电缆、主机等部件,防止触电。

(4)不可用尖锐物品触碰计算机屏幕。

(5)轻触计算机键盘。

项目七 计算坐标系统转换参数

一、准备工作

(一)设备

计算机1台。

(二)人员

1人独立操作,劳动用品穿戴齐全。

二、操作规程

(一)定义基准

(1)进入"坐标系统"管理程序。

(2)新建地方椭球,如1954年北京坐标系:

名称:BJ54。

长轴:6378245。

扁率倒数:298.3。

(3)新建地方投影,如横轴墨卡托投影6度分带第21带:

名称:TM21。

类型:TM(横轴墨卡托投影)。

假定东坐标:500000m。

假定北坐标:0m。

纬度原点:0°0′0″。

中央子午线:123°0′0″。

带宽:6°0′0″。

原点比例系数:1.0。

(4)新建地方坐标系统:

名称:1954。

地方椭球:BJ54。

投影:TM21。

转换:无。

(二)建立项目

(1)右键菜单选择"新建"项目。

(2)输入系统A项目名称。

(3)通过"坐标"选项卡定义坐标系统为WGS 1984。

(4)"确定"建立新项目A。

(5)右键菜单选择"新建"项目。

(6)输入系统B项目名称。

(7)通过"坐标"选项卡定义坐标系统为新建立的地方坐标系统,如1954。

(8)"确定"建立新项目B。

(三)输入数据

(1)打开项目A,通过"新建"点,分别输入各点的WGS-84坐标系坐标。

(2)打开项目B,通过"新建"点,分别输入各点的地方坐标系坐标。

(四)基准转换

(1)通过菜单"工具"或快捷按钮选择"基准和投影和转换"。

(2)选择需要转换的项目A。

(3)选择地方坐标系统项目B。

(4)点右键进行转换"配置":

转换类型:经典3D。

转换模型:布尔沙·沃尔夫。

参数数量:根据需要选择。

(5)通过"匹配"窗口,匹配两个项目中的各对应点。

(6)通过"结果"窗口查看各点的转换残差数据。

(7) 通过"图表"窗口查看各点的转换残差分布图。

(8) 通过"报告"窗口查看转换成果报告,将报告另存为要求的文件备查。

(9) 完成三参数的计算后,可调整"配置"再计算七参数。

三、技术要求

(1) 按照作业给定的坐标数据操作,其他数据无效。

(2) 使用指定的投影参数、椭球参数,其他任何参数无效。

(3) 在计算机上操作,作业结果以计算机项目存储文件为准。

(4) 转换参数计算误差不大于 5mm。

四、注意事项

(1) 严格按照作业给定坐标和系统参数进行操作,其他参数会产生错误结果。

(2) 每次计算完转换参数后必须分别打印或存储报告。

(3) 不允许在所操作的计算机上安装或使用与题目无关的软件。

(4) 计算机使用 220V 电源,使用时不可触动电缆、主机等部件,防止触电。

(5) 不可用尖锐物品触碰计算机屏幕。

(6) 轻触计算机键盘。

项目八　普通水准测量计算

一、准备工作

(一) 设备

科学计算器 1 个、签字笔 1 支。

(二) 人员

1 人独立笔试,劳动用品穿戴齐全。

二、操作规程

(一) 计算测站高差

$$h_{测} = 后视读数 - 前视读数$$

当测站高差为正时,填入高差"正"表格列,反之填入高差"负"表格列。

(二) 计算高差改正数

(1) 计算闭合差:

$$f_h = \sum h_{测} - \sum h_{理}$$

式中　f_h——高差闭合差;

　　　$h_{测}$——测量高差;

　　　$h_{理}$——理论高差。

(2)计算水准路线长度：
$$S = \sum_{i=1}^{n} S_i$$
式中　S_i——测站视距。

(3)计算高差改正数：
$$v_h = -\frac{f_h}{S} \times S_i$$

(4)计算改正后高差：
$$h_i = h_{测} + v_h$$

(5)计算改正后高程：
$$H_i = H_{i-1} + h_i$$

三、技术要求

(1)计算数据保留 3 位小数。
(2)所有数据计算误差不大于 2mm。

四、注意事项

(1)注意观测高差的改正数与闭合差的符号相反。
(2)按照距离分配改正数，每段的距离为前后视距之和。

模块三 质量控制

项目一 检查静态数据观测质量

一、准备工作

(一)设备
计算机1台。

(二)人员
1人独立操作,劳动用品穿戴齐全。

二、操作规程

(一)备份数据
(1)建立新文件夹。
(2)拷贝观测数据到新文件夹。

(二)新建项目
(1)通过桌面快捷方式或开始程序菜单,启动测量软件。
(2)选择"项目"选项,按鼠标右键"新建"项目。
(3)输入项目名称。

(三)输入数据
(1)双击新建的项目,打开项目。
(2)通过程序菜单或快捷按钮启动输入原始数据。
(3)找到备份文件夹和观测数据文件,输入原始观测数据到项目。
(4)选择项目名称,并通过 GNSS 选项卡选择需要输入的观测点。
(5)通过"分配"按钮,将选择的观测点"分配"到新建项目。

(四)检查静态数据
(1)在"编辑"窗口点选要检查的点标识。
(2)右键选择"编辑时段"。
(3)查看和记录测站点名、天线型号、天线高度、观测时段数、观测起止时间、时段长度等。
(4)进入"GNSS 处理"程序。
(5)点选需要检查的观测数据,定义为"SPP"即单点定位。
(6)右键"处理"单点定位数据。
(7)"存储"处理结果,右键"分析"观测数据,检查观测数据最大 GDOP 值等。

(8)打开单点定位报告,检查记录点坐标、采样间隔等信息。

三、技术要求

(1)按照作业给定的观测数据操作,其他数据无效。
(2)在计算机上操作,作业结果以填写检查记录为准。

四、注意事项

(1)使用备份后的文件检查,不可破坏源文件。
(2)同类信息可以通过不同渠道检查,以记录结果为准。
(3)不允许在所操作的计算机上安装或使用与题目无关的软件。
(4)计算机使用220V电源,使用时不可触动电缆、主机等部件,防止触电。
(5)不可用尖锐物品触碰计算机屏幕。
(6)轻触计算机键盘。

项目二　检查 RTK 数据观测质量

一、准备工作

(一)设备

计算机1台。

(二)人员

1人独立操作,劳动用品穿戴齐全。

二、操作规程

(一)备份数据

(1)建立新文件夹。
(2)拷贝观测数据到新文件夹。

(二)新建项目

(1)通过桌面快捷方式或开始程序菜单,启动测量软件。
(2)选择"项目"选项,按鼠标右键"新建"项目。
(3)输入项目名称。

(三)输入数据

(1)双击新建的项目,打开项目。
(2)通过程序菜单或快捷按钮启动输入原始数据。
(3)找到备份文件夹和观测数据文件,输入原始观测数据到项目。
(4)选择项目名称,并通过 GNSS 选项卡选择需要输入的观测点。
(5)通过"分配"按钮,将选择的观测点"分配"到新建项目。

(四)检查 RTK 数据

(1)进入"GNSS 处理"窗口。
(2)检查各点观测卫星类型,即 GNSS 类型。
(3)检查流动站天线类型、天线高。
(4)检查流动站观测起止时间。
(5)在"点"窗口点击"时间/日期",使数据按时间先后顺序排序。
(6)根据点类别检查参考站点名、坐标和高程。
(7)点击"点标识",使数据按点号先后顺序排序,检查流动站观测的起止点号。
(8)点击"平面+高程精度",使数据按测量精度大小顺序排序,检查流动测量平面和高程的测量精度及其点号。

三、技术要求

(1)按照作业给定的观测数据操作,其他数据无效。
(2)在计算机上操作,作业结果以填写检查记录为准。

四、注意事项

(1)使用备份后的文件检查,不可破坏源文件。
(2)同类信息可以通过不同渠道检查,以记录结果为准。
(3)不允许在所操作的计算机上安装或使用与题目无关的软件。
(4)计算机使用 220V 电源,使用时不可触动电缆、主机等部件,防止触电。
(5)不可用尖锐物品触碰计算机屏幕。
(6)轻触计算机键盘。

项目三 检查 RTK 放样质量

一、准备工作

(一)设备
计算机 1 台。
(二)人员
1 人独立操作,劳动用品穿戴齐全。

二、操作规程

(一)打开数据
(1)将测量数据导入电子表格。
(2)根据点名点号进行排序。
(3)检查起止点之间的空点或空点段。
(4)将空点用空行或空点点号补齐,使数据点数完整。

(5)将设计数据导入电子表格。
(6)将设计数据与测量数据放在一个工作表内,使设计点与测量点号在同一行,为计算做准备。

(二)计算偏移量
(1)在测量数据和设计数据行尾插入列,在插入列的单元格插入公式:

$$d_{x_i} = x_{测} - x_{设}$$

式中　d_{x_i}——纵坐标偏移量;
　　　$x_{测}$——实测纵坐标;
　　　$x_{设}$——设计纵坐标。

实际操作方法:"="、RTK 实测纵坐标单元格、"-"、设计纵坐标单元格、回车。

(2)在 d_{x_i} 数据后插入列,在插入列的单元格插入公式:

$$d_{y_i} = y_{测} - y_{设}$$

式中　d_{y_i}——横坐标偏移量;
　　　$y_{测}$——实测横坐标;
　　　$y_{设}$——设计横坐标。

实际操作方法:"="、RTK 实测横坐标单元格、"-"、设计横坐标单元格、回车。

(3)在 d_{y_i} 数据后插入列,在插入列的单元格插入公式:

$$d_{s_i} = \sqrt{d_{x_i}^2 + d_{y_i}^2}$$

式中　d_{s_i}——实测点相对于设计点的位移。

实际操作方法:"=SQRT("、d_{x_i} 单元格、"^2+"、d_{y_i} 单元格、"^2)"、回车。

(三)计算相邻点高差
在 d_{s_i} 数据后插入列,在单元格插入公式:

$$d_{h_i} = h_i - h_{i-1}$$

式中　d_{h_i}——相邻点高差;
　　　h_i——实测高程。

实际操作方法:"="、本点实测高程单元格、"-"、上一点实测高程单元格、回车。

(四)计算误差最大值
(1)在数据最后一行下方插入 2 行。
(2)在第一行 d_{x_i} 数据列下方单元格插入公式,选出该数据列最大值。
实际操作方法:"=MAX("、d_{x_1} 单元格、":"、d_{x_n} 单元格、")"、回车,显示数据正数最大值。
(3)在第二行 d_{x_i} 数据列下方单元格插入公式,选出该数据列最小值。
实际操作方法:"=MIN("、d_{x_1} 单元格、":"、d_{x_n} 单元格、")"、回车,显示数据最小值。
(4)检查最大值和最小值,取绝对值最大的数为 dx_i 的最大值。
(5)同理统计出 d_{y_i}、d_{s_i} 及 d_{h_i} 的最大值。

三、技术要求

(1) 按照作业给定的测量数据操作,其他数据无效。
(2) 在计算机上操作,作业结果数据文件为准。
(3) 统计结果文件必须能够使用公共软件打开阅读。
(4) 计算数据保留 3 位小数,计算误差不大于 2mm。

四、注意事项

(1) 作业完成的数据必须存储,考核以数据文件为准,不可对数据结果文件添加密码。
(2) 可以通过不同软件或方法检查和统计。
(3) 不允许在所操作的计算机上安装或使用与题目无关的软件。
(4) 计算机使用 220V 电源,使用时不可触动电缆、主机等部件,防止触电。
(5) 不可用尖锐物品触碰计算机屏幕。
(6) 轻触计算机键盘。

项目四　编写野外作业流程

一、准备工作

(一) 设备

计算机 1 台。

(二) 人员

1 人独立操作,劳动用品穿戴齐全。

二、操作规程

(一) 编写准备工作流程

(1) 打开文档编辑软件。
(2) 编写 GNSS RTK 基准站、流动站或静态测量作业需要准备的设备,包括设备型号、数量等。
(3) 编写 GNSS RTK 基准站、流动站或静态测量作业需要准备的工具,包括记录本、测站标志、锤子、铁锹、地图等。
(4) 编写 GNSS RTK 基准站、流动站或静态测量作业需要准备的技术参数,包括观测起止时间、采样间隔、卫星高度角、卫星类型等。

(二) 编写选点工作流程

(1) 编写点号编排规则,包括已知点的点号命名规则和未知点的命名规则,如已知点以点名拼音开头字母组成观测点名,未知点以当地标志性地物名称拼音开头字母组成观测点名。
(2) 编写选点技术要求,包括交通便利、地势较高、基础稳固、无卫星信号遮拦、无信号干扰等基本条件。

(3)编写使用已知点标志和埋置未知点标志要求,包括正确使用和及时恢复已知点标志、稳固安置和埋置未知点测量标志方法等。

(三)编写安置仪器流程

(1)编写对中整平流程。

(2)编写仪器安装流程。

(3)编写量测天线高流程。

(四)编写野外观测作业流程

(1)编写开机设置流程,包括开机、设置点名、设置天线高、设置采样率、设置卫星高度角、设置卫星类型等。

(2)编写 GNSS RTK 基准站、流动站或静态测量作业状态监控流程,包括监控卫星状况、观测历元、观测时间、仪器稳定状态等。

(3)编写野外记录方法,包括观测点点之记、概略坐标、天线高等。

(五)编写终止作业流程

(1)编写关机前的检查工作,包括检查仪器记录状态、观测时间等。

(2)编写拆卸仪器流程,包括仪器装箱、脚架收好等。

三、技术要求

(1)在计算机上操作,作业结果以保存的编辑文件为准。

(2)准备工作必须包含静态观测作业设备型号、数量、观测起止时间、采样间隔等基本内容。

(3)选点工作必须包括交通便利、地势较高、基础稳固、无卫星信号遮拦、无信号干扰等基本内容。

(4)安置仪器必须包括对中整平、安装、量测天线高等基本内容。

(5)观测作业必须包括相关作业的基本内容。

(6)终止作业必须包括检查仪器记录状态、装箱等内容。

四、注意事项

(1)可使用任何文档编辑软件进行编写,文件以通用文档格式保存。

(2)注意作业流程先后顺序。

(3)不允许在所操作的计算机上安装或使用与题目无关的软件。

(4)计算机使用220V电源,使用时不可触动电缆、主机等部件,防止触电。

(5)不可用尖锐物品触碰计算机屏幕。

(6)轻触计算机键盘。

项目五　编写数据处理流程

一、准备工作

(一)设备

计算机1台。

(二)人员

1人独立操作,劳动用品穿戴齐全。

二、操作规程

(一)编写准备工作流程

(1)打开文档编辑软件。

(2)编写数据处理需要准备的设备。

(3)编写数据处理测量作业需要准备的工具。

(4)编写数据处理需要准备的技术参数,包括坐标系统、放样误差限差、观测精度要求、物理点偏移方法,观测起止时间、卫星高度角、卫星类型等。

(二)编写数据处理流程

(1)编写软件操作流程。

(2)编写参数设置流程,包括坐标系统、误差限差等。

(三)编写技术要求

(1)编写数据处理的技术要求。

(2)编写成果的技术要求。

三、技术要求

(1)在计算机上操作,作业结果以保存的编辑文件为准。

(2)数据处理流程准确。

(3)数据处理流程齐全,不缺项。

(4)技术指标合理。

(5)语言通顺。

四、注意事项

(1)可使用任何文档编辑软件进行编写,文件以通用文档格式保存。

(2)注意流程先后顺序。

(3)不允许在所操作的计算机上安装或使用与题目无关的软件。

(4)计算机使用220V电源,使用时不可触动电缆、主机等部件,防止触电。

(5)不可用尖锐物品触碰计算机屏幕。

(6)轻触计算机键盘。

第四部分

高级技师操作技能

模块一　使用仪器

项目一　水准仪 i 角检验

一、准备工作

(一)设备

水准仪1套、三脚架1个、水准尺2个、尺垫或尺桩2个、快速稳定支架2个、小旗2个。

(二)人员

1人独立操作,劳动用品穿戴齐全。

二、操作规程

(一)布置检测方案

(1)在平坦地面上选择相距60~100m的 A、B 两个点,立水准尺,用快速稳定支架固定。

(2)在 A、B 两点连线中点处标定检测点 C。

(3)在 A、B 连线延长线 A 方向距离 A 点 2m 处标定检测点 D。

(二)观测

(1)在 C 点安置水准仪。

(2)照准观测 A 点水准尺,记录读数 a_1。

(3)照准观测 B 点水准尺,记录读数 b_1。

(4)将水准仪迁移并安置至在 B 点。

(5)照准观测 A 点水准尺,记录读数 a_2。

(6)照准观测 B 点水准尺,记录读数 b_2。

(三)检验计算

(1)书写计算公式:

$$i=[(a_2-b_2)-(a_1-b_1)]\times 206265 \div s$$

式中　s——A、B 两点间距离,mm。

(2)计算检验数据。

(四)清理现场

(1)水准仪拆卸装箱。

(2)水准尺拆卸装箱。

(3)收起场地标志。

三、技术要求

(1)三脚架高度应在操作者胸部以上肩部以下,适宜操作仪器。

(2)三脚架伸缩腿固定螺栓必须旋紧,角锥踩实。
(3)三脚架对中螺旋旋紧,仪器无松动。
(4)水准尺和测站要选择在基础坚硬稳定的地面上,水准尺要使用尺垫或尺桩。
(5)观测和记录水准尺读数保留3位小数。
(6)检测中点前后视距差不大于2m。
(7)检测点与水准尺基本在一条直线上。

四、注意事项

(1)安置三脚架时注意伸缩腿螺栓旋紧,角锥踩实,防止跌坏仪器。
(2)三脚架角锥尖锐,使用和移动时注意周围人员和物品,防止受到伤害。
(3)迁站时全站仪可不装箱,但是要注意保护。
(4)水准仪设站时要进行整平,保证稳定,不可晃动。
(5)调整微动螺旋时要轻柔,不可剧烈、快速转动螺旋旋钮。
(6)观测时先读后视,后读前视。

项目二　检测RTK测量精度

一、准备工作

(一)设备

参考站GNSS卫星定位仪1套、流动站GNSS卫星定位仪1套,三脚架2个、计算机1台。

(二)人员

1人独立操作,劳动用品穿戴齐全。

二、操作规程

(一)设置参考站

(1)安置三脚架于开阔场地。
(2)在三脚架上安置参考站仪器天线,整平。
(3)安装主机、手簿控制器、电台及电台天线等。
(4)开机设置为参考站模式,测量当地位置,并作为参考站坐标。
(5)启动参考站程序,发送参考站信号。

(二)设置流动站

(1)安置三脚架于开阔场地。
(2)在三脚架上安置流动站仪器天线,整平。
(3)安装主机、手簿控制器等。

(三)观测

(1)开机设置仪器为流动站模式,设定地方坐标系统。

(2)接收参考站信号完成流动站初始化。
(3)连续记录 10 个以上流动站坐标。
(4)退出测量模式,关机。

(四)下装数据
(1)从流动站仪器上取出数据卡。
(2)使用读卡器将观测数据拷贝至计算机。

(五)检测精度
(1)将观测数据导入新建项目。
(2)将项目内数据导出到文本格式。
(3)利用电子表格计算坐标高程数据平均值:

$$\bar{x} = \frac{[x]}{n}$$

$$\bar{y} = \frac{[y]}{n}$$

$$\bar{H} = \frac{[H]}{n}$$

(4)计算各观测量改正数:

$$v_x = \bar{x} - x$$

$$v_y = \bar{y} - y$$

$$v_H = \bar{H} - H$$

(5)计算各数据项观测值中误差:

$$m_x = \pm \sqrt{\frac{[v_x v_x]}{n-1}}$$

$$m_y = \pm \sqrt{\frac{[v_y v_y]}{n-1}}$$

$$m_H = \pm \sqrt{\frac{[v_H v_H]}{n-1}}$$

(6)计算算数平均值中误差:

$$M_x = \pm \sqrt{\frac{[v_x v_x]}{n(n-1)}}$$

$$M_y = \pm \sqrt{\frac{[v_y v_y]}{n(n-1)}}$$

$$M_H = \pm \sqrt{\frac{[v_H v_H]}{n(n-1)}}$$

三、技术要求

(1)参考站安置稳定并必须发送参考信号。

(2)流动站安置稳定并接收参考站信号。
(3)必须在流动站初始化后观测检测数据。
(4)观测检测样本不少于 10 个。
(5)计算数据保留 3 位小数,计算误差不大于 2mm。

四、注意事项

(1)触碰键盘按钮时要轻重适度,不可用力按压键盘,防止损坏。
(2)手簿控制器屏幕具有触摸交互功能,可以使用专用触屏笔或指尖触屏,切勿使用坚硬、尖锐的物品操作触摸屏。
(3)开机运行状态下,不可拔插电池、数据卡。
(4)运行状态不可切断电台电源或电台天线。
(5)调试报告填写文字端正、清晰。

项目三　GNSS RTK 偏移测量作业

一、准备工作

(一)设备
参考站 GNSS 卫星定位仪 1 套、流动站 GNSS 卫星定位仪 1 套,三脚架 1 个、小旗 5 个。

(二)人员
1 人独立操作,劳动用品穿戴齐全。

二、操作规程

(一)设置流动站
(1)建立新作业项目。
(2)设置规定的坐标系统。

(二)输入设计数据
(1)进入新项目,新建坐标点。
(2)分别输入指定的测线设计坐标。
(3)设计参考方向线。

(三)测量作业
(1)初始化仪器。
(2)根据指定的点位导航。
(3)按照规定的点位偏移量偏移。
(4)书写点号,埋设点位标志。
(5)测量点位坐标。

三、技术要求

(1)使用规定的坐标系统或坐标系统参数。

(2)准确输入设计点坐标。
(3)使用设计点坐标建立放样参考方向线。
(4)按照规定的点位偏移距离、方向进行偏移。
(5)偏移点放样误差不大于0.5m。

四、注意事项

(1)当未设置正确坐标系统时,新建坐标可能无法输入。
(2)定义参考方向线时注意往返方向,影响偏移指示。
(3)触碰手簿控制器键盘按钮时要轻重适度,不可用力按压键盘,防止损坏。
(4)手簿控制器屏幕具有触摸交互功能,可以使用专用触屏笔或指尖触屏,切勿使用坚硬、尖锐的物品操作触摸屏。
(5)开机运行状态下,不可拔插电池、数据卡。

项目四　全站仪导线测量作业

一、准备工作

(一)设备
全站仪1套、三脚架1个、单棱镜2套。

(二)人员
1人独立操作,劳动用品穿戴齐全。

二、操作规程

(一)起点出线观测
(1)在已知点上安置全站仪。
(2)量测仪器高度。
(3)设站,输入已知点坐标。
(4)观测后视点已知点。

(二)观测导线点
(1)观测前视导线点,测量记录前视导线点的坐标和高程,同时记录水平角和距离。
(2)迁站,量测仪器高度,在新点上使用观测记录的该点点位坐标作为测站坐标,以上一测站坐标作为后视数据设站。
(3)观测前视导线点,测量记录前视导线点的坐标和高程,同时记录水平角和距离。
(4)反复以上观测,直到在已知点上设站。

(三)闭点
(1)在已知点上设站,量测以其高度,以上一导线点测站为后视,设站。
(2)观测记录前视已知点坐标、方位、水平角和距离。

(四)检验精度

(1)核对闭合点的实测坐标和已知坐标,检查坐标闭合差。

(2)核对闭合点的实测高程和已知高程,检查高程闭合差。

(五)清理现场

(1)按全站仪开关键关机。

(2)从三脚架上拆卸全站仪,装箱。

(3)收起三脚架,捆好锁紧。

(4)全部设备和工具恢复到原来位置。

三、技术要求

(1)严格对中整平。

(2)按照已知点坐标输入和操作,其他数据无效。

(3)三脚架高度应在操作者胸部以上肩部以下,适宜操作仪器。

(4)三脚架伸缩腿固定螺栓必须旋紧,角锥踩实。

(5)三脚架对中螺旋旋紧,仪器无松动。

(6)用望远镜十字丝对准后视棱镜。

四、注意事项

(1)安置三脚架时注意伸缩腿螺栓旋紧,角锥踩实,防止跌坏仪器。

(2)三脚架角锥尖锐,使用和移动时注意周围人员和物品,防止受到伤害。

(3)操作时动作要轻柔,不可碰动三脚架。

(4)按压全站仪键盘时要用力得当,避免造成按键损坏。

(5)不可用尖锐物品触碰全站仪显示屏。

模块二　处理数据

项目一　GNSS RTK 数据格式变换

一、准备工作

(一)设备

计算机 1 台。

(二)人员

1 人独立操作,劳动用品穿戴齐全。

二、操作规程

(一)设计数据转换格式

(1)打开测量数据处理软件。

(2)新建项目,使用规定的项目名称、坐标系统。

(3)打开项目,通过菜单"输入""ASCII 数据"。

(4)通过浏览器选择设计数据文件"输入"。

(5)定义设计数据各列所代表的内容,如点标识、北坐标、东坐标等,可保存定义的"模板"。

(6)"分配"设计数据到项目中。

(7)保存项目文件到指定仪器专用格式并"发送"到数据卡,这个数据可以直接在野外操作仪器内进行点位放样。

(二)实测数据格式转换

(1)打开测量数据处理软件。

(2)新建项目,使用规定的项目名称、坐标系统。

(3)"输入""原始数据",利用浏览器查询实测数据文件,"输入"并"分配"到新建项目中。

(4)"输出""ASCII 数据",选择文件位置,输入指定的输出文件名。

(5)使用"设置"功能,设置输出数据格式,主要选择"类别",如测量值、坐标系统,如"北京 54"等。

(6)"输出"保存文本数据。

三、技术要求

(1)按照作业规定的数据文件、坐标系统进行操作。

(2)设计项目使用设计文件中的所有点位数据。
(3)实测数据选用实测的所有点数据。
(4)设计数据文件格式为:点标识、X 纵坐标、Y 横坐标。
(5)实测输出 ASCII 数据格式为:点标识、X 纵坐标、Y 横坐标、H 高程。

四、注意事项

(1)严格按照作业数据进行操作,其他任何数据无效。
(2)注意软件中东坐标、北坐标的甄别和排列顺序。
(3)不允许在所操作的计算机上安装其他软件。
(4)计算机使用 220V 电源,使用时不可触动电缆、主机等部件,防止触电。
(5)不可用尖锐物品触碰计算机屏幕。
(6)不可擦拭计算机任何部件。
(7)轻触计算机键盘。

项目二 二维测线偏移设计

一、准备工作

(一)设备
计算机 1 台、科学计算器 1 个、量角器 1 个。

(二)人员
1 人独立操作,劳动用品穿戴齐全。

二、操作规程

(一)设计拐点
(1)根据障碍区与测线相对位置和安全距离,设计物理点最大偏移距离。
(2)用直尺沿障碍区突出部位向测线做垂线,再以距离垂足最近的设计物理点 A 向障碍区突出部方向做垂线,量取安全距离 S,确定拐点位置。

(二)设计偏移起止点
(1)用量角器依次量测拐点到测线小号方向物理点与测线形成的偏移角度。
(2)找到恰好小于 8° 偏移角的设计物理点,以该点为偏移起点 B。
(3)同理,量测拐点到测线大号方向各物理点与测线形成的偏移角度,选择物理点,使偏移角度恰好小于 8°,该点为偏移结截止点 C。

(三)计算拐点坐标
(1)计算测线方位角 α。
(2)计算拐点坐标,当拐点在设计测线左边时:

$$x_{拐点} = S \times \cos(\alpha - 90) + x_{设计}$$
$$y_{拐点} = S \times \sin(\alpha - 90) + y_{设计}$$

当拐点在设计测线右边时：

$$x_{拐点} = S \times \cos(\alpha+90) + x_{设计}$$
$$y_{拐点} = S \times \sin(\alpha+90) + y_{设计}$$

（四）检查偏移角度

(1) 利用桩号或坐标计算设计物理点 A 至偏移起点 B 的距离 S_{AB}。

(2) 利用桩号或坐标计算设计物理点 A 至偏移终点 C 的距离 S_{AC}。

(3) 计算起始偏移角：

$$\beta_1 = \tan^{-1}\frac{S}{S_{AB}}$$

(4) 计算终止偏移角：

$$\beta_2 = \tan^{-1}\frac{S}{S_{AC}}$$

(5) 如果偏移角大于 8°，将违反技术规定，需要将起始点或终止点向远方向重新选择。

(6) 如果偏移角小于 8°过多，将使偏移点过多，需要将起始点或终止点向近方向重新选择。

（五）计算偏移点坐标

(1) 依据设计物理点点号和数量，根据偏移起点、拐点的坐标，内插计算偏移起点到拐点之间各物理点的坐标。

(2) 依据设计物理点点号和数量，根据拐点、偏移终点的坐标，内插计算拐点到偏移终点之间各物理点的坐标。

三、技术要求

(1) 设计偏移角度不大于 8°。
(2) 设计偏移距离不少于规定安全距离，不大于作业要求的最大偏移量。
(3) 设计偏移坐标保留 3 位小数，计算误差不大于 0.5m。

四、注意事项

(1) 严格按照作业技术要求进行操作。
(2) 注意左偏或右偏对计算方法和结果的影响。
(3) 不允许在所操作的计算机上安装其他软件。
(4) 计算机使用 220V 电源，使用时不可触动电缆、主机等部件，防止触电。
(5) 不可用尖锐物品触碰计算机屏幕。
(6) 不可擦拭计算机任何部件。
(7) 轻触计算机键盘。

项目三 三维测线偏移设计

一、准备工作

(一)设备

计算机 1 台、科学计算器 1 个。

(二)人员

1 人独立操作,劳动用品穿戴齐全。

二、操作规程

(一)规划障碍区红线

根据障碍区形状大小,根据施工作业对安全的要求,绘制障碍区安全红线。

(二)设计物理点偏移方向

(1)炮点沿设计测线方向偏移。

(2)在设计测线没有合适位置可横向偏移。

(三)设计物理点偏移距离

(1)沿测线方向整道距偏移。

(2)垂直测线整道距偏移。

(四)计算偏移点坐标

(1)计算测线方位角 α。

(2)垂直于设计测线偏移,当拐点在设计测线左边时:

$$x_{偏移} = S \times \cos(\alpha-90) + x_{设计}$$
$$y_{偏移} = S \times \sin(\alpha-90) + y_{设计}$$

当拐点在设计测线右边时:

$$x_{偏移} = S \times \cos(\alpha+90) + x_{设计}$$
$$y_{偏移} = S \times \sin(\alpha+90) + y_{设计}$$

式中 S——偏移距离。

(3)沿设计测线方向偏移:

$$x_{偏移} = S \times \cos(\alpha) + x_{设计}$$
$$y_{偏移} = S \times \sin(\alpha) + y_{设计}$$

(五)设计偏移点号

偏移点号使用原设计点号后缀偏移距离,如 1234.5+E80+N40。

三、技术要求

(1)设计偏移距离不少于规定安全距离,不大于作业要求的最大偏移量。

(2)所有偏移点必须整道距偏移。

(3)设计偏移坐标保留 3 位小数,计算误差不大于 0.5m。

四、注意事项

(1) 严格按照作业技术要求进行操作。
(2) 注意左偏或右偏对计算方法和结果的影响。
(3) 不允许在所操作的计算机上安装其他软件。
(4) 计算机使用 220V 电源，使用时不可触动电缆、主机等部件，防止触电。
(5) 不可用尖锐物品触碰计算机屏幕。
(6) 不可擦拭计算机任何部件。
(7) 轻触计算机键盘。

项目四 四等水准数据计算

一、准备工作

(一) 设备
科学计算器 1 个、签字笔 1 支。

(二) 人员
1 人独立笔试，劳动用品穿戴齐全。

二、操作规程

(一) 计算视距
(1) 计算前视视距：
$$S_{前} = 前视尺上丝读数 - 前视尺下丝读数$$
(2) 计算后视视距：
$$S_{后} = 后视尺上丝读数 - 后视尺下丝读数$$
(3) 计算视距差：
$$d_S = S_{后} - S_{前}$$
(4) 计算累计视距差：
$$E_S = \sum_{i=1}^{n} d_S$$

(二) 计算高差
(1) 计算黑红尺读数差：
$$K + 黑 - 红 < 3\text{mm}，即 K 值 + 黑尺读数 - 红尺读数$$
(2) 计算高差：
$$h_{黑} = 后视尺读数 - 前视尺读数$$
$$h_{红} = 后视尺读数 - 前视尺读数$$
(3) 计算高差中数：
$$h = (h_{黑} + h_{红}) \div 2$$

(三)计算高程

$$H_i = H_{i-1} + h_i$$

三、技术要求

(1)计算数据保留3位小数。

(2)所有数据计算误差不大于2mm。

(3)黑红尺读数差不大于3mm。

四、注意事项

(1)注意视距长度为上丝读数减下丝读数。

(2)高差计算以黑尺读数计算,红尺读数计算作为检核,计算的高差需要±0.1m常数。

项目五　GNSS控制网约束平差

一、准备工作

(一)设备

计算机1台。

(二)人员

1人独立操作,劳动用品穿戴齐全。

二、操作规程

(一)建立项目

(1)打开测量数据处理软件。

(2)新建项目,使用规定的项目名称、坐标系统参数。

(二)导入观测数据

(1)打开项目,通过菜单"输入""原始数据"。

(2)通过浏览器选择设计数据文件"输入"。

(3)"分配"原始数据到项目中。

(三)基线计算

(1)选择项目中的数据,定义为"参考站"或"流动站"。

(2)"处理"基线,直到所有基线处理完毕,结网。

(四)基准转换

(1)选择"工具"菜单中的"基准和转换"功能。

(2)选择计算项目,新建控制点项目。

(3)编辑基准转换参数。

(4)匹配点。

(5)计算基准转换参数。
(6)储存到当前项目。

(五)控制点
(1)点选需要控制的点标示。
(2)在点"属性"窗口更改"点类别"为"控制点"。
(3)坐标类型选择"地方""格网坐标"。
(4)输入控制点东坐标、北坐标和高程。
(5)输入所有控制点的坐标高程。

(六)平差计算
(1)进入"平差"窗口。
(2)编辑平差"一般参数""把控制点当作绝对固定",在1984坐标系下平差。
(3)右键选择"网平差计算"。
(4)通过"结果",查看"网"平差报告。

三、技术要求

(1)按照作业规定的观测数据文件、坐标系统进行操作。
(2)计算基线以储存基线数据结果为准。
(3)转换参数以全部七参数进行操作,计算误差不大于10m。
(4)约束平差要求控制点绝对固定。

四、注意事项

(1)严格按照作业数据进行操作,其他任何数据无效。
(2)注意软件中东坐标、北坐标的甄别和排列顺序。
(3)不允许在所操作的计算机上安装其他软件。
(4)计算机使用220V电源,使用时不可触动电缆、主机等部件,防止触电。
(5)不可用尖锐物品触碰计算机屏幕。
(6)不可擦拭计算机任何部件。
(7)轻触计算机键盘。

项目六　计算GNSS控制网环闭合差

一、准备工作

(一)设备
计算机1台、科学计算器1个。

(二)人员
1人独立操作,劳动用品穿戴齐全。

二、操作规程

（一）建立项目

（1）打开测量数据处理软件。

（2）新建项目，使用规定的项目名称、坐标系统参数。

（二）导入观测数据

（1）打开项目，通过菜单"输入""原始数据"。

（2）通过浏览器选择设计数据文件"输入"。

（3）"分配"原始数据到项目中。

（三）基线计算

（1）选择项目中的数据，定义为"参考站"或"流动站"。

（2）"处理"基线，直到所有基线处理完毕，结网。

（四）计算环闭合差

（1）进入"平差"窗口。

（2）右键选择"计算闭合差"。

（3）通过右键选择"结果"，查看"闭合环"资料。

（五）统计

（1）统计闭合环最长边。

（2）统计最大环闭合差。

（3）统计最大误差比率。

三、技术要求

（1）按照作业规定的观测数据文件、坐标系统进行操作。

（2）统计报告以计算机保存文本文档为准。

（3）编写闭合环统计报告，内容包括控制网点数、环数、每个闭合环构成、闭合环边长、闭合差、比率、最大闭合差、最大比率等。

（4）统计数据保留不少于4位小数。

四、注意事项

（1）严格按照作业数据进行操作，其他任何数据无效。

（2）可以通过手工计算或软件自动计算。

（3）不允许在所操作的计算机上安装其他软件。

（4）计算机使用220V电源，使用时不可触动电缆、主机等部件，防止触电。

（5）不可用尖锐物品触碰计算机屏幕。

（6）不可擦拭计算机任何部件。

（7）轻触计算机键盘。

项目七　计算 GNSS 控制网标准差

一、准备工作

(一)设备
计算机 1 台、科学计算器 1 个。
(二)人员
1 人独立操作,劳动用品穿戴齐全。

二、操作规程

(一)建立项目
(1)打开测量数据处理软件。
(2)新建项目,使用规定的项目名称。
(二)导入观测数据
(1)打开项目,通过菜单"输入""原始数据"。
(2)通过浏览器选择设计数据文件"输入"。
(3)"分配"原始数据到项目中。
(三)基线计算
(1)选择项目中的数据,定义为"参考站"或"流动站"。
(2)"处理"基线,直到所有基线处理完毕,结网。
(四)技术统计报告
(1)统计各基线长度。
(2)根据基线长度确定控制网等级:
按照现行规范规定以相邻点平均边长为基本条件确定石油物探控制网的等级,即相邻点平均边长大于 50km 为一级,10~50km 为二级,小于 10km 为三级。
(3)根据控制网等级选择基本精度参数:
一级:固定误差 $a=\pm5$mm,比例系数误差 $b=\pm2$mm/km;
二级:固定误差 $a=\pm10$mm,比例系数误差 $b=\pm5$mm/km;
三级:固定误差 $a=\pm10$mm,比例系数误差 $b=\pm10$mm/km。
(4)计算标准差:

$$\sigma=\sqrt{a^2+(b\times d)^2}$$

式中　σ——标准差,mm;
　　　a——固定误差,mm;
　　　b——比例误差系数,mm/km;
　　　d——同步观测基线向量弦长,km。
利用电子表格分别计算每条基线弦长标准差和平均基线弦长标准差。
(5)编写计算报告,包括上述数据统计,并编制标准差计算表格。

三、技术要求

（1）按照作业规定的观测数据文件进行操作。

（2）统计报告以计算机保存文本文档为准。

（3）编写标准差计算报告，内容包括控制网点数、基线数量、平均边长、等级、固定误差、比例系数误差等，编制弦长标准差计算表，包括基线起止点、基线向量弦长、标准差、平均边长标准差等内容。

（4）统计数据保留不少于 4 位小数，计算误差不大于 5mm。

四、注意事项

（1）按照作业数据进行操作，其他任何数据无效。
（2）可以通过手工计算或软件自动计算。
（3）不允许在所操作的计算机上安装其他软件。
（4）计算机使用 220V 电源，使用时不可触动电缆、主机等部件，防止触电。
（5）不可用尖锐物品触碰计算机屏幕。
（6）不可擦拭计算机任何部件。
（7）轻触计算机键盘。

模块三　质量控制

项目一　检查 GNSS 控制网基线复测精度

一、准备工作

(一)设备

计算机 1 台、科学计算器 1 个。

(二)人员

1 人独立操作,劳动用品穿戴齐全。

二、操作规程

(一)打开项目

(1)打开测量数据处理软件。
(2)打开指定已经进行基线处理后的数据项目。

(二)基线解算状况统计

(1)进入"结果"窗口。
(2)打开储存的"基线"信息。
(3)汇总统计各基线同步观测时段长度、平面高程精度、斜距、斜距标准差等。

(三)基线复测检验

(1)筛选复测基线。
(2)统计复测基线斜距互差。
(3)根据给定的基线弦长标准差计算复测基线长度较差限差。

(四)统计分析

(1)统计平面高程精度是否符合技术要求。
(2)根据复测误差和限差分析复测质量是否合格。

三、技术要求

(1)按照作业规定的观测数据文件进行操作。
(2)计算结果以书写的精度统计表为准。
(3)统计数据保留不少于 3 位小数,计算误差不大于 5mm。

四、注意事项

(1)按照作业数据进行操作,其他任何数据无效。

(2)可以通过手工计算或软件自动计算。
(3)不允许在所操作的计算机上安装其他软件。
(4)计算机使用220V电源,使用时不可触动电缆、主机等部件,防止触电。
(5)不可用尖锐物品触碰计算机屏幕。
(6)不可擦拭计算机任何部件。
(7)轻触计算机键盘。

项目二　检查GNSS控制网平差质量

一、准备工作

（一）设备

计算机1台、科学计算器1个。

（二）人员

1人独立操作,劳动用品穿戴齐全。

二、操作规程

（一）打开项目

(1)打开测量数据处理软件。
(2)打开指定已经进行基线处理后的数据项目(图4-3-1)。

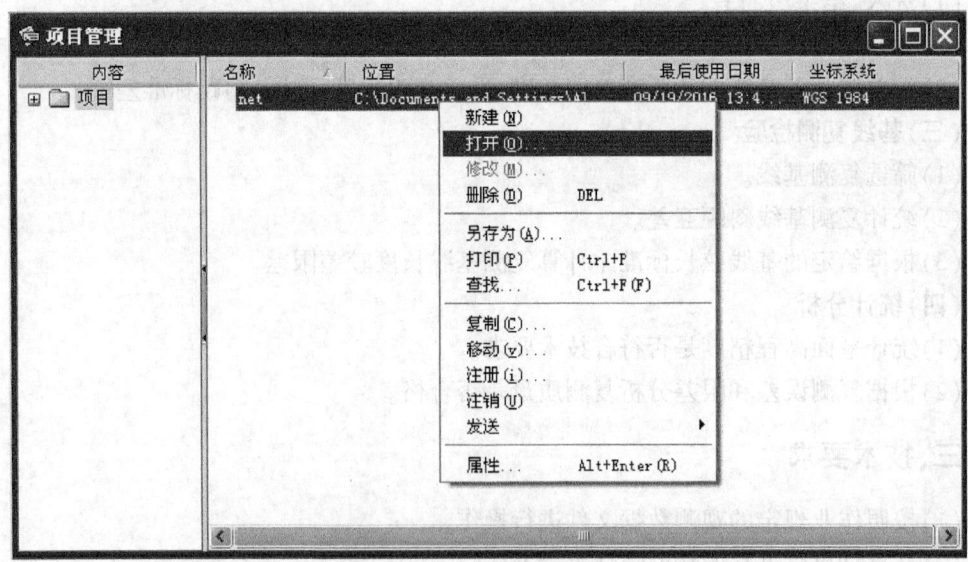

图4-3-1　打开平差数据项目

（二）检查平差报告

(1)进入"平差"窗口。
(2)右键选择"结果"中的"网"信息。

(3)检查控制网平差报告中的信息,并编辑成报告(图 4-3-2):

项目使用的坐标系统;

网平差坐标系统;

平差类型;

平差维数;

已知点数量;

未知点数量;

控制点坐标高程;

最大坐标改正数;

最大平差观测值残差;

最大基线向量残差。

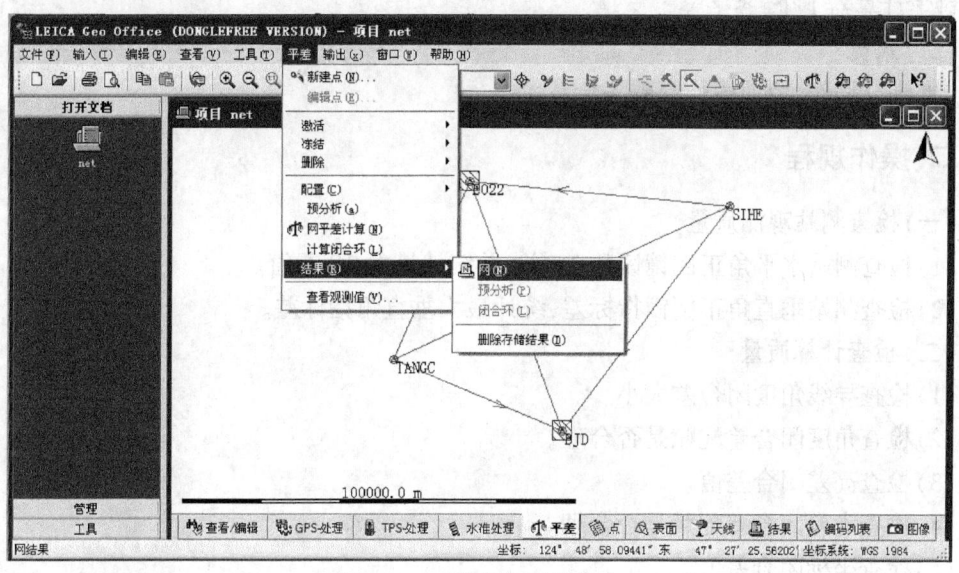

图 4-3-2 控制网平差报告

三、技术要求

(1)按照作业规定的处理项目进行操作。

(2)操作结果以书面报告为准。

(3)报告必须包含检查项目:项目使用的坐标系统、网平差坐标系统、平差类型、平差维数、已知点数量、未知点数量、控制点坐标高程、最大坐标改正数、最大平差观测值残差、最大基线向量残差等。

(4)统计数据保留不少于3位小数,计算误差不大于5mm。

四、注意事项

(1)书面报告文字工整,字迹清晰。

(2)可以通过手工计算或软件自动计算统计数据。

(3)不允许在所操作的计算机上安装其他软件。
(4)计算机使用220V电源,使用时不可触动电缆、主机等部件,防止触电。
(5)不可用尖锐物品触碰计算机屏幕。
(6)不可擦拭计算机任何部件。
(7)轻触计算机键盘。

项目三　检查导线成果质量

一、准备工作

(一)设备
科学计算器1个、签字笔1支。

(二)人员
1人独立操作,劳动用品穿戴齐全。

二、操作规程

(一)检查测站观测质量
(1)检查测站水平角正倒镜读数2C差,并统计最大2C差值。
(2)检查测站垂直角正倒镜指标差,统计最大垂直角指标差。

(二)检查计算质量
(1)检查导线角度闭合差大小。
(2)检查角度闭合差配赋是否合理。
(3)检查高差闭合差值。
(4)检查高差闭合差配赋是否合理。
(5)检查坐标闭合差值。
(6)检查坐标闭合差配赋是否合理。
(7)计算导线全长相对误差。

(三)编写统计报告
将上述统计项目编写导线成果质量检查报告。

三、技术要求

(1)按照作业规定的导线测量数据进行操作。
(2)操作结果以书面报告为准。
(3)统计数据保留不少于3位小数,计算误差不大于5mm。

四、注意事项

(1)书面报告文字工整,字迹清晰。
(2)测站观测或数据计算不合理,可在报告中进行注明。

项目四　利用网络资源勘查工区地形地貌

一、准备工作

(一)设备

计算机1台。

(二)人员

1人独立操作,劳动用品穿戴齐全。

二、操作规程

(一)检查工区概况

(1)根据作业提供的三维物探工区边框坐标或二维物探工区的测线起止点坐标统计物探施工面积或测线长度。

(2)根据作业提供的三维物探工区边框坐标或二维物探工区的测线起止点坐标统计物探工区概略坐标。

(二)检查工区行政区域概况

(1)打开计算机网络地图资源,如谷歌、百度等。

(2)使用点、线或面绘制工区测线位置图。

(3)检查工区的行政区划概况,说明工区涉及的区域省、市、县归属情况。

(三)检查工区地形

(1)根据网络地图资源,判断工区地形的主要特点,如丘陵、沙漠、山地等。

(2)说明工区内各地形所占的大致比例。

(四)检查地貌

(1)检查统计工区内的村镇数量及面积。

(2)检查工区交通,叙述铁路、公路等交通情况。

(3)检查工区内水系,叙述河流、湖泊等水系的概略位置和面积。

三、技术要求

(1)按照作业规定的工区数据进行操作。

(2)操作结果以书面报告为准。

(3)报告必须包含检查项目:工区面积、测线长度、工区地理位置、行政管辖、主要地形及所占比例、次要地形及所占比例、村镇数量及面积、交通状况、水系状况等。

(4)面积统计误差不大于总面积的5%,测线长度统计误差不大于总长度的5%。

四、注意事项

(1)书面报告文字工整,字迹清晰。

(2)可以通过手工计算或软件自动计算统计数据。

(3)不允许在所操作的计算机上安装其他软件。
(4)计算机使用220V电源，使用时不可触动电缆、主机等部件，防止触电。
(5)不可用尖锐物品触碰计算机屏幕。
(6)不可擦拭计算机任何部件。
(7)轻触计算机键盘。

项目五　编写全站仪和 GNSS RTK 联合作业方案

一、准备工作

(一)设备
计算机1台。

(二)人员
1人独立操作，劳动用品穿戴齐全。

二、操作规程

(一)编写作业设备计划
(1)根据作业提供工区概况，编写 GNSS 卫星定位仪和全站仪的设备数量、技术指标等。
(2)根据作业提供的工区概况，说明 GNSS 卫星定位仪和全站仪的作业方法和应用区域。

(二)编写控制点施测方案
(1)编写工区控制点的布设数量、测量方法等。
(2)说明控制点的精度要求。

(三)编写 GNSS RTK 作业方案
(1)叙述 RTK 参考站的作业要求，如参考站的选点位置、参考站仪器安装、参考站的发展方法等。
(2)叙述 RTK 流动站的作业要求，如距离参考站的距离、天线高的控制、浮点解与固定解的选择、放样误差等。

(四)编写导线测量方案
(1)叙述利用 RTK 测量的灵活性和高精度为导线测量提供控制，如导线测量主要应用于山地、林区等复杂区域，要求控制点尽可能靠近测线，使出线、闭合及检核相对容易，不必清除大量障碍物，可通过 RTK 导航方法将仪器导航至测线上，并精确测定控制点。
(2)说明导线测量的主要技术要求，如放样精度、闭合或检核误差等。

三、技术要求

(1)作业方案必须用计算机文本编辑。
(2)报告必须包含以下项目：
GNSS 卫星定位仪数量；

全站仪数量；
RTK 方法和全站仪导线方法适应的作业区域；
控制点施测方案；
控制点精度要求；
RTK 参考站和流动站的作业要求；
RTK 的精度指标；
如何利用 RTK 方法为导线测量提供控制；
导线测量的只要精度要求等。

四、注意事项

(1) 作业方案要主题清晰，内容丰富，语言精练。
(2) 文档保存为常用软件可以编辑的格式如 DOC 文件。
(3) 不允许在所操作的计算机上安装其他软件。
(4) 计算机使用 220V 电源，使用时不可触动电缆、主机等部件，防止触电。
(5) 不可用尖锐物品触碰计算机屏幕。
(6) 不可擦拭计算机任何部件。
(7) 轻触计算机键盘。

模块四　培训管理

项目一　编写实用测量程序

一、准备工作

(一)设备
计算机1台。

(二)人员
1人独立操作,劳动用品穿戴齐全。

二、操作规程

(一)设计程序流程图
根据作业提供技术要求,编制程序设计流程图。

(二)编写程序
(1)打开程序设计软件。
(2)新建程序。
(3)编制输入、计算、输出程序。
(4)试验程序计算结果。

三、技术要求

(1)可选择使用电子表格、QBASIC、FORTRAN、C等语言环境编程。
(2)设计流程图必须规范,图形规整,流程清晰,文字工整。
(3)设计程序解决问题思路清晰明确。
(4)程序运行顺畅,无死循环、无自动退出等故障。
(5)数据处理结果正确,计算误差不大于5mm。
(6)提供用户输入接口和输出操作控制窗口,输出数据保存至文本文件。

四、注意事项

(1)根据需要和熟练程度选择编程环境。
(2)输出文档保存为常用软件可以编辑的格式如ASCII数据文件。
(3)不允许在所操作的计算机上安装其他软件。
(4)计算机使用220V电源,使用时不可触动电缆、主机等部件,防止触电。
(5)不可用尖锐物品触碰计算机屏幕。

(6) 不可擦拭计算机任何部件。
(7) 轻触计算机键盘。

项目二　编写测量技术设计书

一、准备工作

(一) 设备
计算机 1 台。
(二) 人员
1 人独立操作,劳动用品穿戴齐全。

二、操作规程

(一) 工区概况
(1) 阐述施工任务情况,说明工区测量生产地理位置、任务量等情况。
(2) 分析现有测量资料情况,如地形图、三角点成果、三角点保存状况等。
(二) 控制网布网方案
(1) 布网方案,根据工区大小设计布网图形、网点数量等。
(2) 外业施测方案,叙述采用测量仪器、观测起止时间、采样间隔、卫星高度、通信方式等。
(3) 数据处理方案,叙述观测数据管理方法、基线处理方法、网平差方法等。
(三) 物理点布设方案
(1) 阐述野外作业方法和步骤,参考站选点、观测方法及注意事项,流动站作业方法及注意事项等。
(2) 数据处理方案,观测数据整理方法等。
(四) 质量和技术要求
(1) 测量施工作业质量指标,如控制网闭合环精度、控制网复测基线精度、物理点复测精度、放样误差等质量指标。
(2) 阐述质量保证措施。
(五) 人员和设备配置
(1) 统计施工工作量和施工周期。
(2) 计算每日必须完成的测量施工工作量。
(3) 确定需要的人员数量和设备数量。
(六) 编制测量施工进度
根据人员、设备和工期情况,编写测量施工计划,即资料收集时间、控制网观测时间、物理点放样时间等。

三、技术要求

(1) 用文档编辑软件进行编写。

(2)设计书内容全面,包含野外生产全部内容。
(3)段落清晰,均衡。
(4)字体设置合理。
(5)语言精练,思路清晰。
(6)设计书文字不多于1000字。

四、注意事项

(1)保存文档保存为常用软件可以编辑的格式。
(2)不允许在所操作的计算机上安装其他软件。
(3)计算机使用220V电源,使用时不可触动电缆、主机等部件,防止触电。
(4)不可用尖锐物品触碰计算机屏幕。
(5)不可擦拭计算机任何部件。
(6)轻触计算机键盘。

项目三 设计测量教学幻灯片

一、准备工作

(一)设备
计算机1台。

(二)人员
1人独立操作,劳动用品穿戴齐全。

二、操作规程

(一)教学思维设计
(1)利用思维导图或电子表格、文档编辑软件设计教学流程。
(2)设计教学内容,包括静态测量、参考站、流动站或网评差等测量基本原理、仪器操作方法、数据处理方法等基本内容。

(二)设计教学幻灯片
(1)打开幻灯片软件。
(2)设计主题样式。
(3)设计字体图形特征。

(三)编写教学内容
(1)叙述测量方法的基本原理,如同步观测、采样间隔、高度角、差分处理等基本概念。
(2)叙述测量仪器的基本结构,如天线、主机、控制器等的基本构成。
(3)叙述野外作业方法,如测站选点方法、仪器安置方法、观测设置方法等。
(4)叙述操作安全注意事项,如仪器安装注意事项、防雷雨大风措施、数据储存安全等。

三、技术要求

（1）用思维导图软件、电子表格、文档编辑软件进行教学思维设计。
（2）用幻灯片软件进行制作教学幻灯片。
（3）设计幻灯片具有清晰的结构和顺序，内容不重复，不穿插，不跳跃。
（4）幻灯片色彩清晰，用色少而精，适宜演示和观看。
（5）字体大小与幻灯片结构配置合理。
（6）每一幻灯片设计字形不超过3种，字形简洁庄重，适宜表达主题思想。
（7）叙述静态测量原理时内容必须包括同步观测、采样间隔、高度角、差分测量等基本概念。
（8）叙述参考站测量时内容必须包括控制点选择、坐标系统、电台频率、参考站坐标等概念。
（9）叙述流动站测量时内容必须包括初始化、复测、偏移、放样误差等内容。
（10）叙述全站仪测量时内容必须包含设站、控制点坐标、放样、闭合检验等内容。
（11）叙述水准仪测量时内容必须包含 i 角、视距、读数等内容。
（12）安全操作必须包括仪器安装注意事项、防雷雨大风措施、数据储存安全等基本内容。

四、注意事项

（1）幻灯片编辑完成后可进行演示，检查出图形、字体、颜色等显示问题及动作播放等问题。
（2）幻灯片保存为常用软件可以编辑的格式。
（3）不允许在所操作的计算机上安装其他软件。
（4）计算机使用220V电源，使用时不可触动电缆、主机等部件，防止触电。
（5）不可用尖锐物品触碰计算机屏幕。
（6）不可擦拭计算机任何部件。
（7）轻触计算机键盘。

项目四　编写培训教学计划

一、准备工作

（一）设备

计算机1台。

（二）人员

1人独立操作，劳动用品穿戴齐全。

二、操作规程

（一）设计教学目的

（1）编写教学达到的主要目的，包括使学员掌握测量仪器的基本结构、测量原理、操作方法等,达到能够独立操作仪器,完成全站仪设站、放样等操作,测量软件的使用方法、精度统计等。

(2)编写教学要求,主要编写对学员课堂学习、操作实践、质量安全等方面的要求。

(二)教学目标

(1)编写学员对基础理论的掌握程度。

(2)编写学员对仪器基本结构的程度。

(3)编写学员对操作仪器的熟练程度。

(三)编写教学内容

(1)叙述测量技术的基本原理,如水平角测量、垂直角测量、距离测量、程序设计等基本概念,或测量软件的使用方法。

(2)叙述全站仪、GNSS卫星定位仪或水准仪仪器的基本结构,如望远镜、基座、视准轴、水平轴、竖轴等概念。

(3)叙述全站仪导线放样、GNSS卫星定位或水准测量等野外作业方法,如设站方法、放样方法等。

(4)叙述操作安全注意事项,如仪器安装注意事项、防雷雨大风措施、数据储存安全等。

(四)课时安排

根据课程内容编制授课起止时间,每个内容需要的课时。

三、技术要求

(1)教学目的明确,概况说明培训所要达到的学习目的。

(2)目标清晰,能够说明学习后达到的具体效果。

(3)教学内容必须包含全站仪、GNSS卫星定位仪或水准仪等测量仪器的基本原理、基本结构、操作方法三个主要内容或测量软件的基本使用流程、技术统计和技术指标等三个基本内容。

(4)教学的内容设计清晰,不重复、不缺项。

(5)教学计划所提到的测量原理必须符合测量仪器的实际。

(6)设计的教学内容符合当前仪器发展状况。

(7)设计课时多少与教学内容相符。

四、注意事项

(1)用文本文档编写教学计划。

(2)教学设计保存为常用软件可以编辑的格式。

(3)不允许在所操作的计算机上安装其他软件。

(4)计算机使用220V电源,使用时不可触动电缆、主机等部件,防止触电。

(5)不可用尖锐物品触碰计算机屏幕。

(6)不可擦拭计算机任何部件。

(7)轻触计算机键盘。

理论知识练习题

高级工理论知识练习题及答案

一、单项选择题(每题有4个选项,只有1个是正确的,将正确的选项填入括号内)

1. AA001　以下可以打开 Word 文档方法正确的是(　　)。
   A. 鼠标左键单击 Word 文档　　　　B. 鼠标右键单击 Word 文档
   C. 鼠标左键双击 Word 文档　　　　D. 鼠标右键双击 Word 文档

2. AA001　使鼠标对准要打开的 Word 文档,(　　)即可打开该文档。
   A. 点击鼠标右键,鼠标左键单击"打开"
   B. 点击鼠标左键,鼠标左键单击"打开"
   C. 点击鼠标右键,鼠标右键单击"打开"
   D. 点击鼠标左键,鼠标右键单击"打开"

3. AA002　在 Word 中,(　　)用于控制文档在屏幕上的显示大小。
   A. 全屏显示　　　B. 页面显示　　　C. 缩放显示　　　D. 显示比例

4. AA002　在 Word 中能在屏幕上显示所有文本内容作用的是(　　)。
   A. 滚动条　　　　B. 标尺　　　　　C. 控制框　　　　D. 最大化按钮

5. AA003　在 Word 的编辑状态,设置了标尺,可以同时显示水平标尺和垂直标尺的视图方式是(　　)。
   A. 页面方式　　　B. 全屏显示方式　C. 大纲方式　　　D. 普通方式

6. AA003　通过(　　)方式可以修改保存文档的默认文件夹。
   A. 在"选项"下,单击"保存"选项卡
   B. 在自定义下,单击"选项"选项卡
   C. 在"选项"下,单击"文件位置"选项卡
   D. 在"自定义"下,单击"文件位置"选项卡

7. AA004　某用户想为一个 Word 文档设置密码,以下操作正确的是(　　)。
   A. 选择"工具"菜单下"打开",在选项对话框中设置
   B. 选择"工具"菜单下设置密码
   C. 选择"文件"菜单下"另存为"
   D. Word 没有该功能

8. AA004　某用户想为一个 Word 文档设置密码,以下操作正确的是(　　)。
   A. 设置"打开权限密码"权限
   B. 选择"视图"菜单下设置密码
   C. 选择"文件"菜单下"另存为"
   D. Word 没有该功能

9. AA005 在 Word 的编辑状态打开了一个文档,对文档做了修改,进行"关闭"文档操作后则(　　)。

　　A. 文档被关闭,并自动保存修改后的内容

　　B. 文档不能关闭,并提示出错

　　C. 文档被关闭,修改后的内容不能保存

　　D. 弹出对话框,并询问是否保存对文档的修改

10. AA005 在 Word 中,文档不能保存为(　　)格式。

　　A. AutoCAD　　　　　　　　　　　B. Web 页

　　C. Windows 的写字板文档　　　　　D. WordPerfect 文档

11. AA006 在 Word 中,丰富的特殊符号是通过(　　)输入的。

　　A. "格式"菜单中的"插入符号"命令　　B. 专门的符号按钮

　　C. "插入"菜单中的"符号"命令　　　　D. "区位码"方式下

12. AA006 若在 Word 文档中插入一个文本框,操作正确的是(　　)。

　　A. 在插入点位置按住 Shift 键和鼠标左键并拖动鼠标,直到绘制出所需文本框为止

　　B. 在插入点位置按住 Shift 键和鼠标右键并拖动鼠标,直到绘制出所需文本框为止

　　C. 在插入点位置按住鼠标左键并拖动鼠标,直到绘制出所需文本框为止

　　D. 在插入点位置按住鼠标右键并拖动鼠标,直到绘制出所需文本框为止

13. AA007 在 Word 中,如果删除文档中一部分选定的文字的格式设置,可按组合键(　　)。

　　A. "Ctrl+Shift"　　　　　　　　　B. "Ctrl+Alt+Del"

　　C. "Ctrl+F6"　　　　　　　　　　D. "Ctrl+Shift+Z"

14. AA007 Word 文档进行修订时,有时需要添加删除线表示要删除的内容,正确的方法是(　　)。

　　A. 选中要添加删除线的文字,点击"开始"菜单,字体组右下角的小箭头

　　B. 选中要添加删除线的文字,点击"DEL"

　　C. 选中要添加删除线的文字,点击"Ctrl+C"

　　D. 选中要添加删除线的文字,点击"Ctrl+Z"

15. AA008 在 Word 中,按(　　)键与工具栏上的复制按钮功能相同。

　　A. Ctrl+C　　B. Ctrl+V　　C. Ctrl+A　　D. Ctrl+S

16. AA008 在 Word 编辑状态下,执行"编辑"菜单下的"复制"命令后,(　　)。

　　A. 被选择的内容被复制到插入点　　B. 被选择的内容被复制到剪贴板

　　C. 插入点内容被复制到剪贴板　　　D. 光标所在段落内容被复制到剪贴板

17. AA009 Word 下,粘贴按钮位于(　　)。

　　A. 常用工具栏　　B. 格式工具栏　　C. 标题栏　　D. 菜单栏

18. AA009 Word 剪切板最多能容纳(　　)项内容。

　　A. 10　　　　B. 11　　　　C. 12　　　　D. 13

19. AA010 在选择打开文件时,打开的对话框左侧所提供的快捷查找范围不包括(　　)。

　　A. 我的电脑　　B. 网络　　　C. 历史　　　D. 桌面

20. AA010　在 Word 下,查找的快捷键是(　　)。
    A. Alt+F　　　　　B. Ctrl+F　　　　　C. Ctrl+H　　　　　D. Alt+H
21. AA011　在 Word 中,(　　)方法可以实现文本的替换功能。
    A. 执行"编辑"菜单中的"替换"命令　　　B. 运用组合键"Ctrl+A"
    C. 运用组合键"Ctrl+C"　　　　　　　　D. 运用组合键"Ctrl+S"
22. AA011　在 Word 中,(　　)组合键可以直接打开"查找和替换"对话框。
    A. "Ctrl+A"　　　B. "Ctrl+F"　　　C. "Ctrl+C"　　　D. "Ctrl+S"
23. AA012　在 Word 文档中,关于设置字号,说法正确的是(　　)。
    A. 最大字号为"初号"
    B. 可在工具栏的"字号"框中直接输入自定义大小的字号,例如 200
    C. 最大字号为"72"号
    D. 最大字号可任意指定,无限制
24. AA012　在 Word 文档中要改变字体第一步应该是(　　)。
    A. 选定将要改变成何种字体　　　　B. 选定原来的字体
    C. 选定要改变字体的文字　　　　　D. 选定文字的大小
25. AA013　在进行 Word 文本编辑时,为选中的文本添加下划线可采用的方法是(　　)。
    A. 选中需要添加下划线的内容,点击"开始"菜单"字体"组中带下划线的"U"右侧的下拉箭头
    B. 选中需要添加下划线的内容,点击"开始"菜单"字体"组中的"B"
    C. 选中需要添加下划线的内容,点击"格式刷"
    D. 选中需要添加下划线的内容,点击"空格键"
26. AA013　在 Word 文档编辑中,若想取消已选中文本下方的下划线,可采用的方法是(　　)。
    A. 打开 Word,选中文字,点击"格式",选中"字体",在"下划线线型"下选择"无",再点击"确定"即可
    B. 打开 Word,选中文字,点击"格式",选中"字体",选中"效果"的"下标"后点击"确定"
    C. 组合键 Ctrl+S
    D. 组合键 Ctrl+v
27. AA014　在 Word 中,下列不属于文字格式的是(　　)。
    A. 字号　　　　　B. 分栏　　　　　C. 字形　　　　　D. 字体
28. AA014　Word 中,"合并字符"位于(　　)菜单下。
    A. 文件　　　　　B. 编辑　　　　　C. 格式　　　　　D. 工具
29. AA015　Word 在选中文字的情况下,每按动一次"Ctrl+]"增大文字字号(　　)。
    A. 1 磅　　　　　B. 2 磅　　　　　C. 3 磅　　　　　D. 0.5 磅
30. AA015　关于 Word 字号,说法正确的是(　　)。
    A. 选"工具"菜单,点"选项",点"常规",在"度量单位"里点选"磅"即可
    B. 在 Word 中字号越小,字符越小
    C. 在 Word 中字号越大,字符越大
    D. 字号对话框可以用组合键"Ctrl+S"弹出

31. AA016　在 Word 中编辑文字的时候,选中文字,通过(　　)可改变字体颜色。
　　A. 鼠标右键菜单"段落"　　　　　　B. 鼠标右键菜单"查找"
　　C. 鼠标右键菜单"翻译"　　　　　　D. 鼠标右键菜单"字体"
32. AA016　通过 Word 快捷按钮(　　)可以改变选中的字段字体颜色。
　　A. 字体颜色　　　B. 字符边框　　　C. 字符底纹　　　D. 增大字体
33. AA017　Word 编辑字符间距调整时(　　)。
　　A. 磅值越大,字符间距越大　　　　　B. 磅值越大,字符间距越小
　　C. 磅值越小,字符间距越大　　　　　D. 磅值变化,字符间距不变
34. AA017　在 Word 文档编辑中,可设置字符间距(　　)来使字间距变小。
　　A. 标准　　　　　B. 加宽　　　　　C. 稀疏　　　　　D. 紧缩
35. AA018　在 Word 的编辑状态,选择了文档全文,若在"段落"对话框中设置行距为 20 磅的格式,应当选择"行距"列表框中的(　　)。
　　A. 单倍行距　　　B. 1.5 倍行距　　C. 固定值　　　　D. 多倍行距
36. AA018　在 Word 的编辑状态可以使用(　　)实现行间距设置。
　　A. 鼠标右键"字体"　　　　　　　　B. 鼠标右键"样式"
　　C. 鼠标右键"段落"　　　　　　　　D. 鼠标右键"编号"
37. AA019　关于 Word 文档编辑,文本左对齐是使选定的段落(　　)。
　　A. 页面居中　　　B. 靠页面右边　　C. 靠页面左边　　D. 分散到整行
38. AA019　文章中最后的落款信息最好可以使用(　　)对齐方式。
　　A. 两端对齐　　　B. 分散对齐　　　C. 居中对齐　　　D. 右对齐
39. AA020　Word 文档中默认输入的文字为(　　)显示。
　　A. 从上至下　　　B. 竖排　　　　　C. 从右至左　　　D. 横排
40. AA020　若要将 Word 文档中已选中的文字竖排显示,其设置在(　　)对话框。
　　A. "页面设置"中的"页边距"　　　　B. "页面设置"中的"版式"
　　C. "页面设置"中的"纸张"　　　　　D. "页面设置"中的"文档网格"
41. AA021　不属于"页面设置"对话框中的选项卡是(　　)。
　　A. 页边距　　　　B. 纸型　　　　　C. 版式　　　　　D. 对齐方式
42. AA021　在 Word 的(　　)视图方式下,可以显示分页效果。
　　A. 普通　　　　　B. 大纲　　　　　C. 页面　　　　　D. 主控文档
43. AA022　在 Word 文档纸张设置时,采用的方法正确的是(　　)。
　　A. 在"字体"对话框中设置
　　B. 打开"页面设置"对话框,切换到"纸张"选项卡,在"纸张大小"下拉列表中选择合适的纸张的类型
　　C. 打印机会根据所放置的打印纸类型自动设置文档纸张类型
　　D. 在"文字方向"中设置纸张类型
44. AA022　关于 Word 文档中纸张大小的设置,正确的说法为(　　)。
　　A. 在"页面布局"菜单中的"稿纸设置"中设置纸张的大小
　　B. 在"页面布局"菜单中"主题"对话框中设置纸张大小

C. 在"页面布局"菜单的"纸张大小"中设置纸张大小

D. 在"页面布局"菜单中"效果"对话框中设置纸张大小

45. AA023　关于Word文档页边距的设定,正确的说法是(　　)。

　　A. 在"页面设置"菜单"文字方向"命令可以改变页边距

　　B. 在"页面设置"菜单"分栏"命令可以改变页边距

　　C. 在"页面设置"菜单"分隔符"命令可以改变页边距

　　D. 在页面视图中可以拖动标尺改变页边距

46. AA023　关于Word文档页边距的设定,正确的说法是(　　)。

　　A. 在"页面布局"的"纸张方向"对话框下可以改变页边距

　　B. 在Word的打印预览状态下可以改变页边距

　　C. 在"页面布局"的"纸张大小"对话框下可以改变页边距

　　D. 在"页面布局"的"页面边框"对话框下可以改变页边距

47. AA024　在Word文档编辑页面可以通过双击编辑区域外(　　)设置页眉内容。

　　A. 上空白区　　　B. 下空白区　　　C. 左空白区　　　D. 右空白区

48. AA024　通过文档编辑软件(　　)菜单可以启动页眉设置。

　　A. 文件　　　　　B. 开始　　　　　C. 引用　　　　　D. 插入

49. AA025　关于Word页码设置,正确的说法是(　　)。

　　A. 不能从第二页插入页码

　　B. 直接插入页码就可以了,整个文档都使用一个连续的页码

　　C. 页码必须从第一页开始插入

　　D. 整个文档只能使用同样的页码格式

50. AA025　在Word中对长文档编排页码时,说法中错误的是(　　)。

　　A. 添加或删除内容时,能随时自动更新页码

　　B. 一旦设置了页码就不能删除

　　C. 只有在"页面"视图和打印预览中才能出现页码显示

　　D. 文档第一页的页码可以任意设定

51. AA026　在Word文档中插入表格的菜单是(　　)。

　　A. 文件　　　　　B. 插入　　　　　C. 视图　　　　　D. 章节

52. AA026　关于表格自动套用格式的说法中,正确的是(　　)。

　　A. 在对旧表进行自动套用格式时,只需要把插入点放在表格里,不需要选定表

　　B. 应用自动套用格式后,表格不能再进行任何格式修改

　　C. 在对旧表进行自动套用格式时,必须选定整张表

　　D. 应用自动套用格式后,表格列宽不能再改变

53. AA027　在表格中一次性插入3行,正确的方法是(　　)。

　　A. 选定3行,在"表格"菜单中选择"插入行"命令

　　B. 无法实现

　　C. 选择"表格"菜单中的"插入行"命令

　　D. 把插入点庆在行尾部,按回车。

54. AA027　在 Word 编辑状态下,选定了整个表格,执行了"表格"菜单中的"删除行"命令,则(　　)。

　　A. 整个表格被删除　　　　　　　　B. 表格中的一行被删除

　　C. 表格中的一列被删除　　　　　　D. 表格中没有被删除的内容

55. AA028　关于 Word 文档中表格列的描述,说法正确的是(　　)。

　　A. 表格的列宽不能修改　　　　　　B. 表格所有列的列宽都一致

　　C. 表格列的列宽是可以调整的　　　D. 表格列的列宽不能用鼠标调整

56. AA028　如果 Word 表格中同列单元格的宽度不合适时,可以利用(　　)进行调整。

　　A. 水平标尺　　　B. 滚动条　　　C. 垂直标尺　　　D. 表格自动套用格式

57. AA029　可以使用(　　)将一个表格与另一表格合并。

　　A. 属性粘贴　　　B. 删除粘贴　　　C. 剪切粘贴　　　D. 选择粘贴

58. AA029　合并 Word 表格后相连两表格(　　)。

　　A. 合并各列　　　B. 列属性统一　　C. 自动对齐列　　D. 列属性不变

59. AA030　Word 文档整个表格拆分成上下两个,正确的操作方法是(　　)。

　　A. 把鼠标放到需要拆分的新表的一行任意一个单元格中,然后按 Ctrl+Shift+空格

　　B. 把鼠标放到需要拆分的新表的一行任意一个单元格中,然后按 Ctrl+Shift+Alt

　　C. 把鼠标放到需要拆分的新表的一行任意一个单元格中,然后按 Ctrl+Shift+回车

　　D. 把鼠标放到需要拆分的新表的一行任意一个单元格中,然后按 Ctrl+Shift+TAB

60. AA030　关于 Word 表格的拆分说法正确的是(　　)。

　　A. 执行合并后的表格不能被拆分

　　B. 拆分表格可以再合并

　　C. 上下被拆分的表格总行数会少一行

　　D. 上下被拆分的表格拆分部位表格边缘不会封闭

61. AA031　关于 Word 表格的大小,说法正确的是(　　)。

　　A. 表格的大小不能调整

　　B. 表格的列宽不能调整

　　C. 表格的行高不能调整

　　D. 表格的列宽及行高可以调整

62. AA031　关于 Word 表格的行高和列宽,说法正确的是(　　)。

　　A. 行高和列宽不能用鼠标的光标进行调整

　　B. 行高可以在表格属性对话框中用数值设定

　　C. 表格的大小不能整体一次性设置

　　D. 表格的大小不能通过鼠标拖拽来完成

63. AA032　Word 的表格边框改粗细的方法正确的是(　　)。

　　A. 选中表格,单击鼠标右键,弹出快捷菜单,选择边框和底纹

　　B. 选中表格,"Shift+B",弹出快捷菜单,选择边框和底纹

　　C. 选中表格,"Shift+C",弹出快捷菜单,选择边框和底纹

　　D. 选中表格,"Shift+X",弹出快捷菜单,选择边框和底纹

64. AA032　Word 的表格边框更改粗细的方法正确的是(　　)。
　　A. 选中表格,"Shift+S",弹出快捷菜单,选择边框和底纹
　　B. 选中表格,"Shift+ENTER",弹出快捷菜单,选择边框和底纹
　　C. 选中表格,单击表格和边框工具栏上的粗细选项框,可以在下拉选项中选择所需要的框线
　　D. 选中表格,"Shift+F4",弹出快捷菜单,选择边框和底纹
65. AA033　在 Word 表格的底纹中填充的颜色有(　　)颜色。
　　A. 3 种　　　　　　B. 5 种　　　　　　C. 7 种　　　　　　D. 多种
66. AA033　以下关于 Word 表格的操作,说法正确的是(　　)。
　　A. 在 Word 表格中填充的底纹可以去掉
　　B. 在 Word 表格中只能填充 3 种颜色
　　C. Word 表格设置底纹是可以采用快捷菜单"Shift+空格"键弹出"边框和底纹"对话框
　　D. 在 Word 表格中只能填充 5 种颜色
67. AA034　将 Word 文档中的文字转换成表格时,以下说法正确的是(　　)。
　　A. 将文字转换成表格时,要以逗点、Tab 或其他分隔字符隔开文字
　　B. 将文字转换成表格时,只能以逗点隔开文字
　　C. 将文字转换成表格时,只能以 Tab 隔开文字
　　D. 将文字转换成表格时,只能以分隔字符隔开文字
68. AA034　若需将表格中的内容转换成文本,正确的操作是(　　)。
　　A. 选中需转换成文本的表格,"Ctrl+Shift"即可
　　B. 选中需转换成文本的表格,点击"表格→转换→表格转换成文本",设置好转换后的符号,单击"空格键"即可
　　C. 选中需转换成文本的表格,"Ctrl+Z"即可
　　D. 选中需转换成文本的表格,点击"表格→转换→表格转换成文本",设置好转换后的符号,点"确定"即可
69. AA035　在 Word 文档表格中可以通过(　　)实现表格横向数据求和。
　　A. SUM(Above)　　B. SUM(Right)　　C. SUM(Down)　　D. SUM(Up)
70. AA035　在 Word 文档表格中可以通过(　　)实现表格纵向数据求和。
　　A. SUM(Above)　　　　　　　　　　B. SUM(Right)
　　C. SUM(Down)　　　　　　　　　　D. SUM(Up)
71. AA036　以下关于 Word 排序操作正确的是(　　)。
　　A. 在 Word 表格中不能实现排序功能　　B. Word 表格可以实现排序功能
　　C. Word 表格只能对文字进行排序　　　D. Word 表格只能对数字进行排序
72. AA036　对于不含子表和图片的表格,下面说法正确的是(　　)。
　　A. 不能将表格转换成纯文字
　　B. 可以对表格进行排序
　　C. 不能对表格进行排序
　　D. 表格不能像图片一样,按几种环绕方式进行文本环绕

73. AA037 当需要打印 Word 文档中某一段落时,可以选择打印( )。
    A. 打印所选内容   B. 打印所有页面
    C. 打印当前页面   D. 打印自定义区域
74. AA037 当需要打印 Word 文档中某一页时,可以选择打印( )。
    A. 打印标记列表   B. 打印所有页面
    C. 打印文档属性   D. 打印当前页面
75. AB001 中误差是取一组误差( )的平均数再开方来评定这组观测值的精度。
    A. 平方根   B. 平方和   C. 平方   D. 开方
76. AB001 一组观测值的中误差表示这组观测值中( )的观测值都具有这个精度。
    A. 少部分   B. 半数   C. 大部分   D. 所有
77. AB002 观测值与常数乘积的中误差,等于( )乘常数。
    A. 观测值   B. 观测值倒数   C. 观测值函数 D. 观测值中误差
78. AB002 n 个观测值代数和的中误差的平方,等于 n 个观测值中误差( )。
    A. 平方   B. 平方根   C. 平方之和   D. 和
79. AB003 在相同观测条件下,不论观测次数多少,均以( )作为未知量的最或是值。
    A. 带权平均值   B. 算术平均值   C. 估计平均值 D. 抽样平均值
80. AB003 在相同观测条件下,不论观测次数多少,均以( )作为未知量的最或是值。
    A. 中间值   B. 算术平均值   C. 最小值   D. 最大值
81. AB004 在计算不同精度观测值的最或是值时,精度高的观测值在其中占的比重( )。
    A. 大   B. 小   C. 平均   D. 为 0
82. AB004 在计算不同精度观测值的最或是值时,精度高的观测值在其中占的权( )。
    A. 大   B. 小   C. 平均   D. 为 0
83. AB005 可以用观测值的( )确定观测值的权。
    A. 数值   B. 真误差   C. 中误差   D. 算数平均值
84. AB005 权与观测值的( )成反比。
    A. 开平方   B. 开立方   C. 平方   D. 立方
85. AB006 利用不同精度观测值的权计算的未知量的最或是值称为( )。
    A. 算数平均值   B. 带权平均值   C. 观测值真值 D. 观测值极值
86. AB006 利用不同精度观测值的权计算的未知量的最或是值称为( )。
    A. 算数平均值   B. 广义算数平均值
    C. 观测值真值   D. 观测值极值
87. AB007 未知量同精度观测值的( )是无法求出的。
    A. 改正数   B. 中误差   C. 真误差   D. 平均数
88. AB007 未知量同精度观测值最或是值与观测值的差值称为( )。
    A. 改正数   B. 中误差   C. 真误差   D. 平均数
89. AC001 测绘国家标准及测绘行业标准分为强制性标准和( )。
    A. 国家标准指导性技术文件   B. 企业标准
    C. 推荐性标准   D. 国军标代号

90. AC001　强制性测绘行业标准的代号为(　　)。
    A. CH　　　　　B. CH/T　　　　C. CH/Z　　　　D. CH/Q
91. AC002　全球定位系统仪器需要检定是因为仪器被用于(　　)。
    A. 野外勘探　　B. 传递量值　　C. 数据计算　　D. 人为操作
92. AC002　测绘单位所使用的测绘计量器具必须经测绘计量检定机构或测绘计量标准检定合格,领取测量仪器(　　)。
    A. 质量合格证书　　B. 检定合格证书　　C. 鉴定等级证书　　D. 使用许可证书
93. AC003　从事测绘活动的单位,应当依法申请取得(　　),并在测绘资质等级许可的范围内从事测绘活动。
    A.《测绘作业证书》　　　　　　B.《测绘资质证书》
    C.《测绘许可证书》　　　　　　D.《测绘资格证书》
94. AC003　测绘资质审批机关对(　　)应当注销资质证书。
    A. 因泄露国家秘密被国家安全机关查处的
    B. 超越资质等级许可的范围从事测绘活动的
    C. 将承揽的测绘项目转包的
    D. 违反保密规定加工、处理和利用涉密测绘成果,存在失泄密隐患被查处的
95. AC004　测绘作业证的式样,由(　　)统一规定。
    A. 国家人力资源及社会保障部　　B. 国家测绘局
    C. 市政规划局　　　　　　　　　D. 企业
96. AC004　测绘作业证每次注册核准有效期为(　　)年。
    A. 一　　　　　B. 二　　　　　C. 三　　　　　D. 五
97. BA001　一般来说,控制测量应遵循(　　)的原则。
    A. "由整体到局部""从高级向低级"　　B. "由局部到整体""从高级向低级"
    C. "由整体到局部""从低级向高级"　　D. "由局部到整体""从低级向高级"
98. BA001　一个完整的控制测量体系应包括平面控制测量和(　　)两部分。
    A. 空间控制测量　　B. 高程控制测量　　C. 竖面控制测量　　D. 坐标控制测量
99. BA002　碎部测量的基本内容,就是测定地物和地貌的特征点并用相应的(　　)描绘成图形。
    A. 符号　　　　B. 标记　　　　C. 代码　　　　D. 数字
100. BA002　碎部测量是地形测量的一道工序,主要是测定地物和地貌的(　　)。
    A. 独立点　　　B. 特征点　　　C. 普通点　　　D. 个别点
101. BA003　在小范围内进行大比例尺地形图测绘时,以(　　)作为投影面。
    A. 参考椭球面　　B. 大地水准面　　C. 圆球面　　　D. 水平面
102. BA003　在大比例尺地形测图中,自然形态的地貌一般用(　　)表示,特殊的用陡坎、斜坡等符号表示。
    A. 等高线　　　B. 示坡线　　　C. 山脊线　　　D. 山谷线
103. BA004　地形测量主要分为图根控制、碎部点采集、(　　)等环节。
    A. 物理点采集　　B. 地形图编绘　　C. 地形图扫描　　D. 图形矢量化

104. BA004　RTK 地形测量的内容为(　　)。
　　　A. 高程测量　　　　　　　　　B. 高程和平面测量
　　　C. 角度测量　　　　　　　　　D. 图根点测量和碎部点测量
105. BA005　碎部测量是地形测量的一道工序,主要是测定地物和地貌的(　　)。
　　　A. 独立点　　　B. 特征点　　　C. 普通点　　　D. 个别点
106. BA005　地形测量中,当梯田坎的宽度大于图上的(　　)时,应实测坡脚。
　　　A. 0.5mm　　　B. 1mm　　　C. 2mm　　　D. 5mm
107. BA006　大比例尺地形测图的基本控制测量,是以相应的密度和精度建立或补充等级控制点,以此作为(　　)的依据。
　　　A. 平面控制　　　B. 图根控制　　　C. 高程控制　　　D. 基础控制
108. BA006　通常所说的大比例尺地形测图,主要是指利用(　　)方法进行大比例尺地形图测绘的过程。
　　　A. 大地测量　　　B. 普通测量　　　C. 摄影测量　　　D. 遥感测量
109. BA007　在地形测图中测绘与表示地物时,一般是测定其(　　),并以规定的画划或符号表示。
　　　A. 中心点　　　B. 轮廓拐点　　　C. 特征点　　　D. 平均位置
110. BA007　在地形测图中,凡不能够依比例尺表示的地物,应测定其(　　),并配置以相应的符号。
　　　A. 最高点　　　B. 轮廓拐点　　　C. 中心点　　　D. 边界拐点
111. BA008　在轮廓界线内,用填充颜色、网纹、符号、注记的方式,表示连续分布、布满于整个区域的面状现象质量特征的方法是(　　)。
　　　A. 质底法　　　B. 点数法　　　C. 范围法　　　D. 等级法
112. BA008　用等值线的形式,表示布满整个区域且均匀渐变的面状现象数量特征的方法是(　　)。
　　　A. 定位图表法　　　B. 分级统计图法　　　C. 等值线法　　　D. 分区统计图表法
113. BA009　下列说法错误的是(　　)。
　　　A. 等高线在任何地方都不会交汇　　　B. 等高线一定是闭合的连续的
　　　C. 同一等高线上的点的高程相等　　　D. 等高线与山脊线山谷线正交
114. BA009　在地形图中(　　)是为了表现基本等高线难以表现的细小地貌,按 1/2 基本等高距描绘的等高线。
　　　A. 首曲线　　　B. 计曲线　　　C. 间曲线　　　D. 辅助等高线
115. BA010　在地形图中的注记要素中,一般来说,只以符号往往不能表达清楚地物的全部属性,而需要配以相应的(　　)。
　　　A. 配图　　　B. 文字注记　　　C. 表格　　　D. 数字
116. BA010　地图注记常和(　　)相配合,说明地图上所表示的地物的名称、位置、范围、高低、等级、主次等。
　　　A. 文字　　　B. 图形　　　C. 符号　　　D. 文本框

117. BA011　将原有地形图采用计算机、数字化仪或扫描仪和相应软件进行处理成图的过程称为(　　)。
　　A. 地形图数字化　　B. 扫描　　C. 复制　　D. 图形矢量化
118. BA011　数字化测绘是经过野外数据采集并将数据传输到计算机通过(　　)进行处理、编辑成图。
　　A. 手工　　B. 制图软件　　C. 仪器　　D. 编辑
119. BA012　导线测量是(　　)的基本方法之一。
　　A. 平面控制测量　　　　　　B. 高程控制测量
　　C. 大比例尺地形测量　　　　D. 小比例尺地形测量
120. BA012　在导线测量中,距离的加常数改正、气象改正、倾斜改正等通常是在外业观测时施加的,而距离的高程归算改正和(　　)等则通常是在内业计算时加以考虑。
　　A. 地球曲率改正　　B. 大气折光改正　　C. 高斯投影改正　　D. 频率偏移改正
121. BA013　由于坐标闭合差的存在,致使从导线起点推算出的终点位置与其已知的正确位置不一致,两者的偏离距离称为导线(　　)。
　　A. 全长闭合差　　B. 相对闭合差　　C. 坐标闭合差　　D. 坐标增量闭合差
122. BA013　导线全长闭合差等于(　　)。
　　A. 横纵闭合差的和　　　　　　B. 横纵闭合差的平方和开方
　　C. 横纵坐标闭合差的差　　　　D. 横纵闭合差平方差开方
123. BA014　关于石油物探控制测量点之记内容,以下说法正确的是(　　)。
　　A. 需要用计算机打印　　　　B. 可以用计算机打印也可以手写
　　C. 需在现场手工填写　　　　D. 工程完工后统一整理
124. BA014　对于石油物探测量点之记,以下说法正确的是(　　)。
　　A. 它属于物探测量资料的一部分　　B. 不存档
　　C. 可事后填写　　　　　　　　　　D. 事后没有任何应用价值
125. BA015　二维测线施工遇到大型障碍物时,首先考虑测线平移或进行(　　)。
　　A. 取消　　B. 折线设计　　C. 正常布线　　D. 开口
126. BA015　三维测线遇到大障碍物时检波点的横向偏移一般为(　　)偏移。
　　A. 0.5m　　B. 5m　　C. 1/2 道距　　D. 整道距
127. BA016　在物探导线跨越障碍时导线长度变长,那么该测线物理点数量(　　)。
　　A. 不变　　B. 减少½　　C. 增加½　　D. 增加1倍
128. BA016　地震勘探导线施工跨越障碍时,在保证HSE管理的前提下应尽量偏移后物理点(　　)。
　　A. 距离原测线最近　　　　B. 距离原测线最远
　　C. 距离障碍物最近　　　　D. 距离障碍物最远
129. BA017　用以代替大地体的椭球体称为(　　)。
　　A. 大地水准体　　　　B. 大地椭球体
　　C. 地球椭球体　　　　D. 水准椭球体

130. BA017 一个与大地体外形符合最好的地球椭球,称为( )。
    A. 总地球椭球　　　B. 平均椭球体　　　C. 标准椭球体　　　D. 理想椭球体

131. BA018 在地形测图中,利用经纬仪测绘法测定距离的公式 $D=KL\cos^2 A$ 中的 K 为( )。
    A. 视距常数　　　B. 视距读数　　　C. 中丝读数　　　D. 视距尺高度

132. BA018 利用经纬仪测绘法测定高程的计算公式 $H=H_0+\frac{1}{2}KL\sin 2\alpha+i-v$ 中的 i 为( )。
    A. 仪器高　　　　　　　　　　　　B. 目标高
    C. 视距加常数　　　　　　　　　　D. 视距减常数

133. BA019 一般来说,采用全站仪测记法进行数字化测图时,碎部点的视距要求( )。
    A. 比经纬仪测图要长　　　　　　　B. 比经纬仪测图要短
    C. 与成图比例尺无关　　　　　　　D. 随成图比例尺的增大而增长

134. BA019 一般来说,采用全站仪测记法进行数字化测图时,图根点的密度要求( )。
    A. 比经纬仪测图要高　　　　　　　B. 比经纬仪测图要低
    C. 与成图比例尺无关　　　　　　　D. 随成图比例尺的增大而降低

135. BA020 我国的1956年黄海高程基准为我国的第( )个高程基准。
    A. 1　　　　　B. 2　　　　　C. 3　　　　　D. 4

136. BA020 1956年海高程水准原点的高程是( )。
    A. 73.55m　　　B. 72.26m　　　C. 72.289m　　　D. 73.85m

137. BA021 根据现行的《国家三角测量规范》,国家三角测量的高程系统采用由( )起算的正常高系统。
    A. 1980年安大地原点　　　　　　B. 1980年国家高程基准
    C. 1980年青岛水准原点　　　　　D. 1985年国家高程基准

138. BA021 我国以( )至1979年间青岛验潮站观测资料所求得的黄海平均海水面作1985年家高程基准。
    A. 1950年　　　B. 1951年　　　C. 1952年　　　D. 1954年

139. BA022 以下关于1954年北京坐标系的描述正确的是( )。
    A. 椭球参数有较大误差　　　　　　B. 时至今日,北京1954年坐标系已经废止
    C. 定向明确　　　　　　　　　　　D. 依托新中国前我国的测绘资料独立创建

140. BA022 1954年北京坐标系的( )是以苏联1955年大地水准面重新平差的结果为起算值,按我国天文水准路线推算出来的。
    A. 天文异常　　　B. 重力异常　　　C. 高程异常　　　D. 垂线偏差

141. BA023 我国现在采用的1980年大地坐标系的原点设在( )。
    A. 北京　　　　　B. 上海　　　　　C. 西安　　　　　D. 青岛

142. BA023 1980年国家大地坐标系的参考椭球采用1975年国际第3个推荐值,长半轴和扁率分别为( )。
    A. $a=6378245, \alpha=1/298.3$　　　　　　B. $a=6378135, \alpha=1/298.26$
    C. $a=6378137m, \alpha=1/298.257$　　　　D. $a=6378140m, \alpha=1/298.257$

143. BA024 所谓"新1954年北京坐标系",是将1980年国家大地坐标系1975年国际椭球的坐标经( )变换至1954年北京坐标系克拉索夫斯基椭球体而成。
A. 三个平移参数 B. 三个旋转参数
C. 一个尺度参数 D. 三个平移参数和一个尺度参数

144. BA024 新1954年北京大地坐标系基础数据基于1980年国家大地坐标系下的( )平差成果。
A. 北京1954三角点 B. 全国天文大地网
C. 总参测绘点 D. GNSS控制点

145. BA025 国家大地测量控制网(包括平面控制网和高程控制网)的建立属于( )范畴。
A. 工程测量学 B. 大地测量学 C. 石油物探测量 D. 城市测量

146. BA025 在平面控制网中,有时不需要研究点位相对于起始点的精度,而有必要了解任意两个待定点之间的( )的精度情况。
A. 相对距离 B. 相对位置 C. 绝对距离 D. 绝对位置

147. BA026 国家( )等水准测量属于加密高程控制测量,直接用于地形测量、工程测量等的基本高程控制。
A. 二 B. 三 C. 二、三 D. 三、四

148. BA026 布测全国统一的高程控制网,首先必须建立一个统一的( )。
A. 高程异常面 B. 参考椭球面 C. 高程基准面 D. 局部大地水准面

149. BB001 大地测量学是研究地球的形状、大小和( ),以及如何精确测定地面表面点的位置的学科。
A. 空间方位 B. 空间位置 C. 地球重力场 D. 大地电磁场

150. BB001 按照大地测量学的传统定义,经典大地测量学分为几何大地测量学和( )。
A. 三角大地测量学 B. 解析大地测量学
C. 天文大地测量学 D. 物理大地测量学

151. BB002 以下关于测量学中平面直角坐标系的描述正确的是( )。
A. 与数学中的平面直角坐标系相同 B. 纵轴为Y轴
C. 纵轴为X轴 D. 横轴方向方位角为0°

152. BB002 大地测量学中研究地球形状,是指研究( )的形状。
A. 地表 B. 大地水准面 C. 似大地水准面 D. 地表起伏

153. BB003 大地测量的主要内容包括三角测量、导线测量、水准测量、( )、惯性大地测量、卫星大地测量等。
A. 天文测量 B. 地理测量 C. 地形测量 D. 物理测量

154. BB003 大地测量中用到的高斯投影属于( )。
A. 等面积投影 B. 等距离投影 C. 等角投影 D. 等长度投影

155. BB004 大地基准是指为确定点在空间中的位置而采用的( )及其在空间的定位、定向方式,另外还包括在描述空间位置时所采用的( )的定义。
A. 椭球参数,转换参数 B. 椭球参数,单位长度
C. 投影参数,转换参数 D. 投影参数,单位长度

156. BB004　一个国家的大地基准通常包括一组椭球参数和一组（　　）。
　　　A. 投影参数　　　B. 转换参数　　　C. 高程参数　　　D. 起算数据
157. BB005　我国1980年坐标系的大地原点设在（　　）。
　　　A. 山东省的青岛　B. 陕西省西安　　C. 广东省广州　　D. 北京市
158. BB005　确定国家大地坐标系统和国家水平控制网中各点大地坐标的基准点（　　）又
　　　　　　称大地基准点、大地起算点。
　　　A. 大地原点　　　　　　　　　　　B. 格林尼治天文台
　　　C. 赤道与起始子午线交点　　　　　D. 赤道与中央子午线交点
159. BB006　测量上的平面直角坐标系,一般是利用一定的投影变换,将（　　）及其特征
　　　　　　点、线映射到平面上而形成的。
　　　A. 地球自然面　　　　　　　　　　B. 大地水准面
　　　C. 参考椭球面　　　　　　　　　　D. 高斯投影面
160. BB006　工程施工过程中,由于采用了不同的坐标系,需要不同坐标系之间的（　　）。
　　　A. 坐标转换　　　B. 高程转换　　　C. 角度转换　　　D. 距离转换
161. BB007　地形图的检查包括室内检查及外业检查,其中仪器设站检查约为（　　）左右。
　　　A. 5%　　　　　　B. 10%　　　　　C. 15%　　　　　D. 20%
162. BB007　在地形图测绘过程中,最后需将测得的各种地物地貌依照规定的比例尺依据
　　　　　　（　　）规定的符号缩绘到图纸上。
　　　A. 行政规划图　　B. 地形图图示　　C. 等高线　　　　D. 坡度线
163. BB008　地形图的基本特征是具有严密的数学基础、采用特定的符号系统和反映地球
　　　　　　表面上各种（　　）的分布情况以及（　　）的起伏形态。
　　　A. 水系,土质　　B. 地物,地貌　　C. 物类,地类　　D. 社会现象,自然现象
164. BB008　一般采用普通测量方法通过实地测绘（　　）地形图。
　　　A. 大比例尺　　　B. 中比例尺　　　C. 小比例尺　　　D. 中、小比例尺
165. BB009　地形图的精度包含比例尺精度和（　　）精度。
　　　A. 物理点　　　　B. 碎部点　　　　C. 测站点　　　　D. 控制点
166. BB009　人们把与图上0.1mm相应的实地（　　）称为比例尺的精度或比例尺的最大
　　　　　　精度。
　　　A. 距离　　　　　B. 水平距离　　　C. 斜距　　　　　D. 垂直距离
167. BB010　在RTK技术运用之前,图根平面控制多以（　　）为主,而以放射状支导线或
　　　　　　极坐标点作为辅助形式。
　　　A. 小三角测量　　　　　　　　　　B. 电磁波测距导线
　　　C. 经纬仪视距导线　　　　　　　　D. 经纬仪量距导线
168. BB010　在图根高程控制测量中,当基本等高距为0.5m时,可采用（　　）。
　　　A. 经纬仪视距三角高程测量　　　　B. 经纬仪量距三角高程测量
　　　C. 电磁波测距三角高程测量　　　　D. GNSS绝对定位
169. BB011　在大比例尺地形测图中,（　　）是碎部点采集的主要依据。
　　　A. 平面控制点　　B. 高程控制点　　C. 加密控制点　　D. 图根控制点

170. BB011 在平坦开阔地区利用经纬仪测图时,( )测图对图根点的密度要求不宜少于 15 个/km²。

　　A. 1∶500　　　　B. 1∶1000　　　　C. 1∶2000　　　　D. 1∶5000

171. BB012 在平坦开阔地区利用经纬仪测图时,1∶2000 测图对图根点的密度要求 km² 不宜少于( )。

　　A. 5 个　　　　B. 10 个　　　　C. 15 个　　　　D. 20 个

172. BB012 在平坦开阔地区利用经纬仪测图时,( )测图对图根点的密度要求不宜少于 50 个/km²。

　　A. 1∶500　　　　B. 1∶1000　　　　C. 1∶2000　　　　D. 1∶5000

173. BB013 在图根高程控制测量中,当基本等高距为 0.5m 时,不能采用( )。

　　A. 几何水准测量　　　　　　　　B. 经纬仪视距三角高程测量
　　C. 电磁波测距三角高程测量　　　D. GNSS 静态定位

174. BB013 在一般测图规范中,要求图根点相对于图根起算点的( )不得大于图上 0.1mm。

　　A. 误差　　　　B. 点位中误差　　　　C. 距离　　　　D. 坐标差

175. BB014 在大比例尺地形测图中,只要被测碎部点可以立尺(立镜),就应该优先考虑采用( )测定。

　　A. 极坐标法　　　　B. 方向交会法　　　　C. 距离交会法　　　　D. 综合作图法

176. BB014 当碎部点的平面位置采用全站仪极坐标法测定时,其高程通常采用( )高程法同时测定。

　　A. GNSS 水准　　　　B. 全站仪水准　　　　C. 光学视距三角　　　　D. 电磁波测距三角

177. BB015 理论上,两点之间的高差,是两点沿( )方向到大地水准面的距离之差,具有( )。

　　A. 法线,唯一性　　　　　　　　B. 法线,多值性
　　C. 铅垂线,唯一性　　　　　　　D. 铅垂线,多值性

178. BB015 由于水准面的( ),使得在实际的水准测量中,随着所经过水准路线的不同,测得的两点间高差也不同。

　　A. 连续性　　　　B. 封闭性　　　　C. 不平行性　　　　D. 重力等位性

179. BB016 假设地球是一个以一定角速度旋转并且内部质量以一定规律分布的地球椭球,在该假设条件下产生的重力称为正常重力,由一系列正常重力位相等的各相邻点形成的曲面称为( )。

　　A. 重力等位面　　　　B. 重力椭球面　　　　C. 正常位水准面　　　　D. 似大地水准面

180. BB016 在大地测量学中,正常高的基准面(即由地面点沿铅垂线向下量取正常高所得各对应点形成的连续曲面)称为( )。

　　A. 重力等位面　　　　B. 重力椭球面　　　　C. 正常位水准面　　　　D. 似大地水准面

181. BB016 根据现行的国家水准测量规范,国家水准测量的高程系统采用由( )国家高程基准起算的正常高系统。

　　A. 1954 年　　　　B. 1980 年　　　　C. 1985 年　　　　D. 2000 年

182. BB017　大地水准面差距与参考椭球之间的距离称为(　　)。
　　　A. 高程异常　　　B. 大地异常　　　C. 重力异常　　　D. 磁力异常
183. BB018　与平均海水面相重合的水准面称为大地水准面。某点到大地水准面的铅垂距离称为该点的(　　)。
　　　A. 相对高程　　　B. 高差　　　C. 标高　　　D. 绝对高程
184. BB018　绝对高程的起算面是(　　)。
　　　A. 水平面　　　B. 大地水准面　　　C. 假定水准面　　　D. 大地水平面
185. BB019　用来计算某点坐标系统平移参数的高程应该是(　　)。
　　　A. 海拔高　　　B. 相对高程　　　C. 绝对高程　　　D. 大地高
186. BB019　相对高程常被用于(　　)。
　　　A. 国家高程控制网测量　　　　　　B. 小范围工程测量
　　　C. 石油物探测量　　　　　　　　　D. 国家 GNSS 控制网测量
187. BB020　似大地水准面与参考椭球面之间的距离(高程差),称为(　　)。
　　　A. 高程异常　　B. 参考椭球面高程　C. 参考椭球面差距　D. 大地水准面差距
188. BB020　RTK 控制点高程的测量,是将流动站测得的大地高减去流动站的(　　)获得。
　　　A. 高程　　　B. 海拔高程　　　C. 高度　　　D. 高程异常
189. BB021　按照二分之一的基本等高距加密等高线是指(　　)。
　　　A. 首曲线　　　B. 间曲线　　　C. 计曲线　　　D. 助曲线
190. BB021　同一张地形图上,等高线平距越大,说明(　　)。
　　　A. 等高距越大　　B. 地面坡度越陡　　C. 等高距越小　　D. 地面坡度越缓
191. BB022　给一幅地形图编排的序号为(　　),一般按统一的分幅编号规则编号。
　　　A. 图名　　　B. 图廓　　　C. 图号　　　D. 图幅
192. BB022　大比例尺地形测图的分幅一般采用(　　)。
　　　A. 矩形分幅　　B. 梯形分幅　　C. 经纬度分幅　　D. 正方形分幅
193. BB023　按照我国现采用地形图分幅规则,每幅 1∶1000000 地形图划分为(　　)地形图。
　　　A. 4 行 4 列共 16 幅 1∶200000　　　B. 4 行 4 列共 16 幅 1∶250000
　　　C. 6 行 6 列共 36 幅 1∶200000　　　D. 6 行 6 列共 36 幅 1∶250000
194. BB023　按照我国现采用地形图编号规则,一幅 1∶1000000 地形图按各种比例尺划分的行号和列号,均用(　　)数字表示,横行从(　　)编号、纵列从左到右编号。
　　　A. 2 位,上到下　B. 3 位,上到下　C. 2 位,下到上　D. 3 位,下到上
195. BB024　按照我国原采用地形图编号规则,1∶100000 地形图编号是在(　　)地形图图幅编号后用连字符附加它本身的序号 1、2、3、…、144。
　　　A. 1∶1000000　　B. 1∶500000　　C. 1∶250000　　D. 1∶200000
196. BB024　设某点的经度为 115°18′20″,纬度为 38°55′40″,则该点所在 1∶100000 地形图的新编号为(　　)。
　　　A. J50C004003　　B. J50C003004　　C. J50D004003　　D. J50D013014

197. BB025　按照我国原采用地形图编号规则,1∶500000 地形图编号是在 1∶1000000 地形图图幅编号后用连字符附加它本身的序号(　　)。
A. ①、②、③、④　　　　　　　　B. Ⅰ、Ⅱ、Ⅲ、Ⅳ
C.（Ⅰ）、（Ⅱ）、（Ⅲ）、（Ⅳ）　　　D. A、B、C、D

198. BB025　按照我国原采用地形图编号规则,(　　)地形图编号是在(　　)地形图图幅编号后用连字符附加它本身的序号 1、2、3、4。
A. 1∶20000,1∶50000　　　　　B. 1∶25000,1∶50000
C. 1∶20000,1∶100000　　　　　D. 1∶25000,1∶100000

199. BB026　沿等高线方向的地面坡度为(　　)。
A. 负　　　　B. 零　　　　C. 正　　　　D. 最大

200. BB026　水准线路尽量沿(　　)的公路及其他道路布设。
A. 弯度较大　　B. 弯度较小　　C. 坡度较大　　D. 坡度较小

201. BB027　坡度的量算公式为(　　)。
A. 坡度=(高差÷水平距离)×100%　　B. 坡度=(高差+水平距离)×100%
C. 坡度=(高差-水平距离)×100%　　D. 坡度=(高差-水平距离)÷100%

202. BB027　在一幅地形图内,某处的等高线较密,表示该处的(　　)。
A. 坡度较陡　　B. 坡度较缓　　C. 高程较高　　D. 高程较低

203. BB028　坐标方位角是以(　　)作为基本方向的方位角。
A. 真北方向　　B. 正北方向　　C. 坐标纵线　　D. 磁北方向

204. BB028　在直角坐标系中东方向的坐标方位角是(　　)。
A. 0°　　　　B. 90°　　　　C. 180°　　　　D. 270°

205. BB029　当坐标方位角为 45°时,其象限角为(　　)。
A. 45°　　　　B. 90°　　　　C. 135°　　　　D. 315°

206. BB029　物探测线方位角是指测线与(　　)方向的夹角。
A. 北极　　　　B. 坐标北　　　C. 磁北　　　　D. 北斗星

207. BC001　全站仪是既能测角又能(　　)的常规测量仪器。
A. 测高　　　　B. 测长　　　　C. 测距　　　　D. 测深

208. BC001　全站仪通过(　　)度盘自动读取角度读数并在仪器上显示出来。
A. 光学　　　　B. 电子　　　　C. 机械　　　　D. 化学

209. BC002　野外测距信号必须经过(　　)或目标表面返回才能得到测站点到目标的距离。
A. 大气层　　　B. 地面　　　　C. 卫星　　　　D. 棱镜

210. BC002　全站仪的(　　)是用来调整仪器水平轴水平和固定仪器的重要设备。
A. 望远镜　　　B. 棱镜　　　　C. 水平度盘　　D. 基座

211. BC003　短距离测距全站仪测程小于(　　)。
A. 10km　　　　B. 5km　　　　C. 3km　　　　D. 1km

212. BC003　经典型全站仪也称(　　)。
A. 经纬仪　　　B. 测距仪　　　C. 常规全站仪　D. 经纬测距仪

213. BC004 新型全站仪内置的( )能自动进行仪器调校、参数设置、气象改正等。
    A. 初始化系统　　B. 系统软件　　C. 应用软件　　D. 编程环境
214. BC004 新型全站仪的( )可自动测定竖轴误差、横轴误差和视准轴误差并加以改正。
    A. 单轴补偿器　　B. 双轴补偿器　　C. 三轴补偿器　　D. 激光准直系统
215. BC005 目前物探测量作业的主要仪器是电子全站仪和( )。
    A. GNSS 接收机　　B. 电子经纬仪　　C. 电子水准仪　　D. 光电测距仪
216. BC005 电子经纬仪是一种集光学、机械、电子技术于一体的( )仪器。
    A. 测角　　B. 测距　　C. 测高　　D. 定位
217. BC006 电子经纬仪的读数可直接显示于( )。
    A. 读数窗　　B. 显示屏　　C. 望远镜　　D. 显微镜
218. BC007 关于全站仪的绝对转换系统是指( )直角把角度转换成二进制代码。
    A. 光学度盘　　B. 编码度盘
    C. 光栅度盘　　D. 编码度盘和光栅度盘
219. BC007 在全站仪中,所谓补偿,就是根据仪器( )的倾斜信息,自动地对测量值进行改正。
    A. 指标　　B. 竖轴　　C. 横轴　　D. 视准轴
220. BC007 单轴补偿仪能补偿由于( )倾斜而引起的垂直度盘的读数误差。
    A. 水平轴　　B. 垂直轴　　C. 视准轴　　D. 水准管轴
221. BC008 所谓电子气泡,实际上就是( )的显示单元。
    A. 度盘　　B. 对中器　　C. 补偿器　　D. 水准器
222. BC008 全站仪上的( )有数字形和图形型两种显示形式。
    A. 电子气泡　　B. 度盘读数　　C. 激光对点器　　D. 光学对中器
223. BC009 垂直轴的纵向倾斜是指垂直轴倾斜在( )与铅垂线平面内的分量。
    A. 水平轴　　B. 视准轴　　C. 垂直轴　　D. 水准管轴
224. BC009 单轴补偿就是对的( )所引起的垂直角误差施加改正。
    A. 横轴倾斜　　B. 垂直轴纵向倾斜
    C. 垂直轴横向倾斜　　D. 纵向倾斜和横向倾斜
225. BC010 微波测距是利用波长为( )的微波作载波的电磁波测距。
    A. 0.8~10cm　　B. 0.5~10cm　　C. 1~10cm　　D. 0.1~10cm
226. BC010 光电测距是利用波长为( )的光波作为载波的电磁波测距。
    A. 100~1000nm　　B. 100~2000nm　　C. 400~1000nm　　D. 400~2000nm
227. BC011 电磁波测距仪按所采用测距方式的不同分为脉冲式测距仪和( )。
    A. 微波式测距仪　　B. 红外式测距仪　　C. 相位式测距仪　　D. 激发式测距仪
228. BC011 光电测距仪在观测时,周围不能有( )。
    A. 微波发射装置　　B. 微波接收装置　　C. 大面积水域　　D. 其他光源及反射物
229. BC012 电磁波测距仪的测程是指电磁波测距仪所能测得的( )。
    A. 平均距离　　B. 最远距离　　C. 最近距离　　D. 最远距离的一半

230. BC012　一般称电磁波测距仪的测程小于(　　)为短程。
　　　A. 3km　　　　　B. 1km　　　　　C. 500m　　　　　D. 300km
231. BC013　本质上,电磁波是一种客观存在的物质和能量传输形式,是交互变化的(　　)在空间传播的过程。
　　　A. 电磁场　　　　B. 电场　　　　　C. 磁场　　　　　D. 电场和气场
232. BC013　一般称电磁波测距仪的测程大于(　　)为远程。
　　　A. 3km　　　　　B. 5km　　　　　C. 15km　　　　　D. 50km
233. BC014　电磁波的波形重复出现一次所用的时间称为电磁波的(　　)。
　　　A. 周期　　　　　B. 频率　　　　　C. 波长　　　　　D. 相位
234. BC014　电磁波在(　　)内所传播的距离(在真空中)称为波长。
　　　A. 一秒　　　　　B. 单位时间　　　C. 一个周期　　　D. 一个波段
235. BC015　所谓(　　),就是使某一电磁波信号的某种参数随着另一电磁波信号的变化规律而变化的过程。
　　　A. 振幅　　　　　B. 载波　　　　　C. 调制　　　　　D. 调制与解调
236. BC015　所谓调幅,是指调制的对象为电磁波的(　　)。
　　　A. 频率　　　　　B. 振幅　　　　　C. 周期　　　　　D. 波长
237. BC016　电磁波测距的距离等于(　　)。
　　　A. 光速与电磁波往返时间的乘积
　　　B. 光速与电磁波往返时间乘积的二分之一
　　　C. 光速与电磁波往返时间乘积的三分之一
　　　D. 光速与电磁波往返时间乘积的四分之一
238. BC016　距离丈量的结果是求得两点间的(　　)。
　　　A. 斜线距离　　　　　　　　　　　B. 水平距离
　　　C. 折线距离　　　　　　　　　　　D. 坐标差值
239. BC017　大多数全站仪的补偿范围一般在(　　)。
　　　A. 30″　　　　　B. 3′~5′　　　　C. 30′　　　　　D. 1°~5°
240. BC017　全站仪测距的标称精度一般表达为±($a+b×D$)的形式,其中 a 代表(　　)。
　　　A. 固定误差　　　B. 比例误差　　　C. 基本误差　　　D. 仪器加常数
241. BC018　电磁波测距结果,一般要经过多项改正,下列各项不在其列的是(　　)。
　　　A. 乘常数改正　　　　　　　　　　B. 投影到参考椭球面上的改正
　　　C. 归算到高斯平面上的改正　　　　D. 偏心改正
242. BC018　测距时的实际大气折射率与电磁波测距仪的基准折射率不等所引起的距离改正为(　　)。
　　　A. 大气改正　　　B. 气象改正　　　C. 气压改正　　　D. 温度改正
243. BC019　由于电磁波测距仪内部光学和电子线路中的某些信号的窜扰、测相电路的失调等原因,精测尺的尾数值常呈现依一定的距离为周期重复出现的误差,称为(　　)。
　　　A. 周期误差　　　B. 固定误差　　　C. 比列误差　　　D. 相位差

244. BC019 在电磁波测距中,测距仪的标称精度通常表示为±a+b×D,其中 b 为(   )。
    A. 固定误差   B. 比例误差   C. 人为误差   D. 周期误差
245. BC020 电磁波在空气中传播的速度与大气密度有关,因此,在利用测距仪和全站仪进行测距时,必须进行(   )。
    A. 视差改正   B. 加常数改正   C. 气象改正   D. 乘常数改正
246. BC020 红外线测距仪的(   )是通过测量作业现场的温度、气压以及湿度,按照气象改正公式,求出气象改正比例系数以及距离改正数。
    A. 视差改正   B. 加常数改正   C. 气象改正   D. 乘常数改正
247. BC021 测距仪精测频率发生变化而引起的测距误差,在精测频率发生变化相对稳定的情况下,其误差是一个比值常数为乘常数,对长距离的测量影响显著,应进行改正,此改正为(   )。
    A. 乘常数改正   B. 加常数改正   C. 比列常数改正   D. 固定常数改正
248. BC021 加常数的作用是用于改正与距离无关的(   )。
    A. 偶然误差   B. 系统误差   C. 随机误差   D. 绝对误差
249. BC022 乘常数的作用是用于改正与所测距离成比例的(   ),这种误差主要是由于频率偏移等原因所引起的。
    A. 系统误差   B. 随机误差   C. 偶然误差   D. 绝对误差
250. BC022 当实际频率偏高时,测尺偏短,这就必须将所测得距离值按比例缩小,所以乘常数的符号是(   )。
    A. 负的   B. 正的   C. 为零   D. 1
251. BC023 在全站仪安置中,当利用垂球对中时,应(   )。
    A. 先对中后整平   B. 先整平后对中
    C. 交替进行对中整平   D. 同步进行对中整平
252. BC023 在全站仪安置中,当调节仪器脚螺旋整平水准器时,光学对点器的对中状态将(   )。
    A. 保持不变   B. 随之变化
    C. 有时变有时不变   D. 与之无关
253. BC024 在全站仪精确整平时,先使照准部水准管与任意两个脚螺旋的连线平行,用两手同时以(   )方向转动两个脚螺旋使气泡居中,再将照准部旋转(   ),转动第三个脚螺旋使气泡居中。
    A. 相反,90°   B. 相同,90°   C. 相反,180°   D. 相同,180°
254. BC024 在全站仪精确整平时,先使照准部水准管与任意两个脚螺旋的连线平行,用两手同时以(   )方向转动两个脚螺旋使气泡居中,气泡移动的方向与操作者左手拇指方向(   )。
    A. 相同,一致   B. 相反,一致   C. 相同,相反   D. 相反,相反
255. BC025 GNSS 未设置采样间隔时仪器将(   )。
    A. 按照缺省采样间隔记录   B. 不记录
    C. 关机   D. 警报

256. BC025　当GNSS静态观测时内存卡没有空间时仪器将(　　)。
　　　A. 继续记录　　　B. 停止记录　　　C. 循环记录　　　D. 关机
257. BC026　由于基准站要播发数据信号给流动站,因而要尽量选择(　　)的GNSS网点设站。
　　　A. 地势低　　　B. 地势平坦　　　C. 地势高　　　D. 地势险峻
258. BC026　基准站的架设前,应根据基准站(　　)的描述对点位进行确认。
　　　A. 探勘资料　　　B. 位置草图　　　C. 测量设计　　　D. 工程设计
259. BD001　假设某测区的平均经度为119°,平均纬度为38°,平均高程为200m,现沿东西方向布设一条长约20km的导线,如果起算数据和观测数据都没有问题,那么造成导线相对闭合差超限的原因最有可能是(　　)。
　　　A. 边长未加入投影改正　　　B. 边长未归化至统一基准面
　　　C. 边长未加入大气折光改正　　　D. 边长未加入球、气差改正
260. BD001　在陆上石油物探测量规范中规定,用于导线控制测量的仪器,应采用测角标称精度不低于(　　)和测距标称精度不低于(　　)的全站仪。
　　　A. 10″,20mm　　　B. 8″,15mm　　　C. 6″,10mm　　　D. 3″,10mm
261. BD002　在水平角观测中,一测回中同一方向上、下半测回水平度盘读数之差,称为(　　)。
　　　A. 测回差　　　B. 照准差　　　C. 二倍照准差　　　D. 半测回归零差
262. BD002　在测回法水平角观测中,半测回角值等于右目标读数或右目标读数加360°减去(　　)。
　　　A. 右目标读数　　　B. 左常数　　　C. 左目标读数　　　D. 右常数
263. BD003　经纬仪望远镜、竖盘和竖盘指标差之间的关系是(　　)。
　　　A. 望远镜转动,指标也跟着转动,竖盘不动
　　　B. 望远镜转动,竖盘跟着转动,指标不动
　　　C. 望远镜转动,竖盘和指标都跟着转动
　　　D. 望远镜转动,竖盘和指标都不动
264. BD003　在利用普通光学经纬仪进行垂直角观测时,要特别注意在读取竖盘读数前使(　　)气泡居中。
　　　A. 圆水准器　　　B. 指标水准管　　　C. 照准部水准管　　　D. 望远镜水准管
265. BD004　根据现行的石油物探测量规范,作为控制测量的附合导线,用于三维地震勘探时,其总长应不超过(　　)。
　　　A. 10km　　　B. 15km　　　C. 20km　　　D. 25km
266. BD004　根据现行的石油物探测量规范,作为控制测量的附合导线,其方位角闭合差的限差为(　　)。
　　　A. $30''\sqrt{n}$　　　B. $40''\sqrt{n}$　　　C. $50''\sqrt{n}$　　　D. $60''\sqrt{n}$
267. BD005　根据现行的石油物探测量规范,作为控制测量的附合导线,其距离测量往返测较差的限差为(　　)。
　　　A. 0.01m　　　B. 0.02m　　　C. 0.05m　　　D. 0.04m

268. BD005 根据现行的石油物探测量规范,用于地震测线和物理点放样的导线,其方位角闭合差的限差为( )。
A. $60''\sqrt{n}$　　　B. $50''\sqrt{n}$　　　C. $45''\sqrt{n}$　　　D. $30''\sqrt{n}$

269. BD006 在导线测量中,( )的出发点和闭合点是基于两组不同的已知控制点。
A. 支导线　　　B. 附合导线　　　C. 闭合导线　　　D. 结点导线

270. BD006 一般来说,单一导线以图形结构的优劣按由低到高排序为( )。
A. 支导线、附合导线、闭合导线
B. 支导线、闭合导线、附合导线
C. 支导线、闭合导线、结点导线
D. 闭合导线、附合导线、结点导线

271. BD007 城市高程加密网可布设成( )种方式。
A. 1　　　B. 2　　　C. 3　　　D. 4

272. BD007 工程水准测量是为工程勘测设计与施工所进行的水准测量。它通常包括( )项内容。
A. 2　　　B. 3　　　C. 4　　　D. 5

273. BD008 石油物探中 GNSS 静态观测直接获得高程是( )。
A. 椭球高　　　B. 海拔高　　　C. 高差　　　D. 高度

274. BD008 我国在使用 1954 年北京坐标系时采用的高程系统是( )。
A. 1956 年黄海高程系
B. 1980 年西安高程系
C. 苏联 1942 高程系
D. CGCS2000 高程系

275. BD009 通过观测天体的高度角等元素,可以间接获得天体的真方位角,若同时也测定天体与某地面目标之间的( ),则就可以获得该地面目标的真方位角。
A. 高度角　　　B. 水平角　　　C. 磁偏角　　　D. 子午线收敛角

276. BD009 天顶距是从测站点铅垂线( )的夹角。
A. 向下方向　　　B. 向上方向　　　C. 水平方向　　　D. 垂直方向

277. BD010 所谓天球就是一个以测站为中心,以( )为半径的假想圆球。
A. 无穷大　　　B. 太阳半径　　　C. 一个光年　　　D. 一个天文单位

278. BD010 在大地测量中,( )与天球相交于上、下两点,分别称为天顶和天底。
A. 地球自转轴　　　B. 中央子午线　　　C. 测站铅垂线　　　D. 地球与太阳连线

279. BD011 在天文测量中,习惯上称天球子午面与天球( )的交线为子午线。
A. 地平面　　　B. 垂直面　　　C. 赤道面　　　D. 天球表面

280. BD011 地球绕太阳公转的轨道,即太阳绕地球作周年视运动的轨道,称为( )。
A. 天球白道　　　B. 天球赤道　　　C. 天球黄道　　　D. 天球水平面

281. BD012 在天文测量中,将天球黄道和天球赤道在天球面上的两个交点,称为( )。
A. 二至点　　　B. 二分点　　　C. 东西点　　　D. 南北点

282. BD012 太阳在黄道上做逆时针方向的周年是运动时从南半球到北半球所经过的点称为( )。
A. 冬至点　　　B. 夏至点　　　C. 春分点　　　D. 秋分点

283. BD013 高斯平面坐标系是根据( )投影所建立的平面直角坐标系。
A. 高斯-克吕格　　　B. 横轴墨卡托　　　C. 纵轴墨卡托　　　D. 克拉索夫斯基

284. BD013　天体 b 在地平坐标系中的方位角 A，就是由北点 N 沿地平圈顺时针量度到过天体 b 的（　　）的弧距。
　　　A. 子午圈　　　　B. 卯酉圈　　　　C. 垂直圈　　　　D. 时圈
285. BD014　时角赤道坐标系以天球赤道为基圈、（　　）为主圈、北天极 P 为极点、上赤道点 Q 为主点。
　　　A. 子午圈　　　　B. 卯酉圈　　　　C. 垂直圈　　　　D. 时圈
286. BD014　天体 b 在时角赤道坐标系内的时角 t，就是由（　　）沿赤道顺时针量度到过天体 b 的时圈的弧距，从 0°~360° 或从 0~24h。
　　　A. 天顶　　　　　B. 上赤道点　　　C. 天底　　　　　D. 下赤道点
287. BD015　太阳真高度角计算公式 $h=h'-R+Q$ 中的 h' 代表太阳的（　　）。
　　　A. 视高度角　　　B. 平高度角　　　C. 视方位角　　　D. 真方位角
288. BD015　太阳真高度角计算公式 $h=h'-R+Q$ 中的 R 代表太阳的（　　）。
　　　A. 方位角　　　　B. 蒙气差　　　　C. 地心视差　　　D. 地平视差
289. BD016　CGCS2000 坐标系是（　　）。
　　　A. 中国大地坐标系　B. 地方坐标系　　C. 苏联坐标系　　D. 全球坐标系
290. BD016　CGCS2000 中国大地坐标系参考历元为（　　）。
　　　A. 1985.0　　　　B. 1997.0　　　　C. 2000.0　　　　D. 2005.0
291. BD017　在由天体高度角计算天体真方位角的计算公式中，关键是获取太阳的（　　）。
　　　A. 时角　　　　　B. 视赤经　　　　C. 视赤纬　　　　D. 视半径
292. BD017　太阳的视赤纬 δ 因（　　）不同而有周期性的变化。
　　　A. 时间　　　　　　　　　　　　　B. 地点
　　　C. 地球自转速度　　　　　　　　　D. 地球公转速度
293. BD018　在太阳高度法测定方位角时，一测回内正、倒镜观测太阳的时间间隔不应超过 10min，各测回间的时间间隔一般（　　）。
　　　A. 不做限制　　　B. 不应超过 5min　C. 不应超过 10min　D. 不应超过 15min
294. BD018　在太阳高度法测定方位角时，应尽量选择最有利观测条件，如太阳宜在（　　）附近，高度角宜在 20°~30° 之间。
　　　A. 子午圈　　　　B. 卯酉圈　　　　C. 垂直圈　　　　D. 地平圈
295. BD019　在数据通信中，一组比特（通常为 8 位）称为一个（　　）。
　　　A. 字符　　　　　B. 波特　　　　　C. 字节　　　　　D. 比特率
296. BD019　在数据通信中，一般用一个字节来代表一个（　　）。
　　　A. 字符　　　　　B. 命令　　　　　C. 文件名　　　　D. 二进制位
297. BD020　在现代全站仪上，广泛采用（　　）作为记录装置。
　　　A. 软盘　　　　　B. 硬盘　　　　　C. 光盘　　　　　D. PCMCIA 卡
298. BD020　PCMCIA 存储卡根据（　　）的不同分为 Ⅰ 型、Ⅱ 型、Ⅲ 型等几种不同的型号。
　　　A. 尺寸　　　　　B. 重量　　　　　C. 容量　　　　　D. 存储速度
299. BD021　全站仪测图所使用的仪器比例误差系数不应大于（　　）。
　　　A. 1×10^{-5}　　B. 2×10^{-5}　　C. 5×10^{-5}　　D. 10×10^{-5}

300. BD021 全站仪测图所使用的仪器宜使用测距标称精度固定误差不应大于（　　）全站仪。
　　　A. 1mm　　　　　　B. 5mm　　　　　　C. 10mm　　　　　　D. 20mm
301. BD022 野外测绘工作一般采用（　　）先绘出测区草图，将各碎部测量点上的点号记录在草图的相应位置上，并注记地物地貌。
　　　A. 电台通知法　　　B. 电脑测记法　　　C. 大脑测记法　　　D. 草图测记法
302. BD022 一般用（　　）方法开展大比例尺数字地形测量。
　　　A. 航天遥感测量　　B. 航天摄影测量　　C. 航空摄影测量　　D. 卫星摄影测量
303. BD023 电子全站仪按测量功能模块分为（　　）两大系统。
　　　A. 观测系统和记录系统　　　　　　　　B. 测角系统和测距系统
　　　C. 控制系统和处理系统　　　　　　　　D. 操作系统和处理系统
304. BD023 全站仪测距时进行的温度改正，测定气温通常使用（　　）。
　　　A. 天气预报值　　　B. 通风干湿温度计　C. 感觉的气温　　　D. 上一天的温度
305. BD024 光电测距仪的（　　）为主要系统误差之一。
　　　A. 量高误差　　　　B. 棱镜误差　　　　C. 人为误差　　　　D. 比例误差
306. BD024 光电测距仪的（　　）为主要系统误差之一。
　　　A. 棱镜误差　　　　B. 测站仪器高误差　C. 温度误差　　　　D. 零点误差
307. BD025 在被测物间有水塘、河流，人员不能到达时，最简单的方式可采取（　　）测量方式。
　　　A. 任意三角形　　　B. 正三角形60°　　C. 梯形　　　　　　D. 平行四边形
308. BD025 测距仪在开阔地带测量时，被测物尽量（　　），这时测量得最准确。
　　　A. 有背景　　　　　B. 背景在左侧　　　C. 背景在右侧　　　D. 无背景
309. BD026 在测量工作中，常采用（　　）表示直线的方向。
　　　A. 坐标　　　　　　B. 方位角　　　　　C. 相对夹角　　　　D. 夹角极坐标
310. BD026 我国位于北半球，所以常把（　　）作为标准方向。
　　　A. 北方向　　　　　B. 东方向　　　　　C. 北极　　　　　　D. 西方向
311. BD027 全站仪与计算机间的数据传输通常采用异步半双工串行接口，遵从（　　）通信标准。
　　　A. ASA100　　　　　B. ISO9000　　　　 C. HSE2000　　　　 D. RS232C
312. BD027 在全站仪与计算机间的数据传输中，发送方波特率与接收方波特率应设置成（　　）。
　　　A. 一致　　　　　　B. 前者慢、后者快　C. 前者快、后者慢　D. 两者成整倍数关系
313. BD028 一等控制导线最大长度为（　　）。
　　　A. 4km　　　　　　 B. 6km　　　　　　 C. 8km　　　　　　 D. 10km
314. BD028 在地物分布比较密集复杂的建筑区，多采用（　　）。
　　　A. 导线测量方法　　B. RTK测量方法　　 C. 静态测量方法　　D. 快速静态测量方法
315. BD029 当纵坐标增量$\Delta x<0$，横坐标增量$\Delta y>0$时，则方位角α与象限角R的关系为（　　）。
　　　A. $\alpha=180°-R$　B. $\alpha=180°+R$　C. $\alpha=360°-R$　D. $\alpha=R+360°$

316. BD029　当纵坐标增量 Δx>0, 横坐标增量 Δy<0 时, 则方位角 α 与象限角 R 的关系为（　　）。
　　A. α=180°−R　　B. α=180°+R　　C. α=360°−R　　D. α=360°+R

317. BD030　已知 AB 的坐标方位角 α, BA 和 BC 之间的夹角 β（左角）, 则 BC 的坐标方位角为（　　）。
　　A. +β　　B. α−β　　C. α+β±360°　　D. α+β±180°

318. BD030　已知 BA 的坐标方位角 α, BA 和 BC 之间的夹角 β（左角）, 则 BC 的坐标方位角为（　　）。
　　A. α−β　　B. α+β　　C. α+β−180°　　D. α+β+180°

319. BD031　高程控制点通常以（　　）测量的方法建立。
　　A. 快速静态　　B. 水准　　C. RTK　　D. 静态

320. BD031　平面控制测量的（　　）就是控制点的实际点位。
　　A. 三脚架顶点　　B. 三脚架中心点　　C. 标石的底部　　D. 标石中心

321. BE001　在石油物探测量中, 导线测量一般是指导线测量和（　　）综合在一起而进行的测量工作。
　　A. 水准测量　　B. 三角测量
　　C. 三角高程测量　　D. 摄影测量

322. BE001　用于施工导线测量的仪器, 应采用测角标称精度（　　）的全站仪。
　　A. 不高于2″　　B. 不低于2″　　C. 不高于6″　　D. 不低于6″

323. BE002　导线上每隔一定距离测定（　　）以控制方位误差。
　　A. 太阳高度角　　B. 仪器2C差
　　C. 天文经纬度和方位角　　D. 仪器指标差

324. BE002　根据施工条件导线应闭合到控制点以（　　）。
　　A. 增加检核条件　　B. 提高放样精度
　　C. 提高施工效率　　D. 降低测量误差

325. BE003　导线起始于一个已知点而终止于另一个已知点, 这种导线称为（　　）。
　　A. 闭合导线　　B. 附合导线　　C. 支导线　　D. 导线网

326. BE003　导线的布设形式主要有（　　）和导线网两种。
　　A. 支导线　　B. 单一导线　　C. 环形导线　　D. 结点导线

327. BE004　闭合导线坐标闭合差的理论值等于（　　）。
　　A. 0　　B. +1　　C. −1　　D. 无穷大

328. BE004　闭合导线可以发现（　　）测量中的粗差。
　　A. 起算坐标　　B. 起算方位　　C. 测站角度　　D. 高差测量

329. BE005　支导线只作为补充形式用于特别困难地带, 并须严格限制其（　　）。
　　A. 起算点等级　　B. 总长度和导线边数
　　C. 转角大小和导线边长　　D. 起算坐标和起算方位

330. BE005　由已知控制点出发, 不附合、不闭合于任何已知点的导线叫作（　　）。
　　A. 直导线　　B. 支导线　　C. 单一导线　　D. 一字导线

331. BE006 导线网是目前工测控制网较常用的一种布设形式,网中的观测值是角度、方向和(　　)。
　　　A. 坐标　　　　　B. 高程　　　　　C. 边长　　　　　D. 方位
332. BE006 独立导线网的起算数据是(　　)起算点的 x,y 坐标和一个方向的方位角。
　　　A. 一个　　　　　B. 二个　　　　　C. 三个　　　　　D. 四个
333. BE007 测回是测绘科学与技术学科词目,观测因素的不同,统一规定由若干(　　)组成的观测单元。
　　　A. 单次观测　　　B. 多次观测　　　C. 2 次观测　　　D. 一系列观测
334. BE007 在陆上石油物探测量规范中规定,进行全站仪极坐标法实施测量时,水平角采用(　　)测定。
　　　A. 两测回法　　　B. 一测回法　　　C. 半测回法　　　D. 多测回法
335. BE008 在方向法水平角观测中,测站限差包括(　　)。
　　　A. 2C 差　　　　　　　　　　　　　B. 对中误差
　　　C. 上下半测回角值之差　　　　　　D. 上下半测回方向之差
336. BE008 在方向法水平角观测中,当 2C 互差、两个半测回同一方向值互差或各个测回间同一方向值互差超限时,均应重测超限方向并联测(　　)。
　　　A. 任一方向　　　B. 起始方向　　　C. 相邻方向　　　D. 相邻的两个方向
337. BE009 当一个点或一组点成果经检查达不到设计要求时,必须进行(　　)。重、补测应按原设计方法、精度要求进行。
　　　A. 重测或补测　　B. 空点　　　　　C. 内插　　　　　D. 取均值
338. BE009 目前大多数 RTK 仪器都已采用(　　)方法计算整周模糊度,大大缩短了解算时间。
　　　A. 随机法　　　　B. OTF　　　　　C. 测距　　　　　D. 求解波长
339. BE010 根据现行陆上石油物探测量规范,采用实时载波相位差分测量进行物理点复测检核时,检核的限差为 $\Delta x \leq 0.4m$、$\Delta y \leq 0.4m$、$\Delta h \leq (\quad)$。
　　　A. 0.6m　　　　　B. 0.8m　　　　　C. 1.0m　　　　　D. 1.2m
340. BE010 根据石油物探测量规范,采用实时差分测量放样物理点时,每条或每束测线的复测率应达到该条或该束测线物理点数的(　　)。
　　　A. 0.1%　　　　　B. 0.5%　　　　　C. 1%　　　　　　D. 5%
341. BF001 理论和实践表明,电磁波测距三角高程测量的精度完全能够达到(　　)的精度。
　　　A. 一、二等水准测量　　　　　　　B. 三、四等水准测量
　　　C. 一、二等三角测量　　　　　　　D. 三、四等三角测量
342. BF001 据有关资料显示,用标称精度为(5mm+5ppm)的全站仪进行各两测回对向观测,三角高程的精度与(　　)等水准的精度相当。
　　　A. 四　　　　　　B. 三　　　　　　C. 二　　　　　　D. 一
343. BF002 计算三角高程测量,当竖角为仰角时,角度值取(　　)值。
　　　A. 零　　　　　　B. 负值　　　　　C. 正值　　　　　D. 无穷大

344. BF002　计算三角高程测量,当竖角为俯角时,角度值取(　　)值。
　　　A. 0　　　　　　B. 负值　　　　　　C. 正值　　　　　　D. 无穷大
345. BF003　在三角高程测量中,(　　)使所测高差减小,应在所测结果中加入正值。
　　　A. 气差　　　　　B. 球差　　　　　　C. 指标差　　　　　D. 地平视差
346. BF003　以水平面作为基准面的高差和以水准面作为基准面的高差之间的差值就是(　　)。
　　　A. 气差　　　　　B. 球差　　　　　　C. 蒙气差　　　　　D. 球面角超
347. BF004　按照误差理论,导线全长闭合差属于(　　)。
　　　A. 相对误差　　　B. 绝对误差　　　　C. 极限误差　　　　D. 容许误差
348. BF004　导线全长闭合差等于(　　)。
　　　A. 横、纵坐标闭合差的和　　　　　　B. 横、纵坐标闭合差的平方和
　　　C. 横、纵坐标闭合差的平方和开方　　D. 横、纵坐标闭合差的平方差开方
349. BF005　衡量导线测量精度的指标是(　　)。
　　　A. 坐标增量闭合差　　　　　　　　　B. 导线全长闭合差
　　　C. 导线全长相对闭合差　　　　　　　D. 角度闭合差
350. BF005　闭合导线计算式根据外业观测的边长、夹角和方位角以及其中一个导线点的(　　),结合平差计算,来推算其余各导线点的坐标。
　　　A. 坐标　　　　　B. 高程　　　　　　C. 等级　　　　　　D. 温度
351. BF006　导线方位角闭合差的大小与(　　)有关。
　　　A. 导线平均边长　　　　　　　　　　B. 导线最大边长
　　　C. 导线转折角的大小　　　　　　　　D. 导线转折角的个数
352. BF006　求取导线方位角闭合差需要计算(　　)。
　　　A. 导线边长的和　B. 平均导线边长　　C. 最大导线边长　　D. 转折角度的和
353. BF007　一般来说,导线的角度闭合差应按(　　)的原则分配到各转折角的观测值中。
　　　A. 与角度成正比　B. 与角度成反比　　C. 各角平均分配　　D. 与夹边成反比
354. BF007　导线测量方位角闭合差应(　　)配赋到每个测站角度。
　　　A. 平均　　　　　　　　　　　　　　B. 逐渐增大
　　　C. 距离已知点越远越大　　　　　　　D. 距离已知点越远越小
355. BF008　附合导线坐标闭合差的理论值等于(　　)。
　　　A. 0　　　　　　　　　　　　　　　　B. 1
　　　C. 起点坐标与终点坐标之差　　　　　D. 终点坐标与起点坐标之差
356. BF008　在导线类型中(　　)能够计算坐标闭合差。
　　　A. 支导线　　　　B. 闭合导线　　　　C. 附合导线　　　　D. 节点导线网
357. BF009　计算附和导线时纵坐标增量改正数等于(　　)除以边长。
　　　A. 导线全长闭合差　　　　　　　　　B. 纵坐标闭合差
　　　C. 横坐标闭合差　　　　　　　　　　D. 方位角闭合差
358. BF009　计算附和导线时横坐标增量改正数等于(　　)除以边长。
　　　A. 导线全长闭合差　B. 纵坐标闭合差　C. 横坐标闭合差　　D. 方位角闭合差

二、多项选择题(每题有4个选项,有2个或2个以上是正确的,将正确的选项号填入括号内)

1. AA001　打开已存在的 Word 文档方法正确的是(　　)。
   A. 按下 Win+R 打开运行,在运行框输入要打开文件的文件路径,点击回车即可打开文档
   B. 先运行 Word 程序,再直接点击"文件"→"打开"并选择要打开的方法即可打开文件
   C. 鼠标左键单击 Word 文档
   D. 鼠标右键单击 Word 文档

2. AA002　在 Word 窗口的菜单栏中有(　　)等主菜单选项。
   A. 文件(F)　　　　B. 编辑(E)　　　　C. 帮助(H)　　　　D. 状态

3. AA003　以下有关 Word 中"项目符号"的说法正确的是(　　)。
   A. 项目符号可以改变　　　　　　　B. 项目符号包括阿拉伯数字
   C. 项目符号可自动顺序生成　　　　D. 不可自定义项目符号

4. AA004　若要用低版本的 Word 打开 Word 的文档,则应在 Word2000 中对文档进行的处理是(　　)。
   A. 在"文件"→"另存为"对话框中,更改文件名
   B. 在"保存"的对话框内,"保存类型"框里选择"文档模板"
   C. 在"工具"→"选项"对话框中选择相应的保存信息,再保存
   D. 在"文件"→"另存为"的对话框内,"保存类型"框里选择相应版本

5. AA005　在 Word 中,(　　)操作可以保存当前文档。
   A. 单击"常用"工具栏中的"保存"按钮　　B. 依次单击"文件"→"保存"选项
   C. 依次单击"文件"→"新建"选项　　　　D. 依次单击"文件"→"打印"选项

6. AA006　用 Word 编辑时,若要在文本中加入省略号"……",操作正确的是(　　)。
   A. 组合键"Alt+Ctrl+."　　　　　　B. 组合键"Shift+Alt+."
   C. 组合键"Shift+Ctrl+."　　　　　D. [插入]菜单中的[符号]命令

7. AA007　在 Word 中删除已经选定的文字,可采用的方法是(　　)。
   A. 点击"DEL"　　B. 点击"空格键"　　C. "Ctrl+S"　　D. "Ctrl+Z"

8. AA008　在 Word 中有关移动和复制说法正确的是(　　)。
   A. 图形不可以复制
   B. 要移动选定内容,可以用鼠标拖放的方法
   C. 要复制选定内容,按住 Ctrl 键不放,同时用鼠标将选定内容拖至目的位置
   D. 可用鼠标右键拖动选定内容,在释放鼠标键时,选择出现的快捷菜单中相应的移动和复制选项

9. AA009　关于剪贴板说法正确的是(　　)。
   A. 剪贴板上支持一次最多存储12个记录
   B. 剪贴板工具栏提供了一次将剪贴板上的所有内容全部粘贴的功能
   C. 剪贴板工具栏提供了一次将剪贴板上的所有内容全部清除的功能
   D. 可以先选择剪贴板上的任意一个内容项,然后选择主菜单栏的【选择性粘贴】命令,进行有选择地粘贴

10. AA010　要查找 Word 文档中的某一词,可以采用的方法是(　　)。
　　A. 点击菜单栏中的"查找"　　　　　　B. 运用组合键"Ctrl+F"
　　C. 运用组合键"Ctrl+C"　　　　　　　D. 运用组合键"Ctrl+S"
11. AA011　在 Word 文档中实现替换功能的方法有(　　)。
　　A. 执行"编辑"菜单中的"替换"命令
　　B. 在"查找和替换"对话框中选择"替换"
　　C. "Ctrl+C"
　　D. "Ctrl+S"
12. AA012　在 Word 中,使用"字体"对话框,可以完成(　　)设置。
　　A. 字号　　　　　　　　　　　　　　B. 字体
　　C. 加下划线　　　　　　　　　　　　D. 右对齐
13. AA013　在 Word 中,若想在空白行下打出下划线,可采用的方法是(　　)。
　　A. 在中文拼音输入法下,使用快捷键 Ctrl+"减号"
　　B. 在中文拼音输入法下,使用快捷键 Shift+"减号"
　　C. 先点击 Word 格式工具栏中的"U"下划线功能,然后按住空格键
　　D. 直接将输入法切换到"美式键盘",然后使用 Word 快捷键 Shift+"减号"
14. AA014　若设置 Word 文档中的字形,可采取方法是(　　)。
　　A. 选中文字,右击,选"字体"
　　B. 在"格式"菜单中选"字体"
　　C. Ctrl+空格
　　D. Ctrl+S
15. AA015　Word 缩放大字体方法可以是(　　)。
　　A. 选中需要放大的字,然后在"格式"工具栏中的"字号"里面输入
　　B. 选择 Word 文档中需要放大的文字,然后单击鼠标右键,在弹出的选项菜单中选择
　　　 "字体",然后在"字号"里面可以输入更大的字号
　　C. 选中文字后用组合键"Ctrl+]"按住不放,就可以自动地慢慢放大字体
　　D. 选中文字后用组合键"Ctrl+["就能慢慢地缩小字体
16. AA016　在 Word 文档中取消刚刚修改的文字颜色,可采取的方法是(　　)。
　　A. 运用"撤销"键　　　　　　　　　　B. 运用字体颜色对话框修改为原来的颜色
　　C. 格式、字体　　　　　　　　　　　D. 格式、项目符号
17. AA017　关于 Word 文档中字符间距的调整,以下说法正确的是(　　)。
　　A. 可以实现整篇文档字符间距的统一设置
　　B. 文档中中西文字符间距要分别设置
　　C. 可以实现文档中单行文字字符间距的一次性设置
　　D. 可以在"字体"对话框中进行文档字符间距的设置
18. AA018　在 Word 中,要加大一部分文字的水平间距,可用(　　)。
　　A. "格式""字体"　　　　　　　　　　B. "格式""组合字符"
　　C. "格式""分散字符"　　　　　　　　D. 工具栏上的"缩放字符"图标

19. AA019　在 Word 下,可以设置段落缩进方式的是(　　)。
    A. 垂直标尺上的缩进标记　　　　　B. 水平标尺上的缩进标记
    C. 使用"格式"菜单中的"段落"命令　　D. 使用"格式"菜单中的"字体"命令

20. AA020　一篇 Word 文档中的文字可以设置显示为(　　)。
    A. 横排　　　　B. 斜排　　　　C. 竖排　　　　D. 横排和竖排

21. AA021　有关页面显示的说法正确的有(　　)。
    A. Word 有"Web 版式"视图
    B. 在页面视图中可以拖动标尺改变页边距
    C. 多页显示只能在打印预览状态中实现
    D. 在打印预览状态仍然能进行插入表格等编辑工作

22. AA022　关于 Word 文档纸张设置,描述正确的是(　　)。
    A. "Ctrl+C"键可以弹出纸张设置对话框
    B. "Ctrl+S"键可以弹出纸张设置对话框
    C. 在"打印"命令中"打印机属性"下"纸张/质量"下可以设置打印纸张大小
    D. 在"页面布局"菜单的"纸张大小"中设置纸张大小

23. AA023　在 Word 文档中,可以改变页边距的方法有(　　)。
    A. 组合键"Ctrl+>"可以使页边距变大
    B. 组合键"Ctrl+<"可以使页边距变大
    C. 在 Word 的打印预览状态下可以改变页边距
    D. 在页面视图中可以拖动标尺改变页边距

24. AA024　关于 Word 文档页眉和页脚说法正确的有(　　)。
    A. 在只要求插入页码时,用插入、页码制作页眉页脚
    B. 点击视图中的"页眉和页脚"制作页眉页脚
    C. "页眉"是指页面上页边部分
    D. "页眉和页脚"是在同一个视图中的

25. AA025　可以在 Word 文档中加上页码的是(　　)。
    A. 用"页面设置"命令　　　　　B. 用"插入""页码"命令
    C. 用"工具""页码"命令　　　　D. 在"视图""页眉和页脚"命令中插入

26. AA026　在 Word 文档中的表格,可以对表格样式进行处理的是(　　)。
    A. 在表格中插入行、列　　　　　B. 上、下合并单元格
    C. 调整单元格的高度、宽度　　　D. 对角线拆分单元格

27. AA027　关于在 Word 表格中插入行,说法正确的是(　　)。
    A. 先选中一行,然后在选中行上点击右键,在弹出的菜单中,依次选择"插入"-"在下方插入行",那么就成功添加一行了
    B. 一次性可以在 Word 文档的表格中插入多行
    C. Word 文档表格中插入行只能插入到表格最后一行后面
    D. Word 表格中插入表格的行数可以自己定义

28. AA028　关于 Word 表格列的说法正确的是(　　)。

　　A. 插入表格时直接可以定义表格中列的数量

　　B. 用鼠标可以调整表格列的宽度

　　C. 表格中可以插入列

　　D. 表格列的背景颜色可以选择

29. AA029　关于 Word 表格,说法正确的是(　　)。

　　A. 两个表格不能合并

　　B. 最多只能合并两个表格

　　C. 将两个表格之间的段落标记删除,这样两个表格即可焊接在一起

　　D. 将两个表格合并的关键是:两个表格的文字环绕方式必须为"无"

30. AA030　若要拆分 Word 表格中的某一单元格,操作正确的是(　　)。

　　A. 光标在此表格中,鼠标右键,选择"拆分单元格"

　　B. 光标在此表格中,"Shift+空格"组合键

　　C. 光标选中此表格中"Shift+空格"组合键

　　D. 光标选中此表格中,鼠标右键,选择"拆分单元格"

31. AA031　关于 Word 表格大小的调整,正确的说法是(　　)。

　　A. "表格属性"项可以精确地调整表格大小

　　B. 通过将鼠标移动到表格右下角,然后按住右键不放拖动即可调整表格整体的大小

　　C. 将光标移动到要调整其高度的行的下边框,上下拖动即可调整行高

　　D. 将光标移动到要调整其列宽的列的右边框,左右拖动即可调整列宽

32. AA032　以下关于 Word 表格的操作说法正确的是(　　)。

　　A. Word 表格虚框构成单元格的边框,是不能打印的,也就是打印出来不显示

　　B. 在 Word 中,点击菜单栏的"表格—隐藏虚框"即可将 Word 表格虚框给隐藏掉

　　C. 在 Word 里,可以将表格的某些行或列的边框线设置为"无",但是在编辑界面,还是可以看到边框线的,只是颜色显示为灰色

　　D. 在 Word 里,可以将表格的某些行或列的边框线设置为"无",但是在编辑界面,还是可以看到边框线的,只是颜色显示为红色

33. AA033　关于 Word 表格底纹的描述正确的是(　　)。

　　A. 去掉表格的底纹,可以选中有底色的表格、点右键、"边框和底纹""底纹""无填充颜色",确定

　　B. 在"边框和底纹"对话框中切换到"底纹"选项卡,改变选项卡内"样式",可以修改选中表格的底纹

　　C. 若改变 Word 表格底纹,需要选中需要设置底纹的区域

　　D. 一个 Word 文档中的表格底纹只能一种

34. AA034　关于表格中文本格式的说法,正确的是(　　)。

　　A. 表格中的文本可用[格式]工具栏的"字体"和"字号"来修饰

　　B. 表格中文字的左右居中,可用[格式]工具栏上的"居中"图标

　　C. 表格中文字的上下对齐,可用[格式]工具栏上的"垂直居中"图标

　　D. 表格中文字的上下对齐,可以用[表格和边框]工具栏的"垂直居中"图标

35. AA035　以下关于 Word 操作正确的是(　　)。

　　A. Word 文档表格可以实现简单的数据求和

　　B. Word 文档表格可以实现求平均值

　　C. Word 表格中可以使用一些简单公式运算

　　D. 一些复杂的公式运算,往往会选择用 Excel 表格来完成

36. AA036　以下关于 Word 排序操作正确的是说法是(　　)。

　　A. Word 表格可以实现排序功能

　　B. 表格可像图片一样,按几种环绕方式进行文本环绕

　　C. Word 文档表格中数字内容只能按照升序排列

　　D. Word 文档表格中数字内容可以按照升序、降序排列

37. AA037　要对文档进行打印,正确的操作是(　　)。

　　A. Alt+T　　　　　　　　　　　B. Ctrl+P

　　C. 单击"文件"->"打印"　　　　D. 单击工具栏上的打印图标

38. AB001　一组观测值的精度高低可以用(　　)评定。

　　A. 中误差　　　B. 最大误差　　　C. 最小误差　　　D. 平均误差

39. AB002　同精度观测时,观测值代数和的中误差(　　)。

　　A. 与观测值个数的平方根成正比

　　B. 与观测值个数的平方根成反比

　　C. 等于观测值个数与观测值中误差的乘积

　　D. 等于观测值个数平方根与观测值中误差的乘积

40. AB003　在相同观测条件下,不论观测次数多少,均以(　　)作为未知量的最或是值。

　　A. 带权平均值　　B. 算术平均值　　C. 最小值　　　D. 平均值

41. AB004　在计算不同精度观测值的最或是值时,精度低的观测值(　　)。

　　A. 所占的比重大　　B. 所占的比重小　　C. 中误差小　　D. 中误差大

42. AB005　在计算观测值的权时,常数可以取值(　　)。

　　A. 1　　　　　　　　　　　　B. 某观测值的中误差

　　C. 100　　　　　　　　　　　D. 任意常数

43. AB006　带权平均值的中误差(　　)。

　　A. 与各观测值的权之和开方成反比　　B. 与各观测值的权平方之和开方成反比

　　C. 与单位权中误差无关　　　　　　　D. 与单位权中误差有关

44. AB007　同精度观测条件下观测值的(　　)是无法求出的。

　　A. 平均值　　　B. 真值　　　C. 真误差　　　D. 中误差

45. AC001　需要在全国范围内统一的(　　)的定义和技术要求应建立国家标准。

　　A. 国家大地基准　　　　　　　B. 高程基准

　　C. 重力基准　　　　　　　　　D. 深度基准

46. AC002　测绘生产不得使用(　　)的测绘计量器具。

　　A. 未经检定　　　　　　　　　B. 检定不合格

　　C. 超过检定周期　　　　　　　D. 检定合格周期内

47. AC003　国家实行测绘资质管理的目的是(　　)。
　　A. 规范测绘资质行政许可行为　　　B. 维护测绘市场秩序
　　C. 提高测绘工作效率　　　　　　　D. 促进地理信息产业发展
48. AC004　国家实行测绘作业证管理的目的是(　　)。
　　A. 使测绘工作顺利进行
　　B. 保障测绘人员的身心健康
　　C. 保护国家秘密
　　D. 保障测绘外业人员进行测绘活动时的基本权利
49. BA001　GNSS 控制测量外业观测阶段的质量控制主要从(　　)、记录手簿的填写等方面考虑。
　　A. 观测计划　　　B. 观测时段的长度　　C. 参数的设置　　D. 天线的安置
50. BA002　碎部测量是根据比例尺要求,运用地图综合原理,利用图根控制点对地物、地貌等地形图要素的特征点,用测图仪器进行测定并对照实地用(　　)等绘制成地形图的测量工作。
　　A. 等高线　　　　　　　　　　　　B. 地物
　　C. 地貌符号和高程注记　　　　　　D. 地理注记
51. BA003　地形图一般都有(　　)三个要素。
　　A. 方位　　　　B. 距离　　　　C. 高程　　　　D. 等高线
52. BA004　关于地形测量所采用的方法,以下描述正确的是(　　)。
　　A. 野外数据采集用全站仪或者 RTK 采集野外碎步点的坐标和高程
　　B. 野外采集的数据传输到电脑,通过专业成图软件进行展点和绘图
　　C. 采用经纬仪配合皮尺进行野外数据采集
　　D. 采用经纬仪配合水准仪进行野外数据采集
53. BA005　在进行数字化地形测量过程中 GNSS 布设的图根点尽量远离(　　)。
　　A. 高压线　　　B. 电站　　　　C. 大面积水域　　D. 变压器
54. BA006　在进行地形测量中 RTK 测量可以获得地形点的(　　)。
　　A. 坐标　　　　B. 高程　　　　C. 地物属性　　　D. 地下特征
55. BA007　在地形测图中,凡能够依比例尺表示的地物,应测定其轮廓拐点,必要时填(　　)。
　　A. 符号　　　　B. 注记　　　　C. 最高点　　　　D. 平均位置
56. BA008　用真实的或隐含的轮廓线,并在其范围内用填充(　　)等方式,表示呈间断成片分布的面状现象质量特征的方法是范围法。
　　A. 颜色　　　　B. 网纹　　　　C. 符号　　　　　D. 注记
57. BA009　属于地貌特征点的有(　　)。
　　A. 山的最高点　B. 洼地的最低点　C. 谷口点　　　D. 鞍部的最低点
58. BA010　对地图上地物、地貌符号的样式、规格、颜色、使用以及(　　)等所做的统一规定,是测绘标准之一,被称为地图图式。
　　A. 地图注记　　B. 图廓整饰　　C. 面积　　　　　D. 高度

59. BA011 以下属于简码法数字化测图作业流程步骤的是(　　)。
    A. 外业数据采集　　　　　　　　B. 内业概略编图
    C. 草图外业补充调绘　　　　　　D. 内业详细编图

60. BA012 传统上,图根平面控制多以(　　)为主,而以测角、测边交会作为补充形式。
    A. 导线测量　　B. 小三角测量　　C. 水准测量　　D. 三角高程测量

61. BA013 单一导线分为(　　)。
    A. 支导线　　B. 闭合导线　　C. 附合导线　　D. 碎部点

62. BA014 测量控制点点之记应包含以下内容(　　)。
    A. 点位示意图　　B. 点名　　C. 日期　　D. 记录员

63. BA015 二维测线遇到大型障碍物时可以考虑参照(　　)施工。
    A. 测量规范要求　　B. 施工设计要求　　C. 随意施工　　D. 障碍物所有人要求

64. BA016 关于地震勘探导线跨越障碍,以下说法正确的是(　　)。
    A. 可以采用任意角度进行跨越,但绕过障碍后要回到原设计测线上
    B. 可以采用任意角度进行跨越,跨越障碍时,可以采用坐标增量法进行实地计算
    C. 跨越障碍时,可采用三角形方法
    D. 跨越障碍时,可采用矩形图形进行跨越

65. BA017 现代地球椭球参数主要几何和物理常数包含(　　)。
    A. 地球椭球赤道半径　　　　　　B. 地心引力常数
    C. 正常化二阶带谐系数　　　　　D. 地球平均温度

66. BA018 以下说法正确的是(　　)。
    A. 利用经纬仪测绘法进行地形图测绘,在测定某一个碎部点时,至少需要2个控制点
    B. 地形图测绘的经纬仪测绘法,测站到碎部点的斜距可用光学视距法测定
    C. 经纬仪法的地形图测绘中,每个测站可以观测很多碎部点
    D. 经纬仪法的地形图测绘中用到的控制点要通视

67. BA019 以下关于全站仪测图的描述正确的是(　　)。
    A. 全站仪不能在强光下长期工作应架太阳伞保护全站仪
    B. 全站仪野外测图数据要及时备份
    C. 全站仪只能测量角度
    D. 全站仪可以进行控制测量

68. BA020 以下关于高程面的描述正确的是(　　)。
    A. 布测全国统一的高程控制网,首先必须建立一个统一的高程基准面
    B. 高程基准是推算国家统一高程控制网中所有水准高程的起算依据
    C. 1956年黄海高程系统现今已经不允许使用
    D. 1956年黄海高程系统与1985年高程系统几乎相等

69. BA021 关于1985年国家高程基准,以下描述正确的是(　　)。
    A. 1985年国家高程基准=1956年黄海高程−0.029(m)
    B. 1985年国家高程基准"是72.260m
    C. 1985年国家高程基准不能用于城市测图
    D. 1985年高程基准现在已全面废止

70. BA022 以下关于1954年国家坐标系的描述正确的是( )。
   A."1954年北京坐标系",是采用苏联克拉索夫斯基椭圆体
   B. 在1954年完成测定工作的
   C. 1954年国家大地坐标系,实质上是苏联普尔科沃为原点的1942年坐标系的延伸
   D. 1954年国家坐标系已经全面废止

71. BA023 下列坐标系属于参心坐标系的是( )。
   A. 1954年北京坐标系　　　　　　B. 1980年西安坐标系
   C. WGS—1984坐标系　　　　　　D. CGCS—2000年坐标系

72. BA024 以下关于新北京1954年坐标系的描述正确的是( )。
   A. 坐标系为参心大地坐标系
   B. 大地上的一点可用经度、纬度和大地高表示
   C. 其坐标系椭球是克拉索夫斯基椭球
   D. 经局部平差后产生的坐标系

73. BA025 建立国家平面控制网的传统常规方法有( )。
   A. 支导线测量　　B. 三角测量　　C. 碎部测量　　D. 精密导线测量

74. BA026 关于国家基本高程控制,以下描述正确的是( )。
   A. 国家水准网中水准点的高程,其施测精度逐级降低,由高级控制低级
   B. 国家一、二等水准路线要实施重力测量,供改正水准测量数据之用
   C. 国家精密高程控制网是 GNSS 静态测量建立的
   D. 国家精密高程控制网是用三角高程测量方法建立的

75. BB001 近年来,大地测量学又出现空间大地测量学、( )等分支。
   A. 陆地大地测量学　　　　　　B. 海洋大地测量学
   C. 动态大地测量学　　　　　　D. 惯性大地测量学

76. BB002 大地测量学的基本任务是研究全球,建立与时间相依的地球参考坐标框架,研究地球形状及其外部重力场的( )。
   A. 理论　　　B. 方法　　　C. 强度　　　D. 方向

77. BB003 大地测量的主要内容包括三角测量、重力测量、惯性大地测量、( )等。
   A. 导线测量　　B. 水准测量　　C. 天文测量　　D. 卫星大地测量

78. BB004 大地基准的起算数据包含大地原点的( ),以及用以确定大地坐标系统和大地控制网长度基准的起算边边长。
   A. 大地经度　　　　　　　　　B. 大地纬度
   C. 大地水准面差距　　　　　　D. 相邻点方向的大地方位角

79. BB005 大地原点的整个设施由( )等部分组成。
   A. 中心标志　　B. 仪器台　　C. 主体建筑　　D. 投影台

80. BB006 以下关于坐标转换的描述正确的是( )。
   A. 不同坐标系间可以进行坐标转换
   B. 不同坐标系间的转换使用的已知点应是一一对应关系
   C. 可以使用三参数进行坐标转换
   D. 不同坐标系间不能进行转换

81. BB007　国家基本比例尺地形图中的小比例尺地形图包括(　　)。
    A. 1∶50000　　　B. 1∶100000　　　C. 1∶250000　　　D. 1∶500000

82. BB008　比例尺的种类按照表示方法可分为(　　)。
    A. 数字比例尺　　B. 图示直线比例尺　C. 复比例尺　　　D. 汉字文字比例尺

83. BB009　地图要素的误差主要由(　　)方面引起。
    A. 资料数据和图稿的误差　　　　　B. 地图投影的误差
    C. 图示符号误差　　　　　　　　　D. 地球参数误差

84. BB010　为大比例尺地形测图而建立的基本控制网,其(　　)应以满足图根控制的需要为基本原则。
    A. 位置　　　　　B. 密度　　　　　C. 等级　　　　　D. 精度

85. BB011　图根点是直接供测图使用的控制点,它包含(　　)。
    A. 平面控制点　　B. 高程控制点　　C. 卫星控制点　　D. 导线控制点

86. BB012　在布设测图图根点的过程中,一般布设图根点的密度要求为(　　)。
    A. 布设均匀　　　　　　　　　　　B. 数量适中
    C. 能够满足碎部测量　　　　　　　D. 越大越好

87. BB013　为大比例尺地形测图而建立的基本控制网要满足图根控制(　　)的需要。
    A. 仪器　　　　　B. 密度　　　　　C. 精度　　　　　D. 数据采集者

88. BB014　在大比例尺地形测图中,碎部点平面位置的测定方法主要有(　　)。
    A. 极坐标法　　　B. 方向交会法　　C. 距离交会法　　D. 小三角测量法

89. BB015　地面上一点的正高值(　　)。
    A. 能够精确测定　B. 不能精确测定　C. 理论上是唯一的　D. 理论上是多解的

90. BB016　地面正常高的特点是(　　)。
    A. 以大地水准面为基准面　　　　　B. 以似大地水准面为基准面
    C. 以正常重力线为基准线　　　　　D. 以地面法线为基准线

91. BB017　造成大地水准面差距的主要原因是(　　)。
    A. 地球表面起伏　　　　　　　　　B. 地球内部质量分布不匀
    C. 计算误差　　　　　　　　　　　D. 野外测量误差

92. BB018　以下关于绝对高程描述正确的是(　　)。
    A. 绝对标高就是该点相对于标准点的高度
    B. 我国在青岛设立验潮站,长期观测和记录黄海海水面的高低变化,取其平均值作为绝对高程的基准面
    C. 绝对高程是指某点到大地椭球面间的垂直距离
    D. 绝对高程均为正数

93. BB019　以下关于相对高程的描述正确的是(　　)。
    A. 相对高程是地面某点沿铅垂线方向到达某一水平面的距离
    B. 相对高程可以用水准仪和一套标尺测量求得
    C. 相对高程多数情况等于绝对高程
    D. 相对高程没有单位

94. BB020　要计算某点的高程异常值,需要知道该点的(　　)。
　　A. 仪器高　　　　B. 海拔高　　　　C. 椭球高　　　　D. 相对高程

95. BB021　等高线按其作用不同,可分为(　　)。
　　A. 首曲线　　　　B. 计曲线　　　　C. 间曲线　　　　D. 助曲线

96. BB022　1∶1000000 比例尺地形图包含(　　)。
　　A. 36 幅 1∶200000 地形图　　　　B. 8 幅 1∶250000 地形图
　　C. 144 幅 1∶100000 地形图　　　D. 576 幅 1∶50000 地形图

97. BB023　我国地处东经 73°30′~135°10′、北纬 3°28′~53°34′之间,所在国际 1∶1000000 地形图的行号范围为(　　),列号范围为(　　)。
　　A. 列号 13~23　　B. 行号 B~N　　C. 行号 A~N,　　D. 列号 43~53

98. BB024　按照我国原采用地形图分幅规则,每幅 1∶100000 地形图的范围是经差(　　)、纬差(　　)。
　　A. 经差 20′　　　B. 纬差 30′　　　C. 经差 30′　　　D. 纬差 20′

99. BB025　某 1∶500000 地形图的编号可以描述为(　　)。
　　A. L51E001009　B. L52C004001　C. L-51-5-甲　　D. L-51-12

100. BB026　绘制地形图时等高距的大小应根据(　　)而定。
　　A. 比例尺　　　　B. 地面坡度　　　C. 用途目的　　　D. 测绘仪器

101. BB027　关于坡度的描述正确的是(　　)。
　　A. 坡度可能为正数　B. 坡度都为负数　C. 坡度不能为零　D. 坡度可能是零

102. BB028　关于二维测线的描述正确的是(　　)。
　　A. 二维测线的方位角是指主测线的方位角
　　B. 二维测线线号的编排一般遵循东大西小南小北大的原则
　　C. 二维测线的方位角是指联络测线的方位角
　　D. 二维测线线号的编排一般遵循西大东小南大北小的原则

103. BB029　每个物探工区计划布设的测线网在技术设计中一般给定的参数包括(　　)。
　　A. 原点　　　　　B. 施工单位　　　C. 起算方位角　　D. 施工人员

104. BC001　使用全站仪能够进行(　　)。
　　A. 测距　　　　　B. 测角　　　　　C. 测高差　　　　D. 坐标放样

105. BC002　全站仪的基本功能是(　　)。
　　A. 测角　　　　　B. 测距　　　　　C. 坐标放样　　　D. 高程放样

106. BC003　全站仪的视准轴即望远镜和(　　)的连线。
　　A. 目标　　　　　B. 物镜中心　　　C. 目镜中心　　　D. 十字丝中央交点

107. BC004　随着电子测距仪进一步的轻巧化,现代全站仪的测距仪的(　　)一般为同轴结构,这对保证较大垂直角条件下的距离测量精度非常有利。
　　A. 水准轴　　　　B. 发射轴　　　　C. 接收轴　　　　D. 望远镜的视准轴

108. BC005　电子经纬仪一般用于(　　)。
　　A. 城市三角控制测量　　　　　　　B. 城市工程测量
　　C. 水准测量　　　　　　　　　　　D. 卫星定位测量

109. BC006　经纬仪按测角原理和读数设备分为(　　)。
　　　A. 普通经纬仪　　　　　　　　　B. 游标经纬仪
　　　C. 电子经纬仪　　　　　　　　　D. 光学经纬仪

110. BC007　现代的电子经纬仪大都借助于(　　)。
　　　A. 补偿器　　B. 电子气泡　　C. 水准气泡　　D. 水准管

111. BC008　全站仪电子气泡显示的纵向和横向的倾斜值分别是指竖轴在(　　)的倾斜。
　　　A. 铅垂方向和水平方向　　　　　B. 视准轴方向
　　　C. 横轴方向　　　　　　　　　　D. 东西方向和南北方向

112. BC009　新型全站仪的三轴补偿器可自动测定(　　)并加以改正。
　　　A. 竖轴误差　　B. 横轴误差　　C. 视准轴误差　　D. 温度

113. BC010　电磁波测距仪按所采用测距方式的不同分为(　　)。
　　　A. 微波式测距仪　　　　　　　　B. 脉冲式测距仪
　　　C. 相位式测距仪　　　　　　　　D. 激发式测距仪

114. BC011　电磁波测距仪按所采用载波的不同分为(　　)。
　　　A. 微波测距仪　　　　　　　　　B. 激光测距仪
　　　C. 光电测距仪　　　　　　　　　D. 脉冲式测距仪

115. BC012　为提高卫星定位控制网的尺度精度，可引入高精度电磁波测距值，将它们作为(　　)与 GNSS 观测值进行联合平差。
　　　A. 起算边长　　B. 相对精度　　C. 尺度精度　　D. 观测值

116. BC013　各种电磁波的本质几乎完全相同，只是各自的(　　)不同而已。
　　　A. 传播速度　　B. 波长　　C. 传播方式　　D. 频率

117. BC014　为避免或减少多路径效应的发生，GNSS 点应远离对电磁波信号反射强烈的地形、地物，如(　　)等。
　　　A. 大片水域　　B. 平地　　C. 山坡　　D. 高耸建筑物

118. BC015　电磁波信号的参数包括(　　)。
　　　A. 振幅　　B. 频率　　C. 相位　　D. 电压

119. BC016　电磁波测距的公式中 $D=\frac{1}{2}ct$ 涉及的变量有(　　)。
　　　A. 光速　　B. 时间差　　C. 空间距离　　D. 角度

120. BC017　测距仪的分类包括(　　)。
　　　A. 激光测距仪　　　　　　　　　B. 红外测距仪
　　　C. 超声波测距仪　　　　　　　　D. 电磁波测距仪

121. BC018　全站仪测距标称精度中的比例误差主要由(　　)等引起。
　　　A. 距离　　　　　　　　　　　　B. 大气折射率误差
　　　C. 乘常数测定误差　　　　　　　D. 仪器频率误差

122. BC019　在电磁波测距中，测距仪的标称精度通常表示±A+B×D，在此公式中涉及的参数有(　　)。
　　　A. 固定误差　　B. 比例误差　　C. 周期误差　　D. 认为观测误差

123. BC020　在电磁波测距原理中,将电磁波在空气中传播的速度当作常数,而实际上,电磁波在空气中传播的速度与(　　)密切相关。
　　A. 仪器电压　　　B. 电磁波频率　　　C. 大气密度　　　D. 仪器电流
124. BC021　全站仪加常数的作用是用于改正由(　　)引起的测距系统误差。
　　A. 气象　　　　　B. 仪器常数　　　　C. 棱镜常数　　　D. 温度
125. BC022　测距仪的乘常数与(　　)有关。
　　A. 频率偏移　　　　　　　　　　　B. 标称频率
　　C. 周期偏移,标称周期　　　　　　D. 整周未知数,整周数
126. BC023　在安置全站仪过程中,需要做的工作是(　　)。
　　A. 调整仪器脚螺旋　　　　　　　　B. 观看光学对中器
　　C. 设置仪器归零角度　　　　　　　D. 设置仪器温度
127. BC024　全站仪物镜调焦的目的是(　　)。
　　A. 仪器读数更精准
　　B. 使目标成像与十字丝影像同时最为清晰
　　C. 使目标成像准确落在十字丝平面上
　　D. 仪器显示的距离更精准
128. BC025　关于 GNSS 静态作业的描述正确的是(　　)。
　　A. 架设 GNSS 接收机后进行对中、整平
　　B. 接收机开机后不要马上记录数据
　　C. 开机后连接电源
　　D. 可以带电插拔
129. BC026　设置参考站时应注意(　　)。
　　A. 主机严禁带电插拔　　　　　　　B. 输入正确的参考站坐标
　　C. 输入正确的转换参数　　　　　　D. 提前连接电台天线
130. BD001　在导线控制测量中,测角的1″、2″、6″级仪器分别包括(　　)。
　　A. 全站仪　　　　B. 电子经纬仪　　　C. 光学经纬仪　　D. 测距仪
131. BD002　在全站仪极坐标法物理点放样的数据处理中,(　　)可参照野外手簿进行编辑修改。
　　A. 仪器高　　　　　　　　　　　　B. 原始数据中的角度
　　C. 原始数据中的边长　　　　　　　D. 标高
132. BD003　垂直度盘按读数增加方向的不同分为(　　)形式。
　　A. 逆时针式　　　　　　　　　　　B. 圆周式和象限角式
　　C. 天顶距式和高度角式　　　　　　D. 顺时针式
133. BD004　导线测量的技术指标主要包括(　　)。
　　A. 平均边长　　　B. 测距精度　　　　C. 角度闭合差　　D. 全长相对闭合差
134. BD005　为了保证导线测量的精度,在进行导线测量前应(　　)。
　　A. 检查仪器有无误差　　　　　　　B. 检查内存卡的容量
　　C. 检查脚架的牢固程度　　　　　　D. 检查电池电量

135. BD006 从一组或多组已知控制点出发,导线构成两个或两个以上闭合环,这样的导线网不属于( )。
A. 结点导线网　　B. 环形导线网　　C. 附合导线网　　D. 自由导线网

136. BD007 建筑施工测量中的高程控制,为了保证建筑物标高正确,目前常用方法有( )。
A. 水准测量法　　B. 钢尺直接丈量法　　C. 估算法　　D. 悬吊钢尺法

137. BD008 根据所采用基准面以及高程传递和处理方法的不同,形成了几种不同的高程和高程系统,如( )等。
A. 大地高　　B. 正高　　C. 正常高　　D. 绝对高

138. BD009 对于天文方位角外业观测的检查,要检查( )。
A. 最小高度角　　B. 观测时间
C. 观测程序是否正确　　D. 测回数是否足够

139. BD010 天球是为了研究天体引进的一个半径为任意的假想圆球,根据所选取的天球中心不同分为( )。
A. 站心天球　　B. 银河天球　　C. 日心天球　　D. 地心天球

140. BD011 在天文测量中,包含( )的平面称为天球子午面。
A. 天轴　　B. 天顶　　C. 天底　　D. 春分点

141. BD012 关于天球空间直角坐标系的定义的描述正确的是( )。
A. 地球质心 O 为坐标原点　　B. Z 轴指向天球北极
C. X 轴指向春分点　　D. Y 轴垂直于 XOZ 平面

142. BD013 关于地平坐标系的描述正确的是( )。
A. 子午圈为主圈　　B. 地平圈为基圈　　C. 天顶 Z 为极点　　D. 北点 N 为主点

143. BD014 在无数个赤经圈中,其中通过地平圈上( )的赤经圈,叫作子午圈。
A. 南回归线　　B. 南点　　C. 北点　　D. 北回归线

144. BD015 由于所取主点以及随之而来的经向坐标不同,赤道坐标系又分为( )。
A. 第三赤道坐标系　　B. 第一赤道坐标系
C. 第四赤道坐标系　　D. 第二赤道坐标系

145. BD016 以下关于 CGCS2000 国家坐标系的描述正确的是( )。
A. 原点为地球的质量中心
B. Z 轴指向 IERS 参考极方向
C. X 轴为 IERS 参考子午面与通过原点且同 Z 轴正交的赤道面的交线
D. Y 轴为完成右手地心地固直角坐标系

146. BD017 太阳位置图用平面图形表示一年中( )与地理纬度、赤纬、时角之间的相互关系,是确定太阳空间位置的一种辅助工具。
A. 太阳高度角　　B. 太阳方位角　　C. 太阳大小　　D. 太阳体积

147. BD018 在进行太阳高度法测定方位角前必须做好( )工作。
A. 计算春分点　　B. 估算太阳方位角
C. 选择固定的方位标记物　　D. 设置固定的测站标记

148. BD019　重力测量成果不包括( )。
　　A. 平面坐标值　　B. 垂直偏差值　　C. 水平偏差值　　D. 重力值
149. BD020　全站仪与计算机之间的数据通信的方式主要有( )。
　　A. 无线　　B. 红外线　　C. PC卡　　D. 数据线
150. BD021　全站仪测图的仪器安置及测站检核,应符合下列要求( )。
　　A. 仪器的对中偏差不应大于1mm
　　B. 仪器的对中偏差不应大于5mm
　　C. 仪器高和反光镜高的量取应精确至1mm
　　D. 仪器高和反光镜高的量取应精确至10mm
151. BD022　在布设测图图根点的过程中,一般布设原则为( )。
　　A. 测区形状　　B. 测区地形　　C. 测图比例尺　　D. 测图方法
152. BD023　运用全站仪测图时,为了提供气象改正参数通常是开机后将观测时的( )输入全站仪。
　　A. 观测者姓名　　B. 温度　　C. 日期　　D. 气压
153. BD024　测距精度是光电测距仪的重要技术指标之一,其测距精度与( )有关。
　　A. 仪器的性能　　B. 使用方法　　C. 外界因素的影响　　D. 脚架材质
154. BD025　测距仪的定期检验项目有( )。
　　A. 功能检视
　　B. 三轴关系校验
　　C. 加常数的测定
　　D. 发光管相应均匀性(照准误差)的测定
155. BD026　采用高斯平面直角坐标系,每一( )内都以该带的中央子午线为坐标纵轴方向。
　　A. 6°带　　B. 3°带　　C. 100km　　D. 1000km
156. BD027　为了保证数据通信的正常进行,就要求预先对发送和接收双方所采用的( )等相互匹配,这项工作称为通信参数的设置。
　　A. 数据格式　　B. 传输速率　　C. 传输协议　　D. 数据内容
157. BD028　导线测量作业前需收集的已知资料包括( )。
　　A. 已知控制点坐标
　　B. 控制点分布
　　C. 控制点坐系
　　D. 测区内通信塔的归属
158. BD029　在导线计算过程中,计算导线角度闭合差需要( )。
　　A. 起始边坐标方位角
　　B. 导线各边观测右角
　　C. 仪器高
　　D. 标高
159. BD030　导线测量就是依次测定各( ),根据起算数据,推算各边的坐标方位角,从而求出各导线点的坐标。
　　A. 导线边的边长　　B. 各转折角　　C. 测站仪器高　　D. 各测站标高
160. BD031　传统的测量控制点分为( )。
　　A. 水准控制点　　B. 导线控制点　　C. 平面控制点　　D. 高程控制点
161. BE001　导线是在地面上选定一系列点连成折线,在点上设置测站,然后采用( )的方式来测定这些点的水平位置的方法。
　　A. 量高　　B. 测边　　C. 测角　　D. 目测

162. BE002　按照不同的情况和要求,导线可以布设成为(　　)形式。
　　　A. 附合导线　　　B. 闭合导线　　　C. 支导线　　　D. 节点导线网
163. BE003　附合导线既可以对已知数据的正确性作检核,又可以发现(　　)观测数据中的错误,因此应作为布设单一导线的首选形式。
　　　A. 标高　　　　　B. 角度　　　　　C. 边长　　　　D. 坐标
164. BE004　闭合导线与附合导线的区别在于(　　)。
　　　A. 闭合导线起始点和闭合点使用相同的已知点
　　　B. 闭合导线起始点和闭合点使用不同的已知点
　　　C. 附合导线起始点和闭合点使用相同的已知点
　　　D. 附合导线起始点和闭合点使用不同的已知点
165. BE005　由于支导线只具有必要的起始数据,缺少对观测数据的检核,因此只限于在(　　)中使用。
　　　A. 国家控制导线　　B. 地方控制导线　　C. 地下工程导线　　D. 图根导线
166. BE006　导线网特别适合于(　　)。
　　　A. 丘陵地区　　　　　　　　　　　　B. 低洼地区
　　　C. 隐蔽地区　　　　　　　　　　　　D. 障碍物较多的平坦地区
167. BE007　在利用太阳高度法进行天文方位观测时,质量控制应从温度的测定、时间的测定、观测起讫时间、(　　)等方面考虑。
　　　A. 一测回观测所用时间　　　　　　　B. 观测太阳的高度角
　　　C. 观测太阳的指标差　　　　　　　　D. 观测太阳的2C互差
168. BE008　在方向法水平角观测中,测站限差主要有(　　)和各测回间方向值互差等。
　　　A. 指标差　　　　B. 半测回归零差　　C. 2C互差　　　D. 归零差
169. BE009　RTK原始数据的转储及备份应符合(　　)要求。
　　　A. 每日的原始记录要及时转储到外部介质上做好备份
　　　B. 原始数据进行保存前不应做任何剔除
　　　C. 原始数据进行保存前不应做任何编辑
　　　D. 原始数据进行保存前不应做任何删改
170. BE010　按照石油物探测量规范推荐的物探测量成果整理格式,在地震测线测量质量统计表中填入(　　)等。
　　　A. 测线号　　　　B. 完成工作量　　　C. 物理点放样误差　　D. 物理点复测误差
171. BF001　三角高程测量可采用(　　)的形式布设。
　　　A. 单一路线　　　B. 闭合环　　　　　C. 结点网　　　　　D. 高程网
172. BF002　在三角高程测量中,当两地面点间的距离较远时,就必须考虑(　　)的影响。
　　　A. 测距仪最大测距距离　　　　　　　B. 地球曲率
　　　C. 大气折光　　　　　　　　　　　　D. 水平角观测精度
173. BF003　大气折光系数的计算与(　　)有关。
　　　A. 地球半径　　　　　　　　　　　　B. 大气折光曲线曲率半径
　　　C. 仪器高　　　　　　　　　　　　　D. 温度

174. BF004　在布设的导线形式中,存在导线全长闭合差的有(　　)。
　　A. 附合导线　　　B. 闭合导线　　　C. 导线网　　　D. 支导线

175. BF005　导线测量的技术指标主要包括(　　)。
　　A. 角度闭合差　B. 全长相对闭合差　C. 测角精度　　D. 测距精度

176. BF006　导线测量角度闭合差是由(　　)引起的。
　　A. 测站对中误差　B. 测站高度误差　C. 测站测边误差　D. 测站测角误差

177. BF007　调整角度闭合差,当角度闭合差在容许范围内,其方法是(　　)。
　　A. 如果观测的是左角,则将角度闭合差反号平均分配到各左角上
　　B. 根据边长平均分配
　　C. 根据各站间高差平均分配
　　D. 如果观测的是右角,则将角度闭合差同号平均分配到各右角上

178. BF008　导线坐标闭合差受(　　)的影响。
　　A. 边长观测值　B. 仪器高观测值　C. 竖角观测值　D. 水平角观测值

179. BF009　关于坐标增量闭合差,说法正确的是(　　)。
　　A. 附合导线存在坐标增量闭合差　　B. 闭合导线存在坐标增量闭合差
　　C. 支导线不存在坐标增量闭合差　　D. 导线网存在坐标增量闭合差

三、判断题(对的画"√",错的画"×")

(　)1. AA001　打开多个 Word 文档的时候,为了阅读不同文档,可以对 Word 文档窗口进行多个窗口排列。

(　)2. AA002　通常情况下,Word 标题栏是以白色作为底色的。

(　)3. AA003　在 Word 中,在当前文档中创建一个新的空白文档,可以使用当前文档"文件"菜单中的"新建"命令。

(　)4. AA004　从"开始"菜单的子菜单选项中可以快速打开最近使用过的文档。

(　)5. AA005　现在有一个以文件名 A 保存过的文件,如果要把 A 再以文件名 B 保存的话,使用"另存为"命令。

(　)6. AA006　在 Word 中,文本框的位置无法调整,要想重新定位只能删掉该文本框以后重新插入。

(　)7. AA007　在 Word 中整个段落可以删除。

(　)8. AA008　在 Word 中表格不可以复制。

(　)9. AA009　如果要长距离复制文本,可以使用常用工具栏中的"复制"和"粘贴"按钮。

(　)10. AA010　在使用 Word 中的查找功能时,搜索的范围是整篇文档。

(　)11. AA011　在一篇 Word 文档中,所有的"微软"都被录入员误输为"徽软",用[编辑]菜单中的[替换]命令可以最快捷地改正。

(　)12. AA012　在 Word 中对文档进行编辑时,选择"编辑"菜单下"字体"选项,就可进入"字体"对话框中进行设置了。

(　)13. AA013　MicrosoftWord 字符用红色波形下划线表示可能的拼写错误。

(　　)14. AA014　在"字体"设置对话框中,可以设置字形、字号。

(　　)15. AA015　点击Word的格式刷,可弹出字号选择框。

(　　)16. AA016　Word的文字颜色,一般指的是文字的前景色,而非背景颜色。

(　　)17. AA017　Word文档中每个段落字符,其字符间距只能是一致的。

(　　)18. AA018　在使用Word文档保存文字时,有时候某个段落太长,影响了美观,这时可以通过调整行间距来将此段落的距离调整短一点。

(　　)19. AA019　若要实现Word文档中某行文字的分散对齐,可以使用"工具栏"中的"分散对齐"快捷按钮。

(　　)20. AA020　取消"适应行宽"复选框是为了设置混排后的文字是否还只占单个字所占的行宽。

(　　)21. AA021　要给整个页面加一某花纹效果的边框,应该在[格式]菜单中单击[边框与底纹]命令然后点击[页面边框]选项页,选择"线型"下的"艺术型"项。

(　　)22. AA022　A4纸的大小为210mm×297mm。

(　　)23. AA023　在Word的打印预览状态下不能改变页边距。

(　　)24. AA024　Word页眉默认居中,页脚默认左齐,也可改变它们的对齐方式。

(　　)25. AA025　在Word中对长文档编排页码时,一旦设置了页码就不能删除。

(　　)26. AA026　在"插入表格"对话框中可以调整表格的行数和列数。

(　　)27. AA027　Word插入的表格不能调整高度。

(　　)28. AA028　在Word表格中若选择列,可以把鼠标移到列的顶部,鼠标箭头变为向下的箭头,单击即可选择整列。

(　　)29. AA029　Word表格不能合并。

(　　)30. AA030　拆分后的Word表格还可以被重新合并。

(　　)31. AA031　Word表格中的行高和列宽只能设置高度及宽度。

(　　)32. AA032　一个Word表格中的不同单元格的边框可以设置不同的颜色。

(　　)33. AA033　若要去掉Word表格底纹,可以采用的方法是:选内容(或单元格)—菜单栏—格式—边框和底纹—底纹—应用于;段落—填充;无填充颜色—确定。

(　　)34. AA034　Word文档中,表格不能转换成文本。

(　　)35. AA035　Word文档表格简单的行列数据的求和运算,可以选用"表格和边框"工具栏的"自动求和"按钮进行快速计算。

(　　)36. AA036　Word文档表格中运用的"=SUM(Above)"公式表示数据的算术平均数。

(　　)37. AA037　在Word中,输出的文件可以保存在计算机硬盘上,也可保存在移动存储设备上。

(　　)38. AB001　中误差是取一组误差的平均数再开方来评定这组观测值的精度。

(　　)39. AB002　量测一段距离所用的量测段数越多则中误差越小。

(　　)40. AB003　在实际工作中,算术平均值可视为所求量的真值。

(　　)41. AB004　可以使用不同精度观测值的算数平均值作为最或是值。

( )42. AB005　权等于1的观测值称为单位权观测值。

( )43. AB006　利用同精度观测值的权计算的未知量最或是值称为带权平均值。

( )44. AB007　同精度观测值的改正数是真值与观测值之差。

( )45. AC001　需要在全国范围内统一的测绘术语,应当制定测绘国家标准。

( )46. AC002　加强测绘计量管理的目的是确保测绘量值准确溯源和可靠传递,保证测绘产品质量。

( )47. AC003　测绘资质分为甲、乙、丙、丁、戊五级。

( )48. AC004　将测绘作业证转借他人的,所在单位将收回其测绘作业证并及时交回发证机关,对情节严重者依法给予行政处分;构成犯罪的,依法追究刑事责任。

( )49. BA001　控制测量一般是指通过建立控制网来确定地面点的精确位置所进行的测量工作。

( )50. BA002　所谓碎部测量,一般是指小比例尺地形测图中测绘地物和地貌特征点平面位置和高程的过程。

( )51. BA003　在地形测图中,自然形态的地貌一般用等高线表示,人工地貌和特殊地貌用陡坎、斜坡等符号表示。

( )52. BA004　地形测量的基本任务,就是测定地物和地貌特征点的平面位置和高程,并以所测得的数据为基础,将地物和地貌按照一定的比例尺采用特定的数字系统描绘出来。

( )53. BA005　地形测量中,当梯田坎的宽度大于图上2mm时,应实测坡脚;小于2mm时,可量注比高。

( )54. BA006　地形图编绘与碎部点采集都是大比例尺地形测图的中心环节之一,但地形图编绘必须与碎部点采集分别进行。

( )55. BA007　地物测绘主要是将地物的形状特征点准确地标注到图上。

( )56. BA008　半比例符号属于地物符号的一种。

( )57. BA009　陡崖是坡度在30°以上的陡峭崖壁,有石质和土质之分。

( )58. BA010　在地形图上,地物一般用特定的符号并配合相应的文字注记来表示。

( )59. BA011　地形图数字化是经过野外数据采集并将数据传输到计算机通过机助制图软件进行处理、编辑成图的。

( )60. BA012　导线测量的原始观测记录必须采用现场手工记录的方式,记录格式应符合测量数据处理软件的要求。

( )61. BA013　从导线起点推算出的终点位置与已知的正确终点位置不一致,两者的偏离距离称为导线全长闭合差。

( )62. BA014　石油物探测量控制点点之记属于物探测量资料的一部分。

( )63. BA015　当遇到大型村镇时,障碍物内部尽量不要布设物理点。

( )64. BA016　地震勘探中的导线测量常常用到跨越障碍计算问题,跨越障碍后,导线要尽快回到测线上。

( )65. BA017　定义总地球椭球时不需要估计地球的物理参数。

(   )66. BA018　利用经纬仪测绘法测定水平距离的公式为 $D=KL\cos^2\alpha$，其中，K 为视距常数，L 为视距读数，α 为高度角。

(   )67. BA019　利用全站仪法进行地形图测绘时，根据碎部点与测站点的距离确定其所在的方格，利用坐标展点尺展绘出点位。

(   )68. BA020　1956 年黄海高程系统在石油物探测量中仍在应用。

(   )69. BA021　1985 年国家高程基准采用青岛水准原点和根据青岛验潮站 1952 年到 1979 年的验潮数据确定的黄海平均海水面所定义的高程基准，其水准原点起算高程为 72.260m。

(   )70. BA022　目前和将来在我国石油物探测量中主要应用 1954 年北京坐标系。

(   )71. BA023　根据《外国的组织或者个人来华测绘管理暂行办法》，来华测绘应当符合测绘者所在国家秘密范围的规定。

(   )72. BA024　新 1954 年北京坐标系是将 1980 年国家大地坐标系的坐标经三个平移参数变换至 1954 年北京坐标系而成的。

(   )73. BA025　国家平面控制点的高级点受低级点逐级控制。

(   )74. BA026　国家高程控制网在布设时遵循由整体到局部、由低级到高级的原则。

(   )75. BB001　大地测量学是一门量测和描绘地球表面的科学，也就是研究和测定地球形状、大小和地球重力场，以及测定地面点几何位置的学科。

(   )76. BB002　大地测量学是一门量测和描绘地球表面的科学。

(   )77. BB003　椭球大地测量学是以局部地球形体为研究对象建立大地测量参考坐标系。

(   )78. BB004　大地原点，亦称大地基准点。

(   )79. BB005　在普通测量中，所用的起算数据通常为大地原点的坐标和水准原点的高程。

(   )80. BB006　坐标变换中，七参数的平移因子单位是米，旋转因子单位是秒，比例因子单位是百万。

(   )81. BB007　地形图是对地面的地形和地貌全部按比例缩小并用规定符号绘制的投影图。

(   )82. BB008　就目前阶段而言，作为城市基础测绘任务的大比例尺地形测图，其比例尺通常是指 1∶500～1∶2000。

(   )83. BB009　人们把与图上 1mm 相应的实地水平距离称为比例尺的精度或比例尺的最大精度。

(   )84. BB010　目前，图根平面控制多以电磁波测距导线布设，也可采用卫星定位载波相位差分测量布设。

(   )85. BB011　图根控制网布设规格，应满足测量界址点坐标的精度要求，与地籍图的比例尺大小有很大的关系。

(   )86. BB012　图根控制点的密度要充分考虑地形的复杂程度。

(   )87. BB013　图根控制网具有控制全局，限制测量误差累积的作用，是各项测量工作的依据。

(   )88. BB014　图上地物点的位置中误差可以作为衡量地形图碎部点精度的一项指标。

( )89. BB015　由于水准面的不平行性,使得随着所经过水准路线的不同,所测得的两点间高差也不同。

( )90. BB016　正常高的基准面,即由地面点沿铅垂线向下量取正常高所得各对应点形成的连续曲面称为似大地水准面。

( )91. BB017　大地水准面与参考椭球面之间的距离(高程差),称为高程异常。

( )92. BB018　海拔高是指地面点沿铅垂线到大地水准面的距离。

( )93. BB019　绝对高程与相对高程之间是可以转换的。

( )94. BB020　似大地水准面与参考椭球面之间的距离,称为高程异常。

( )95. BB021　位于同一等高线上的地面点,海拔高程相同。

( )96. BB022　国家基本地形图的编号一般由该图幅所在省级代码、县级代码等组成。

( )97. BB023　国际 1∶1000000 地形图的编号由行号和列号组成,从 0°经线起算,自西向东每经差 6°为一列,共分为 60 列,依次用 1,2,3,…,60 表示其相应列号。

( )98. BB024　1∶100000 地形图属于国家基本比例尺地形图。

( )99. BB025　按照我国原采用地形图分幅规则,每幅 1∶50000 地形图的范围是经差 15′、纬差 10′。

( )100. BB026　在统一地形图上,通过地图上等高线的疏密程度可以区分不同地形坡度的大小。

( )101. BB027　绘制地形图时等高距大小的确定应参照地形坡度。

( )102. BB028　坐标纵轴方向是坐标方位角的基本方向。

( )103. BB029　利用测距仪可以测定直线的方位角。

( )104. BC001　望远镜是全站仪的主要观测和测量部件。

( )105. BC002　电子全站仪按测量功能模块包括观测系统和记录系统两大子系统。

( )106. BC003　所有全站仪的基本功能都是测角和测距,并以此为基础自动计算坐标、高程等。

( )107. BC004　全站仪不能进行导线测量。

( )108. BC005　全站仪中的电子经纬仪单元必须与电磁波测距单元一起工作。

( )109. BC006　电子测角是通过电子经纬仪或全站仪内部的编码度盘或光栅度盘随仪器转动来计量水平角和垂直角。

( )110. BC007　补偿器的补偿精度有两种含义:一种是在用户手册上给出的倾斜量测定精度;另一种是在检定证书中给出的垂直角修正精度。

( )111. BC008　实质上,全站仪的电子气泡也就是补偿器的显示单元。

( )112. BC009　全站仪竖轴倾斜只引起对中误差,而不会引起水平角误差和垂直角误差。

( )113. BC010　电磁波测距仪是利用电磁波运载测距信号,通过直接或间接测定电磁波在两点间往返一次的传播时间,从而根据已知的电磁波传播速度求得两点间距离的一类仪器统称。

( )114. BC011　激光测距仪分为脉冲式激光测距仪、相位式激光测距仪,但一般理解,激光测距仪特指脉冲式激光测距仪。

( ) 115. BC012　在实际作业中,电磁波测距仪的实际测程很难达到所标称的最大测程。

( ) 116. BC013　可见光、红外线、紫外线、X 射线、γ 射线属于光波而不属于电磁波。

( ) 117. BC014　在真空中电磁波在一个周期内所传播的距离称为波长。

( ) 118. BC015　将载波和调制波做个形象的比喻:载波就像需要传送的"货物",调制波像运载工具。

( ) 119. BC016　电磁波测距的基本公式 $D=\dfrac{1}{2}ct$。

( ) 120. BC017　全站仪测距部分的标称精度指标,一般均表达为±($A+B×D$)的形式,其中 A 代表固定误差,$B×D$ 代表比例误差。

( ) 121. BC018　测距仪固定误差与所测距离的长短无关,即不论所测距离的长短,仪器总是存在着一个不大于该值的固定误差。

( ) 122. BC019　测距仪比例误差系数的单位为"ppm",是百万分之一的意思,它是我国法定计量单位。

( ) 123. BC020　实际上,电磁波在空气中传播的速度与大气密度和电磁波频率等密切相关,因此,在利用电磁波进行测距时,必须根据具体情况进行气象改正。

( ) 124. BC021　在利用全站仪进行导线测量时,测量作业现场气温和气压的目的在于降低气象对角度测量的影响。

( ) 125. BC022　全站仪乘常数的作用是用于改正由于频率偏移等原因所引起与距离成比例的系统误差。

( ) 126. BC023　全站仪按功能分为普通型全站仪、智能型全站仪、自动跟踪式全站仪等。

( ) 127. BC024　目镜调焦的目的在于使目标成像最为清晰,并准确落在十字丝平面上。

( ) 128. BC025　GNSS 接收机长期不用,使用前应进行重新设置作业参数。

( ) 129. BC026　在数据通信电台天线没有连接好前,可以打开数据通信电台和启动卫星定位接收机系统。

( ) 130. BD001　导线用于测图区域的首级控制时,应布设环形控制网或多边形控制网。

( ) 131. BD002　在陆上石油物探测量规范中规定,在进行全站仪极坐标法实施测量时,水平角采用一测回法测定。

( ) 132. BD003　在三角高程测量中,若对向观测的外界条件相同,则取直、反觇观测高差的平均值即可消除或减弱地球曲率和大气折光的影响。

( ) 133. BD004　在选定导线点时,应注意使导线边的长度大致相等。

( ) 134. BD005　对全站仪来说,若不采用补偿器,垂直轴纵向倾斜的主要影响是将引起水平角的误差。

( ) 135. BD006　导线的布设形式有单一导线和导线网两种,单一导线又分为支导线、闭合导线和附合导线三种。

( ) 136. BD007　高程测量方法有卫星定位和三角高程测量两种方法。

( ) 137. BD008　根据现行的国家水准测量规范,国家水准测量的高程系统采用由 1985

年国家高程基准起算的正常高系统。

( ) 138. BD009　实际上,天文方位角就是普通测量中所说的真方位角。

( ) 139. BD010　天文学等领域中,天球是一个想象的旋转的球,理论上具有无限大的半径,与地球同心。

( ) 140. BD011　天球是以地球质心为球心、无限长半径的假象球面。

( ) 141. BD012　天球坐标系的基本参考面称为基圈,天球坐标系基本参考面的垂直面称为本圈。

( ) 142. BD013　天体在地平坐标系中的方位角,就是由北点沿地平圈顺时针量度到过天体的垂直圈的弧距。

( ) 143. BD014　时角赤道坐标系以天球赤道为基圈、时圈为主圈、北天极 P 为极点、上赤道点 Q 为主点。

( ) 144. BD015　太阳在黄道上做逆时针方向的周年视运动时从南半球到北半球所经过的点称为冬至点。

( ) 145. BD016　CGCS2000 是 2000 年国家大地坐标系,属于地心大地坐标系统。

( ) 146. BD017　太阳的视赤纬因年、月、日的不同而有周期性的变化,它可以从天文年历中查取,也可以利用天文学公式计算。

( ) 147. BD018　根据太阳的运行方向,在上午观测太阳时,宜将太阳的影像置于十字丝的第Ⅱ、Ⅳ象限。

( ) 148. BD019　某全站仪标称频率为 50MHz,当实测频率比标称频率高 100Hz 时,其乘常数为 $(100 \div 50) \times 10^{-6}$,即 2ppm。

( ) 149. BD020　在数据通信中,一个字符通常用一组比特来表示。

( ) 150. BD021　全站仪野外测图数据每天要及时下载。

( ) 151. BD022　通常所说的大比例尺地形测图,主要是指利用普通测量方法进行大比例尺地形图测绘的过程。

( ) 152. BD023　全站仪测图测距作业过程中,如果是测量控制点或放样精度要求高的点,需要精确对中棱镜。

( ) 153. BD024　测距仪加常数误差是来自测距仪。

( ) 154. BD025　清洁测距仪目镜、物镜或激光发射窗时应使用柔软的干布。严禁用硬物刻画,以免损坏光学性能。

( ) 155. BD026　方位角的取值范围是 0°~180°。

( ) 156. BD027　在物探测量中,导线测量既用于平面控制的建立,也用于物探测线的布设。

( ) 157. BD028　全站仪测量时相邻两点之间的视线倾角不宜过小。

( ) 158. BD029　当纵坐标增量 $\Delta x < 0$,横坐标增量 $\Delta y > 0$ 时,则方位角 α 与象限角 R 的关系为 $\alpha = 180° + R$。

( ) 159. BD030　在坐标方位角传递公式 $\alpha_{n,n+1} = \alpha_{n-1,n} \pm \beta_n \mp 180$ 中,当 β 为导线前进方向的右角时,β 前取"+"。

( ) 160. BD031　中华人民共和国成立初期国家平面控制网为三角网。

(　　)161. BE001　导线测量是通过测距来实现的。
(　　)162. BE002　设站点连成的折线称为导线,设站点称为导线点。
(　　)163. BE003　理论和实践表明,电磁波测距三角高程测量的精度完全能够达到一等、二等水准测量的精度。
(　　)164. BE004　闭合导线的角度闭合差是指闭合多边形各内角(或外角)的观测值之和与多边形内角(或外角)和的理论值之差。
(　　)165. BE005　支导线一般只有两个已知点作为起算边和起算点,末端没有检核的已知点。
(　　)166. BE006　随着电磁波测距仪的不断完善和普及,导线网和三角网逐渐得到广泛的应用。
(　　)167. BE007　在测回法水平角观测中,测站限差有归零差、2C互差、半测回方向值较差、各测回同一方向值较差等。
(　　)168. BE008　2C差是绝对存在的,只要不偏出某个限定值,可以通过盘左盘右的观测值取中数,来作为本次方向观测的数据。
(　　)169. BE009　外业实测的高程只能是指定坐标系统的海拔高,而不能实时转换成所需要高程系统的大地高。
(　　)170. BE010　RTK法物理点布设中的质量控制主要应通过复测来检验。
(　　)171. BF001　三角高程测量是根据两点间的竖直角和水平距离计算高差而求出高程的,其精度高于水准测量。
(　　)172. BF002　在三角高程测量中,两点间的垂直角需实测,两点间的水平距离既可以实测,也可以根据平面坐标反算。
(　　)173. BF003　在三角高程测量中,球差的大小与两点间距离的平方成正比,与两点间高差的符号正好相反。
(　　)174. BF004　从导线起点推算出的终点位置与已知的正确终点位置不一致,两者的偏离距离称为导线全长闭合差。
(　　)175. BF005　根据现行的石油物探测量规范,用于地震测线和物理点放样的导线,当地震勘探成图比例尺为1:10000时,其全长相对闭合差的限差为1/2000。
(　　)176. BF006　角度闭合差的大小反映了水平角观测的质量。
(　　)177. BF007　在导线测量中,角度闭合差的分配原则是按角值大小成正比分配。
(　　)178. BF008　闭合差是一系列测量值函数的计算值与其已知值之差。
(　　)179. BF008　在导线测量中,计算坐标增量所用的坐标方位角应是经角度平差之后根据角度平差值所推算的坐标方位角。

四、简答题

1. BB001　简述国家大地测量控制网的布设原则。
2. BB003　简述大地测量坐标系的分类方式。
3. BB007　简述地形图的基本内容。

4. BB009　地形图精度的高低主要取决于什么？如果测绘比例尺为 1：500 的地形图要求精度为 0.4mm 时,则碎部测量时的取舍长度为多少？

5. BB009　大比例尺地形测图的基本方法主要有哪些？

6. BB014　衡量地形图碎部点的精度指标主要有哪些？

7. BB019　什么叫高差？高差正负号有什么意义？

8. BB029　长距离三角高程测量需要进行哪两项改正？

9. BC002　何谓全站仪？它由哪几部分组成？

10. BC002　全站仪目镜调焦的目的是什么？

11. BC004　全站仪一般具有哪些测量功能？

12. BC009　何谓单轴补偿？

13. BC010　测距仪的固定误差和比例误差属何种性质？

14. BC017　测距仪的标称精度是怎样表示的？

15. BC020　在电磁波测距中,为什么要施加气象改正？

16. BC021　测距仪的加常数有什么作用？

17. BC022　测距仪的乘常数具有什么作用？

18. BD001　导线点位置的选定应遵循哪些原则？

五、计算题

1. AB001　在同一观测条件下,对一个三角形进行了 10 次观测,每次观测所得的三角形内角和的真误差为 $+3''$,$-2''$,$-4''$,$+2''$,$0''$,$-4''$,$+3''$,$+2''$,$-3''$,$-1''$,试求则其观测值中误差。

2. AB001　丈量两条直线,一条长 100m,另一条长 20m,它们的中误差分别为 ±10mm 和 5mm,试分别计算其相对中误差,并比较两条直线观测值的精度。

3. AB002　在 1：500 比例尺地形图上量得 A 与 B 两点间的图上距离 S_{ab} = 23.4mm,其中误差为 $m_{s_{ab}}$ = ±0.2mm。试计算 A 与 B 之间的实地距离及其中误差。

4. AB002　以 30m 钢尺丈量 90m 的距离,当每尺段量距的中误差为 ±5mm 时,试计算全长中误差。

5. AB003　在同样的观测条件下对一段距离丈量了 5 次,观测值分别为 25.002m、25.001m、24.999m、24.997m、25.003m,每次丈量观测值的中误差为 ±2mm,试求丈量的算数平均值及其中误差。

6. AB005　已知观测值 L_1 的中误差 m_1 = ±3mm,L_2 的中误差 m_2 = ±4mm,L_3 的中误差 m_3 = ±5mm,试计算观测值的权和单位权中误差。

7. AB007　对某段距离进行 5 次同精度丈量,观测值分别为：148.64m,148.58m,148.61m,148.62m,148.60m,试计算观测值的中误差和算数平均值的中误差。

8. BB009　在 1：2000 地形图上,量得一段距离 d = 23.2cm,其测量中误差 m_d = ±0.1cm,求该段距离的实地长度 D 及中误差 m_D。

9. BB018　设 A 点高程为 15.023m,欲测设计高程为 16.000m 的 B 点,水准仪安置在 A、B 两点之间,读得 A 尺读数 a = 2.340m,B 尺读数 b 为多少时,才能使尺底高程为 B 点

10. BB019　在测站 A 进行视距测量,仪器高 $i=1.45$m,望远镜盘左照准 B 点标尺,中丝读数 $v=2.56$m,视距间隔为 $l=0.586$m,竖盘读数 $L=93°28'$,求水平距离 D 及高差 h。

11. BB019　观测 BM1 至 BM2 间的高差时,共设 25 个测站,每测站观测高差中误差均为 ±3mm,问:(1)两水准点间高差中误差时多少？(2)若使其高差中误差不大于 ±12mm,应设置几个测站？

12. BD029　已知 $\alpha_{AB}=89°12'01''$, $x_B=3065.347$m, $y_B=2135.265$m,坐标推算路线为 $B\rightarrow 1\rightarrow 2$,测得坐标推算路线的右角分别为 $\beta_B=32°30'12''$, $\beta_1=261°06'16''$,水平距离分别为 $D_{B1}=123.704$m, $D_{12}=98.506$m,试计算 1,2 点的平面坐标。

13. BD029　已知下图中 1～2 边的坐标方位角为 65°,求 2～3 边的正坐标方位角及 3～4 边的反坐标方位角。

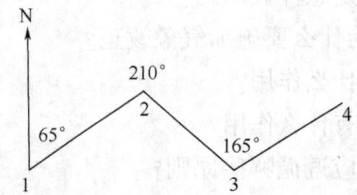

14. BD030　已知图中 AB 的坐标方位角,观测了图中四个水平角,试计算边长 $B\rightarrow 1, 1\rightarrow 2, 2\rightarrow 3, 3\rightarrow 4$ 的坐标方位角。

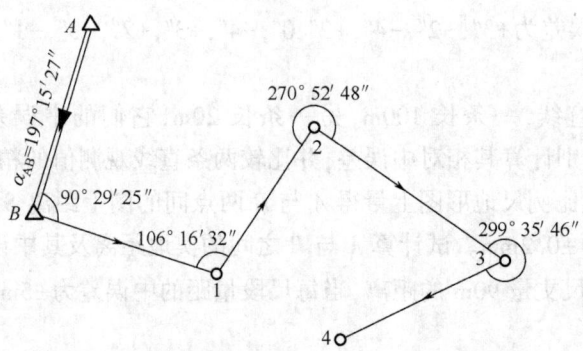

15. BF002　在测站 A 进行视距测量,仪器高 $i=1.45$m,望远镜盘左照准 B 点标尺,中丝读数 $v=2.56$m,视距间隔为 $l=0.586$m,竖盘读数 $L=93°28'$,求水平距离 D 及高差 h。

答 案

一、单项选择题

1. C	2. A	3. D	4. A	5. A	6. C	7. C	8. A	9. C	10. A
11. C	12. C	13. D	14. A	15. A	16. B	17. A	18. C	19. A	20. B
21. A	22. B	23. B	24. C	25. A	26. A	27. C	28. C	29. A	30. A
31. D	32. A	33. A	34. D	35. C	36. C	37. C	38. D	38. D	40. D
41. D	42. C	43. B	44. C	45. D	46. B	47. A	48. D	49. B	50. B
51. C	52. A	53. A	54. A	55. C	56. A	57. C	58. A	59. C	60. B
61. D	62. B	62. A	64. C	65. D	66. A	67. A	68. D	69. B	70. A
71. B	72. B	73. A	71. D	75. B	76. D	77. D	78. C	79. B	80. C
81. A	82. A	83. C	84. C	85. B	86. B	87. C	88. A	89. C	90. A
91. B	92. B	93. B	94. A	95. B	96. C	97. A	98. B	99. A	100. B
101. D	102. A	103. B	104. D	105. B	106. C	107. B	108. B	109. C	110. C
111. A	112. C	113. A	114. C	115. B	116. C	117. A	118. B	119. A	120. C
121. A	122. B	123. C	124. A	125. B	126. C	127. A	128. A	129. C	130. A
131. A	132. A	133. A	134. B	135. A	136. C	137. D	138. C	139. A	140. C
141. C	142. D	143. A	144. B	145. A	146. B	147. D	148. C	149. C	150. D
151. C	152. B	153. A	154. C	155. B	156. D	157. B	158. A	159. C	160. A
161. B	162. B	163. B	164. A	165. B	166. A	167. B	168. C	169. D	170. C
171. C	172. B	173. B	174. B	175. A	176. D	177. C	178. C	179. C	180. D
181. C	182. A	183. D	184. B	185. D	186. B	187. A	188. D	189. D	190. D
191. C	192. A	193. B	194. B	195. A	196. C	197. D	198. B	199. B	200. D
201. A	202. A	203. C	204. B	205. A	206. B	207. C	208. B	209. D	210. D
211. C	212. C	213. B	214. C	215. A	216. A	217. B	218. B	219. B	220. B
221. C	222. A	223. B	224. B	225. A	226. C	227. C	228. D	229. B	230. A
231. A	232. C	233. A	234. C	235. C	236. B	237. B	238. B	239. B	240. A
241. D	242. B	243. A	244. B	245. C	246. C	247. A	248. B	249. A	250. A
251. A	252. B	253. C	254. B	255. C	256. C	257. C	258. B	259. A	260. D
261. C	262. C	263. C	264. B	265. C	266. B	267. C	268. A	269. B	270. B
271. C	272. B	273. A	274. A	275. B	276. B	277. A	278. C	279. A	280. C
281. B	282. C	283. A	284. C	285. A	286. B	287. A	288. B	289. A	290. C
291. C	292. C	293. C	294. B	295. C	296. A	297. B	298. A	299. C	300. B
301. D	302. C	303. B	304. B	305. D	306. D	307. B	308. D	309. B	310. A

311. D 312. A 313. A 314. A 315. A 316. D 317. D 318. B 319. B 320. D
321. C 322. D 323. C 324. A 325. B 326. B 327. A 328. C 329. B 330. B
331. C 332. A 333. A 334. C 335. A 336. B 337. A 338. B 339. B 340. C
341. B 342. A 343. C 344. B 345. B 346. B 347. B 348. C 349. C 350. A
351. D 352. D 353. C 354. A 355. A 356. B 357. B 358. C

二、多项选择题

1. AB   2. ABC   3. ABC   4. BD   5. AB   6. AD   7. AB
8. BCD   9. ABC   10. AB   11. AB   12. ABC   13. CD   14. AB
15. ABCD 16. AB   17. ACD   18. AC   19. BC   20. ACD   21. ABD
22. CD   23. CD   24. ABCD 25. BD   26. ABC   27. ABD   28. ABCD
29. CD   30. AD   31. ABCD 32. ABC   33. ABC   34. ABD   35. ABCD
36. ABD   37. BCD   38. AD   39. AD   40. BD   41. BC   42. ABCD
43. AD   44. BC   45. ABCD 46. ABC   47. ABD   48. AD   49. ABCD
50. ABCD 51. ABC   52. AB   53. ABCD 54. AB   55. AB   56. ABCD
57. ABCD 58. AB   59. ABCD 60. AB   61. ABC   62. ABCD 63. AB
64. ABCD 65. ABC   66. ABCD 67. ABD   68. ABC   69. AB   70. ABC
71. AB   72. ABC   73. BD   74. AB   75. BCD   76. AB   77. ABCD
78. ABCD 79. ABCD 80. ABC   81. CD   82. ABC   83. AB   84. BD
85. AB   86. ABC   87. BC   88. ABC   89. BC   90. BC   91. AB
92. AB   93. AB   94. BC   95. ABCD 96. CD   97. CD   98. CD
99. AC   100. ABC 101. AD   102. AB   103. AC   104. ABCD 105. AB
106. BD   107. BCD 108. AB   109. BCD 110. AB   111. BC   112. ABC
113. BC   114. AC   115. AC   116. BD   117. AD   118. ABC 119. ABC
120. ABC 121. BCD 122. AB   123. BC   124. BC   125. AB   126. AB
127. BC   128. AB   129. ABCD 130. ABC 131. AD   132. AD   133. ABCD
134. ABCD 135. ACD 136. ABD 137. ABC 138. ABCD 139. ACD 140. ABC
141. ABCD 142. ABCD 143. BC   144. BD   145. ABCD 146. AB   147. CD
148. BC   149. CD   150. BC   151. ABCD 152. BD   153. ABC 154. ABCD
155. AB   156. ABC 157. ABC 158. AB   159. AB   160. CD   161. BC
162. ABCD 163. BC   164. AD   165. CD   166. CD   167. AB   168. CD
169. ABCD 170. ABCD 171. ABC 172. BC   173. AB   174. ABC 174. ABCD
176. AD   177. AD   178. AD   179. ABCD

三、判断题

1. √ 2. × 正确答案：通常情况下，Word 标题栏是以蓝色作为底色的。 3. √ 4. × 正确答案：从"打开"菜单的子菜单选项中可以快速打开最近使用过的文档。 5. √ 6. × 正确答案：在 Word 中，文本框的位置无法调整，要想重新定位不用删掉该文本框。 7. √

8.× 正确答案:在 Word 中表格可以复制。 9.√ 10.× 正确答案:在使用 Word 中的查找功能时,搜索的范围都是"查找下一处"。 11.√ 12.× 正确答案:在 Word 中对文档进行编辑时,选择"工具"栏下"字体"选项,就可进入"字体"对话框中进行设置了。 13.√ 14.√ 15.× 正确答案:点击 Word 的格式工具栏"字号"右边倒三角,可弹出字号选择框。 16.√ 17.× 正确答案:Word 文档中每个段落字符,其字符间距可以不同。 18.√ 19.√ 20.√ 21.√ 22.√ 23.× 正确答案:在 Word 的打印预览状态下可以改变页边距。 24.√ 25.× 正确答案:在 Word 中对长文档编排页码时,一旦设置了页码可以删除。 26.√ 27.× 正确答案:Word 插入的表格可以调整高度。 28.√ 29.× 正确答案:Word 表格可以合并。 30.√ 31.× 正确答案:Word 表格中的行高和列宽可以通过"表格属性"进行精确设定。 32.√ 33.√ 34.× 正确答案:Word 文档中,表格能转换成文本。 35.√ 36.× 正确答案:Word 文档表格中运用的"=SUM(ABOVE)"公式表示数据求和。 37.√ 38.× 正确答案:中误差是取一组误差平方和的平均数再开方来评定这组观测值的精度。 39.× 正确答案:量测一段距离所用的量测段数越多则中误差越大。 40.× 正确答案:在实际工作中,观测次数总是有限的,所以算术平均值不可视为所求量的真值。 41.× 正确答案:不可以使用不同精度观测值的算术平均值作为最或是值。 42.√ 43.× 正确答案:利用不同精度观测值的权计算的未知量最或是值称为带权平均值。 44.× 正确答案:同精度观测值的改正数是最或是值与观测值之差。 45.√ 46.√ 47.× 正确答案:测绘资质分为甲、乙、丙、丁四级。 48.√ 49.√ 50.× 正确答案:所谓碎部测量,一般是指大比例尺地形测图中测绘地物和地貌特征点平面位置和高程的过程。 51.√ 52.× 正确答案:地形测量的基本任务,就是测定地物和地貌特征点的平面位置和高程,并以所测得的数据为基础,将地物和地貌按照一定的比例尺采用特定的符号系统描绘出来。 53.√ 54.× 正确答案:地形图编绘与碎部点采集都是大比例尺地形测图的中心环节之一,二者可以同时进行,也可以分开进行。 55.√ 56.√ 57.× 正确答案:陡崖是坡度在 70°以上的陡峭崖壁,有石质和土质之分。 58.√ 59.√ 60.× 正确答案:导线测量的原始观测记录可以采用电子记录的方式,记录格式应符合测量数据处理软件的要求。 61.√ 62.√ 63.× 正确答案:当遇到大型村镇时,障碍物内部尽量布设物理点。 64.√ 65.× 正确答案:定义总地球椭球时估计了地球的物理参数。 66.√ 67.× 正确答案:利用全站仪法进行地形图测绘时,根据碎部点的坐标确定其所在的方格,利用坐标展点尺展绘出点位。 68.√ 69.√ 70.× 正确答案:目前和将来在我国石油物探测量中主要应用 2000 国家大地坐标系。 71.× 正确答案:根据《外国的组织或者个人来华测绘管理暂行办法》,来华测绘应当符合测绘管理工作国家秘密范围的规定。 72.√ 73.× 正确答案:国家平面控制点的低级点受高级点逐级控制。 74.√ 75.√ 76.√ 77.× 正确答案:椭球大地测量学是以整个地球形体为研究对象建立大地测量参考坐标系。 78.√ 79.× 正确答案:在普通测量中,所用的起算数据通常为各个等级的测量控制点。 80.√ 81.× 正确答案:地形图是对地面的地形和地貌经过综合取舍按比例缩小并用规定符号绘制的投影图。 82.√ 83.× 正确答案:人们把与图上 0.1mm 相应的实地水平距离称为比例尺的精度或比例尺的最大精度。 84.√ 85.× 正确答案:图根控制网布设规格,应满足测量界址点坐标的精度要求,与地籍图的比例尺大小基本无关。 86.√ 87.√ 88.√ 89.√ 90.√ 91.× 正确答案:似大地水准面至地球椭球面的高度,称为高程异常。 92.√ 93.√ 94.√ 95.√ 96.× 正确答案:国家基本地形图是在1:1000000比例尺地形图的基础上根据纬度和经度计算的行列号进行编号的。 97.× 正确答案:国际1:1000000地形图的编号由行号和列号组成,从180°经线起算,自西向东每经差6°为一列,共分为60列,依次用1,2,3,…,60表示其相应列号。 98.√ 99.√ 100.√ 101.× 正确答案:绘制地形图时等高距大小的确定应参照地形图比例尺。 102.√ 103.× 正确答案:利用经纬仪或全站仪可以测定直线的方位角。 104.√ 105.× 正确答案:电子全站仪按测量功能模块分为测角系统和测距系统两大系统。 106.√ 107.× 正确答案:全站仪能够进行导线测量。 108.× 正确答案:全站仪中的电子经纬仪单元可以独立于电磁波测距单元工作。 109.√ 110.√ 111.√ 112.× 正确答案:垂直轴倾斜不仅引起对中误差,而且还引起水平角误差和垂直角误差。 113.√ 114.× 正确答案:激光测距仪分为脉冲式激光测距仪、相位式激光测距仪,但一般理解,激光测距仪特指相位式激光测距仪。 115.√ 116.× 正确答案:可见光、红外线、紫外线、X射线、γ射线与微波、无线电波都属于电磁波,它们的本质完全相同,只是频率的不同而已。 117.√ 118.× 正确答案:将载波和调制波做个形象的比喻:载波就像运载工具,调制波像需要传送的"货物"。 119.√ 120.√ 121.√ 122.× 正确答案:测距仪比例误差系数的单位为"ppm",是百万分之一的意思,它不是我国法定计量单位。 123.√ 124.× 正确答案:在利用全站仪进行导线测量时,测量作业现场气温和气压的目的在于降低气象对距离测量的影响。 125.√ 126.√ 127.× 正确答案:目镜调焦的目的在于使十字丝成像最为清晰。 128.√ 129.× 正确答案:在数据通信电台天线没有连接好前,不得打开数据通信电台和启动卫星定位接收机系统。 130.√ 131.× 正确答案:陆上石油物探测量规范中规定,在进行全站仪极坐标法实施测量时,水平角采用半测回法测定。 132.√ 133.√ 134.× 正确答案:对全站仪来说,若不采用补偿器,垂直轴横向倾斜将主要影响水平角的测量。 135.√ 136.× 正确答案:高程测量方法有卫星定位、水准测量方法和三角高程测量等方法。 137.√ 138.√ 139.√ 140.× 正确答案:天球是以观测者为球心、无限长半径的假象球面。 141.× 正确答案:天球坐标系的基本参考面称为基圈,天球坐标系基本参考面的垂直面称为主圈。 142.√ 143.× 正确答案:时角赤道坐标系以天球赤道为基圈、子午圈为主圈、北天极 P 为极点、上赤道点 Q 为主点。 144.× 正确答案:太阳在黄道上做逆时针方向的周年视运动时从南半球到北半球所经过的点称为春分点。 145.√ 146.√ 147.× 正确答案:根据太阳的运行方向,在上午观测太阳时,宜将太阳的影像置于十字丝的第Ⅰ象限、第Ⅲ象限。 148.× 正确答案:某全站仪标称频率为50MHz,当实测频率比标称频率高100Hz时,其乘常数为$-(100\div 50)\times 10^{-6}$,即$-2$ppm。 149.√ 150.√ 151.√ 152.√ 153.× 正确答案:测距仪加常数误差来自测距仪和棱镜。 154.√ 155.× 正确答案:方位角的取值范围是$0°\sim 360°$。 156.√ 157.× 正确答案:全站仪测量时相邻两点之间的视线倾角不宜过大。 158.× 正确答案:当纵坐标增量$\Delta x<0$,横坐标增量$\Delta y>0$时,则方位角α与象限角R的关系为$\alpha=180°-R$。 159.× 正确答案:在坐标方位角传递公式$\alpha_{n,n+1}=\alpha_{n-1,n}\pm\beta_n\mp 180$中,当$\beta$为导线前进方向的左角时,$\beta$前取"+"。 160.√ 161.× 正确答案:导线测量是通过测距和测角来实现的。

162. √   163. ×   正确答案:理论和实践表明,电磁波测距三角高程测量的精度完全能够达到三、四等水准测量的精度。   164. √   165. √   166. ×   正确答案:随着电磁波测距仪的不断完善和普及,导线网和边角网逐渐得到广泛的应用。   167. ×   正确答案:在测回法水平角观测中,测站限差有半测回角值较差、各测回角值较差等。   168. √   169. ×   正确答案:外业实测的高程只能是指定坐标系统的大地高,而不能实时转换成所需高程系统的海拔高。   170. √   171. ×   正确答案:三角高程测量是根据两点间的竖直角和水平距离计算高差而求出高程的,其精度低于水准测量。   172. √   173. ×   正确答案:在三角高程测量中,球差的大小与两点间距离的平方成正比,而与两点间高差基本无关。   174. √   175. ×   正确答案:根据现行的石油物探测量规范,用于地震测线和物理点放样的导线,当地震勘探成图比例尺为 1∶10000 时,其全长相对闭合差的限差为 1/3000。   176. √   177. ×   正确答案:在导线测量中,角度闭合差的分配原则是平均分配。   178. √   179. √

四、简答题

1. 答:①必须采用统一的大地基准和高程基准;②必须布满全国范围,并达到足够的密度和精度;③从整体到局部,由高级到低级,即分级布网、逐级控制。

评分标准:答对①②各占30%,答对③占40%。

2. 答:①在大地测量中所采用的坐标系,按坐标原点位置的不同分为地心坐标系和参心坐标系;②按坐标轴(椭球短轴)指向的不同分为地固坐标系和瞬时坐标系;③按表达形式的不同分为空间直角坐标系、空间大地坐标系和平面直角坐标系。

评分标准:①②答对各占30%,③答对占40%。

3. 答:①数学要素,即地形图的数学基础,如坐标格网、比例尺、控制点坐标等;②地形要素:即图幅内的各种地物、地貌要素,是地形图要表示的主要内容;③图内注记要素,即地形图内的各种注记;④图外整饰要素,即地形图外的各种装饰。

评分标准:答对①②③④各占25%。

4. 答:①比例尺的大小;②0.2m。

评分标准:答对①②各占50%。

5. 答:①传统上,大比例尺地形测图的方法主要有经纬仪测绘法、大平板仪测绘法、经纬仪小平板仪联合测绘法等;②现阶段,主要有全站仪数字化测图和 GPS-RTK 数字化测图。

评分标准:答对①②各占50%。

6. 答:地形图碎部点的精度,通常以①图上地物点的位置中误差;②间距中误差;③平地高程注记点的高程中误差;(4)等高线插求点的高程中误差来衡量。

评分标准:答对①②③④各占25%。

7. 答:①高差是两点间高程之差,高差=后视读数-前视读数,当高差为正值时,说明前视点高于后视点;②当高差为负值时,说明后视点高于前视点。

评分标准:答对①②各占50%。

8. 答:长距离三角高程测量需要的两项改正为①地球曲率误差改正和②大气折光误差改正。

评分标准:答对①②各占50%。

9. 答:①全站仪是一种集光、机、电为一体的高技术测量仪器,是集水平角、垂直角、距离、高差测量及程序计算功能于一体的测绘仪器系统。②全站仪由电子经纬仪、光电测距仪和数据记录计算装置组成。

评分标准:答对①②各占50%。

10. 答:目镜调焦的目的是消除视差,并使十字丝最为清晰,也就是使十字丝成像于人眼的明视距离处。

评分标准:答对满分,否则不得分。

11. 答:利用应用软件还可进行前方交会、后方交会、道路横断面测量、悬高测量以及按设计坐标进行点位放样等功能。

评分标准:答对四点以上满分,否则不得分。

12. 答:单轴补偿仅能补偿由于垂直轴倾斜而引起的垂直度盘的读数误差。

评分标准:答对满分,否则不得分。

13. 答:比例误差是系统误差,固定误差是偶然误差。

评分标准:答对满分,否则不得分。

14. 答:测距仪或全站仪的测距部分的标称精度指标,一般均表达为$\pm(A+B\times D)$的形式,A代表固定误差,单位为mm;$B\times D$代表比例误差,其中B为比例误差系数,D为所测距离。

评分标准:答对满分,否则不得分。

15. 答:在电磁波测距原理中,将电磁波在空气中传播的速度当作常数,而实际上,电磁波在空气中传播的速度与电磁波频率和大气密度等密切相关,因此,在利用测距仪和全站仪进行测距时,必须进行气象改正。

评分标准:答对满分,否则不得分。

16. 答:加常数的作用是用于改正由此引起的测距系统误差。

评分标准:答对满分,否则不得分。

17. 答:乘常数的作用是用于改正与距离成比例的系统误差。

评分标准:答对满分;否则不得分。

18. 答:①导线的路线应通行方便,通视良好;②导线点的位置应选定在开阔地带,以便于测角和量距,便于保存和今后使用;③导线边的长度应大致相等,以尽量减免望远镜调焦带来的误差,特别是要避免相邻导线边的长度一条过短一条过长。

评分标准:答对①②各占30%,答对③占40%。

五、计算题

1. 解:$m = \pm\sqrt{\dfrac{[\Delta\Delta]}{n}}$

$= \pm\sqrt{\dfrac{(+3)^2+(-2)^2+(-4)^2+(+2)^2+(0)^2+(-4)^2+(+3)^2+(+2)^2+(-3)^2+(-1)^2}{10}}$

$= \pm 2.7''$

评分标准:(1)写对公式占30%,(2)过程对占30%,(3)结果对占40%。

2. 解：$\frac{m_1}{L_1}=\frac{0.010}{100}=\frac{1}{1000}$，$\frac{m_2}{L_2}=\frac{0.005}{20}=\frac{1}{4000}$，$\frac{m_1}{L_1}<\frac{m_2}{L_2}$

根据相对中误差说明，100m 长度的测量精度优于 20m 长度的测量精度。

评分标准：(1)相对中误差计算对分别占 30%；(2)相对中误差对比对占 20%；(3)结论对占 20%。

3. 解：(1)实地距离为 $S_{AB}=500S_{ab}=500×23.4=11700(\mathrm{mm})=11.7(\mathrm{m})$；(2)实地距离的中误差为 $m_{S_{AB}}=500m_{S_{ab}}=500×(\pm0.2)=\pm100(\mathrm{mm})=\pm0.1(\mathrm{m})$。

评分标准：(1)写对公式占 20%，过程对占 20%，结果对占 10%。(2)写对公式占 20%，过程对占 20%，结果对占 10%。

4. 解：$m_{90}=\sqrt{m_{30}^2+m_{30}^2+m_{30}^2}=\sqrt{3×m_{30}^2}=\sqrt{3}\,m_{30}=\sqrt{3}×(\pm5)=\pm8.66\mathrm{mm}$

评分标准：(1)写对公式占 30%，过程对占 30%，结果对占 40%。

5. 解：(1)观测值的算数平均值为 $x=\frac{[L]}{n}=\frac{25.002+25.001+24.999+24.997+25.003}{5}=$

$25.0004\mathrm{m}$；(2)该算数平均值的中误差为 $m_x=\frac{m}{\sqrt{n}}=\frac{\pm2}{\sqrt{5}}=\pm0.89\mathrm{mm}$。

评分标准：(1)写对公式占 20%，过程对占 10%，结果对占 20%。(2)写对公式占 20%，过程对占 10%，结果对占 20%。

6. 解：(1)设 $\mu=m_1=\pm3\mathrm{mm}$，则：

$$p_1=\frac{\mu^2}{m_1^2}=\frac{(\pm3)^2}{(\pm3)^2}=1$$

$$p_2=\frac{\mu^2}{m_2^2}=\frac{(\pm3)^2}{(\pm4)^2}=\frac{9}{16}$$

$$p_3=\frac{\mu^2}{m_3^2}=\frac{(\pm3)^2}{(\pm5)^2}=\frac{9}{25}$$

(2)此时，单位权中误差为 $\pm3\mathrm{mm}$，三个观测值的权分别为 1、$\frac{9}{16}$、$\frac{9}{25}$。

评分标准：(1)写对公式占 20%，过程对占 15%，结果对占 15%。(2)结果对占 50%。

7. 解：(1)观测值的算数平均数为：

$$x=\frac{[L]}{n}=\frac{148.64+148.58+148.61+148.62+148.60}{5}=148.61(\mathrm{m})$$

(2)各观测值的改正数为：

$$v_1=x-L_1=148.61-148.64=-3(\mathrm{cm})$$
$$v_2=x-L_2=148.61-148.58=+3(\mathrm{cm})$$
$$v_3=x-L_3=148.61-148.61=0(\mathrm{m})$$
$$v_4=x-L_4=148.61-148.62=-1(\mathrm{cm})$$
$$v_5=x-L_5=148.61-148.60=+1(\mathrm{cm})$$

(3)观测值的中误差为:

$$m=\pm\sqrt{\frac{v^2}{n-1}}=\pm\sqrt{\frac{20}{4}}=\pm2.2(\text{cm})$$

(4)观测值算数平均值的中误差为:

$$m=\pm\sqrt{\frac{v^2}{n(n-1)}}=\sqrt{\frac{20}{5\times4}}=\pm1.0(\text{cm})$$

评分标准:(1)写对公式占 5%,过程对占 10%,结果对占 10%。(2)每个改正数写对公式占 1%,过程对占 1%,结果对占 3%。(3)写对公式占 5%,过程对占 10%,结果对占 10%。(4)写对公式占 5%,过程对占 10%,结果对占 10%。

8. 解: $D=dM=23.2\times2000=464(\text{m})$, $m_D=Mm_d=2000\times0.1=200(\text{cm})=2(\text{m})$。

评分标准:公式正确占 40%,过程正确占 30%;结果正确占 30%;无公式、过程,只有结果不得分。

9. 解:(1)水准仪的仪器高为 $H_i=15.023+2.23=17.363\text{m}$;(2)B 尺的后视读数应为 $b=17.363-16=1.363\text{m}$,此时,B 尺零点的高程为 16m。(3)当 B 尺读数 b 为 1.363m 时,才能使尺底高程为 B 点高程。

评分标准:答对(1)(2)各占 40%,答对(3)占 20%。

10. 解:(1) $D=100l\cos^2(90-L)=100\times0.586\times\cos^2(90-93°28')=58.386\text{m}$;

(2) $h=D\tan(90-L)+i-v=58.386\times\tan(-3°28')+1.45-2.56=-4.647\text{m}$。

评分标准:答对(1)(2)过程各占 25%;答对(1)(2)结果各占 25%。

11. 解:(1)因为 $h_{1-2}=h_1+h_2+\cdots+h_{25}$,所以 $m_h=\pm\sqrt{m_1^2+m_2^2+\cdots+m_{25}^2}$,又因为 $m=m_1+m_2+\cdots+m_{25}=\pm3(\text{mm})$,则 $m_h=\pm15(\text{mm})$;(2)若 BM_1 至 BM_2 高差中误差不大于±12mm,该设的站数为 n 个,则: $n\times m^2=\pm12^2(\text{mm})$,所以 $n=\frac{144}{m^2}=\frac{144}{9}=16$ 站。

评分标准:公式正确占 40%,过程正确占 30%,结果正确占 30%,无公式、过程,只有结果不得分。

12. 解:(1)推算坐标方位角:

$$\alpha_{B1}=89°12'01''-32°30'12''+180°=236°41'49''$$

$$\alpha_{12}=236°41'49''-261°06'16''+180°=155°35'33''$$

(2)计算坐标增量:

$$\Delta x_{B1}=123.704\times\cos236°41'49''=-67.922(\text{m})$$

$$\Delta y_{B1}=123.704\times\sin236°41'49''=-103.389(\text{m})$$

$$\Delta x_{12}=98.506\times\cos155°35'33''=-89.702(\text{m})$$

$$\Delta y_{12}=98.506\times\sin155°35'33''=40.705(\text{m})$$

(3)计算1,2点的平面坐标：

$$x_1 = 3065.347 - 67.922 = 2997.425(\text{m})$$

$$y_1 = 2135.265 - 103.389 = 2031.876(\text{m})$$

$$x_2 = 2997.425 - 89.702 = 2907.723(\text{m})$$

$$y_2 = 2031.876 + 40.705 = 2072.581(\text{m})$$

评分标准:公式正确占40%,过程正确占30%,结果正确占30%,无公式、过程,只有结果不得分。

13. 解:因为 $\alpha_后 = \alpha_前 + 180° + \beta_左$,所以 $\alpha_{23} = 95°$,$\alpha_{34} = 80°$,$\alpha_{43} = 80° + 180° = 260°$

评分标准:公式正确占40%,过程正确占30%,结果正确占30%,无公式、过程,只有结果不得分。

14. 解:

$$\alpha_{B1} = 197°15'27'' + 90°29'25'' - 180° = 107°44'52''$$

$$\alpha_{12} = 107°44'52'' + 106°16'32'' - 180° = 34°01'24''$$

$$\alpha_{23} = 34°01'24'' + 270°52'48'' - 180° = 124°54'12''$$

$$\alpha_{34} = 124°54'12'' + 299°35'46'' - 180° = 244°29'58''$$

评分标准:公式正确占40%,过程正确占30%,结果正确占30%,无公式、过程,只有结果不得分。

15. 解:

$$D = 100l\cos^2(90° - L) = 100 \times 0.586 \times \cos^2(90 - 93°28') = 58.386(\text{m})$$

$$h = D\tan(90° - L) + i - v = 58.386 \times \tan(-3°28') + 1.45 - 2.56 = -4.647(\text{m})$$

评分标准:公式正确占40%,过程正确占30%,结果正确占30%,无公式、过程,只有结果不得分。

技师、高级技师理论知识练习题及答案

一、单选题(每题有4个选项,只有1个是正确的,将正确的选项填入括号内)

1. AA001 Excel电子表格软件在一开始就( )设计好存放数据的表格。
   A. 主动　　　　　B. 自动　　　　　C. 事先　　　　　D. 安排
2. AA001 Excel电子表格软件可以同时制作( )表格。
   A. 多张　　　　　B. 一张　　　　　C. 三张　　　　　D. 十张
3. AA002 启动电子表格,可以( )桌面上的电子表格的图标。
   A. 点击　　　　　B. 选中　　　　　C. 单击　　　　　D. 双击
4. AA002 启动电子表格的方法很多,可以双击任何电子表格( ),便可以打开电子表格软件。
   A. 文件　　　　　B. 程序　　　　　C. 文件夹　　　　D. 档案
5. AA003 首次启动电子表格时,将会自动建立一个全新的工作簿默认命名为( )。
   A. book1　　　　B. sheet1　　　　C. word1　　　　 D. excel1
6. AA003 打开电子表格后,可以选择"文件"菜单中的( )命令来创建一个新的工作簿。
   A. 复制　　　　　B. 新建　　　　　C. 打开　　　　　D. 保存
7. AA004 选择Excel电子表格软件中"文件"菜单的( )命令,可以快速打开最近使用过的工作簿文件。
   A. 打开　　　　　B. 关闭　　　　　C. 复制　　　　　D. 退出
8. AA004 使用快捷键( )可以在Excel电子表格软件中,快速打开最近使用过的工作簿文件。
   A. Ctrl+P　　　　B. Shift+P　　　 C. Ctrl+O　　　　D. Shift+O
9. AA005 在电子表格中,每个工作簿都具有一个文件名,该文件名对于存储工作簿的文件夹来说是( )。
   A. 唯一的　　　　B. 有联系的　　　C. 特殊的　　　　D. 确定的
10. AA005 在使用Excel电子表格软件时,要为工作簿指派一个新的文件名,可以使用"文件"菜单上的( )命令。
    A. 保存　　　　　B. 复制　　　　　C. 粘贴　　　　　D. 另存为
11. AA006 在Excel电子表格软件中,工作表是显示在( )窗口中的表格。
    A. 数据　　　　　B. 工具栏　　　　C. 菜单　　　　　D. 工作簿
12. AA006 在使用Excel电子表格软件时,一个工作表可以由65536行和( )列构成。
    A. 265
    B. 256
    C. 384
    D. 348

13. AA007　在使用Excel电子表格软件时,若要在现有的工作表之前插入新的工作表,可以
　　　　　　（　　）现有的工作表标签,然后单击"插入"。
　　　A. 左键单击　　　　B. 左键双击　　　　C. 右键单击　　　　D. 右键单击
14. AA007　在Excel电子表格软件中,若要一次性插入工作表,可以按住（　　）然后在打
　　　　　　开的工作簿中选择与要插入的工作表数目相同的现有工作表标签。
　　　A. Alt键　　　　　　B. Tab键　　　　　　C. Ctrl键　　　　　　D. Shift键
15. AA008　在Excel电子表格软件中,工作表的默认名称只是一些（　　）,比如Sheet1、Sheet2等。
　　　A. 标签　　　　　　B. 占位符　　　　　　C. 标志　　　　　　D. 图标
16. AA008　在Excel电子表格软件工作表的名字中,可使用多达（　　）字符。
　　　A. 10个　　　　　　B. 15个　　　　　　　C. 31个　　　　　　D. 36个
17. AA009　用拖动标签的方法来复制工作表,会在工作簿中创建该工作表的（　　）。
　　　A. 一个副本　　　　B. 一个拷贝　　　　　C. 重名文件　　　　D. 复制表格
18. AA009　用拖动标签的方法来复制工作表,复制的工作表会在原工作表的名字后添加
　　　　　　（　　）的字样。
　　　A. [2]　　　　　　　B. {2}　　　　　　　　C. (2)　　　　　　　D.【2】
19. AA010　在使用Excel电子表格软件的工作表,可以通过使用"插入"菜单中（　　）命令
　　　　　　添加新的行到工作表中。
　　　A. 单元格　　　　　B. 行　　　　　　　　C. 列　　　　　　　D. 行高
20. AA010　在使用Excel电子表格软件的工作表,在工作表中添加行后,现有的数据将会
　　　　　　（　　）移动以容纳新的行。
　　　A. 向下　　　　　　B. 向上　　　　　　　C. 向右　　　　　　D. 向左
21. AA011　在Excel电子表格软件中,选中一个单元格后,单元格的名称将出现在公示栏左
　　　　　　边的（　　）中。
　　　A. 名称框　　　　　B. 对话框　　　　　　C. 单元格　　　　　D. 图标
22. AA011　在Excel电子表格软件的某一工作表中,所谓的单元格区域通常是（　　）。
　　　A. 间断的梯形　　　B. 间断的长方块　　　C. 连续的梯形　　　D. 连续的长方块
23. AA012　在Excel电子表格软件中,如果要清除一组单元格的内容,首先请选中这些单元
　　　　　　格,然后单击鼠标的右键从快捷菜单中选择（　　）。
　　　A. 剪切　　　　　　B. 复制　　　　　　　C. 粘贴　　　　　　D. 清除内容
24. AA012　在Excel电子表格软件中,如果清除了单元格的内容,会（　　）其格式,以便用
　　　　　　户以相同的格式输入新值。
　　　A. 保留　　　　　　B. 隐藏　　　　　　　C. 清除　　　　　　D. 复制
25. AA013　Excel电子表格软件中"替换"选项卡下的选项可以帮助用户将整个（　　）智
　　　　　　能化。
　　　A. 查找字符　　　　B. 清除数据　　　　　C. 数据输入　　　　D. 搜索操作
26. AA013　Excel电子表格软件"替换"选项卡中,可以通过选择"单元格匹配"复选框来缩
　　　　　　小搜索范围,以便只查找单元格中的内容与搜索字符串（　　）的单元格。
　　　A. 完全相同　　　　B. 部分相同　　　　　C. 完全不同　　　　D. 部分不同

27. AA014 在电子表格中,有鼠标驱动的( )功能是设计用来控制工作表中大部分数据的控制。

　　A. 手动输入　　　B. 自动填充　　　C. 单击　　　D. 双击

28. AA014 在 Excel 电子表格软件中,如果要把一个单元格中的数据复制到邻近的单元格,或者想调整创建了自动填充序列的样式的方法,可以使用"编辑"菜单中的( )命令。

　　A. 填充　　　B. 清除　　　C. 查找　　　D. 替换

29. AA015 在 Excel 电子表格软件中,要显示"单元格格式"对话框,首先选择一定区域的单元格,然后右击该区域,然后从快捷菜单中选择( )命令。

　　A. 复制单元格格式　　　　　　B. 设置单元格格式
　　C. 复制单元格样本　　　　　　D. 设置单元格样本

30. AA015 在 Excel 电子表格软件编辑菜单中的"填充"选项的功能是将一个单元格中的数据进行( )。

　　A. 重复　　　B. 编辑　　　C. 拷贝　　　D. 粘贴

31. AA016 在 Excel 电子表格软件的一个工作表中,不同的列可以有不同的宽度,但是同一列所有的单元格( )。

　　A. 高度与宽度相同　B. 宽度相同　　C. 高度相同　　D. 宽度相近

32. AA016 要用鼠标改变 Excel 电子表格软件工作表中多列的宽度,首先请选中要调整大小的这些列,然后拖曳并调整( )的宽度。

　　A. 其中一列　　B. 第一列　　C. 最后一列　　D. 所有列

33. AA017 在电子表格中,在默认的情况下,"保护工作表"对话框有( )复选框被选中。

　　A. 一个　　　B. 两个　　　C. 三个　　　D. 四个

34. AA017 在电子表格的"取消工作表保护时使用的密码"文本框中输入的密码( )。

　　A. 区分大小写字母　　　　　　B. 不区分大小写字母
　　C. 都是小写字母　　　　　　　D. 都是大写字母

35. AA018 在电子表格中,每个公式都以一个等号开头,这一等号表示,后面的字符是要用于( )一部分。

　　A. 计算结果　　B. 最终结果　　C. 构建公式　　D. 计算公式

36. AA018 在电子表格中,每个公式都使用算术运算符,但是算术运算符( )。

　　A. 不是必需的　　　　　　　　B. 是必不可少的
　　C. 是可省略的　　　　　　　　D. 是可隐藏的

37. AA019 在电子表格的内置函数中,也许最常用的便是( ),它可以汇总所选区域的单元格数据。

　　A. SUM 函数　　B. 三角函数　　C. 数据库函数　　D. 文本函数

38. AA019 在电子表格的内置函数中,可以通过( )单元格区域的方法,使用 SUM 函数来累加多个不相邻的区域。

　　A. 引号标注　　B. 句号结束　　C. 分号间隔　　D. 逗号分隔

39. AA020　在电子表格中,可以为工作表的一个或单元格区域命名,然后使用这个名字在整个(　　)内替代单元格引用。
　　A. 工作表　　　　B. 工作簿　　　　C. 工作区域　　　D. 文件夹
40. AA020　在电子表格的工作簿中创建名称时,名称必须以一个(　　)开始而且不能包括空格。
　　A. 字母　　　　　B. 数字　　　　　C. 字符　　　　　D. 文字
41. AA021　在电子表格中的"排序"命令允许用户根据(　　)的值并按不同的顺序整理数据。
　　A. 区域　　　　　B. 一行或多个行　C. 一个或多个列　D. 某单元格
42. AA021　在 Excel 电子表格软件中,在对一个包含有公式的数据进行排序时,可能会影响该公式中涉及的(　　)。
　　A. 数据　　　　　B. 相关行　　　　C. 相关列　　　　D. 相关单元格
43. AA022　在 Excel 电子表格软件中,当需要隐藏不满足某些条件的所有记录时,可以使用(　　)菜单的"筛选"子菜单中的"自动筛选"命令来实现。
　　A. 数据　　　　　B. 编辑　　　　　C. 视图　　　　　D. 插入
44. AA022　在 Excel 电子表格软件中,"自动筛选"命令在数据清单的每一列上面放置一个(　　)。
　　A. 表头　　　　　B. 标题　　　　　C. 下拉列表　　　D. 下拉菜单
45. AA023　对于 Excel 电子表格软件的柱形图,会假定所选的一列值是一个(　　),而列标题作为图例框的系列名。
　　A. 数据系列　　　B. 字符串　　　　C. 组合　　　　　D. 文本信息
46. AA023　如果要在 Excel 电子表格软件的工作簿的新页中创建一个新的饼图,首先准备(　　),其中须含有多行、多列的信息。
　　A. 一个工作簿　　B. 一行文字　　　C. 一组数据　　　D. 一张工作表
47. AA024　通过 Excel 电子表格软件的"页面"选项卡,可以控制页面的打印方向和其他选项,默认的打印页面的方向为(　　)。
　　A. 横向　　　　　B. 纵向　　　　　C. 斜向　　　　　D. 任意方向
48. AA024　通过 Excel 电子表格软件的"页面设置"对话框中"页边距"选项卡,可以优化调整工作簿的页边距,典型的页边距设置是顶部和底部的页边距为(　　)。
　　A. 1 英寸　　　　B. 1 市寸　　　　C. 1 厘米　　　　D. 1 毫米
49. AA025　在 PowerPoint 中,单击"新建"列表中的"根据设计模板"选项,可以将 PowerPoint 的(　　)应用到演示文稿中。
　　A. 设计思想　　　B. 服务理念　　　C. 主题内容　　　D. 技术内幕
50. AA025　如果需要 PowerPoint 快速完成一个演示文稿,最简单的方法是使用(　　)来创建演示文稿。
　　A. 现有模板　　　B. 内容提示向导　C. 手动编辑　　　D. 现有演示文稿
51. AA026　在 PowerPoint 的演示文稿中,已经把占位符用特殊的字体和字号进行了(　　)。
　　A. 预先格式化　　B. 修改　　　　　C. 特殊处理　　　D. 限制

52. AA026 在 PowerPoint 的演示文稿中,可以使用占位符的大小调整控制点来调整( )。
   A. 文本框的大小　　　　　　　B. 文本框的方向
   C. 占位符的方向　　　　　　　D. 占位符的大小
53. AA027 在 PowerPoint 的演示文稿中,要编辑文本,首先必须( )待编辑的文本。
   A. 粘贴　　　　B. 删除　　　　C. 选中　　　　D. 更新
54. AA027 在 PowerPoint 中,( )不是文本格式化内容。
   A. 文本的颜色　B. 文本的程序　C. 文本的大小　D. 文本的字体
55. AA028 在 PowerPoint 中,如果正在"大纲"选项卡中打开一份空演示文稿,大纲选项卡中显示( )图标。
   A. 编号的幻灯片　B. 空白文档　　C. 自定义的模板　D. 空白的模板
56. AA028 在 PowerPoint 的"大纲"选项卡中,如果重新排列幻灯片,在"幻灯片浏览"视图中将需要重新排列的幻灯片( )到新位置即可。
   A. 复制　　　　B. 剪切　　　　C. 拖放　　　　D. 粘贴
57. AA029 在 PowerPoint 中,通过对单张幻灯片做些改动或对母版作全局改动就可以( )文本的属性。
   A. 重新设计　　B. 编辑　　　　C. 重新格式化　D. 修改
58. AA029 要改变演示文稿文本框中所有文本的格式,需单击( )已选中文本框以及其中所有文本。
   A. 文本　　　　B. 文本框　　　C. 对话框　　　D. 工具栏
59. AA030 在幻灯片中,如果不需要项目符号,请单击项目符号所在段落的( ),然后再单击"项目符号"按钮便可以删除项目符号。
   A. 任何地方　　B. 开头　　　　C. 结尾　　　　D. 中部
60. AA030 在幻灯片中,如果相对于字体扩大了项目符号,就必须在文本前面( ),以此来为项目符号留有足够的余地。
   A. 添加字符　　B. 添加空间　　C. 减少字符　　D. 减少空间
61. AA031 在幻灯片中,PowerPoint 的配色方案中有( )颜色。
   A. 3 种　　　　B. 5 种　　　　C. 8 种　　　　D. 12 种
62. AA031 想要为幻灯片应用颜色和配色方案,首先应考虑使用何种( )来放映幻灯片。
   A. 媒体　　　　B. 电脑类型　　C. 播放器　　　D. 软件
63. AA032 在 PowerPoint 中,应用动画效果后,每个动画的名称将显示在( )任务窗格中。
   A. 自动预览　　B. 自定义动画　C. 动画设计　　D. 幻灯片播放
64. AA032 在 PowerPoint 中,对 Excel 电子表格图表或工作表中的单个元素添加动画时,必须首先将( )。
   A. Excel 文件转换为 PowerPoint 图表　　B. Excel 文件转换为 word 图表
   C. Excel 工作表转换为 word 图表　　　　D. Excel 工作簿转换为 PowerPoint 图表

65. AA033 当幻灯片的制作完成后,如果想在其他计算机上演示幻灯片,应使用(　　)来压缩演示文稿并复制到硬盘中,就可从另外的计算机放映该幻灯片了。
　　A. 保存　　　　　B. 打包向导　　　C. 超链接　　　　D. 运行程序

66. AA033 如果是与工作组其他成员共同制作演示文稿,可以使用新的(　　)中的选项综合多个审阅者的意见。
　　A. 修订窗格　　　B. 共享工作区　　C. 文档更新　　　D. 审阅文稿

67. AA034 在 Internet 网上的所有数据(　　)的形式传送。
　　A. 都以分组　　　B. 部分以分组　　C. 都以分类　　　D. 部分以分类

68. AA034 两台计算机用来交换信息所使用的一种公共语言规范的约定称为(　　)。
　　A. 网络技术　　　B. 交换技术　　　C. 通信协议　　　D. 传输协议

69. AA035 广域网又被称为(　　),是研究远距离、大范围的计算机网络。
　　A. 长距网　　　　B. 远程网　　　　C. 无限网　　　　D. 虚拟网

70. AA035 局域网又被称为局部网,是研究有限范围内的计算机网络,一般在(　　)以内。
　　A. 10km　　　　　B. 50km　　　　　C. 100km　　　　D. 500km

71. AA036 广域网的基础结构广泛地采用(　　)。
　　A. 点到点互联　　B. 总线结构　　　C. 环形结构　　　D. 多点互联

72. AA036 在广域网中,通信处理机是主计算机与(　　)之间连接的计算机,负责通信控制和通信处理工作。
　　A. 通信线路单元　B. 终端　　　　　C. 显示器　　　　D. 用户

73. AA037 人们为了通信方便给每台计算机都事先分配一个类似日常生活中的电话号码一样的表示地址,该表示地址就是(　　)。
　　A. 工作地址　　　B. IP 地址　　　　C. 数据位置　　　D. 地理位置

74. AA037 根据 TCP/IP 协议规定,IP 地址是由(　　)组成。
　　A. 32 位二进制数　　　　　　　　　B. 64 位二进制数
　　C. 32 位十进制数　　　　　　　　　D. 64 位十进制数

75. AA038 在计算机网络中,若要用域名表示 IP 地址有一个(　　)将域名转换成计算机的 IP 地址。
　　A. 解释程序　　　B. 域名系统 DNS　C. 密码　　　　　D. 分离系统

76. AA038 域名系统是一个分布式(　　)数据库,整个数据库是一个倒立的树形结构。
　　A. 信号集成　　　B. 服务器　　　　C. 主机信息　　　D. 网络信息

77. AA039 超文本不仅包含自身的文本信息,还要包含指向其他文本的(　　)。
　　A. 通道　　　　　B. 线路　　　　　C. 途径　　　　　D. 链接

78. AA039 HTML 将文本仍旧表达为文本,而将链接表达为(　　)。
　　A. 一个模块　　　B. 一种标记　　　C. 一种途径　　　D. 一种方式

79. AA040 简单来说,搜索引擎指可在因特网上检索网页并发现用户所需要网页的(　　)。
　　A. 一种搜索方式的总称　　　　　　B. 一组程序的集合
　　C. 一种检索手段的简称　　　　　　D. 一组引导方法的汇集

80. AA040 当用户以关键词查找信息时,搜索引擎会在数据库中进行搜索,找到符合要求的网站后,便采用特殊的算法计算出各网站信息的( )。
   A. 关联程度　　　B. 信息量　　　C. 质量　　　D. 来源

81. AB001 建立相对独立的平面坐标系统,应当与( )相联系。
   A. 地方坐标系统　　　　　　　B. 卫星定位系统
   C. 国家坐标系统　　　　　　　D. 世界坐标系统

82. AB001 加强对相对独立的平面坐标系统的管理的目的是( )。
   A. 提高工作效率　　　　　　　B. 改善生产质量
   C. 保证测绘精度　　　　　　　D. 避免重复建设

83. AB002 测绘成果质量受检单位对监督检验结论有异议的,法定时限内向( )提出书面异议报告,并抄送检验单位。
   A. 国家测绘局
   B. 组织实施质量监督检查的测绘行政主管部门
   C. 单位所在地测绘行政主管部门
   D. 测绘项目所在地测绘行政主管部门

84. AB002 测绘成果质量监督抽查管理办法规定检验( )时,检验单位应当组织召开首次会,向受检单位出示测绘行政主管部门开具的监督抽查通知单,并告知检验依据、方法、程序等。
   A. 计划　　　B. 开始　　　C. 进行　　　D. 完成

85. AB003 测绘单位生产岗位人员必须严格执行操作规程,按照( )进行作业,并对作业成果质量负责。
   A. 上级命令　　　B. 技术设计　　　C. 工程合同　　　D. 现实情况

86. AB003 测绘任务的实施,应坚持( )。
   A. 没有设计进行生产　　　　　B. 边设计边生产
   C. 先设计后生产　　　　　　　D. 先生产后设计

87. AB004 重要地理信息数据包括( ),任何单位和个人不得擅自公布。
   A. 公路长度　　　B. 河流长度　　　C. 测线长度　　　D. 国界长度

88. AB004 测绘单位应当自测绘项目验收完成之日起( )内,向测绘行政主管部门汇交测绘成果副本或者目录。
   A. 1个月　　　B. 2个月　　　C. 3个月　　　D. 6个月

89. BA001 在进行光学经纬仪横轴误差的检验时,从盘左变换到盘右时,应始终沿( )方向转动照准部。
   A. 不同方向　　　B. 同一　　　C. 向左　　　D. 向右

90. BA001 光学经纬仪横轴误差的校正应提交专业维修人员进行,通过调整横轴支架的( )进行。
   A. 支点　　　B. 轴心　　　C. 螺栓　　　D. 偏心轴承环

91. BA002 全站仪的测距轴和视准轴重合条件为发射出的调制光束应以( )为轴心。
   A. 竖轴　　　B. 视准轴　　　C. 水准轴　　　D. 横轴

92. BA002 在进行全站仪的测距轴和视准轴重合性的检定时,仪器与棱镜的水平安置距离在为( )。
   A. 50~100m B. 100~200m C. 200~500m D. 500~1000m
93. BA003 全站仪的周期误差的检定一般采用( )。
   A. 干扰法 B. 调解法 C. 平台法 D. 相位法
94. BA003 用于检测全站仪周期误差检定的永久性通用平台,一般取( )。
   A. 15m B. 25m C. 35m D. 45m
95. BA004 全站仪的仪器加常数一般在测距仪调试中使其为零,但不可能完全为零,即存在剩余值,所以把仪器的加常数又称为( )。
   A. 剩余值 B. 多余加常数 C. 剩余加常数 D. 多余值
96. BA004 用于检定全站仪加常数的基线比较法是在野外已知( )的基线场上进行。
   A. 方位 B. 标准长度 C. 地点 D. 坐标
97. BA005 在电子全站仪基座稳定性的检测时,要顺转仪器一周,照准目标并读取( )读数。
   A. 垂直方向 B. 斜方向 C. 水平方向 D. 任意方向
98. BA005 在电子全站仪基座稳定性的检测时,一个测回中,顺转仪器要连续( )。
   A. 一周 B. 两周 C. 三周 D. 四周
99. BA006 在电子全站仪照准部旋转正确性的检测中,顺时针转动( ),使水平方向读数为零。
   A. 基座 B. 照准部 C. 望远镜 D. 制动螺旋
100. BA006 在电子全站仪照准部旋转正确性的检测中,转入电子气泡屏后,要记录( )的倾斜量。
   A. 垂直轴 B. 水平轴 C. 横轴 D. 旋转轴
101. BA007 电子全站仪补偿器的零点误差也被称为( )。
   A. 补偿器真误差 B. 补偿差 C. 补偿器误差 D. 补偿器指标差
102. BA007 带有电子补偿器的全站仪均经过如下调整,当仪器竖轴铅直时,补偿器的( )。
   A. 补偿值为零 B. 补偿值为1
   C. 补偿值为缺省值 D. 补偿作用无效
103. BA007 在进行电子全站仪补偿器零位误差检定时,要将全站仪水平方向读数显示( )。
   A. 设置为零 B. 设置为90° C. 设置为180° D. 设置为270°
104. BA008 在测定电子全站仪补偿器的零位误差时,共要读取( )数值,从而计算 X 和 Y 方向偏差。
   A. 1个 B. 2个 C. 3个 D. 4个
105. BA009 在进行电子全站仪竖轴倾斜补偿系统性能的检测时,架设仪器,其中两个脚螺旋的连线( )仪器到标志的方向。
   A. 平行于 B. 垂直于 C. 成45°于 D. 成10°于

106. BA009 在进行电子全站仪纵向补偿精度的检测时,整平仪器后,盘左位置精确照准目标,读取(　　)。
　　A. 高度角　　　　B. 水平角　　　　C. 方位角　　　　D. 天顶距
107. BA010 在进行电子全站仪横向补偿精度的检测时,调节位于仪器到标志(　　)方向上的螺旋。
　　A. 平行　　　　　B. 垂直　　　　　C. 成30°　　　　D. 成60°
108. BA010 在进行电子全站仪横向补偿精度的检测时的第二步,调节两个螺旋,使仪器(　　)3′。
　　A. 左倾　　　　　B. 右倾　　　　　C. 上仰　　　　　D. 下俯
109. BA011 光学水准仪是指利用(　　)直接读取普通水准尺读数的仪器。
　　A. 望远镜　　　　B. 瞄准器　　　　C. 照准部　　　　D. 物镜
110. BA011 一般来说,普通光学水准仪大多配备(　　)水准标尺。
　　A. 普通　　　　　B. 精密　　　　　C. 条形码　　　　D. 木制
111. BA012 自动安平水准仪是借助(　　)获得水平视线。
　　A. 长水准管　　　B. 圆水准器　　　C. 微倾螺旋　　　D. 自动安平补偿器
112. BA012 水准仪按测量精度分为普通水准仪和(　　)。
　　A. 精密水准仪　　B. 光学水准仪　　C. 电子水准仪　　D. 激光水准仪
113. BA013 对普通光学水准仪来说,通过调节水准管微倾螺旋,可以改变(　　)。
　　A. 望远镜视准轴的水平状态
　　B. 水准仪旋转轴的垂直状态
　　C. 水准仪圆水准器的居中状态
　　D. 水准管轴与望远镜视准轴的平行关系
114. BA013 通过调节基座上的三个脚螺旋,可使仪器竖轴处于(　　)。
　　A. 水平位置　　　B. 倾斜位置　　　C. 竖直位置　　　D. 静止位置
115. BA014 水准测量的基本设备是一台能提供(　　)的水准仪和一对能保持竖立的水准标尺。
　　A. 水准面　　　　B. 水平视线　　　C. 铅垂线　　　　D. 测站水准面
116. BA014 在水准测量的高差计算公式 $h_{ab}=a-b$ 中,a、b 分别代表(　　)。
　　A. 前视读数和后视读数　　　　B. 前视距离和后视距离
　　C. 后视读数和前视读数　　　　D. 后视距离和前视距离
117. BA015 在水准仪应满足的主要条件中,水准仪的水准管应与望远镜的(　　)平行。
　　A. 视准轴　　　　B. 十字丝的横丝　　C. 十字丝的竖丝　　D. 中心线
118. BA015 在水准仪应满足的主要条件中,望远镜的视准轴不因(　　)而变动位置。
　　A. 微动　　　　　B. 制动　　　　　C. 旋转　　　　　D. 调焦
119. BA016 如果水准仪望远镜的视准轴与水准管的水准轴不平行,它们在竖面内投影之夹角,称为角误差,一般规定使视准轴(　　)的角为正,它将使标尺上的读数较水平视线的读数增大。
　　A. 下俯　　　　　B. 上倾　　　　　C. 左偏　　　　　D. 右偏

120. BA016　在水准测量中,(　　)对高差的影响既与后视距、前视距差有关,又与后视距、前视距本身大小有一定关系。
　　A. i 角误差　　　　　　　　　　　B. 地球曲率
　　C. i 角误差和地球曲率　　　　　　D. i 角误差和交叉误差

121. BA017　水准仪 i 角将对水准测量产生(　　)的影响。
　　A. 正向性　　B. 反向性　　C. 单向性　　D. 双向性

122. BA017　水准仪 i 角的存在,将使水准尺上的读数产生误差,并且与视距(　　)。
　　A. 无关　　B. 保持不变　　C. 成反比　　D. 成正比

123. BA018　进行水准测量时,后视与前视间距离相差越大,i 角引起的高差误差(　　)。
　　A. 越大　　B. 越小　　C. 为零　　D. 无规律

124. BA018　当仪器到标尺 A、B 的距离分别为 S_A、S_B,i 角对标尺 A、B 的影响分别为 x_A、x_B,h'_{AB} 为含有 i 角影响的高差,则正确的高差为(　　)。
　　A. $h_{AB} = h'_{AB} + (x_A - x_B)$　　B. $h_{AB} = h'_{AB} - (x_A - x_B)$
　　C. $h_{AB} = h'_{AB} \times (x_A - x_B)$　　D. $h_{AB} = h'_{AB} \div (x_A - x_B)$

125. BA019　进行水准仪 i 角的检验,就是利用仪器的两个(　　),所测得的两个立尺点高差的不同,求出 i 角的大小。
　　A. 相同位置　　B. 不同位置　　C. 相同距离　　D. 不同高度

126. BA019　在进行水准仪 i 角的检验中,i 角的计算公式为(　　)。
　　A. $i = \dfrac{h''_{AB} + h'_{AB}}{(S''_A - S''_B) - (S'_A - S'_B)} \cdot \rho$　　B. $i = \dfrac{h''_{AB} - h'_{AB}}{(S''_A - S''_B) + (S'_A - S'_B)} \cdot \rho$
　　C. $i = \dfrac{h''_{AB} - h'_{AB}}{(S''_A - S''_B) - (S'_A - S'_B)}$　　D. $i = \dfrac{h''_{AB} - h'_{AB}}{(S''_A - S''_B) - (S'_A - S'_B)} \cdot \rho$

127. BA020　在进行水准仪 i 角的检验的过程中,将仪器置于两立尺点延长线上的适当位置,此时测得的高差(　　)。
　　A. 含有 i 角影响　　B. 不受 i 角影响　　C. 含有 φ 角影响　　D. 不受距离影响

128. BA020　在进行水准仪 i 角的检验时,如果先将仪器安置于两个立尺点连线的中点,测得的两个立尺点的高差 h_{AB},然后将仪器置于两立尺点延长线上的适当位置,测得的高差为 h''_{AB},则计算公式为(　　)。
　　A. $i = \dfrac{h''_{AB} + h_{AB}}{S_{AB}} \cdot \rho$　　B. $i = \dfrac{h''_{AB} - h_{AB}}{S_{AB}} \cdot \rho$
　　C. $i = \dfrac{h''_{AB} \times h_{AB}}{S_{AB}} \cdot \rho$　　D. $i = \dfrac{h''_{AB} \div h_{AB}}{S_{AB}} \cdot \rho$

129. BA021　根据我国国家水准测量规范和工程测量规范的要求,用于三等、四等水准测量的仪器,仪器的 i 角不应超过(　　)。
　　A. 40″　　B. 30″　　C. 20″　　D. 15″

130. BA021　当用于普通水准测量或工程水准测量时,一般规定只要 i 角在 100m 远处标尺上引起的读数误差不大于(　　),就不需要校正。
　　A. 4mm　　B. 5mm　　C. 6mm　　D. 7mm

131. BA022　水准仪的 i 角校正工作应紧接着(　　)进行,即不要搬动水准仪。
　　A. 整平工作　　　B. 检验工作　　　C. 对中工作　　　D. 读数工作
132. BA022　在水准仪的 i 角校正时,首先要计算 i 角对(　　)读数的影响值。
　　A. 仪器安置点　　　　　　　　　B. 两立尺点的中点
　　C. 远尺点　　　　　　　　　　　D. 近尺点
133. BB001　采用六墩法进行全站仪的加常数鉴定时,在基线场上一般埋设(　　)观测墩。
　　A. 6 个　　　　B. 7 个　　　　C. 8 个　　　　D. 10 个
134. BB001　在进行全站仪加常数的检定工作时,基线场的第一步工作是(　　)。
　　A. 给各观测墩按顺序编号　　　　B. 架设仪器
　　C. 架设棱镜　　　　　　　　　　D. 测距
135. BB002　如果测区内只有与首级控制同级或比首级控制低级的水准点,则通常选择一个水准点作为起算点,将首级控制布设为(　　)或环形网形式。
　　A. 结点网　　　B. 支路线　　　C. 闭合路线　　　D. 附合路线
136. BB002　作为一个测区加密高程控制的三等、四等水准测量,水准路线宜优先考虑布设成(　　)的形式。
　　A. 闭合路线　　B. 附合路线　　C. 自由水准网　　D. 独立水准网
137. BB003　在普通水准测量中,水准仪应安置于(　　)。
　　A. 两水准标尺的连线上　　　　　B. 两水准标尺的等距处
　　C. 临时选定的转点上　　　　　　D. 预先选定的转点上
138. BB003　在普通水准测量中,仪器至标尺的视距通常是采用(　　)获得的。
　　A. 皮尺量距法　B. 钢尺量距法　C. 光学视距法　D. 电磁波测距法
139. BB004　在普通水准测量记录手簿中,一个测站需控制的观测限差共(　　)。
　　A. 1 项　　　　B. 3 项　　　　C. 5 项　　　　D. 7 项
140. BB004　在普通水准测量记录手簿中,上丝、下丝读数主要用来(　　)。
　　A. 检核黑面中丝读数　　　　　　B. 检核红面中丝读数
　　C. 求取上下丝读数的中数　　　　D. 求取仪器到标尺的视距
141. BB005　在水准测量高差的计算公式 $h_{AB} = \sum_{i=1}^{n} a_i - \sum_{i=1}^{n} b_i$ 中,是将大地水准面看作平面,因而该式中(　　)。
　　A. 不包含地球曲率对高差的影响值　B. 包含大气折光改正数
　　C. 不包含后视读数之和　　　　　　D. 包含高程异常值
142. BB005　在水准测量的实际工作中,一般将前后视距之差的总和加以限制,就可使(　　)不致过大。
　　A. i 角误差的影响　　　　　　　B. 读数的影响
　　C. 交叉误差的影响　　　　　　　D. 地球曲率对高差的影响
143. BB006　水准测量方案的图上设计是根据已知水准点分布和实地情况,选定水准路线和水准点的(　　)。
　　A. 观测时段　　B. 观测位置　　C. 概略位置　　D. 精确位置

144. BB006 水准线路尽量沿( )的公路及其他道路布设。
    A. 弯度较大   B. 弯度较小
    C. 坡度较大   D. 坡度较小
145. BB007 在水准测量中,精平是指利用( )导致水准仪的( )气泡居中。
    A. 脚螺旋,管水准器   B. 脚螺旋,圆水准器
    C. 微倾螺旋,管水准器   D. 微倾螺旋,圆水准器
146. BB007 在水准测量中,读取标尺读数前,必须通过( )导致符合水准器两端影像对齐。
    A. 伸缩三脚架   B. 调节脚螺旋
    C. 调节水平微动螺旋   D. 调节水准管微倾螺旋
147. BB008 电子水准仪与光学水准仪不同之处,是采用条码水准标尺和仪器内装有( )处理系统。
    A. 电子整平   B. 自动跟踪   C. 电子识别   D. 自动瞄准
148. BB008 条码标尺设计要求各处条码宽度和条码间隔( ),以便探测器正确测出每根条码的位置。
    A. 相似   B. 相间   C. 相同   D. 不同
149. BB009 从目前几种电子水准原理的共同性的角度看,都使用了光学水准仪的( )。
    A. 电路原理   B. 光路原理   C. 机械原理   D. 相关原理
150. BB009 当前的电子水准原理都使用了条形码标尺,条码明暗相间,通过改变明暗条码的( )实现编码,且条码不存在重复的码段。
    A. 宽度   B. 数量   C. 颜色   D. 角度
151. BB010 电子水准仪没有( ),省去了一次照准两次符合进行重复测量的工作。
    A. 测微器   B. 圆水准器   C. 十字丝   D. 视准轴
152. BB010 在进行电子水准测量时,要求( )要有足够的可见范围,任何对有效部分的遮挡都将影响仪器的测量精度。
    A. 瞄准器   B. 望远镜   C. 目镜   D. 标尺条码
153. BB011 电子水准仪的补偿器与光学自动安平水准仪的补偿器,都属于交叉吊带( )补偿器。
    A. 平衡摆   B. 阻尼摆   C. 重力摆   D. 微倾摆
154. BB011 电子水准仪的标尺分划误差对观测读数的影响,是成像在CCD探测器上的所有分划线的分划误差的( )。
    A. 最大值   B. 最小值   C. 极限值   D. 平均值
155. BB012 在进行电子水准仪精度系统检定过程中,应选择一个短视距,因为视距短,这时补偿器、温度、空气反射等影响引起视线的变化( )。
    A. 最大   B. 最小   C. 较大   D. 较小
156. BB012 进行电子水准仪系统精度的检验,常采用的试验设备是采用双频激光干涉仪作为( )的测长设备。
    A. 高精度   B. 低精度   C. 高等级   D. 低等级

157. BB013 在进行电子水准仪精度系统检定中,长视距时,在测量过程中由于补偿器和机械振动等原因引起的视线变化(　　),更容易检测到。
A. 影响小　　　　B. 影响大　　　　C. 忽高忽低　　　　D. 无影响

158. BB013 在进行电子水准仪系统精度的检定时,是将(　　)的测量结果作为真值,以此为基准来评估电子水准仪的系统精度的。
A. 移动标尺　　　　　　　　　　B. 移动电子水准仪
C. 单频激光测量系统　　　　　　D. 双频激光测量系统

159. BB014 GNSS 接收机的常规性检测项目包括一般检视、通电测试、静态精度指标测试、(　　)等。
A. 动态精度指标测试　　　　　　B. 绝对定位精度指标测试
C. 天线相位中心偏差测试　　　　D. 天线几何中心偏差测试

160. BB014 在进行 GNSS 接收机的一般性检测时,要仔细查看主机及天线(　　)是否良好。
A. 外形　　　　B. 颜色　　　　C. 外观　　　　D. 构造

161. BB015 GNSS 接收机的通电检视,包括观察接收机自检的(　　)是否正常。
A. 顺序　　　　B. 格式　　　　C. 进程　　　　D. 指标

162. BB015 GNSS 接收机的通电检视,包括观察接收机的(　　)是否正常等。
A. 接收机钟差校验　　　　　　　B. 跟踪和锁定卫星性能
C. 导航和定位速度情况　　　　　D. 导航和定位精度情况

163. BB016 在超短基线上进行静态相对定位,通过比较超短基线的解算值与标准值之差,可以判明 GNSS 接收机的(　　)。
A. 内部噪声水平　　B. 内部符合精度　　C. 静态定位精度　　D. 相对定位精度

164. BB016 用于接收机内部噪声水平测试的超短基线通常是指边长小于(　　)的基线。
A. 5m　　　　B. 10m　　　　C. 5km　　　　D. 10km

165. BB017 在进行 GNSS 静态测量精度指标测试时,对中基线、长基线检验通常采用重复边法或闭合环法,闭合环的构成边应为(　　)。
A. 独立观测基线　　B. 相关观测基线　　C. 同步观测基线　　D. 超长时间观测基线

166. BB017 在进行 GNSS 静态测量精度指标测试时,重复边法检验至少要观测(　　)时段。
A. 一个　　　　B. 两个　　　　C. 三个　　　　D. 四个

167. BB018 在进行 GNSS 接收机天线相位中心稳定性检验的工作时,(　　)是目前较为严格的测定天线相位中心,及其变化规律的方法。
A. 短基线法　　B. 旋转天线法　　C. 相对定位法　　D. 绝对定位法

168. BB018 如果采用旋转天线法进行 GNSS 接收机天线相位中心稳定性检验的工作,需在(　　)中进行。
A. 暗室　　　　B. 避光处　　　　C. 阴凉处　　　　D. 隔音室

169. BB019 GNSS 接收机频标的稳定性是考核接收机性能和(　　)可到达精度水平的一个重要指标。
A. 偶尔的　　　　B. 潜在的　　　　C. 理想的　　　　D. 设计的

170. BB019 对于高精度 GNSS 测量和地球动力学研究方面的应用,接收机(　　)及其对观测值噪声的影响具有更为重大的意义。
A. 主板的性能　　B. 频标稳定性　　C. 钟差　　D. 天线的质量

171. BC001 如果一组观测值的误差分布比较集中,则说明该组观测值的(　　)。
A. 准确度较高　　B. 准确度较低　　C. 精度较高　　D. 精度较低

172. BC001 如果一组观测值的误差分布比较分散,则说明该组观测值的(　　)。
A. 准确度较高　　B. 准确度较低　　C. 精度较高　　D. 精度较低

173. BC002 当观测值中,不含有系统误差和粗差时,即只含有偶然误差的情况下,真误差的数学期望(　　)。
A. 趋近于零　　B. 接近于零　　C. 等于零　　D. 可能为零

174. BC002 当观测值除含有偶然误差外,还含有系统误差或粗差,或二者均有的情况下,观测值的数学期望将(　　)。
A. 接近真值　　B. 偏离真值　　C. 接近平均值　　D. 偏离平均值

175. BC003 在正态分布的方程,即观测误差分布方程中参数 σ^2 称为观测误差的(　　)。
A. 标准差　　B. 中误差　　C. 方差　　D. 协方差

176. BC003 所谓方差,就是真误差平方(Δ^2)的数学期望,也就是 Δ^2 的(　　)的极限。
A. 理论平均值　　B. 实际平均值　　C. 算术平均值　　D. 绝对平均值

177. BC004 误差分布曲线在纵坐标轴两侧各有一个拐点,两个拐点的横坐标分别是(　　)。
A. $-\sqrt{\sigma}+\sqrt{\sigma}$　　B. $-\sigma^2+\sigma^2$　　C. $-\sigma+\sigma$　　D. $-\sqrt[3]{\sigma}+\sqrt[3]{\sigma}$

178. BC004 标准差的公式为(　　)。
A. $\sigma=+\sqrt{\lim\limits_{n\to\infty}\dfrac{[\Delta^2]}{n}}$　　B. $\sigma=-\sqrt{\lim\limits_{n\to\infty}\dfrac{[\Delta^2]}{n}}$
C. $\sigma=\pm\sqrt{\lim\limits_{x\to\infty}\dfrac{[\Delta^2]}{n}}$　　D. $\sigma=\pm\sqrt{\lim\limits_{n\to\infty}\dfrac{[\Delta^2]}{n}}$

179. BC005 等精度观测值是指对观测值所做的观测在相同的(　　)条件下。
A. 观测　　B. 仪器　　C. 气候　　D. 观测者

180. BC005 在作业条件不变的情况下,对于一组独立观测所获得的各观测量,对应着同一个(　　)。
A. 真误差　　B. 粗差　　C. 标准差　　D. 偶然误差

181. BC006 在进行观测量方差的估算时,需要计算各观测量的真误差,而真误差就是真值与(　　)之差。
A. 观测值　　B. 绝对值　　C. 理论值　　D. 数学期望值

182. BC006 当真值或理论值未知时,观测值估计方差的计算公式为(　　)。
A. $\hat{\sigma}^2=[\Delta\Delta]/n$　　B. $\hat{\sigma}^2=\sum\Delta_i^2/n$
C. $\hat{\sigma}^2=\dfrac{1}{n}\sum\limits_{i=1}^{n+1}(X_i-\bar{X})^2$　　D. $\hat{\sigma}^2=\dfrac{1}{n-1}\sum\limits_{i=1}^{n}(X_i-\bar{X})^2$

183. BC007 目前一般软件所采用的确定整周未知数的方法,基本上都是以(　　)为基础。
A. 筛选法　　　　B. 搜索法　　　　C. 随机法　　　　D. 平差法

184. BC007 整周未知数的搜索法,以数理统计理论的参数估计和假设检验为基础,利用(　　)的解向量及其精度信息,确定在某一置信区间整周未知数可能的整数解的组合。
A. 初始平差　　　B. 简易平差　　　C. 条件平差　　　D. 间接平差

185. BC008 所谓单基线解算,就是在基线解算时不顾及同步观测基线间的(　　),对每条基线单独进行解算。
A. 误差相关性　　B. 时间相关性　　C. 卫星相关性　　D. 位置相关性

186. BC008 单基线解算的算法简单,不利于后面的(　　),一般只用在普通等级 GNSS 网的测设中。
A. 其他基线的解算　　　　　　　　B. 协因数的确定
C. 观测误差的平差　　　　　　　　D. 网平差处理

187. BC009 在基线解算的质量指标中,观测值残差是指(　　)观测值与其平差值之差。
A. 基线长　　　B. 基线向量　　　C. 测距码　　　D. 载波相位

188. BC009 在基线解算的质量指标中,数据剔除率是指被剔除(　　)与观测值总数的比值。
A. 观测值数量　B. 观测值残差　C. 基线向量　　D. 重复基线数

189. BC010 在分析基线解算的质量时,如果异步环闭合差不满足限差要求,则表明组成异步环的基线中可能存在包含粗差的基线,要查找出哪些基线包含粗差,可对(　　)进行分析。
A. 观测值残差　　　　　　　　　　B. 数据剔除率
C. 各相关同步环闭合差　　　　　　D. 各相邻异步环闭合差

190. BC010 由于同步观测基线间具有一定的内在联系,从而使得同步环闭合差在理论上应总是(　　)。
A. 零　　　　　B. 接近于零　　　C. 1　　　　　　D. 接近于 1

191. BC011 在进行 GNSS 基线解算时,少数卫星的观测时间太短,导致这些卫星的(　　)无法准确确定。
A. C/A 码　　　B. 整周未知数　　C. 非整周数　　　D. 准确方位

192. BC011 GNSS 基线解算时,如果在整个观测时段里,有个别时间段里周跳太多,致使周跳(　　)。
A. 修复不完善　B. 无法修复　　　C. 解算不准　　　D. 无法解算

193. BC012 在 GNSS 定位成果向地方坐标系的转换中,经常采用(　　)法,为此 GNSS 网与地方网之间至少需要有三个公共点。
A. 三参数　　　B. 四参数　　　　C. 七参数　　　　D. 零参数

194. BC012 研究两个坐标系统的转换问题,实质上,就是研究两个(　　)之间的坐标转换问题。
A. 空间直角坐标系　　　　　　　　B. 平面直角坐标系
C. 三维坐标系　　　　　　　　　　D. 二维坐标系

195. BC013　如果已知两个坐标系相应于某个模型的转换参数，则可以根据（　　），将一点在一个坐标系的坐标转换成在另一个坐标系中坐标。
　　　A. 转换条件　　　　　B. 转换模型
　　　C. 已知点坐标　　　　D. 已知点高程

196. BC013　求取转换参数时，当公共点多于3个时，取不同的公共点就会求得（　　）的转换参数。
　　　A. 相同　　　B. 相似　　　C. 不同　　　D. 相近

197. BC014　在GNSS测量中所获得的高程是大地高，而在实际应用上一般为（　　）。
　　　A. 椭球高　　B. 仪器高　　C. 海拔高　　D. 目标高

198. BC014　实质上，地球模型法就是一种数字化的（　　），目前国际上较常用的地球模型有OSU91A、CQG2000等。
　　　A. 等值线图法　　B. 高程拟合法　　C. 次曲面法　　D. 拾取高程法

199. BC015　一般来说，高程拟合法适用于高程异常变化较为平缓的地区，通常认为拟合精度可达到（　　）以内。
　　　A. 毫米级　　B. 厘米级　　C. 分米级　　D. 米级

200. BC015　在采用二次曲面函数对高程异常进行曲面拟合时，一共要确定6个参数，为此至少需要（　　）个已知点。
　　　A. 2　　　B. 3　　　C. 4　　　D. 6

201. BC016　解析内插法作为拟合高程最常用的方法，主要思想是把（　　）用数学曲面近似拟合的思想。
　　　A. 似大地水准面　　B. 椭球面　　C. 地球表面　　D. 大地水准面

202. BC016　多项式曲线高程拟合法使用起来非常方便，但有其自身的局限性，就是使用此方法时，所测线路（　　）。
　　　A. 要形成闭合　　B. 不能过短　　C. 不能太长　　D. 要直伸

203. BC017　函数模型是描述观测量与（　　）之间函数关系的模型。
　　　A. 待求量　　B. 已知量　　C. 非观测量　　D. 常数量

204. BC017　一个测量平差问题，首先要建立函数模型，然后采用一定的（　　）对待求量进行最优评估。
　　　A. 评估方法　　B. 平差原则　　C. 筛选办法　　D. 取舍方法

205. BC018　随机模型是描述观测量及其相互之间（　　）的模型。
　　　A. 数值相关性　　　B. 统计相关性质
　　　C. 概率关系　　　　D. 相差数值

206. BC018　随机模型是通过观测值的数学期望和（　　）来表示的。
　　　A. 随机误差　　B. 权矩阵　　C. 协因数阵　　D. 权逆阵

207. BC019　以（　　）为函数模型的平差方法，称为条件平差法。
　　　A. 法方程　　B. 条件方程　　C. 方差阵　　D. 协方差阵

208. BC019　一般而言，如果有 n 个观测值，需 t 个必要观测，则可列出（　　）个条件方程。
　　　A. $r=n+t$　　B. $r=n-t$　　C. $r=n\times t$　　D. $r=n\div t$

209. BC020　在一个几何模型中,最多只能选出 t 个独立量,如果在进行平差时,只选 t 个独立量作为参数,那么通过这 t 个独立参数就能(　　)确定几何模型。

　　A. 很好地　　　　B. 准确地　　　　C. 唯一地　　　　D. 及时地

210. BC020　在一个平差问题中,设观测值个数为 n,必要观测数为 t,若选择 t 个独立量作为平差参数,则多余观测数为 $r=n-t$,因而可以列出(　　)个观测值方程。

　　A. n　　　　　　B. t　　　　　　C. r　　　　　　D. $n+t$

211. BD001　1806 年(　　)独立地提出了最小二乘法并正式定名,所以最小二乘法又被后人称为高斯—勒戎德方法。

　　A. 牛顿　　　　　B. 高斯　　　　　C. 哥白尼　　　　D. 勒戎德

212. BD001　测量平差的基本任务,就是根据观测值与待定量之间的数学模型,运用最小二乘法原理解求待定量的(　　),并评定测量成果的精度。

　　A. 观测值　　　　B. 平均值　　　　C. 真实值　　　　D. 最或是值

213. BD002　测量平差是研究如何处理带有(　　)的观测值,以寻求被观测量的最佳估值。

　　A. 系统误差　　　B. 偶然误差　　　C. 粗差　　　　　D. 或然误差

214. BD002　对 A、B 两点间的未知距离只丈量一次,尽管这一次丈量的观测值含有误差,但不会产生(　　)。

　　A. 粗略平差　　　B. 间接平差　　　C. 测量平差　　　D. 系统平差

215. BD003　如果测区较小,可以把测区所在的一部分椭球面近似看作平面,该三角网即为(　　)的三角网。

　　A. 平面上　　　　B. 曲面上　　　　C. 椭球面上　　　D. 空间里

216. BD003　三角网中的观测量是网中的全部或大部分(　　)。

　　A. 角度值　　　　B. 长度值　　　　C. 方向值　　　　D. 高度值

217. BD004　导线网包括(　　)和具有一个或多个结点的导线网。

　　A. 附合导线　　　B. 单一导线　　　C. 直伸导线　　　D. 支导线

218. BD004　独立导线网的起算数据是:(　　)起算点的 x,y 坐标和一个方向的方位角。

　　A. 一个　　　　　B. 二个　　　　　C. 三个　　　　　D. 四个

219. BD005　根据正态分布方程的特性,如果 $|\Delta_1|<|\Delta_2|$ 那么(　　)。

　　A. $f(\Delta_1)>f(\Delta_2)$　　　　　　　　B. $f(\Delta_1)<f(\Delta_2)$

　　C. $f(\Delta_1)\leqslant f(\Delta_2)$　　　　　　　　D. $f(\Delta_1)\geqslant f(\Delta_2)$

220. BD005　根据正态分布方程的特性,当 $\Delta=0$ 时,$f(\Delta)=\dfrac{1}{\sqrt{2\pi}\sigma}$ 为(　　)。

　　A. 最小值　　　　B. 最大值　　　　C. 极限值　　　　D. 或是值

221. BD006　通常,GNSS 测量控制网的建立主要采用(　　)方法。

　　A. 伪距法静态绝对定位　　　　　　　B. 伪距法静态相对定位

　　C. 载波相位静态绝对定位　　　　　　D. 载波相位静态相对定位

222. BD006　直接为工程建设服务的 GNSS 测量控制网,其精度应(　　)。

　　A. 低于国家 GNSS 控制网　　　　　　B. 高于光电测距导线网

　　C. 符合国家测量规范的要求　　　　　D. 满足工程建设的实际需要

223. BD007　在 GNSS 测量中,所谓异步观测环,是指在构成多边形环路的所有基线向量中（　　）。
　　A. 有非同步基线向量　　　　　　　　B. 没有同步基线向量
　　C. 非同步基线向量大于 50%　　　　　D. 任意两个基线向量都是非同步的

224. BD007　在 GNSS 测量中,若 N 台接收机同步观测,则共获得（　　）个基线向量,但其中只能选出（　　）个独立基线向量。
　　A. $N(N-1)/2, N-1$　　　　　　　　B. $N(N-1), N-1$
　　C. $N(N-1)/2, N$　　　　　　　　　D. $N(N-1), N$

225. BD008　一般来说,GNSS 点宜选在（　　）的地方。
　　A. 附近有强电磁源　　　　　　　　　B. 四周有大片水域
　　C. 四周有成片草地　　　　　　　　　D. 四周有高大树木

226. BD008　一般来说,GNSS 点不宜选在（　　）的地方。
　　A. 交通方便　　　　　　　　　　　　B. 通视良好
　　C. 四周有成片草地　　　　　　　　　D. 四周有大片水域

227. BD009　广域差分系统削弱三种主要误差的基本手段有:用精密星历取代广播星历、精确计算出各个时刻卫星钟差、建立精密的（　　）模型。
　　A. 卫星钟差　　　　　　　　　　　　B. 接收机钟差
　　C. 区域大气延迟　　　　　　　　　　D. 区域大地水准面

228. BD009　广域差分系统的技术思想是对 GNSS 观测量的（　　）加以区分。
　　A. 误差源　　　B. 数据来源　　　C. 时间段　　　D. 可靠性

229. BD010　所谓局域差分系统,是一个在局域范围内布设的由若干个基准站组成的差分 GPS 网,简称（　　）。
　　A. DGPS　　　　　　　　　　　　　　B. DGPSYS
　　C. LADGPS　　　　　　　　　　　　　D. WADGPS

230. BD010　在局域差分系统中,必须有一个由若干个差分 GNSS 基准站组成的差分 GNSS 网,且（　　）与用户之间有无线电数据通信链。
　　A. 每个基准站　　　　　　　　　　　B. 其中一个中心站
　　C. 其中两个基准站　　　　　　　　　D. 其中三个基准站

231. BD011　在 GNSS 控制网中,所谓点连式,是指相邻的同步图形之间只通过（　　）个公共点连接,其特点是图形扩展快。
　　A. 1　　　　　B. 2　　　　　C. 3　　　　　D. 4

232. BD011　在 GNSS 控制网中,所谓边连式,是指相邻的同步图形之间通过 2 个公共点连接,至少需要（　　）接收机。
　　A. 1 台　　　　B. 2 台　　　　C. 3 台　　　　D. 4 台

233. BD012　GNSS 测量的精度指标通常以网中（　　）来衡量。
　　A. 同步环闭合差　　　　　　　　　　B. 异步环闭合差
　　C. 相邻点间弦长的标准差　　　　　　D. 最弱点的点位中误差

234. BD012　在 GNSS 测量的精度指标公式 $\sigma = \sqrt{a^2 + (b \times d \times 10^{-6})^2}$ 中,a 和 b 分别代表(　　)。
　　　A. 加常数和乘常数　　　　　　　　B. 固定误差和比例误差
　　　C. 固定误差和比例误差系数　　　　D. 固定误差系数和比例误差系数

235. BD013　在基线初始平差的过程中,基线解算一般采用(　　)。
　　　A. 动态观测值　　B. 静态观测值　　C. 差分观测值　　D. 常规观测值

236. BD013　若在某个历元中,对 K 颗卫星进行了同步观测,则可以得到(　　)个双差观测值。
　　　A. $K-2$　　　　B. $K-1$　　　　C. K　　　　D. $K+1$

237. BD014　为了确定 GNSS 网点在某一特定坐标系下的(　　),需要提供相应的位置基准、方位基准和尺度基准。
　　　A. 相对坐标　　B. 绝对坐标　　C. 地方坐标　　D. 直角坐标

238. BD014　一般认为,通过 GNSS 基线解算所获得的 GNSS 基线向量不具有(　　)属性。
　　　A. 位置　　　　B. 方位　　　　C. 尺度　　　　D. 长度

239. BD015　三维平差是指平差在三维空间坐标系中进行,观测值为(　　)的观测值。
　　　A. 二维空间　　B. 平面　　　　C. 三维空间　　D. 垂直面

240. BD015　GNSS 控制网的二维平差,一般适合于(　　)的 GNSS 控制网平差。
　　　A. 小范围　　　B. 大范围　　　C. 极小范围　　D. 超大范围

241. BD016　通常为了避免产生变形,GNSS 网的三维无约束平差采用的起算条件不超过(　　)。
　　　A. 1 个　　　　B. 2 个　　　　C. 3 个　　　　D. 4 个

242. BD016　通常,GNSS 网的三维无约束平差是在(　　)空间直角坐标系下进行的。
　　　A. 协议地心　　B. 地方　　　　C. 天文　　　　D. WGS-84

243. BD017　提取基线向量时,一般选取(　　)的基线。
　　　A. 非独立　　　B. 相互独立　　C. 部分独立　　D. 相关联

244. BD017　提取基线向量时,所选取的基线向量应构成(　　)的几何图形。
　　　A. 非闭合　　　B. 直伸　　　　C. 闭合　　　　D. U 形

245. BD018　通过三维无约束平差,可以评定 GNSS 网的附合精度,(　　)可能存在粗差的基线。
　　　A. 发现和选取　B. 发现和剔除　C. 检查和存储　D. 检查和选取

246. BD018　通过三维无约束平差,可以获得 GNSS 网中各点在 WGS-84 坐标系下,经过平差处理的(　　)。
　　　A. 三维空间直角坐标　　　　　　　B. 二维平面直角坐标
　　　C. 高斯坐标　　　　　　　　　　　D. 椭球参数

247. BD019　GNSS 坐标系与地面坐标系的转换问题,目前普遍采用的是(　　)模型。
　　　A. 高斯　　　　B. Bursa　　　　C. 二维七参数　D. 二维四参数转换

248. BD019　一般选用 2 个点即可求解出 4 个转换参数,但最好选用 3 个以上点,利用(　　)求解。
　　　A. 最小二乘法　B. 随机法　　　C. 差分法　　　D. 等差法

249. BD020　在三等水准测量中,测段往返测闭合差的限差为±12$\sqrt{S}$(　　),S为相邻两水准点间的距离,单位为(　　)。
　　　　A. mm,km　　　　B. mm,m　　　　C. cm,km　　　　D. cm,m

250. BD020　在三等水准测量中,附合或闭合路线闭合差的限差为±12$\sqrt{L}$(　　),L为附合或闭合路线的长度,单位为(　　)。
　　　　A. mm,km　　　　B. mm,m　　　　C. cm,km　　　　D. cm,m

251. BD021　有些情况下,往往需要研究点位在某个特殊方向上的(　　)。
　　　　A. 位差大小　　　B. 偏移量　　　C. 较差　　　D. 点位中误差

252. BD021　当三角网按条件平差时,待定点的最或然坐标是(　　)的函数。
　　　　A. 平均值　　　B. 最小值　　　C. 条件值　　　D. 平差值

253. BD022　以不同方向ψ和在该方向上的位差值m_ψ为极坐标的点的轨迹为闭合的曲线,显然,任意方向ψ上的(　　)就是该方向的位差m_ψ。
　　　　A. 边长　　　B. 向径　　　C. 距离　　　D. 角度

254. BD022　误差曲线关于极大值E轴和极小值F轴(　　)。
　　　　A. 平行　　　B. 垂直　　　C. 对称　　　D. 等距

255. BD023　误差曲线不是一种(　　),作图也不方便,因此降低了它的使用价值。
　　　　A. 标准曲线　　　B. 作图曲线　　　C. 典型曲线　　　D. 对称曲线

256. BD023　在误差椭圆上,只要在垂直于某一方向ψ上做椭圆的切线,则垂足与原点的连线长度就是ψ方向上的(　　)。
　　　　A. 坐标误差　　　B. 点位最或然值　　　C. 点位平均值　　　D. 位差

257. BD024　为了确定任意两个待定点之间的某些精度,就需要进一步做出两待定点之间的(　　)。
　　　　A. 误差曲线　　　B. 误差图形　　　C. 相对误差椭圆　　　D. 相对位置椭圆

258. BD024　如果有了两个点的相对误差椭圆,就可以用(　　)量取所需要的任意方向上的位差大小。
　　　　A. 解析法　　　B. 作图法　　　C. 绘制法　　　D. 图解法

259. BD025　一般来说,在平差开始前,观测向量的协方差阵D是未知的,应先根据(　　)给出估值,通常称为先验协方差。
　　　　A. 经验　　　B. 理论　　　C. 平差函数模型　　　D. 平差随机模型

260. BD025　一般来说,在平差过程中或结束后,可确定出(　　)的估值,从而再次求得协方差阵的估值,通常称为验后协方差。
　　　　A. 协因数阵　　　B. 协方差阵　　　C. 单位权方差　　　D. 未知数方差

261. BD026　按照最小二乘条件给出最终结果能充分利用误差的抵偿作用,可以(　　)的影响,因而所得结果具有最可信赖值。
　　　　A. 有效减少随机误差　　　B. 避免误差
　　　　C. 剔除误差　　　D. 排除外界干扰的

262. BD026　对测量数据最小二乘法处理的最终结果,不仅给出待求量的估计值,还要(　　)。
　　　　A. 计算偏差　　　B. 给出估计范围　　　C. 确定真值　　　D. 确定其精度

263. BD027　二维约束平差在实际应用中,是以( )重合点作为起算数据。
　　　A. 一个　　　　　B. 两个　　　　　C. 三个　　　　　D. 四个

264. BD027　在进行二维约束平差时,是将 GNSS 基线观测向量转换到应用坐标系的( )。
　　　A. 三维空间中　　B. 二维垂直面上　C. 二维平面上　　D. 二维斜面上

265. BD028　如果经 GNSS 网约束平差后的基线向量改正数与 GNSS 网无约束平差后基线向量改正数的较差超限,则通常认为( )。
　　　A. 基线向量包含粗差　　　　　　　B. 基线向量相关性强
　　　C. 基线向量相关性弱　　　　　　　D. 约束条件与 GNSS 网不兼容

266. BD028　在进行约束平差或联合平差时,可根据实际情况,对一直地方坐标点作强制约束或( )。
　　　A. 加权约束　　B. 等级约束　　　　C. 边长约束　　　D. 角度约束

267. BE001　物探测量质量监控的目的,就是通过对物探测量施工的全程质量监控和对( )的全面质量检查。
　　　A. 物探测量仪器　　　　　　　　　B. 物探测量软件
　　　C. 物探测量数据　　　　　　　　　D. 物探测量资料

268. BE001　物探测量质量监控的目的,就是通过全面的质量检查,确保物探测量施工能顺利进行,确保( )能全面满足物探的要求。
　　　A. 物探测量最终成果　　　　　　　B. 质量评定
　　　C. 资料整理　　　　　　　　　　　D. 资料验收

269. BE002　GNSS 基线解算的质量控制指标主要有观测值残差、( )、同步环闭合差、异步环闭合差等。
　　　A. 重复基线数　　B. 同步环个数　　C. 异步环个数　　D. 基线向量精度

270. BE002　基线解算的星历可采用广播星历或精密星历,对于一级控制网或远距离联测基线宜采用( )。
　　　A. 预报星历　　　B. 广播星历　　　C. 精密星历　　　D. 估计星历

271. BE003　在进行 GNSS 静态作业时,所选的点位附近不应有( )或强烈干扰卫星信号接收的物体。
　　　A. 大面积水域　　B. 大面积的草地　C. 沙漠　　　　　D. 耕地

272. BE003　在利用旧点进行 GNSS 静态作业时,应对所选用旧点的( )做检查,符合要求才可利用。
　　　A. 美观性　　　　B. 清洁度　　　　C. 外形　　　　　D. 稳定性

273. BE004　一级 GNSS、二级 GNSS 点位在地面的选择上应做到( )。
　　　A. 地面基础稳定、易于点的保存　　B. 地表容易变迁
　　　C. 地面基础柔软,易于挖掘　　　　D. 点位显而易见

274. BE004　一级 GNSS、二级 GNSS 点位的选取,不要求全部通视,但每一个点应至少和周边点的( )。
　　　A. 最高点通视　　B. 最低点通视　　C. 一个点通视　　D. 两个点通视

275. BE005　由于基准站要播发数据信号给流动站,因而要尽量选择(　　)的 GNSS 网点设站。
　　A. 地势低　　　　B. 地势平坦　　　C. 地势高　　　　D. 地势险峻
276. BE005　按照石油物探测量规范的要求,放样用的参考站可以建立在已布设的(　　)上,也可利用其他经检核的差分参考站进行放样。
　　A. 控制点　　　　B. 物理点　　　　C. 水准点　　　　D. 复测点
277. BE006　流动站接收机在整周模糊度确定后,当精度指标满足放样要求时,表明(　　)成功。
　　A. 初始化　　　　B. 定位　　　　　C. 卫星锁定　　　D. 通信连接
278. BE006　无论是 GNSS 动态定位还是静态定位,(　　)正确解求都是为获得高精度定位成果的关键问题。
　　A. 转换参数　　　B. 高程异常值　　C. 卫星高度　　　D. 整周模糊度
279. BE007　RTK 测量宜采用(　　)。当采用北京标准时间时,应考虑时区差加以换算。
　　A. 协调世界时　　B. 格林尼治时间　C. 夏令时　　　　D. 地方时
280. BE007　由于 RTK 数据链的传播限制和定位精度要求,RTK 测量一般不超过(　　)。
　　A. 5km　　　　　B. 10km　　　　　C. 20km　　　　　D. 50km
281. BE008　如果 RTK 的基准站天线长度与(　　)不相称,将直接影响传输距离。
　　A. 波长　　　　　B. 波宽　　　　　C. 振幅　　　　　D. 周期
282. BE008　RTK 数据传输(　　)是 RTK 应用的关键,距离的多少决定了其性能的优劣。
　　A. 强度　　　　　B. 波特率　　　　C. 频率　　　　　D. 距离
283. BE009　假设某测区的平均经度为 75°,平均纬度为 38°,平均高程为 4000m,现沿东西方向布设一条长约 20km 的导线,如果起算数据和观测数据都没有问题,那么造成导线相对闭合差超限的原因最有可能是(　　)。
　　A. 边长未加入投影改正　　　　　　B. 边长未归化至统一基准面
　　C. 边长未加入大气折光改正　　　　D. 边长未加入球、气差改正
284. BE009　导线测量外业观测阶段的质量控制主要从仪器的安置、(　　)、参数的设置、角度测量的测回数、观测程序和技术要求,边长测量的测回数、观测程序和技术要求等方面考虑。
　　A. 仪器的自检　　　　　　　　　　B. 棱镜的竖立
　　C. 磁卡的容量　　　　　　　　　　D. 观测的时间
285. BE010　物探测量成果资料的验收,一般以现行的石油物探测量规范为依据,若某项目对测量的要求与规范有差异,应以(　　)为依据。
　　A. 国家测绘法规　　　　　　　　　B. 石油物探测量规范
　　C. 质量管理文件　　　　　　　　　D. 供需双方合同约定的技术标准
286. BE010　在物探测量资料的最终检查验收中,对于仪器鉴定资料,应检查(　　)是否有效。
　　A. 使用日期　　　　　　　　　　　B. 仪器购买日期
　　C. 仪器存放日期　　　　　　　　　D. 鉴定合格证

287. BE011　通常,物探测量成果资料的质量评定由(　　)负责实施,由(　　)负责核定。
　　　A. 监理方,委托方　　　　　　　　B. 生产单位,验收单位
　　　C. 甲乙双方,国家质检机构　　　　D. 中介机构,国家质检机构
288. BE011　按照现行的石油物探测量规范,如果所提交资料的项目齐全、格式正确,野外原始记录齐全、清晰、真实,控制测量主要技术指标符合要求,测线位置和物理点标记满足物探设计和施工要求,物理点的点位、点距与设计值之差在允许范围之内,物理点的点位中误差和高程中误差在允许范围之内,那么该质量评定为(　　)。
　　　A. 优级品　　　B. 良级品　　　C. 合格品　　　D. 及格品
289. BF001　当已有的控制点密度不能满足放样需要时应根据现有的控制点进行(　　)。
　　　A. 延长　　　B. 加密　　　C. 取舍　　　D. 减量
290. BF001　在全站仪坐标法设站时,首先要在(　　)架设仪器,然后需要调入或输入测站点的坐标。
　　　A. 任意点　　　B. 未知点　　　C. 控制点　　　D. 待测点
291. BF002　在利用全站仪进行极坐标法放点时,需要在各待定点架设(　　),量取记录并输入棱镜高,测量并记录待定的坐标和高程。
　　　A. 觇标　　　B. 仪器　　　C. 脚架　　　D. 棱镜
292. BF002　如果一站不能放样出所有的待定点,可以在另一站点上设站继续放样,但开始放样前,还须检测(　　)的2~3点,其差值不大于放样点的允许偏差。
　　　A. 已放样的　　　B. 未放样的　　　C. 水准点　　　D. 地物点
293. BF003　静态作业前,要对接收机进行一般性检视,主要检查接收机设备各部件及其附件是否(　　)。
　　　A. 光洁如新　　　B. 完美无缺　　　C. 齐全、完好　　　D. 摆放规整
294. BF003　静态作业前接收机的通电检验,就是在接收机通电后检查其有关信号灯、按键、显示系统和仪表的工作情况,以及(　　)的工作情况。
　　　A. 自测试系统　　　B. 保护系统　　　C. 防水、防尘　　　D. 抗干扰
295. BF004　在静态作业的正式出工前,应再次对所用的GNSS测量仪及附件设备的性能、状况进行现场检测,设置(　　),确认仪器各项指标是否达到其标称精度。
　　　A. 导航点　　　B. 有关参数　　　C. 行进路线　　　D. 操作时间
296. BF004　GNSS静态作业的选点与其他点位不一定要通视,而且网的图形结构较灵活,所以选点工作比常规测量的选点要(　　)。
　　　A. 烦琐　　　B. 有难度　　　C. 复杂　　　D. 简单
297. BF005　在处理静态数据时,基线的处理模式只有在处理模式设置成自动时,才可以使用(　　)。
　　　A. 自动处理参数　　　B. 缺省参数　　　C. 最佳处理参数　　　D. 优选参数
298. BF005　在进行基线处理时,如果一个项目仅仅只有浮点解存在,则允许使用该点作为(　　)做进一步处理。
　　　A. 基准点　　　B. 备用点　　　C. 参考站　　　D. 流动站

299. BF006 在同一点上架设 GNSS 接收机作为基准站,在不同的时间采用自动定位获得的 WGS84 坐标值(　　)都不尽相同。
    A. 存在差别　　　B. 毫无关联　　　C. 完全相同　　　D. 相差很多
300. BF006 基准站架设完成后,开机后,需要确认(　　),进入任务项并选定工作项目。
    A. 转换参数　　　　　　　　B. 电台频道
    C. 是否初始化　　　　　　　D. 坐标系统
301. BF007 在 GNSS RTK 流动站接收机开机之前,应确认(　　)的完好连接。
    A. 主机与天线　　　　　　　B. 主机与控制器
    C. 主机与电台　　　　　　　D. 电台与发射天线
302. BF007 主机与控制器的无线连接方式通常采用(　　)连接。
    A. 蓝牙　　　　　B. 无线电　　　C. 红外线　　　D. 电磁波
303. BG001 编程语言是用来定义计算机程序的(　　)语言,它是一种被标准化的交流技巧。
    A. 抽象　　　　　B. 形式　　　　C. 随机　　　　D. 自动
304. BG001 编程语言是一种被(　　)的交流技巧。
    A. 标准化　　　　B. 非标准化　　C. 格式化　　　D. 非格式化
305. BG002 在众多编程语言中,(　　)是一种可视化编程语言。
    A. BASIC　　　　B. VISUAL BASIC　　C. FORTRUN　　D. C
306. BG002 汇编语言的实质和机器语言是相同的,都是直接对(　　)操作。
    A. 用户　　　　　B. 软件　　　　C. 硬件　　　　D. 数据
307. BG003 BASIC 语言中的数据输入方法可以用(　　)语句实现。
    A. INPUT　　　　B. OUTPUT　　　C. PRINT　　　D. WRITE
308. BG003 C 语言中的数据输入方法可以用(　　)语句实现。
    A. GETCHAR　　　B. PRINTF　　　C. PRINT　　　D. WRITE
309. BG004 BASIC 语言中的数据输出方法可以用(　　)语句实现。
    A. INPUT　　　　B. PUT　　　　　C. PRINTF　　　D. WRITE
310. BG004 C 语言中的数据输出方法可以用(　　)语句实现。
    A. PUTCHAR　　　B. GETCHAR　　　C. INPUT　　　D. GOTO
311. BG005 BASIC 编程语言可以使用(　　)语句打开一个数据文件。
    A. OPEN　　　　　B. CLOSE　　　　C. INPUT　　　D. PRINT
312. BG005 BASIC 编程语言可以使用(　　)语句关闭一个数据文件。
    A. OPEN　　　　　B. CLOSE　　　　C. INPUT　　　D. PRINT
313. BG006 在石油地震勘探测线合格报告单中总点数应该包括激发点、接收点和(　　)的总点数统计。
    A. 物理点　　　　B. 检波点　　　　C. 炮点　　　　D. 重复点
314. BG006 在石油地震勘探测线合格报告单中的起止点桩号包括激发点的起止点桩号和(　　)的起止点桩号。
    A. 炮点　　　　　B. 接收点　　　　C. 物理点　　　D. 复测点

315. BG007 石油物探测量文件的激发点文件包含所有激发点的(　　)以及其他的必要信息。

　　A. 点名　　　　　B. 坐标和高程　　　C. 编码　　　　　D. 点号

316. BG007 石油物探测量文件中的激发点文件和接收点文件均按照线号、点号和索引号(　　)排列。

　　A. 组合　　　　　B. 分开　　　　　　C. 升序　　　　　D. 降序

317. BH001 在 PowerPoint 的演示文稿中,在"大纲"窗口若想将某一标题"降级",应按(　　)键。

　　A. Alt　　　　　　B. Ctrl　　　　　　C. Shift　　　　　D. tab

318. BH001 在 PowerPoint 中,不属于组成配色方案的元素是(　　)。

　　A. 背景颜色　　　B. 线条颜色　　　　C. 文本颜色　　　D. 图片

319. BH002 雷雨天进行测量工作,将冒着受雷击的危险,因此,雷雨天不要进行(　　)。

　　A. 仪器操作　　　　　　　　　　　　B. 室内测量
　　C. 野外测量　　　　　　　　　　　　D. 与测量有关的工作

320. BH002 不要用仪器去直接观测(　　),这样不仅有可能损坏测距仪或全站仪的内部部件,也有可能会造成眼睛受伤。

　　A. 目标点　　　　B. 月亮　　　　　　C. 星星　　　　　D. 太阳

321. BH003 精密单点定位技术,是基于某种方式获得的 GNSS 卫星精密星历和(　　),对单台 GNSS 接收机采集伪距观测值和载波相位观测值进行非差定位数据的处理。

　　A. 钟差改正　　　B. 精密钟差　　　　C. 估计钟差　　　D. 卫星钟差

322. BH003 石油物探测量的高程起算数据应采用国家(　　)的高程成果,也可采用归化到国家现行高程基准的国家 GNSS 点或国家三角点的高程成果。

　　A. 控制点　　　　B. 物理点　　　　　C. 水准点　　　　D. 高程点

323. BH004 路由器能够在多个网络和介质之间提供网络互联能力,但路由器并不要求在两个网络之间维持(　　)。

　　A. 永久的连接　　B. 暂时的连接　　　C. 附加的连接　　D. 空闲的连接

324. BH004 当相连两个完全不同结构的网络时,就必须使用(　　),例如以太网与一台大型的 IBM 主机相连时。

　　A. 网桥　　　　　B. 中继器　　　　　C. 网卡　　　　　D. 网关

325. BH005 GNSS 控制网的选点,应视野开阔,接收机天线架设处的视场不宜有高度角在(　　)以上的障碍物。

　　A. 5°　　　　　　B. 10°　　　　　　C. 15°　　　　　D. 20°

326. BH005 各种类型的标石均应设置(　　),该标志应有清晰、精细的十字丝或嵌有半径不超过 2mm 的金属钉。

　　A. 边缘标志　　　B. 中心标志　　　　C. 明显标记　　　D. 指示标志

二、多选题

1. AA001　利用 Excel 电子表格进行数据处理,可以做到(　　)。
   A. 快速　　　　B. 准确　　　　C. 直观　　　　D. 美观

2. AA002　首次启动电子表格时,应用程序工作区会显示一个(　　)工作簿。
   A. 完整的　　　B. 新的　　　　C. 空白　　　　D. 简单的

3. AA003　打开电子表格后,在默认屏幕里,有许多 Office 应用程序的通用窗口元素,包括(　　)。
   A. 工具栏　　　B. 公式栏　　　C. 状态栏　　　D. 标准菜单栏

4. AA004　在 Excel 电子表格软件中,单击"文件—打开"命令,按住(　　),在弹出的对话框文件列表中选择相邻或不相邻的多个工作簿,然后按"打开"按钮,就可以一次打开多个工作簿。
   A. Shift 键　　B. Ctrl 键　　　C. Tab 键　　　D. Enter 键

5. AA005　在使用电子表格时,要对已有文件名的工作簿的修改进行保存,可以通过(　　)方式进行。
   A. 手动保存　　B. 自动保存　　C. 手动修改　　D. 自动修改

6. AA006　在电子表格中,工作表的名字显示在工作表标签上,工作表标签显示了系统默认的前三个工作表名(　　)。
   A. book1　　　B. sheet1　　　C. sheet2　　　D. sheet3

7. AA007　工作表是 Excel 电子表格软件中用于(　　)数据的主要文档,也被称为电子表格。
   A. 存储　　　　B. 编辑　　　　C. 处理　　　　D. 设计

8. AA008　在 Excel 电子表格软件中,工作表的默认名字一般为 Sheet1、Sheet2 等,用户可以根据需要为这些工作表设计(　　)的名字。
   A. 特殊　　　　B. 更有用　　　C. 更直观　　　D. 非字符

9. AA009　在 Excel 电子表格软件中,可以从一个工作簿移动或复制一个工作表到另一个工作簿中,首先要打开(　　)。
   A. 原工作表　　　　　　　　　　B. 原工作簿
   C. 目标工作表　　　　　　　　　D. 目标工作簿

10. AA010　在使用 Excel 电子表格软件中,通过选择"插入"菜单中的"单元格"可以向工作表的(　　)中添加单独的单元格。
    A. 开头　　　　B. 末尾　　　　C. 行　　　　　D. 列

11. AA011　在 Excel 电子表格软件中,用鼠标选中一个单元格区域包含以下操作步骤(　　)。
    A. 将单元格指针指向要选中的第一个单元格上
    B. 按住鼠标按钮
    C. 将鼠标拖过要选中的其余单元格
    D. 松开鼠标按钮

12. AA012　在 Excel 电子表格软件中,如果把一个单元格从工作表中删除,那么其(　　)。

　　A. 下面的行会向上移动　　　　　　B. 下面的行会向下移动

　　C. 右边的列会向左移动　　　　　　D. 右边的列会向右移动

13. AA013　在电子表格中,有一个强大的新增功能是"查找全部",它可以生成所有匹配项的列表,包括这些匹配项所在的(　　)。

　　A. 工作表　　　　B. 单元格位置　　　C. 工作表容量　　　D. 公式的类型

14. AA014　在电子表格中,用户可以被称作(　　)来填充单元格区域,从而快速完成工作表数据输入的任务。

　　A. 特殊值　　　　B. 序列的循环值　　　C. 一组连续的值　　　D. 有价值的数据

15. AA015　在 Excel 电子表格软件中,工具栏按钮中"靠左""居中""靠右"选项可以按指定格式强制性对其单元格中的内容,包括(　　)。

　　A. 文本　　　　B. 数字　　　　C. 字母　　　　D. 任何信息类型

16. AA016　在电子表格中,"格式"菜单上的"自动套用格式"可以为(　　)设置格式。

　　A. 一个单元格　　　　　　　　　B. 一块单元格区域

　　C. 一张表格的单元格　　　　　　D. 整行或整列

17. AA017　在电子表格中,如果想让用户修改工作簿中的一些单元格,Excel 提供给了个折中的办法,即需要将保护考虑为(　　)。

　　A. 一种工具　　　　B. 格式选项　　　C. 保护方式　　　D. 密码设置

18. AA018　在 Excel 电子表格软件中,在构建公式时,输入等号后,等号将显示在(　　)中。

　　A. 工具栏　　　　　　　　　　　B. 公式栏

　　C. 和突出显示的单元格　　　　　D. 菜单栏

19. AA019　在 Excel 电子表格软件中,=SUM(B3:B8,C3:C8)表示所要相加的单元格包括(　　)。

　　A. 列 B 中的 8 个单元格　　　　　B. 列 B 中的 6 个单元格

　　C. 列 C 中的 8 个单元格　　　　　D. 列 C 中的 6 个单元格

20. AA020　在 Excel 电子表格软件中,要使用指定命令来创建一个名称,包括以下步骤(　　)。

　　A. 选择一定区域的单元格　　　　B. 选择"插入"下的"名称"命令

　　C. 选择"指定"选项　　　　　　　D. 单击"确定"

21. AA021　在对 Excel 电子表格软件中,若要快速对基于单列的数据清单进行排序,可以在该列中单击一个单元格后,在"标准"工具栏中单击按(　　)按钮。

　　A. 插入超链接　　　B. 升序排序　　　C. 降序排序　　　D. 自动求和

22. AA022　在对 Excel 电子表格软件中,在使用"自动筛选"时,如果在数据清单的一列中包含一个或多个空格时,在列标题的下拉列表的末尾将看到(　　)选项。

　　A. 空白　　　　B. 非空白　　　　C. 字符　　　　D. 非字符

23. AA023　在 Excel 电子表格软件的二维图中,包括以下元素(　　)。

　　A. 图例　　　　B. 分类轴　　　　C. 数值轴　　　　D. 网格线

24. AA024 Excel 电子表格软件的页眉和页脚一般包含与文件参考的信息，下列可以成为
页眉和页脚的选项为（　　）。
    A. 工作表名   B. 时间   C. 日期   D. 当前页码

25. AA025 如果 PowerPiont 中选择了"根据设计模板"选项，PowerPiont 将为的幻灯片设计
好一个模板，包括（　　）。
    A. 幻灯片的名称   B. 预设字体   C. 配色方案   D. 幻灯片的背景

26. AA026 要在 PowerPiont 的演示文稿中的占位符中输入文本，需执行的操作包
括（　　）。
    A. 选择占位符   B. 填写文本
    C. 单击占位符以外的任何地方   D. 单击"保存"按钮

27. AA027 在 PowerPiont 编辑文本的方法中，如果用键盘来选中文本，按（　　）组合键，可
以实现从插入点到结尾或从开始到插入点之间的文本选择。
    A. Shift+End   B. Shift+Home   C. Ctrl+End   D. Ctrl+Home

28. AA028 在 PowerPiont 中，如果要创建摘要幻灯片，要进行的操作步骤有（　　）。
    A. 在"大纲"选项卡中选中想要归纳进摘要幻灯片的那些幻灯片
    B. 单击"大纲"工具栏中的"摘要幻灯片"命令
    C. 更换摘要幻灯片的标题
    D. 将摘要幻灯片移到恰当的地方

29. AA029 在 PowerPiont 中，应用在演示文稿每个占位符的（　　）都是在设计模板中预先
设置好的。
    A. 字体   B. 字号   C. 字形   D. 颜色

30. AA030 在幻灯片中，PowerPoint 的配色方案控制着幻灯片的（　　）以及超链接等。
    A. 背景   B. 文本   C. 线条   D. 填充

31. AA031 在对幻灯片的配色方案进行修改时，可以对（　　）的颜色进行修改。
    A. 多张幻灯片   B. 注视页
    C. 讲义   D. 各别项目符号

32. AA032 在 PowerPoint 中，如果选择了电子演示，演讲者可以选择设置幻灯片放映的方
法有（　　）。
    A. 自定义演示   B. 全屏幕演示
    C. 在具有导航控制的视窗中演示   D. 在自动展台中演示

33. AA033 在 PowerPoint 中，采用全屏幕方式演示幻灯片时，演讲者也可以（　　）。
    A. 跳过某些幻灯片   B. 停止演示
    C. 添加会议备忘录   D. 传送演示文稿

34. AA034 通常根据网络和计算机之间互联的距离将计算机网络分为（　　）。
    A. 公司网   B. 局域网   C. 城域网   D. 广域网

35. AA035 结构拓扑就是网络的物理连接形式，以局域网为例，其拓扑结果主要有（　　）
三种形式。
    A. 星形   B. 矩形   C. 总线形   D. 环形

36. AA036 联在某个网络上的两台计算机之间在相互通信时,在它们所传送的数据包里都会含有某些附加信息,这些附加信息就是( )。
   A. 发送数据的计算机的位置   B. 发送数据的计算机的地址
   C. 接收数据的计算机的位置   D. 接收数据的计算机的地址

37. AA037 网络计算机的 IP 地址包含两个部分,分别为( )。
   A. 网络标识   B. 主机标识   C. 服务器标识   D. 工作站标识

38. AA038 在计算机网络中,域名可分为不同级别,包括( )。
   A. 基本域名   B. 顶级域名   C. 二级域名   D. 三级域名

39. AA039 在网络中,超文本是文本的泛指,不仅指文字符号构成的文本,也泛指( )等媒体性的文本。
   A. 图形   B. 图像   C. 声音   D. 声调

40. AA040 如何检索到满足用户需求的网页或网络资源始终是搜索引擎面对的一个问题,影响这一问题的因素包括( )。
   A. 关键词的提取   B. 关键词的匹配
   C. 检索属性的建立   D. 搜索算法

41. AB001 申请建立城市相对独立的平面坐标系统的单位和申请建立其他相对独立的平面坐标系统的建设单位的申请人需提交( )等材料。
   A. 测绘作业证书   B.《建立相对独立的平面坐标系统申请书》
   C. 立项批准文件   D. 属工程项目的申请人的有效身份证明

42. AB002 测绘成果质量监督抽查的主要内容包括( )等。
   A. 项目技术文件的完整性和符合性
   B. 项目中使用的仪器、设备等的检定情况及其精度指标与项目设计文件的符合性
   C. 引用起始成果、资料的合法性、正确性和可靠性
   D. 成果资料的完整性和规范性

43. AB003 测绘单位必须健全质量管理的规章制度。( )测绘资格单位应当设立质量管理或质量检查机构。
   A. 甲级   B. 乙级   C. 丙级   D. 丁级

44. AB004 测绘成果是指通过测绘形成的( )以及相关的技术资料。
   A. 数据   B. 信息   C. 图件   D. 仪器

45. BA001 使经纬仪的垂直轴与测站铅垂线一致,是获得( ),从而测得水平角和垂直角的基本前提条件。
   A. 垂直照准面   B. 水平切面   C. 水准面   D. 大地水准面

46. BA002 全站仪的测距轴和视准轴重合条件为发射出的调制光束应在其轴心方向( )对称
   A. 上   B. 下   C. 左   D. 右

47. BA003 用于检定全站仪周期性误差的平台的平直度应优于,平台与仪器墩( )。
   A. 材质相同   B. 高差不大于 2mm
   C. 在同一方向线上   D. 等距

48. BA004　用于检定全站仪加常数和乘常数的基线场,应选择在(　　)的地方。
　　　A. 交通便利　　　　B. 环境安静　　　　C. 不受外界干扰　　D. 场地宽阔

49. BA005　仪器的基座、(　　)是经纬仪的基础部分,叫作基座。
　　　A. 垂直度盘　　　　B. 水平度盘　　　　C. 垂直轴套　　　　D. 调平仪器的脚螺旋

50. BA006　在电子全站仪照准部旋转正确性的检测中,机内没有测试垂直轴稳定性的专门指令程序的全站仪,其(　　)与光学经纬仪相同。
　　　A. 操作界面　　　　B. 检验方法　　　　C. 操作平台　　　　D. 技术要求

51. BA007　如果全站仪补偿器零位不正确,在进行各项指标差的预置时,(　　)的余量就包含了补偿器的零位误差。
　　　A. 照准部误差　　　B. 横轴误差　　　　C. 竖轴指标差　　　D. 对中误差

52. BA008　在进行全站仪补偿器的零位误差检定时,进入<Tilt offset>屏幕,在设置模式下选取"Instr const"显示(　　)上的当前改正值。
　　　A. X 方向　　　　B. Y 方向　　　　C. Z 方向　　　　D. 任意方向

53. BA009　在进行电子全站仪纵向补偿精度的检测时,精确照准的目标可以是(　　)。
　　　A. 远处目标　　　　　　　　　　　　　B. 基本水平的远处目标
　　　C. 平行光管水平丝　　　　　　　　　　D. 近处目标

54. BA010　在计算电子全站仪横向补偿精度的公式中, $D1 = N2-N1$, $D2 = N3-N1$, $D3 = N4-N1$, 应满足下列条件(　　)。
　　　A. 其中绝对值最大的为检定结果
　　　B. 其值均应小于等于 $3''$
　　　C. 每个天顶距的读数均是三次读数的平均值
　　　D. 舍去最小的计算结果

55. BA011　水准点对(　　)等方面的科学研究,以及对各类经济建设的设计施工都很重要。
　　　A. 环境结构　　　　B. 大气质量　　　　C. 地壳变化　　　　D. 地表形状

56. BA012　数字水准仪与传统水准仪具有相同的(　　)结构。
　　　A. 光学　　　　　　B. 机械　　　　　　C. 补偿器　　　　　D. CCD 传感器

57. BA013　普通光学水准仪主要由(　　)等部件组成。
　　　A. 基座　　　　　　B. 竖轴系　　　　　C. 望远镜　　　　　D. 水准管

58. BA014　在水准测量的高差计算公式 $h_{AB}=a-b$ 中,式中的 h_{AB}(　　)。
　　　A. 可以为正数　　　　　　　　　　　　B. 可以为负数
　　　C. 必须为正数　　　　　　　　　　　　D. 必须为负数

59. BA015　在水准测量正是作业之前,必须对水准仪进行必要的(　　),以确保水准仪的构造满足规定的要求。
　　　A. 调换　　　　　　B. 磨合　　　　　　C. 检验　　　　　　D. 校正

60. BA016　在水准仪的角误差检验的过程中,包括的操作有(　　)。
　　　A. 在地面选定两个固定点　　　　　　　B. 架设两次仪器
　　　C. 测得高差　　　　　　　　　　　　　D. 计算角

61. BA017　在水准测量中过程中,影响仪器在水准尺上读数较水平视线的读数之间差异值的因素有(　　)。
    A. 测量员的身高　　　　　　　　　B. 仪器的高度
    C. 仪器与水准尺的距离　　　　　　D. 仪器的 i 角

62. BA018　如果用 S_A 表示后视距离,用 S_B 表示前视距离,则 i 角与高差影响值 δh_{AB} 之间的关系如下(　　)。
    A. $S_A > S_B$ 时,δh_{AB} 与 i 的符号相同　　B. $S_A < S_B$ 时,δh_{AB} 与 i 的符号相反
    C. δh_{AB} 与 i 的符号与 S_A、S_B 无关　　D. δh_{AB} 与 i 的符号无关

63. BA019　在进行水准仪的 i 角检验时,将仪器置于固定点 A 和固定点 B 中点测得正确高差后,然后再将仪器可置于(　　)。
    A. 固定点 A 附近　　　　　　　　　B. 固定点 B 附近
    C. 地面任何一点　　　　　　　　　D. 在两固定 A、B 直线上任意一点

64. BA020　当采用第二类方法进行水准仪的 i 角检验时,如果选择的两个固定点为 A、B,安置水准仪的位置分别在(　　)。
    A. AB 延长线上 A 点一端　　　　　B. AB 延长线上 B 点一端
    C. AB 连线上 A 点一端　　　　　　D. AB 连线上 B 点一端

65. BA021　当采用第一类方法对水准仪进行检验后的校正时,这种校正方法实质是(　　)。
    A. 将视线水平　　　　　　　　　　B. 读数对准正确值
    C. 校正水准轴至水平位置　　　　　D. 校正十字丝至水平位置

66. BA022　对微倾式水准仪来说,用微倾螺旋使读数(十字丝横丝)对准立尺点的正确读数,此时(　　)。
    A. 附合水准管气泡将不再居中　　　B. 视线已处于水平位置
    C. 圆水准气泡严重倾斜　　　　　　D. 视准轴倾斜

67. BB001　用六墩法进行全站仪加常数的检定中,各基线的距离的获得包括以下步骤(　　)。
    A. 重新架设仪器　　　　　　　　　B. 一次照准
    C. 测量 5 次距离　　　　　　　　　D. 取 5 次测距的平均数

68. BB002　作为一个测区的高程控制,首级控制可选用各等级的水准测量,具体采用哪个等级作为首级控制,主要应根据(　　)确定。
    A. 测区大小　　B. 现有仪器等级　　C. 已知水准点数量　　D. 实际需要

69. BB003　进行四等水准测量时,当(　　)时,只进行单程测量。
    A. 两端点为高等级水准点　　　　　B. 自成闭合环
    C. 线路很短　　　　　　　　　　　D. 起伏较小

70. BB004　在三等、四等水准测量中,当测站限差超限时,若在迁站后才发现,则应从(　　)起重测。
    A. 本站　　　　　　　　　　　　　B. 前面的水准点
    C. 间歇点　　　　　　　　　　　　D. 一条水准路线的出发点

71. BB005　在地球曲率对高差影响的公式 $\Delta h_{AB}=\frac{1}{2R}(S_a+S_b)\sum(S_a-S_b)$ 中, S_a-S_b 表示每一个测站的后视减去前视的距离值,该值(　　)。

　　A. 可以为正值　　B. 可以为负值　　C. 可能很大　　D. 可能很小

72. BB006　水准测量的方案设计,就是根据(　　)等因素拟定经济上合理、技术上可靠的设计和施测方案。

　　A. 已知点的分布　　B. 测区情况　　C. 实际需要　　D. 地物点

73. BB007　在水准仪精平工作完成之后,即可以在水准尺上读数了,在读数时一般习惯上报出的数字包括(　　)。

　　A. 米　　B. 分米　　C. 厘米　　D. 毫米

74. BB008　电子水准仪的望远镜光学部分和机械结构与自动安平光学水准仪相同,因而具有(　　)的功能。

　　A. 自动操作　　B. 人工操作　　C. 自动照准读数　　D. 人工记录

75. BB009　在电子水准的载码调制的原理中,几何法必须增加细条纹码克服近距离时信息密度过低的缺陷,而(　　)只需增加调制级数就可以轻易解决近距离时信息密度低的问题。这些步骤过程。

　　A. RAB 原理　　B. 叶氏原理　　C. 相位法　　D. 几何法

76. BB010　多数电子水准仪都有进行多次读数取平均的功能,可以削弱外界条件如(　　)等的影响。

　　A. 振动　　B. 大气扰动　　C. 电磁波　　D. 大气折光

77. BB011　在电子水准仪上, i 角误差分为(　　)。

　　A. 光学 i 角误差　　B. 电子 i 角误差
　　C. 照准 i 角误差　　D. 机械 i 角误差

78. BB012　对于电子水准仪的 i 角检验的方法包括(　　)。

　　A. 富斯特乃尔法　　B. 纳保尔法　　C. 库卡马可法　　D. 日本方法

79. BB013　在电子水准仪的光电系统光路中,改变(　　),才能改变光电系统 i 角。

　　A. CCD 探测器参考点位置　　B. 光学系统 i 角
　　C. 补偿器出射主光轴方向　　D. 竖轴倾角

80. BB014　在进行 GNSS 接收机的试测检验中,应该检验的项目包括(　　)。

　　A. 天线基座上的圆水准器检验　　B. 光学对中器的检验
　　C. 天线相位中心稳定性检验　　D. 接收机野外作业性能

81. BB015　GNSS 接收机的一般检视包括接收机外观是否完好、各种配件是否齐全、电源及充电设备是否齐全、(　　)等。

　　A. 接收机系统的自检是否正常　　B. 数据记录及传输设备是否齐全
　　C. 天线及连接是否正常　　D. 量测设备等的性能是否正常

82. BB016　在进行接收机的内部噪声水平时所进行的零基线检验是检验(　　)等引起的定位误差的一种有效方法。

　　A. 接收机钟差　　B. 信号通道时延
　　C. 延迟锁相环误差　　D. 接收机内部噪声

83. BB017　通过中长基线的(　　)，可以评价 GNSS 接收机对中长基线的静态测量精度。
　　A. 重复观测较差
　　B. 异步环闭合差
　　C. 固定解算值与浮动解算值之差
　　D. 整数解算值与实数解算值之差

84. BB018　在进行 GNSS 接收机天线相位中心稳定性的测试时，利用相对定位法在超短基线网上进行检验工作，观测一个时段后，固定一个天线不动，并将其余天线依次转动(　　)。
　　A. 90°　　　　　　B. 180°　　　　　　C. 270°　　　　　　D. 360°

85. BB019　在对 GNSS 接收机频标的稳定性对观测数据有着重大的影响，主要表现为(　　)。
　　A. 观测值残差的大小　　　　　　B. 噪声水平
　　C. 小周跳出现的频率　　　　　　D. 钟差

86. BC001　与测量精度直接相关的值包括(　　)。
　　A. 实际值　　　B. 理想值　　　C. 测量结果值　　　D. 估值

87. BC002　如果某一组观测值，观测条件较好，观测值较密集，但含有较大的系统误差，则该组观测值(　　)。
　　A. 精度较低　　B. 准确度较高　　C. 精度较高　　D. 准确度较低

88. BC003　按照方差的定义，方差是一个(　　)。
　　A. 理论值　　　B. 极限值　　　C. 估值　　　D. 近似值

89. BC004　标准差的物理意义是，偶然误差分布的(　　)程度。
　　A. 均匀　　　B. 密集　　　C. 离散　　　D. 准确

90. BC005　如果在同一被测量的多次重复测量中，不是所有测量条件都维持不变，这样的测量称为(　　)。
　　A. 非等精度测量　　B. 非同类测量　　C. 不等精度测量　　D. 不同精度测量

91. BC006　在观测值方差的估计方法中，当(　　)未知时，可采用数理统计中常用的方法，先计算观测值的算术平均值作为其真值的估值。
　　A. 估值　　　B. 真值　　　C. 理论值　　　D. 平差值

92. BC007　整周未知数的快速解算法，主要包括(　　)以及滤波法等。快速解算法所需观测时间很短，一般仅为数分钟。
　　A. 交换天线法　　B. P 码双频技术　　C. 搜索法　　D. 模糊函数法

93. BC008　GNSS 基线解算分为(　　)。
　　A. 单基线解算　　　　　　B. 双基线解算
　　C. 多基线解算　　　　　　D. 组合基线解算

94. BC009　实际上 RDOP 值表明了 GNSS 卫星的状态对相对定位的影响，RDOP 值的大小(　　)。
　　A. 与接收机的质量有关　　　　B. 与观测时间段有关
　　C. 取决于观测条件的好坏　　　D. 不受观测值质量好坏的影响

95. BC010　如果同步环闭合差超限,则说明组成同步环的基线中( )。
   A. 至少存在一条基线向量是错误的　　B. 基线向量没有错误
   C. 可能有几个错误的基线向量　　　　D. 与基线向量无关

96. BC011　对于( )的影响或判别是通过观测值残差来进行的。
   A. 多路径效应　　B. 对流层　　C. 电离层折射　　D. 周跳

97. BC012　在采用七参数法进行 GNSS 定位成果向国家坐标系的转换中,如果 GNSS 网与地方网之间至少只有两个公共点,则( )。
   A. 能求取三个平移参数　　　　B. 能求取三个旋转参数
   C. 1 个尺度参数　　　　　　　D. 仍可求出全部七个转换参数

98. BC013　从北京 54 坐标系转换到,西安 80 坐标系,由于不是同一个椭球参数,因此转换后( )。
   A. 存在坐标平移　　　　　　B. 存在一个相应的角度旋转
   C. 有偏差　　　　　　　　　D. 可能有扭曲

99. BC014　获得大地水准面差距或高程异常数据的方法主要有( )。
   A. 等值线图法　　　　B. 地球模型法
   C. 高程拟合法　　　　D. 二次曲面法

100. BC015　等值线图示的高程拟合法具有以下性质( )。
   A. 简单易操作　　　　　　B. 精度不高
   C. 不需要构造数学模型　　D. 适用于地形复杂地区

101. BC016　解析内插法在选择数学模型时,首先要考虑 GNSS 点的分布情况,GNSS 点的分布情况可分为( )。
   A. 带状分布　　B. 面状分布　　C. 线状分布　　D. 球状分布

102. BC017　测量平差的基本模型包括( )。
   A. 条件平差　　　　　　B. 附有参数的条件平差
   C. 间接平差模型　　　　D. 附有限制条件的间接平差法

103. BC018　测量平差的数学模型同时包含( )等模型。
   A. 几何模型　　B. 物理模型　　C. 函数模型　　D. 随机模型

104. BC019　在测量中如果观测了某模型的 t 个独立量,即 $n=t$,则( )。
   A. 可以确定该模型　　B. 没有条件方程
   C. 可以发现粗差　　　D. 没有多余观测

105. BC020　由于( )含有误差,使得各观测值之间总是存在矛盾,为此必须按最小二乘原则对各观测值加入改正数。
   A. 平均值　　B. 多余观测　　C. 观测值　　D. 估计值

106. BD001　测量平差的含义是依据某种最优化的准则,由一系列带有测量误差的观测,求定未知量的( )的理论和方法。
   A. 最优估值　　B. 精度　　C. 真值　　D. 理论值

107. BD002　在实际工作中,为提高观测成果的质量,同时也为了( )错误,通常要进行多余观测。
   A. 发现　　B. 消除　　C. 避免　　D. 杜绝

108. BD003　三角网的起算坐标,对于(　　)也可采用假设坐标系统。
　　　A. 保密工程　　　　B. 小测区　　　　C. 一般测区　　　　D. 特殊工程
109. BD004　导线网是目前工测控制网较常用的一种布设形式,网中的观测值是(　　)。
　　　A. 高程　　　　B. 角度　　　　C. 边长　　　　D. 方向
110. BD005　服从或近似服从正态分布规律的是(　　)。
　　　A. 农作物每株的收获量
　　　B. 机器所制造的某零件的长度
　　　C. 打靶时弹着点离目标中心的距离
　　　D. 三角形的内角和的理论值
111. BD006　通常,GNSS 测量控制网大致分为(　　)。
　　　A. 地面网　　　　　　　　　　　B. 空间网
　　　C. 全球、全国性控制网　　　　　D. 工程建设专用控制网
112. BD007　GNSS 网的优化设计是实施 GNSS 测量工作的第一步,这项工作的主要内容包括(　　)。
　　　A. 精度指标的合理确定　　　　　B. 网的图形设计
　　　C. 网的基准设计　　　　　　　　D. 仪器的选择
113. BD008　为避免或减少多路径效应的发生,GNSS 点应远离对电磁波信号反射强烈的地形、地物,如(　　)等。
　　　A. 大片水域　　　　　　　　　　B. 高耸建筑物
　　　C. 对电磁波强反射物体　　　　　D. 对电磁波强吸收物体
114. BD009　广域差分系统的数据链,根据实际情况,可选用(　　)等数据传输系统。
　　　A. 通信卫星　　　　B. 无线电台　　　　C. 网络数据　　　　D. 手机信号
115. BD010　在局域差分系统中,位于该局域范围内的用户通常采用(　　)对来自多个基准站的改正信息进行平差计算以求得自己的坐标改正数。
　　　A. 平差法　　　　B. 剔除法　　　　C. 加权平均法　　　　D. 最小方差法
116. BD011　GNSS 环形网的主要优点有(　　)。
　　　A. 观测工作量较小　　　　　　　B. 具有较好的自检性
　　　C. 具有较好的可靠性　　　　　　D. 相邻点间极限精度分布
117. BD012　GNSS 网的精度指标是 GNSS 网优化设计的一个重要内容,它的大小将直接影响 GNSS 网的(　　)等。
　　　A. 布网方案　　　　　　　　　　B. 观测计划
　　　C. 观测数据的处理方法　　　　　D. 作业时间和经费
118. BD013　GNSS 测量数据预处理的主要目的,是对原始数据进行(　　)分流出各种专用信息文件。
　　　A. 编辑　　　　B. 加工　　　　C. 整理　　　　D. 改动
119. BD014　通常,GNSS 网与地面网的联合平差是指平差时所采用的观测值包含(　　)的数据。
　　　A. GNSS 基线向量　　　　　　　B. 地面常规观测值
　　　C. GNSS 相位差分值　　　　　　D. 地面坐标系坐标

120. BD015　GNSS控制网平差根据平差所进行的坐标空间可分为(　　)。
　　　A. 一维平差　　　B. 二维平差　　　C. 三维平差　　　D. 四维平差
121. BD016　通过GNSS网的三维无约束平差,功能具有(　　)。
　　　A. 可以获得GNSS网中各点在WGS-1984系下经过了平差处理的三维空间直角坐标
　　　B. 可以评定GNSS网的内部符合精度
　　　C. 发现可能存在粗差的基线
　　　D. 剔除可能存在粗差的基线
122. BD017　GNSS基线解算数据处理结果可以得到(　　)。
　　　A. 观测站之间的基线向量　　　B. 观测站之间的基线向量方差
　　　C. 观测站之间的基线向量协方差　　　D. 转换参数
123. BD018　GNSS网的三维无约束平差的结果,完全取决于(　　)。
　　　A. 观测时段　　　B. GNSS网的布设方法
　　　C. 采样率　　　D. GNSS观测值的质量
124. BD019　在坐标转换中所谓的七参数包括(　　)。
　　　A. 三个平移参数　　　B. 三个旋转参数
　　　C. 一个尺度变化参数　　　D. 一个高程参数
125. BD020　对三等水准测量来说,外业观测通常要进行往测和返测,内业计算时,应(　　)。
　　　A. 先计算测段往返测闭合差　　　B. 后计算路线闭合差
　　　C. 先计算测段往测闭合差　　　D. 后计算测段返测闭合差
126. BD021　点位方差的大小(　　)。
　　　A. 与该点的平差点位无关　　　B. 与该点的真误差无关
　　　C. 与坐标轴的方向无关　　　D. 与坐标系的选择无关
127. BD022　待定点的误差曲线可以用作图法画出来,但需要预先算出位差的(　　)。
　　　A. 极大值 E　　　B. 极小值 F
　　　C. 极大值方向 ϕ_E　　　D. 极小值方向 ϕ_F
128. BD023　误差椭圆的三个参数也被称为误差椭圆三要素,包括(　　)。
　　　A. 极大值方向 ϕ_E　　　B. 极大值 E
　　　C. 极小值 F　　　D. 任意方向上的方差 $\hat{\sigma}_\psi$
129. BD024　在工程放样工作中,为了便于求待定点的点位在任意方向上位差的大小,一般是通过求出待定点的点位误差椭圆来实现,通过误差椭圆可以(　　)。
　　　A. 求得待定点在任意方向上的位差
　　　B. 较精确而全面地反映待定点点位在各个方向上误差分布情况
　　　C. 确定已知的精度
　　　D. 确定已知点的位差
130. BD025　由于多余观测以及观测值含有误差,使得用观测值估计参数时总是存在(　　),为此必须对各观测值加入改正数。
　　　A. 已知值与未知值之间的矛盾　　　B. 各观测值之间的矛盾
　　　C. 观测值与参数之间的矛盾　　　D. 参数与参数之间的矛盾

131. BD026　最小二乘法原理是一种在多学科领域中广泛应用的数据处理方法,可解决（　　）等问题。
　　A. 参数的最可信赖值估计　　　　　B. 组合测量的数据处理
　　C. 根据实验数据拟和经验公式　　　D. 回归分析

132. BD027　二维约束平差,避免了三维基线网转成二维基线向量时,地面网大地高不准确引起的（　　）。
　　A. 尺度误差　　　B. 起始方位不准　　　C. 椭球高不正确　　　D. 变形

133. BD028　在 GNSS 网的三维约束平差过程中,如果单位权方差的检验未通过,所放映的问题可能包括（　　）。
　　A. 观测员的水平有限　　　　　B. 起算数据的质量不高
　　C. GNSS 网的质量不高　　　　 D. 接收机的质量太差

134. BE001　物探测量现场监督的目的是保证测量野外作业方法正确,（　　）等符合所采用的行业标准、企业标准和工程设计的有关规定。
　　A. 导线测量放样　　　　　B. RTK 放样的物理点点位
　　C. 测量成果　　　　　　　D. 图件

135. BE002　GNSS 控制测量网平差的质量控制指标主要有（　　）等。
　　A. 基线向量剔除率　　　　B. 基线向量改正数
　　C. 相邻点间的弦长中误差　D. 相对中误差

136. BE003　按照陆上是有物探测量规范,在进行 GNSS 点控制测量的静态观测时,应该在（　　）分别量取天线高。
　　A. 观测前　　　B. 观测后　　　C. 观测中间　　　D. 架设过程中

137. BE004　一级 GNSS、二级 GNSS 点位的选择应做到（　　）。
　　A. GNSS 接收机的点位选在视野开阔,障碍物较少的地方
　　B. 远离大功率无线电发射源
　　C. 避开大面积水域
　　D. 交通方便,易于到达和联测之处

138. BE005　基准站点位信息的获得可以（　　）。
　　A. 通过手工输入的方式　　　B. 从文件中已有的点清单直接调用
　　C. 通过单点定位获取　　　　D. 通过快速静态获得

139. BE006　流动站初始化时间的长短主要取决于（　　）等因素。
　　A. 卫星高度　　　B. 卫星数目　　　C. 卫星分布图形　　　D. 数据通信链的强弱

140. BE007　RTK 作业时,在信号受影响的点位,可将仪器移到开阔处或升高天线,待数据链锁定后,再（　　）,一般可以初始化成功。
　　A. 重新开机　　　　　　　　B. 格式化
　　C. 小心无倾斜地移回待定点　D. 放低天线机身稳定

141. BE008　RTK 的数据传输采用 UHF 波,传输的方式主要是空间波,即（　　）以及它们的合成波。
　　A. 直射波　　　B. 折射波　　　C. 散射波　　　D. 横波

142. BE009 全站仪或经纬仪的仪器的基座在照准部旋转时的位移指标为(   )。
   A. 1s 级仪器不应超过 0.3s   B. 2s 级仪器不应超过 1s
   C. 5s 级仪器不应超过 1.2s   D. 6s 级仪器不应超过 1.5s

143. BE010 物探测量成果资料的验收报告,通常由物探任务的委托单位编写,并经委托单位领导审核后,并(   )。
   A. 随测量成果资料一并归档   B. 反馈给施工作业单位一份
   C. 由施工方保存   D. 由验收放保管

144. BE011 按照现行的石油物探测量规范,物探测量成果资料的质量评定分为(   )。
   A. 合格   B. 不合格   C. 优   D. 良

145. BF001 应根据规范和设计的精度要求并结合人员和仪器设备的情况制订测量方案,内容包括(   )。
   A. 控制点的检测与加密   B. 放样依据
   C. 放样方法和精度估计   D. 人员及设备配置

146. BF002 所使用的全站仪必须在有效的检定周期内,检查仪器的常规设置包括(   )、棱镜常数、温度、气压等。
   A. 单位   B. 坐标方式   C. 补偿方式   D. 棱镜类型

147. BF003 GNSS 静态测量的内业工作一般包括(   )等。
   A. 技术设计   B. 测后数据处理
   C. 技术总结   D. 技术交流

148. BF004 GNSS 静态测量是一项技术复杂、要求严格的工作,实施原则是,在满足用户对测量精度和可靠性等要求的情况下,尽可能地减少(   )的消耗。
   A. 经费   B. 时间   C. 人力   D. 精力

149. BF005 一般在 GNSS 静态数据处理软中导入原始数据后,可以进行编辑修改的是(   )。
   A. 时段长   B. 天线类型   C. 天线高   D. 点名

150. BF006 在日常以 RTK 为作业方式的测量中,一般采用(   )的测量方式。
   A. 1+1   B. 1+N   C. N+1   D. N+N

151. BF007 在 GNSS RTK 这种动态测量中,一旦因(   )则高精度的动态无法继续,这就限制了载波相位在 GNSS 动态定位中的应用。
   A. 周跳   B. 失锁使连续跟踪的卫星少于 4 颗
   C. 与基准站的数据链中断   D. 重新初始化

152. BG001 编程语言形式可能是(   )语言。
   A. 汇编   B. 低级   C. 高级   D. 机器

153. BG002 在众多的编程软件中(   )对使用者的要求较高,需要一定的 WINDOWS 编程基础。
   A. C   B. C++   C. Basic   D. Visaul Basic

154. BG003 在 BASIC 程序设计中可以采用(   )语句输入数据。
   A. INPUT   B. OUTPUT   C. READ   D. WRITE

155. BG004　程序可以通过(　　)输出数据。
　　　A. 屏幕　　　　　　B. 键盘　　　　　　C. 文件　　　　　　D. 打印机
156. BG005　在 BASIC 程序设计时,OPEN 语句可以(　　)。
　　　A. 打开一个新文件　　　　　　　　　B. 打开一个已有文件
　　　C. 关闭一个新文件　　　　　　　　　D. 覆盖一个已有文件
157. BG006　在石油地震勘探测线合格报告单上应该有(　　)的签字认可。
　　　A. 计算员　　　　　B. 测量组长　　　　C. 队经理　　　　　D. 驻队监督
158. BG007　地震勘探测量数据记录由记录标识、线号、(　　)等字段组成。
　　　A. 点号　　　　　　B. 点横坐标　　　　C. 点纵坐标　　　　D. 点海拔高
159. BH001　在静态操作的演示文稿中,绘制(　　)时,如果按住 Alt 键可以精细地调节直线与文稿水平线所成的角度。
　　　A. 直线　　　　　　B. 箭头　　　　　　C. 虚线　　　　　　D. 曲线
160. BH002　水准仪、全站仪等在太阳光照射下使用的仪器,应给仪器(　　),以免影响观测精度。
　　　A. 通风　　　　　　B. 降温　　　　　　C. 打伞　　　　　　D. 带上遮阳罩
161. BH003　用全站仪极坐标法进行测量工作的过程中,观测时应根据需要进行(　　),以及归算到高程基准面和投影面的改正。
　　　A. 指标差改正　　　　　　　　　　　B. 加常数改正
　　　C. 乘常数改正　　　　　　　　　　　D. 气象改正
162. BH004　根据所允许的传输方向,数据通信方式可分为下三种,分别是(　　)。
　　　A. 单工通信　　　　　　　　　　　　B. 半单工通信
　　　C. 双工通信　　　　　　　　　　　　D. 半双工通信
163. BH005　对于常规测量的野外质量监控应包括(　　)等。
　　　A. 两倍照准差及互差　　　　　　　　B. 指标差及互差
　　　C. 水平角测回间较差　　　　　　　　D. 曲率差

三、判断题(对的画"√",错的画"×")

(　　)1. AA001　Excel 电子表格软件具有良好的操作界面,操作简单易行。

(　　)2. AA002　在开始菜单启动电子表格时,电子表格一般都在 Microsoft Office 的目录下。

(　　)3. AA003　打开电子表格后,单击"常用"工具栏中的"新建",就可以直接创建空白工作簿。

(　　)4. AA004　在使用电子表格的过程中,当用户需要自动打开指定工作簿而且需要快速启动的工作簿在同一目录时,可以通过"Excel"选项来完成。

(　　)5. AA005　在 Excel 电子表格软件中,工作簿的保存格式除了默认的 Excel 工作簿格式外,还可以保存为其他格式,比如 XML 表格格式等。

(　　)6. AA006　在 Excel 电子表格软件中,每一个工作簿的工作表个数受可用内存的限制,当前的主流配置已经能轻松建立超过 255 个工作表了。

( )7. AA007　在使用Excel电子表格软件时,可以根据需要插入基于自定义模板的新工作表。

( )8. AA008　在给Excel电子表格软件的工作表命名时,工作表的名字使用的字符越多,留给其他工作标签的空间越少。

( )9. AA009　用拖到标签的方法复制Excel电子表格软件工作簿里的一个工作表,鼠标指针会在拖动工作表的时候显示一个(+)。

( )10. AA010　在Excel电子表格软件的某一工作表中,如果要在B列的B3和B4单元格间添加一个新的单元格,在选择"单元格"命令前使B3单元格呈高亮显示,然后选择"单元格"的"插入"命令的。

( )11. AA011　在Excel电子表格软件中,使用鼠标可以选中一个单元格区域,也可以选中多个单元格区域。

( )12. AA012　在Excel电子表格软件中,删除单元格相当于用橡皮擦掉单元格中的内容或格式。

( )13. AA013　在Excel电子表格软件中,在"替换"选项卡下选择了"单元格匹配",在这一条件下,Yankees将不但与包括Yankees的单元格相匹配,而且还与包括New York Yankees的单元格相匹配。

( )14. AA014　在Excel电子表格软件中,从"编辑"菜单中选择"填充",将出现一个包含几个复制命令的子菜单,这些复制命令包括向上、向下、向左、向右填充。

( )15. AA015　在Excel电子表格软件的"单元格格式"中的"对齐"选项卡,可以使调整单元格中的"垂直对齐",默认的垂直对齐选项是居中。

( )16. AA016　在使用Excel电子表格软件时,可以使用重新调整大小的技术完全隐藏一个或多个行或列,而隐藏一列其实就是将这列的宽度设置为1。

( )17. AA017　在使用Excel电子表格软件时,在使用密码对工作表进行保护时,当要求确认密码时,需要再次输入这个密码。

( )18. AA018　在Excel电子表格软件中,复制一个公式时,将相对于每个新的公式位置调整单元格引用。

( )19. AA019　在Excel电子表格软件中,如果在输入一个函数时出现错误,会在一个或多个单元格中获得错误值代码,这个错误值代码通常以一个$符号开始,以一个百分号%结尾。

( )20. AA020　在电子表格中,如果删除了一个公式中用到的名称,错误值#NUM!将显示在包含该公式的单元格中。

( )21. AA021　Excel电子表格软件允许创建自定义的排序次序,这样就可以不按预先的字母数字或时间来对数据清单排序。

( )22. AA022　在Excel电子表格软件中,单击要筛选的列标题下的下拉箭头,如果单击"非空白"选项,Excel会只显示要进行筛选列中的空白记录。

( )23. AA023　在Excel电子表格软件中,只要图表处于激活状态"图表"菜单就会代替"数据"菜单,无论是选中了仅包含图表的工作表还是单击了内嵌图表的某些部分。

(   )24. AA024　在 Excel 电子表格软件中,如果现在页眉/页脚中包含一个字符 &,就要键入两个 & 字符,Excel 将第一个 & 字符作为一个控制符来初始化特殊格式化代码。

(   )25. AA025　PowerPoint 不使用默认的特定字体及字号,即使在空演示文稿中也一样。

(   )26. AA026　在默认状况下,PowerPoint 自动把所填文本包括在占位符内,要另写一段,只需按 Ctrl+回车键即可。

(   )27. AA027　在 PowerPoint 中,在使用键盘来编辑文本时,按 End 或 Home 键时按住 Shift 键,可以实现相邻文本行的选择。

(   )28. AA028　在 PowerPoint "普通"视图中创建的大纲,无论该大纲是从零开始创建的还是有模板创建的,都可以去管理和修改大纲。

(   )29. AA029　在 PowerPoint 中,在替换字体时,如果其中某些幻灯片已经被单独设置格式,幻灯片的母版也能应用在该幻灯片上。

(   )30. AA030　在 PowerPoint 中,可以将自己文件中的小图标当作项目符号插入到幻灯片中。

(   )31. AA031　在使用 PowerPoint 的调色板创建配色方案时,如果在调色板上选择相邻的颜色也可以创建协调的配色方案,但几乎没有对比度可言。

(   )32. AA032　在演示文稿中,必须为每个项目符号或每两张幻灯片之间的切换应用动画。

(   )33. AA033　在进行幻灯片的电子演示时,如果放映是自动计时的,则只需单击一下此张幻灯片,便会切换到下一张幻灯片。

(   )34. AA034　在 Internet 网上,互联网协议 IP 的作用是控制网上的图片传输。

(   )35. AA035　在互联网中,通信协议是通信双方共同遵守的规则或约定,不同的网络采用相同的通信协议。

(   )36. AA036　在局域网中,集中器主要用于将多台工作站集中起来连接到主干线上。

(   )37. AA037　为了便于记忆,将组成计算机 IP 地址的二进制数据分成四段,中间用逗号隔开。

(   )38. AA038　在顶级域名中,.cn 是美国的专用顶级域名,其注册归 CNNIC 管理。

(   )39. AA039　能够解析 HTML 文档的程序很多,但不能编制相应的解析程序。

(   )40. AA040　搜索引擎对检索的结果按照某种方式进行排序,一般而言最贴近的关键词、匹配最好的结果放在后面。

(   )41. AB001　以任意点和方向起算建立的平面坐标系统为相对独立的平面坐标系统。

(   )42. AB002　当企业标准、项目设计文件和合同约定的质量指标低于国家法律法规、强制性标准或者推荐性标准的强制性条款时,以国家法律法规、强制性标准或者推荐性标准的强制性条款作为质量判定依据。

(   )43. AB003　不合格品经返工修正后,无须进行质量检查。

(   )44. AB004　企业出资的测绘项目可以不向测绘行政主管部门汇交测绘成果。

(　　)45. BA001　在进行光学经纬仪横轴误差的检验时,盘右时,依次照准平、高或低、高目标点,分别读取水平读盘和垂直读盘的读数。

(　　)46. BA002　在进行全站仪测距轴和视准轴重合性的检定过程中,在读数时应照准棱镜的顶部。

(　　)47. BA003　在进行全站仪周期误差检定时,被检测主机安置在距平台 20m 处的平台中心轴延长线上,高度安置与平台上的棱镜相同。

(　　)48. BA004　全站仪的乘常数是由于仪器的电子中心与其机械中心不重合而形成,加常数是由于测距频率偏移产生。

(　　)49. BA005　在电子全站仪基座稳定性的检测时,应连续测几回。

(　　)50. BA006　在电子全站仪照准部旋转正确性的检测中,在全部测回中各倾斜量读数的最大值应小于规定限差。

(　　)51. BA007　带有电子补偿器的全站仪的调整包括这样的步骤,即当补偿器的补偿值为零时,仪器的竖轴处于水平状态。

(　　)52. BA008　现在大部分全站仪补偿器的零位是静态的,可以经过软件消除零点差,重新设置零位。

(　　)53. BA009　在进行电子全站仪纵向补偿精度的检测时,反向调节位于仪器到标志方向上的脚螺旋,使仪器下俯 3′。

(　　)54. BA010　在进行电子全站仪横向补偿精度的检测时,位于仪器到标志方向上的脚螺旋,保持不动。

(　　)55. BA011　为了便于水准标尺竖立并保持水准测量过程中水准尺不发生数值方向的升降,需要配备供立尺用的尺垫或尺桩。

(　　)56. BA012　电子水准仪可以利用条形码识别器捕捉视线方向上的特制水准尺上的条形码。

(　　)57. BA013　对普通光学水准仪来说,通过调节水准管微倾螺旋,可以改变望远镜视准轴的水平状态。

(　　)58. BA014　进行水准测量时,为了简单起见,将水准面看成水平面,在实际的高差测量中,也不必考虑地球曲率的影响。

(　　)59. BA015　如果水准仪水准管的水准轴不与望远镜的视准轴平行,那么当水准管气泡居中后,水准轴已经水平,而此时视准轴却未水平。

(　　)60. BA016　在水准测量中,i 角误差对高差的影响既与后视距、前视距差成正比,也与后视距、前视距和也有密切关系。

(　　)61. BA017　仪器存在 i 角的情况下,当水准气泡居中时,水准轴仍不能保持水平,使水准尺上的读数产生误差。

(　　)62. BA018　在 i 角保持不变的情况下,一个测站上的前后视距相等,或一个测段的前后视距总和相等,则在观测高差中由于 i 角的误差影响可以得到消除。

(　　)63. BA019　在进行水准仪的 i 角检验时,两次安置水准仪的位置是不同的。

(　　)64. BA020　仪器即使经过长途运输、长期作业、操作环境的不断变化等因素,i 角也不会产生变化。

( ) 65. BA021　水准仪产生 i 角变化的原因是外业工作条件的变化而致。

( ) 66. BA022　在进行 i 角校正时,应先稍松动左右两个校正螺栓,再根据气泡偏离情况,遵循"先松后紧"规则。

( ) 67. BB001　对于全站仪而言,一般要求全站仪加常数测定中误差应小于仪器测距中误差的三分之一。

( ) 68. BB002　水准路线可布设成水准网或单一水准路线的形式。

( ) 69. BB003　在三等、四等水准测量中,为了减弱标尺沉降的影响,一条水准路线应进行往返观测取平均值。

( ) 70. BB004　在进行四等水准支线的测量过程中,当由往测转向返测时,两根水准尺按原顺序进行立尺。

( ) 71. BB005　在推导地球曲率对高差的影响公式的过程中,把经过测站点的大地水准面当作理想的圆弧处理。

( ) 72. BB006　在水准测量的图上设计结束后,应绘制一份水准路线布设图,绘出水准路线、水准点位置,并注明水准路线的等级、水准点的编号。

( ) 73. BB007　目镜对光,是将望远镜对向明亮背景,调节目镜对光螺旋使水准尺成像清晰。

( ) 74. BB008　电子水准仪又称数字水准仪,其基本构造有光学机械部分,自动安平补偿装置和电子设备组成。

( ) 75. BB009　仪器使用相关法,其解码原理就是对数字信号与约定的编码进行相关解算。

( ) 76. BB010　电子水准仪要求有一定的视场范围,有些情况下,只能通过一个较窄的狭缝进行照准读数,这时就只能使用光学水准仪。

( ) 77. BB011　水准尺分划误差包括标尺条码线的编码分划误差和有缺陷的条码线引起的分划误差。

( ) 78. BB012　电子水准仪的系统精度,是指在良好的测量条件下,电子水准仪—编码标尺测量系统在高度方向上测量值的可靠程度,它是反映水准仪综合精度的一个重要指标。

( ) 79. BB013　电子水准仪测量系统的精度调试,要求双频激光测量系统经过精确调整,其测量误差要足够小。

( ) 80. BB014　在进行 GNSS 接收机电源及相关设备检查时,要检查电池外观有无破损、腐蚀。

( ) 81. BB015　GNSS 接收机的通电检测,包括注意观察接收信号的信噪比。

( ) 82. BB016　在进行 GNSS 接收机内部噪声水平测试时,启动 GNSS 接收机后,要对 4 颗以上的卫星进行一小时以上的异步观测。

( ) 83. BB017　在进行 GNSS 静态测量精度指标测试时,对于中、长极限的检测,当使用重复边法时,每个时段应同步观测 5 个小时以上。

( ) 84. BB018　如果采用旋转天线法进行 GNSS 接收机天线相位中心稳定性的检验,则需要利用专门的微波天线测量设备。

(　　)85. BB019　可以通过在低仰角条件下 GNSS 观测数据质量变化和多路径效应的影响,来检验 GNSS 接收机频标的稳定性。

(　　)86. BC001　如果两组观测值的误差分布相同,则说明两组观测值的精度相似。

(　　)87. BC002　如果用观测值的期望值 $E(L)$ 与其真值 $\tilde{L}$ 间距离的倒数来定义准确度的大小,若设 $E(L)$ 与 $\tilde{L}$ 间的距离为 e,则 e^{-1} 表示该组观测值的准确度,e^{-1} 越大,准确度越高。

(　　)88. BC003　方差的大小能如实地反映观测值的密集与离散程度,它是表征观测精度的一个理想指标。

(　　)89. BC004　根据标准差 σ 定义的公式,只有在观测个数 n 充分大时才能成立,而实际上观测的个 n 总是有限的,也就是说真正的标准差 σ 是得不到的,通常是依据有限个真误差的大小来求得标准差的估值。

(　　)90. BC005　在一定观测条件下,对同一量或不同量作的一组独立观测所获得的每一个观测值来说,它们的真误差相同,且对应着同一个概率分布。

(　　)91. BC006　当真值或理论值未知时,无法估算观测值的方差。

(　　)92. BC007　实际中由于卫星信号被暂时遮挡或外界干扰因素的影响,经常引起卫星跟踪信号的暂时中断,但不会导致接收机整周计数中断。

(　　)93. BC008　凡是构成了闭合环的同步基线是函数相关的,同步观测所获得的独立基线虽然不具有函数相关的特性,但它们却是误差相关的。

(　　)94. BC009　在基线解算时,如果观测值的改正数大于某一个阈值时,则认为该观测值含有粗差,则需要将其删除。

(　　)95. BC010　依照数理统计的理论观测值误差落在 1.96 倍 RMS 的范围内的概率是 90%。

(　　)96. BC011　若只是个别卫星经常发生周跳,则可采用删除经常发生周跳的卫星的平差值的方法,来尝试改善基线解算结果的质量。

(　　)97. BC012　大地坐标转换到空间直角坐标,可通过经纬度转直角的公式进行计算。

(　　)98. BC013　进行转换参数求取时,如果要求 3 个平移参数,只需已知 3 个点在两个坐标系下的三维坐标即可。

(　　)99. BC014　所谓地球模型法,就是采用一个适合工区的大地水准面模型,以每个物理点的大地坐标为自变量,从模型上拾取高程异常。

(　　)100. BC015　高程拟合法是一种纯几何的方法,要获得好的拟合结果,关键是高程异常的已知点能够将地面起伏的特征表示出来。

(　　)101. BC016　曲面拟合法用于 GNSS 点的分布在一定区域内的时候,且可以选择数学曲面拟合该区域的似大地水准面,构造适当的数学模型。

(　　)102. BC017　函数模型分为线性模型和非线性模型两类,一般测量平差方法是基于线性模型的。

(　　)103. BC018　建立函数模型和随机模型是测量平差首先要考虑的最基本的问题。

( )104. BC019　设在某一平差问题中,为了解决这一问题,至少需要 t 个观测值,这样的观测个数,称为多余观测个数。

( )105. BC020　尽管间接平差法选定了 t 个独立参数,但多余观测数不随平差方法的不同而改变。

( )106. BD001　为了确定一个三角形的形状和大小,需要 3 个必要元素,但它们不能全为角度。

( )107. BD002　对于某一组待定观测量来说,如果实际观测量是 5,必要观测量也是 5,就可以进行测量平差。

( )108. BD003　由起算元素和观测元素的平差值推算出的三角形边长、坐标方位角和三角点的坐标统称为三角测量的推算元素。

( )109. BD004　随着电磁波测距仪的不断完善和普及,导线网和三角网逐渐得到广泛的应用。

( )110. BD005　在观测误差的正态分布方程中,参数 σ^2 被称为观测误差的标准差。

( )111. BD006　直接为工程建设服务的 GNSS 测量控制网,其精度低于国家 GNSS 控制网,高于光电测距导线网。

( )112. BD007　GNSS 测量的静态定位,是通过多个测站上进行若干时段同步观测,从而确定测站之间相对位置的卫星定位测量。

( )113. BD008　为了减少各种电磁波的干扰,GNSS 测站应尽量避开强电磁波干扰源。

( )114. BD009　广域差分系统的技术,通过数据链的误差源数值传输,对用户 GNSS 观测量加以改正,达到消除误差源,改善定位精度的目的。

( )115. BD010　通常,利用伪距差分的局域差分系统,主要应用于提供局部地区较高精度的 GNSS 控制网。

( )116. BD011　单基准站式布网方式的优点是效率很高,但是由于各流动站一般只与基准站之间有同步观测基线,因而图形强度很弱。

( )117. BD012　按照陆上是有物探测量规范的要求,首级 GNSS 控制网应布设成连续网,相邻同步图形间重合点数应不多于 3 个。

( )118. BD013　为了获得较好的基线结算结果,必须准确地确定出整周未知数的整数值。

( )119. BD014　凭借 GNSS 基线向量所提供的基准信息,就可以确定网中各点的绝对坐标。

( )120. BD015　联合平差,是指平差时采用的观测值除了 GNSS 观测值外,还有地面常规观测值。

( )121. BD016　通过 GNSS 网的三维无约束平差,既可以获得 GNSS 网中各点在 WGS-84 系下经过了平差处理的三维空间直角坐标,又可以评定 GNSS 网的外部符合精度。

( )122. BD017　提取基线向量时,选取质量较好的基线向量。

( )123. BD018　目前一般采用高程拟合的方法求取 GNSS 网中各点的椭球高。

( )124. BD019　求取转换参数时,已知点应避免分布于测区一侧,如果迫不得已,也必须计算出能满足给定精度要求的有效范围。

( ) 125. BD020　原则上,在平坦地区,水准路线高差闭合差应按各测段的测站个数成正比地分配到高差观测值上。

( ) 126. BD021　某些情况下,要了解点位在哪个方向上的位差最大,在哪一个方向上的位差最小。

( ) 127. BD022　在工程测量中,误差曲线图用途很广泛,根据该图可以找出坐标平差值在某个特定方向上的位差。

( ) 128. BD023　可以利用误差曲线,用图解法确定待定点与待定点之间的边长中误差或方位角中误差。

( ) 129. BD024　在确定误差椭圆三元素 φ_E、E、F 时,只要知道单位权中误差 m_0。

( ) 130. BD025　一般来说,在平差开始前,观测向量的协方差阵 D 是未知的,应先通过一定的方法给出估值,通常称为先验协方差。

( ) 131. BD026　根据最小二乘准则,在等精度观测列的情况下,未知量的最或然值是使残差平方和最大的那些值。

( ) 132. BD027　二维无约束平差时,当重合点多余两个时,也可以用求差法求解平移转换参数的最或然值。

( ) 133. BD028　所谓检查点法,就是在平差时不是将所有的起算点高程固定,而是保留某个点作为检查点。

( ) 134. BE001　物探测量工作是整个物探工作的先行和有机组成部分。

( ) 135. BE002　基线解算的质量控制对于单个基线,主要有整周模糊度、观测值残差、均方根误差、数据更新率等指标。

( ) 136. BE003　GNSS 接收机在静态作业过程中可以靠近接收机使用对讲机。

( ) 137. BE004　等级水准点均应埋设成永久性标石或标志,且标石或标志的埋设应稳固耐久,保持水平方向的稳定。

( ) 138. BE005　电瓶的正负极和数据通信电台的正负极相对,否则将可能损坏发射电台。

( ) 139. BE006　流动站接收机必须在静止状态下,才能完成初始化。

( ) 140. BE007　RTK 作业时,开机后经检验有关指示灯与仪表显示正常后,方可进行自测试并输入测站号、仪器高等信息。

( ) 141. BE008　RTK 作业时电台的实际覆盖范围,一般不会受到电台天线架设的高度和区内地形的影响。

( ) 142. BE009　在陆上石油物探测量规范中规定,导线测量的原始观测记录采用电子记录的方式,记录格式应符合测量数据处理软件的要求。

( ) 143. BE010　在陆上石油物探测量规范中规定,如果控制网主要技术指标不符合要求,那么与其相关的物理点为不合格品。

( ) 144. BE011　在物探测量资料质量评定中,如果发现测线的位置、长度不满足物探设计和施工的要求,那么认定物探测线布设的不合格。

( ) 145. BF001　在采用全站仪边角交会法设站时,是在未知点 P 上架设全站仪,在已知点 A 上安置棱镜,在已知点 B、C 上安置照准标志。

( ) 146. BF002 在采用全站仪坐标法设站时,在测站点安置仪器,在调入测站、后视点的坐标及输入仪器高后,便可以进行已知数据的检核。

( ) 147. BF003 在进行 GNSS 静态操作时,开机后接收机有关指示显示正常并通过自检后,方能输入有关测站和时段控制信息。

( ) 148. BF004 接收机开始记录后,应注意查看有关观测卫星的数量、相位测量残差、实时定位结果及其变化、存储介质记录等情况。

( ) 149. BF005 在进行基线处理时,若多颗卫星在相同的时间段内经常发生周跳时,则可采用删除周跳严重的时间段的方法,来改善基线结算结果的质量。

( ) 150. BF006 在日常工作中,已知点的成果多数为地面坐标或地方坐标,而 GNSS 定位所获得是高斯坐标。

( ) 151. BF007 对于分体式 GNSS 接收机来说,主机与 GNSS 卫星天线可以通过蓝牙来连接。

( ) 152. BG001 编程语言是用来向计算机发出指令的。

( ) 153. BG002 BASIC 编程语言提供较强的可视化编程环境。

( ) 154. BG003 在 BASIC 编程语言中不能通过 INPUT 语句从磁盘文件中输入数据。

( ) 155. BG004 在 BASIC 编程语言中 PRINT 语句只能将结果输出到打印机。

( ) 156. BG005 通过编程不能建立或删除文件。

( ) 157. BG006 在石油地震勘探测线合格报告单中,应该包含本测线束的恢复性激发点的信息。

( ) 158. BG007 石油物探测量成果文件的文件扩展名宜反映成果的类型和顺序等信息。

( ) 159. BH001 PowerPoint 的大纲由一系列标题构成,标题下又有子标题,子标题下还有层次小标题。

( ) 160. BH002 仪器工作时,不要拔掉连接电缆,否则将导致数据丢失。

( ) 161. BH003 对于施工导线的水平角采用测回法半测回测定,同一测站内各方向 2C 互差不大于 60″。

( ) 162. BH004 TCP/IP 本质上采用的是分组交换技术,其基本意思是把信息集合成一个不超过一定大小的信息包传送出去。

( ) 163. BH005 按照现行的陆上石油物探测量规范的要求,利用 GNSS 动态差分的 RTK 法进行施工测量时,每个物理点的采样历元个数应不少于 3 个。

四、简答题

1. BA007 DS3 水准仪的主要组成部分有哪些?他们的作用是什么?
2. BA007 微倾式水准仪应该满足的条件是什么?
3. BA008 水准测量的原理是什么?
4. BA008 在水准测量中怎样消除地球曲率对高差的影响?
5. BA015 简述水准仪 i 角的检验方法是什么。

6. BA015　简述微倾式水准仪 i 角的校正方法。
7. BB005　简述水准测量的作用。
8. BB005　简答水准测量的设计过程是什么。
9. BB008　简述标尺条码的作用。
10. BB008　电子水准仪自动读数的基本原理是什么？
11. BB009　电子水准原理中相位法原理特征是什么？
12. BB009　RAB 原理编码规则是什么？
13. BB017　在进行 GNSS 静态测量精度指标测试时,对短基线检验的方法是什么？
14. BB017　在进行 GNSS 静态测量精度指标测试时,对中基线、长基线检验的方法是什么？
15. BC011　简述基线结算时,起点坐标不准确的应对方法。
16. BC011　简述基线结算时,对流层或电离层折射影响过大的应对方法。
17. BD002　简述多余观测的作用。
18. BD002　测量平差的任务是什么？
19. BD003　在工程测量中,三角网起算坐标获得的方法是什么？
20. BD003　在工程测量中,三角网起算方位角获得的方法是什么？
21. BD004　导线网与三角网相比主要优点是什么？
22. BD004　导线网的缺点主要是是什么？
23. BE007　RTK 作业期间,参考站不允许进行什么操作？
24. BE007　参考站运行期间的作业要求是什么？
25. BH003　可以作为石油物探测量的坐标起算数据的成果有哪些？
26. BH003　卫星定位控制测量的观测作业应遵循哪些要求？

五、计算题

1. BB002　为了测得图根控制点 A、B 的高程,由四等水准点 BM_1(高程为 29.826m)以附合水准路线测量至另外一个四等水准点 BM_5(高程为 30.386m),观测数据及部分成果如图 1 所示,试列出进行记录(表 1),将第一段观测数据填入记录手簿,求出 BM_1 至 A 段的高差 h。

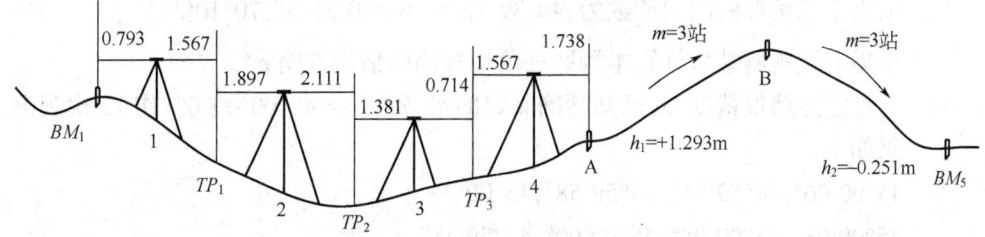

图 1　附合水准路线示意图

表 1　水准数据计算表

测站	测点	水准尺读数,m		高差,m		高程,m
		后视读数	前视读数	+	−	
1	2	3	4	5		6
Ⅰ	BM_1	0.793				29.826
	TP_1		1.567			
Ⅱ	TP_1	1.897				
	TP_2		2.111			
Ⅲ	TP_2	1.381				
	TP_3		0.714			
Ⅳ	TP_3	1.567				
	A		1.738			
计算检核	Σ					

2. BB002　为了测得图根控制点 A,B 的高程,由四等水准点 BM_1(高程为 29.826m)以附合水准路线测量至另外一个四等水准点 BM_5(高程为 30.386m),观测数据及部分成果如图 1 所示,根据观测成果计算出 A、B 点的高程。

3. BC003　为检定一架经纬仪的测角精度,现对某一精确测定的水平角 $β=87°31'21.0''$,做 10 次观测根据观测结果算得各次的观测误差 $Δ_i$ 为(单位:″)+1.5,+1.3,+0.8,−1.1,−0.6,+0.5,+0.3,−1.3,+1.2,−0.9,根据各观测误差 $Δ_i$ 计算测角精度的估计方差 $\hat{σ}^2$。

4. BC003　在相同条件下,观测了某一测区的 10 个三角形的所有内角,观测结果如下:
第一个三角形的内角读数为:89°31'21.0″,46°57'32.5″,43°31'8.3″
第二个三角形的内角读数为:107°29'35.5″,36°56'37.8″,35°33'46.0″
第三个三角形的内角读数为:67°47'22.1″,85°40'10.5″,26°32'26.0″
第四个三角形的内角读数为:72°31'10.0″,53°10'39.0″,54°18'12.0″
第五个三角形的内角读数为:65°30'29.5″,58°27'35.5″,57°01'55.8″
第六个三角形的内角读数为:40°39'12.5″,69°10'21.8″,70°10'25″
根据上述观测结果计算本测区三角形观测的估计方差 $\hat{σ}^2$。

5. BC004　为检定经纬仪精度,对已知精确测定的水平角($α=45°00'00.0''$)作 12 次观测,结果如下:
45°00'06″,44°59'55″,44°59'58″,45°00'04″
45°00'03″,45°00'04″,45°00'00″,44°59'58″
44°59'59″,44°59'59″,45°00'06″,45°00'03″

设 $α$ 没有误差,求观测值的标准差的估值 $\hat{σ}$。

6. BC004　观测了某一等三角锁 15 个三角形的内角,得三角形内角和的真误差如下:
−0.69″,+0.58″,+1.13″,−1.23″,+1.14″,+0.28″,+1.72″,−0.30″,+0.16″,

$-0.27''$,$-2.01''$,$-2.14''$,$+1.42''$,$-0.47''$,$+2.87''$

根据上述结果计算三角形内角和标准差的估值 $\hat{\sigma}$。

7. BC008　已知水准仪的 i 角 $= +15''$，用它测量 A、B 两点间的高差 h，测得数据为：后视视距为 30m，水准尺读数为 1.565m；前视视距为 35m，水准尺读数为 1.045m，计算 A、B 两点的正确高差 h。

8. BC008　用室外方法测定数字水准仪电子 i 角时，按图 2 设测站 Ⅰ 和测站 Ⅱ，后视标尺 A，前视表尺 B，第 Ⅰ 站后视读数 $a_1 = 1.2456$m，前视读数 $b_1 = 1.2203$m，第 Ⅱ 站的后视读数 $a_2 = 1.2476$m，后视读数 $b_2 = 1.2183$m，仪器与标尺间的距离如图所示，$S = 20.6265$m，计算电子 i 角值。

图 2　测水准仪的设测站

9. BC009　GNSS 网中有一条重复基线向量，其观测值分别为 8570.274m，8570.280m，8570.282m，8570.284m，8570.278m。若接收机的标称精度为 $5\text{mm} \pm 1 \times 10^{-6}$，通过计算说明该基线向量的观测值是否合格？

10. BC009　图 3 为某一小型 GNSS 控制网，采用三台标称精度为 $5\text{mm} + 5 \times D \times 10^{-6}$ 的接收机观测三个时段，观测计划和基线结算结果见表 2，试计算 D016~D003 基线是否合格。

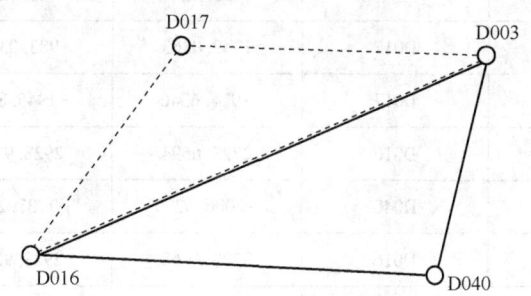

图 3　GNSS 控制网示意图

表 2　GNSS 控制网基线计算统计表

时段号	起点	至点	ΔX, m	ΔY, m	ΔZ, m
1	D003	D017	1749.0363	983.0307	-310.1287
	D016	D017	-974.6340	-1945.8816	2027.9065
	D003	D016	2723.6694	2928.9144	-2338.0368
2	D016	D040	-2006.5299	-1737.2181	1024.3812
	D003	D016	2723.6668	2928.9230	2338.0450
	D003	D040	717.1387	1191.6980	-1313.6724
3	D003	D040	717.1423	1191.6980	-1313.6695
	D003	D017	1749.0340	983.0359	-310.1284
	D040	D017	1031.8912	-208.6638	1003.5416

11. BC010　GNSS 某一网中有四边异步环,按顺序各边基线向量坐标分别为:
(-974.6340,-945.8816,2027.9065),(2723.6694,2928.9144,-2338.0368),
(-717.1387,-1191.6980,1313.6724),(-1031.8912,208.6638,-1003.5456),
坐标单位:m。
若接收机的标称精度为 $5mm±1×10^{-6}$,通过计算说明该异步环是否合格?

12. BC010　图 4 为某一小型 GNSS 控制网,采用三台标称精度为 $5mm+5×D×10^{-6}$ 的接收机观测三个时段,观测计划和基线结算结果见表 3,试计算第二时段的同步环是否合格?

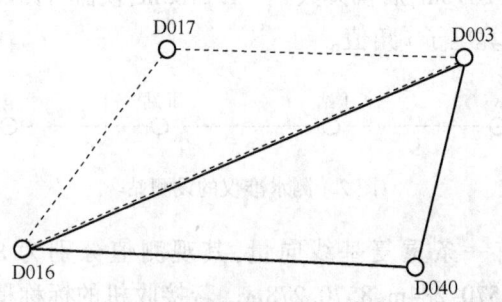

图 4　GNSS 控制网示意图

表 3　GNSS 控制网基线计算统计表

时段号	起点	至点	ΔX,m	ΔY,m	ΔZ,m
1	D003	D017	1749.0363	983.0307	-310.1287
	D016	D017	-974.6340	-1945.8816	2027.9065
	D003	D016	2723.6694	2928.9144	-2338.0368
2	D016	D040	-2006.5299	-1737.2181	1024.3812
	D003	D016	2723.6668	2928.9230	2338.0450
	D003	D040	717.1387	1191.6980	-1313.6724
3	D003	D040	717.1423	1191.6980	-1313.6695
	D003	D017	1749.0340	983.0359	-310.1284
	D040	D017	1031.8912	-208.6638	1003.5416

13. BC019　图 5 所示有测站观测了 6 个方向角度 $L_i(i=1,2,\cdots,6)$,试用文字符号列出进行测站平差时的条件方程。

14. BC019　图 6 所示在水准网中测得高差 $h_i(i=1,2,\cdots,9)$,$p_j(j=1,2,\cdots,5)$,为待定点,A 为已知点。列出全部条件方程。

15. BD005　如图 7 所示水准网,A,B 为已知水准点,且有 $H_A=10.000m$,$H_B=12.000m$,各段观测高差及距离见表 4,P_1,P_2,P_3 为待定点。试列出平差该水准网时的误差方程式。

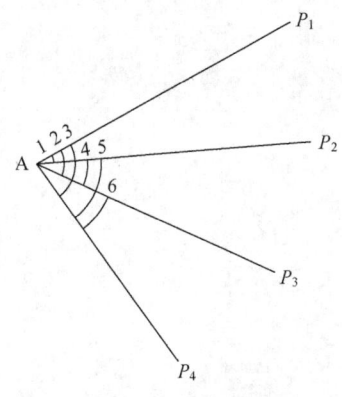

图 5 方向角测量

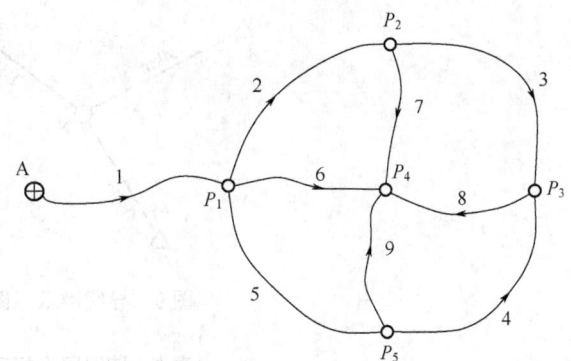

图 6 水准网示意图

表 4 水准网高差计算表

序号	高差,m	距离,km	序号	高差,m	距离,km
1	2.359	2.0	5	8.230	2.0
2	-0.363	2.0	6	-6.230	2.0
3	3.009	1.0	7	0.657	1.0
4	-1.012	1.0	8	5.211	1.0

16. BD005 如图 8 所示在已知点 A 上，∠BAC 是固定角，即 AB、AC 为已知方向，P_1、P_2 是两个待定点，现有 5 个观测量 $L_i(i=1,2,\cdots,5)$，试用文字符号列出测站平差时的误差方程。

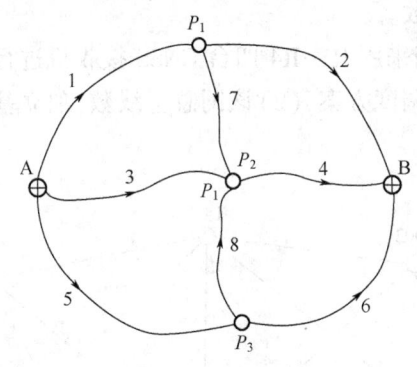

图 7 水准网示意图

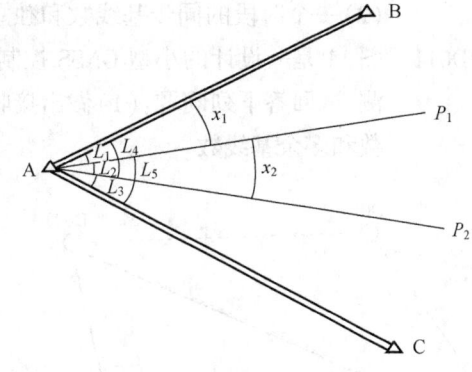

图 8 测站平差示意图

17. BD006 如图 9 所示为一导线网，$M_{1km}=\pm40mm$，导线终点点位中误差与导线长度成正比，试以等权代替法估算节点 N 和最弱点的点位中误差。

18. BD006 某测区内已有国家控制网，各点在高斯投影统一 3°带内的坐标列于表 5 中，测区内平均高程为 $H_m=450m$，为了满足精密工程测量的要求，试选择一个合适的抵偿高程面，使测区内长度综合变形最小，并计算 B、C 两点化算到选定的抵偿高程面上相应的坐标(取 $R_m=6371km$，假设选定 A 点为固定点)。

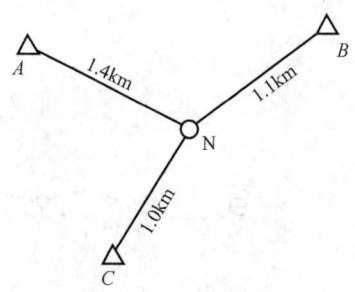

图 9 导线网示意图

表 5 控制网坐标表

点名	X,m	Y,m
A	10649.55	31996.50
B	13188.60	37335.20
C	15578.40	44390.98

19. BD007 某 GNSS 控制网有 7 个点,每点设站次数为 2 次,同时用 7 台接收机进行观测,试计算:(1)GNSS 控制网必要基线数有多少条？(2)网中多余基线数为多少？

20. BD007 图 10 为某一小型 GNSS 控制网,采用三台标称精度为 $5mm+5×D×10^{-6}$ ppm 的接收机观测三个时段,试计算该 GNSS 网总基线数、必要基线数、独立基线数、多余基线数。

21. BD011 某一城市 D 级 GNSS 控制网,由 33 个 GNSS 点组成,准备采用 5 台接收机进行观测,每个点观测 2 个时段,试完成下述内容:(1)该 GNSS 网总观测时段数;(2)一个时段的同步基线数和独立基线数。

22. BD011 图 11 是一设计的小型 GNSS 控制网。当采用 R1-R4 四台 GNSS 接收机进行观测,试回答下列问题:(1)做出接收机的调度方案;(2)该网总基线数,独立基线数和多余基线数。

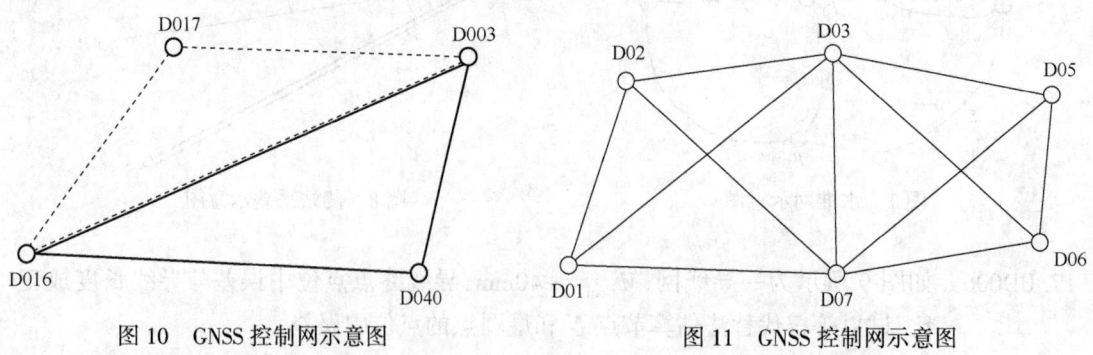

图 10 GNSS 控制网示意图   图 11 GNSS 控制网示意图

23. BD012 某一城市 D 级 GNSS 控制网,由 33 个 GNSS 点组成,准备采用 5 台接收机进行观测,每个点观测 2 个时段,试计算:(1)该网总基线数、必要基线数、独立基线数和多余基线数;(2)该网的平均多余观测分量。

24. BD012　某 C 级 GNSS 网由 100 个点构成，计划用 4 台 GNSS 接收机进行观测，问至少要观测多少个时段？

25. BD020　从水准点 A、B、C、D 分别向 P 点联测水准，已知数据和观测数据如图 12 所示，试求出结点 P 的高程加权平均值。

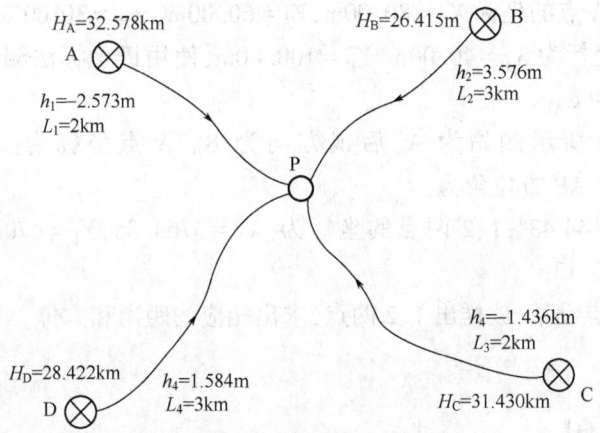

图 12　水准测量路线示意图

26. BD020　图 13 为单一结点水准网，A、B、C 三点高程分别为 $H_A = 275.743$m，$H_B = 237.415$m，$H_C = 235.258$m，三段高差如图上所注，求结点 P 的高程。

27. BD021　如图 14 所示在固定三角形内插入一点 P，经过平差后求得 P 点坐标的协因数阵为：

$$\begin{bmatrix} Q_{\hat{x}} & Q_{\hat{x}\hat{y}} \\ Q_{\hat{y}\hat{x}} & Q_{\hat{y}} \end{bmatrix} = \begin{bmatrix} 3.81 & +0.36 \\ +0.36 & 2.93 \end{bmatrix}$$，试计算位差的极值方向 φ_E 和 φ_F。

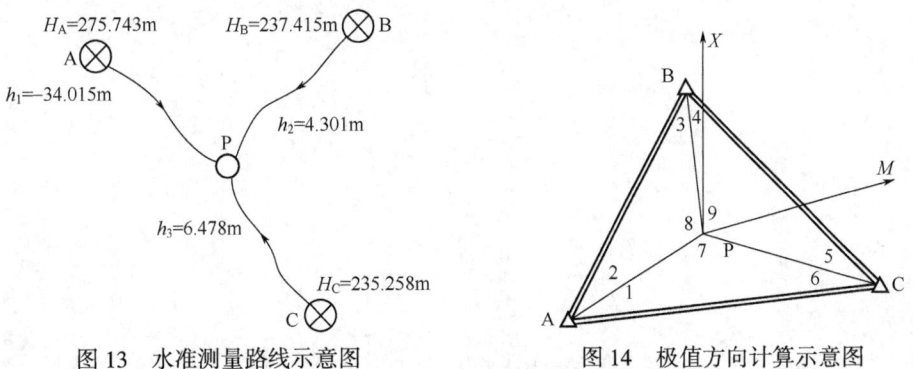

图 13　水准测量路线示意图　　　图 14　极值方向计算示意图

28. BD021　如图 15 所示，在固定三角形内插入一点 P，经过平差后求得 P 点坐标的协因数阵为：

$$\begin{bmatrix} Q_{\hat{x}} & Q_{\hat{x}\hat{y}} \\ Q_{\hat{y}\hat{x}} & Q_{\hat{y}} \end{bmatrix} = \begin{bmatrix} 3.81 & +0.36 \\ +0.36 & 2.93 \end{bmatrix}$$,单位权方差估值为 $\hat{\sigma}_0^2 = 1.96(s^2)$,试位差的极大值 E 和极小值 F。

29. BF002 设已知 A 点的坐标 $X_A = 80.00\mathrm{m}$,$Y_A = 60.00\mathrm{m}$,$\alpha_{AB} = 30°00'00''$,由设计图上得知 P 点的坐标为 $X_P = 40.00\mathrm{m}$,$Y_P = 100.00\mathrm{m}$,使用极坐标法测设 P 点时的放样数据 S_{AP} 和 α_{AP}。

30. BF002 如图 16 所示测站为 A,后视方向为 B。A 点坐标为:$X_A = 5738.35$,$Y_A = 4624.65$,AB 方位角为:
$\alpha_{AB} = 36°44'43''$,1、2 两点的坐标为:$X_1 = 5764.35$,$Y_1 = 4700.83$;$X_2 = 5435.76$,$Y_2 = 4680.13$。

若在 A 点设站,放样出 1、2 两点,求出相应的距离和方位。

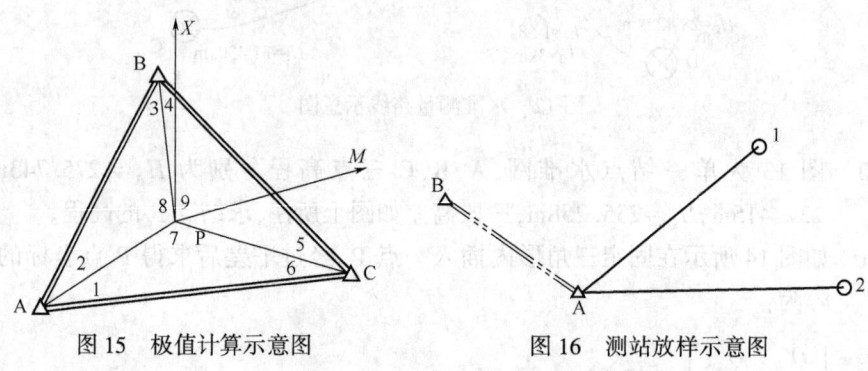

图 15　极值计算示意图　　　　图 16　测站放样示意图

答 案

一、单选题

1. B	2. A	3. D	4. A	5. A	6. B	7. A	8. C	9. A	10. D
11. D	12. B	13. C	14. D	15. B	16. C	17. A	18. C	19. B	20. A
21. A	22. D	23. D	24. A	25. D	26. A	27. B	28. A	29. B	30. A
31. B	32. A	33. B	34. A	35. D	36. A	37. A	38. D	39. B	40. A
41. B	42. B	43. A	44. C	45. A	46. D	47. B	48. A	49. A	50. B
51. A	52. D	53. C	54. B	55. A	56. C	57. C	58. B	59. A	60. B
61. C	62. A	63. B	64. A	65. B	66. A	67. A	68. C	69. B	70. A
71. A	72. B	73. B	74. A	75. B	76. C	77. D	78. B	79. B	80. C
81. C	82. D	83. B	84. B	85. B	86. C	87. D	88. C	89. B	90. D
91. B	92. A	93. C	94. C	95. C	96. B	97. C	98. B	99. B	100. A
101. D	102. A	103. A	104. D	105. B	106. D	107. B	108. A	109. A	110. A
111. D	112. A	113. A	114. C	115. B	116. B	117. A	118. D	119. B	120. B
121. C	122. D	123. A	124. B	125. D	126. B	127. D	128. C	129. C	130. A
131. B	132. C	133. B	134. A	135. D	136. D	137. B	138. C	139. D	140. D
141. A	142. D	143. C	144. D	145. C	146. D	147. C	148. C	149. C	150. A
151. A	152. D	153. C	154. D	155. B	156. A	157. B	158. D	159. A	160. C
161. C	162. B	163. A	164. D	165. A	166. B	167. B	168. A	169. B	170. B
171. C	172. D	173. C	174. B	175. C	176. A	177. C	178. D	179. A	180. C
181. A	182. D	183. B	184. B	185. D	186. D	187. D	188. A	189. D	190. A
191. B	192. A	193. C	194. A	195. B	196. C	197. C	198. A	199. A	200. D
201. A	202. C	203. A	204. B	205. B	206. C	207. B	208. B	209. C	210. A
211. D	212. D	213. B	214. C	215. A	216. C	217. B	218. A	219. A	220. B
221. D	222. D	223. A	224. D	225. C	226. D	227. C	228. A	229. C	230. A
231. A	232. C	233. C	234. C	235. C	236. B	237. C	238. A	239. C	240. A
241. C	242. D	243. B	244. C	245. B	246. A	247. B	248. A	249. A	250. A
251. A	252. D	253. B	254. C	255. C	256. D	257. C	258. D	259. A	260. C
261. A	262. D	263. B	264. C	265. D	266. A	267. D	268. A	269. D	270. C
271. A	272. D	273. A	274. C	275. C	276. A	277. A	278. D	279. A	280. B
281. A	282. D	283. B	284. B	285. D	286. D	287. B	288. C	289. B	290. C
291. D	292. C	293. C	294. A	295. B	296. D	297. A	298. C	299. A	300. B
301. D	302. A	303. B	304. A	305. B	306. C	307. A	308. A	309. D	310. A

311. A 312. B 313. A 314. B 315. B 316. C 317. D 318. D 319. C 320. D
321. B 322. C 323. A 324. D 325. C 326. B

二、多选题

1. ABC   2. BC   3. ABCD   4. AB   5. AB   6. BCD   7. AC
8. ABC   9. BC   10. CD   11. ABCD   12. AC   13. ABD   14. BC
15. ABCD   16. BCD   17. AB   18. BC   19. BD   20. ABCD   21. BC
22. AB   23. ABCD   24. ABCD   25. BCD   26. ABC   27. AB   28. ABCD
29. ABCD   30. ABCD   31. ABC   32. ABC   33. ABC   34. BCD   35. ACD
36. BD   37. AB   38. BCD   39. BC   40. ABCD   41. BCD   42. ABCD
43. AB   44. ABC   45. AB   46. ABCD   47. BC   48. ABC   49. BCD
50. BD   51. ABC   52. AB   53. BC   54. ABC   55. CD   56. ABC
57. ABCD   58. AB   59. CD   60. ABCD   61. CD   62. AB   63. AB
64. AB   65. ABC   66. AB   67. BCD   68. AD   69. AB   70. BC
71. ABD   72. ABC   73. ABCD   74. BC   75. AB   76. ABC   77. BC
78. ABCD   79. AC   80. ABCD   81. BC   82. ABCD   83. AB   84. ABC
85. ABC   86. ABC   87. CD   88. AB   89. BC   90. AC   91. BC
92. ABCD   93. AC   94. BCD   95. AC   96. ABC   97. ABC   98. AB
99. ABC   100. ABC   101. ABC   102. ABCD 103. CD   104. ACD   105. BC
106. AB   107. AB   108. ABD   109. BCD   110. ABC   111. CD   112. ABC
113. ABCD 114. AB   115. CD   116. ABC   117. ABCD 118. ABC   119. AB
120. BC   121. ABCD 122. ABC   123. BD   124. ABC   125. CD   126. CD
127. ABC   128. ABC   129. AB   130. BC   131. ABCD 132. AD   133. BC
134. ABCD 135. BCD   136. AB   137. ABCD 138. AB   139. BCD   140. CD
141. ABC   142. ABD   143. AB   144. AB   145. ABCD 146. ABCD 147. ABC
148. ABC   149. BCD   150. AB   151. ABC   152. ACD   153. AB   154. AC
155. ACD   156. ABD   157. ABCD 158. ABCD 159. AB   160. CD   161. ABCD
162. ACD   163. ABC

三、判断题

1. √ 2. √ 3. √ 4. √ 5. √ 6. √ 7. √ 8. √ 9. √ 10. × 正确答案：在 Excel 电子表格软件的某一工作表中，如果要在 B 列的 B3 和 B4 单元格间添加一个新的单元格，在选择"单元格"命令前使 B4 单元格呈高亮显示，然后选择"单元格"的"插入"命令的。 11. √ 12. × 正确答案：在 Excel 清除单元格相当于用橡皮擦掉单元格中的内容或格式。 13. × 正确答案：在 Excel 电子表格软件中，在"替换"选项卡下选择了"单元格匹配"，在这一条件下，Yankees 将只与包括 Yankees 的单元格相匹配，而不与包括 New York Yankees 的单元格相匹配。 14. √ 15. × 正确答案：在 Excel 电子表格软件的"单元格格式"中的"对齐"选项卡，可以使调整单元格中的"垂直对齐"，默认的垂直对齐选项是靠下。

16.× 正确答案:在使用Excel电子表格软件时,可以使用重新调整大小的技术完全隐藏一个或多个行或列,而隐藏一列其实就是将这列的宽度设置为0。 17.√ 18.√ 19.× 正确答案:在Excel电子表格软件中,如果在输入一个函数时出现错误,会在一个或多个单元格中获得错误值代码,这个错误值代码通常以一个#符号开始,以一个叹号!结尾。 20.× 正确答案:在电子表格中,如果删除了一个公式中用到的名称,错误值#NAME?将显示在包含该公式的单元格中。 21.√ 22.× 正确答案:在Excel电子表格软件中,单击要筛选的列标题下的下拉箭头,如果单击"空白"选项,Excel会只显示要进行筛选列中的空白记录。 23.√ 24.√ 25.× 正确答案:PowerPoint使用默认的特定字体及字号,即使在空演示文稿中也一样。 26.× 正确答案:在默认状况下,PowerPoint自动把所填文本包括在占位符内,要另写一段,只需按回车键即可。 27.√ 28.√ 29.× 正确答案:在PowerPoint中,在替换字体时,如果其中某些幻灯片已经被单独设置格式,幻灯片的母版就不能应用在该幻灯片上。 30.√ 31.√ 32.× 正确答案:在演示文稿中,不必为每个项目符号或每两张幻灯片之间的切换应用动画。 33.× 正确答案:在进行幻灯片的电子演示时,如果放映没有计时,则只需单击一下此张幻灯片,便会切换到下一张幻灯片。 34.× 正确答案:在Internet网上,互联网协议IP的作用是控制网上的数据传输。 35.× 正确答案:在互联网中,通信协议是通信双方共同遵守的规则或约定,不同的网络采用不同的通信协议。 36.√ 37.× 正确答案:为了便于记忆,将组成计算机IP地址的二进制数据分成四段,中间用小数点隔开。 38.× 正确答案:在顶级域名中,.cn是中国的专用顶级域名,其注册归CNNIC管理。 39.× 正确答案:能够解析HTML文档的程序很多,可以编制相应的解析程序。 40.× 正确答案:搜索引擎对检索的结果按照某种方式进行排序,一般而言最贴近的关键词、匹配最好的结果放在前面。 41.√ 42.√ 43.× 正确答案:不合格品经返工修正后,应重新进行质量检查。 44.× 正确答案:企业出资的测绘项目需要测绘行政主管部门汇交测绘成果副本或目录。 45.√ 46.× 正确答案:在进行全站仪测距轴和视准轴重合性的检定过程中,在读数时应照准棱镜的中心。 47.√ 48.× 正确答案:全站仪的加常数是由于仪器的电子中心与其机械中心不重合而形成,乘常数是由于测距频率偏移产生。 49.√ 50.× 正确答案:在电子全站仪照准部旋转正确性的检测中,在全部测回中各倾斜量读数的最大变化量应小于规定限差。 51.× 正确答案:带有电子补偿器的全站仪的调整包括这样的步骤,即当补偿器的补偿值为零时,仪器的竖轴处于铅直状态。 52.× 正确答案:现在大部分全站仪补偿器的零位是动态的,可以经过软件消除零点差,重新设置零位。 53.√ 54.√ 55.√ 56.√ 57.√ 58.× 正确答案:进行水准测量时,为了简单起见,将水准面看成水平面,而在实际的高差测量中,必须考虑地球曲率的影响。 59.√ 60.× 正确答案:在水准测量中,i角误差对高差的影响与后视距差、前视距差成正比,与后视距差、前视距本身大小基本无关。 61.√ 62.√ 63.√ 64.× 正确答案:仪器经过长途运输、长期作业、操作环境的不断变化等因素,均可能使仪器的i角发生变化。 65.× 正确答案:水准仪产生i角变化的原因是仪器本身的结构与外业工作条件的变化而致。 66.√ 67.× 正确答案:对于全站仪而言,一般要求全站仪加常数测定中误差应小于仪器测距中误差的二分之一。 68.√ 69.√ 70.× 正确答案:在进行四等水准支线的测量过程中,当由往测转向返测时,两根水准尺应互换位置。

71. ×　正确答案:在推导地球曲率对高差的影响过程中,把经过后视点的大地水准面当作理想的圆弧处理。　72. √　73. ×　正确答案:目镜对光,是将望远镜对向明亮背景,调节目镜对光螺旋使十字丝成像清晰。　74. √　75. ×正确答案:仪器使用相关法,其解码原理就是对图像信号与约定的编码进行相关解算。　76. √　77. √　78. ×　正确答案:电子水准仪的系统精度,是指在良好的测量条件下,电子水准仪—编码标尺测量系统在高度方向上测量值的可靠程度,它是反映水准仪及其配套标尺综合精度的一个重要指标。　79. √　80. √　81. √　82. ×　正确答案:在进行 GNSS 接收机内部噪声水平测试时,启动 GNSS 接收机后,要对 5 颗以上的卫星进行一小时以上的同步观测。　83. ×　正确答案:在进行 GNSS 静态测量精度指标测试时,对于中、长极限的检测,当使用重复边法时,每个时段应同步观测 4 个小时以上。　84. √　85. √　86. ×　正确答案:如果两组观测值的误差分布相同,则说明两组观测值的精度相同。　87. √　88. √　89. √　90. ×　正确答案:在一定观测条件下,对同一量或不同量作的一组独立观测所获得的每一个观测值来说,尽管真误差各不相同,但它们对应着同一个概率分布。　91. ×　正确答案:当真值或理论值未知时,也可以估算观测值的方差。　92. ×　正确答案:实际中由于卫星信号被暂时遮挡或外界干扰因素的影响,经常引起卫星跟踪信号的暂时中断,将导致接收机整周计数中断。　93. √　94. √　95. ×　正确答案:依照数理统计的理论观测值误差落在 1.96 倍 RMS 的范围内的概率是 95%。　96. ×　正确答案:若只是个别卫星经常发生周跳,则可采用删除经常发生周跳的卫星的观测值的方法,来尝试改善基线解算结果的质量。　97. √　98. ×　正确答案:进行转换参数求取时,如果要求 3 个平移参数,只需已知 1 个点在两个坐标系下的三维坐标即可。　99. √　100. ×　正确答案:高程拟合法是一种纯几何的方法,要获得好的拟合结果,关键是高程异常的已知点能够将高程异常的特征表示出来。　101. √　102. √　103. √　104. ×　正确答案:设在某一平差问题中,为了解决这一问题,至少需要 t 个观测值,这样的观测个数,称为必要观测个数。　105. √　106. √　107. ×　正确答案:对于某一组待定观测量来说,如果实际观测量是 5,必要观测量也是 5,将不会产生测量平差问题。　108. √　109. ×　正确答案:随着电磁波测距仪的不断完善和普及,导线网和边角网逐渐得到广泛的应用　110. ×　正确答案:在观测误差的正态分布方程中,参数 σ^2 被称为观测误差的方差。　111. ×　正确答案:直接为工程建设服务的 GNSS 测量控制网,其精度不一定低于国家 GNSS 控制网,也不一定高于光电测距导线网。　112. √　113. √　114. √　115. ×　正确答案:通常,利用伪距差分的局域差分系统,主要应用于提供局部地区较高精度的实时导航和定位服务。　161. √　117. ×　正确答案:按照陆上是有物探测量规范的要求,首级 GNSS 控制网应布设成连续网,相邻同步图间重合点数应不少于 2 个。　118. √　119. ×　正确答案:仅凭 GNSS 基线向量所提供的基准信息,是无法确定网中各点的绝对坐标的。　120. √　121. ×　正确答案:通过 GNSS 网的三维无约束平差,既可以获得 GNSS 网中各点在 WGS-84 系下经过了平差处理的三维空间直角坐标,又可以评定 GNSS 网的内部符合精度。　122. √　123. ×　正确答案:目前一般采用高程拟合的方法求取 GNSS 网中各点的正高或正常高。　124√　125. ×　正确答案:原则上,在平坦地区,水准路线高差闭合差应按各测段的路线长度成正比地分配到高差观测值上。　126. √　127. ×　正确答案:在工程测量中,误差曲线图用途很广泛,根据该图可以找出坐标平差值在各个方向上的位差。

128. ×　正确答案:误差曲线上,不能用图解法确定待定点与待定点之间的边长中误差或方位角中误差。　129. ×　正确答案:在确定误差椭圆三元素 φ_E、E、F 时,除了知道单位权中误差 $m0$ 外,还要知道各个协因数值的大小。130. √　131. ×　正确答案:根据最小二乘准则,在等精度观测列的情况下,未知量的最或然值是使残差平方和最小的那些值。　132. ×　正确答案:二维无约束平差时,当重合点多余两个时,也可以用最小二乘法求解平移转换参数的最或然值。　133. ×　正确答案:所谓检查点法,就是在平差时不是将所有的起算点坐标固定,而是保留某个点作为检查点。　134. √　135. ×　正确答案:基线解算的质量控制对于单个基线,主要有整周模糊度、观测值残差、均方根误差、数据剔除率等指标。　136. ×　正确答案:　GNSS 接收机在静态作业过程中不要靠近接收机使用对讲机。　137. ×　正确答案:等级水准点均应埋设成永久性标石或标志,且标石或标志的埋设应稳固耐久,保持垂直方向的稳定　138. √　139. ×　正确答案:流动站接收机可以在静止状态下,也可以在运动状态下,完成初始化。　140. √　141. ×　正确答案:　RTK 作业时电台的实际覆盖范围,会受到电台天线架设的高度和区内地形的影响。　142. √　143. ×　正确答案:在陆上石油物探测量规范中规定,如果控制网主要技术指标不符合要求,那么整个项目为不合格品。　144. √　145. √　146. ×　正确答案:在采用全站仪坐标法设站时,在测站点安置仪器,在调入测站、后视点的坐标及输入仪器高,测量后视点的坐标和高程后,便可以进行已知数据的检核。　147. √　148. √　149. √　150. ×　正确答案:在日常工作中,已知点的成果多数为地面坐标或地方坐标,而 GNSS 定位所获得是 WGS-1984 坐标。　151. ×　正确答案:对于分体式 GNSS 接收机来说,主机与 GNSS 卫星天线只能用电缆来连接　152. √　153. ×　正确答案:　VISAUL　BASIC 编程语言提供较强的可视化编程环境。　154. ×　正确答案:在 BASIC 编程语言中可以通过 INPUT 语句从磁盘文件中输入数据。　155. ×　正确答案:在 BASIC 编程语言中 PRINT 语句可以将结果输出到打印机、屏幕或文件。　156. ×　正确答案:通过编程可以建立或删除文件。　157. √　158. √　159. √　160. √　161. ×　正确答案:对于施工导线的水平角采用测回法一测回测定,同一测站内各方向 2C 互差不大于 60″。162. ×　正确答案:　TCP/IP 本质上采用的是分组交换技术,其基本意思是把信息分割成一个个不超过一定大小的信息包传送出去。　163. ×　正确答案:按照现行的陆上石油物探测量规范的要求,利用 GNSS 动态差分的 RTK 法进行施工测量时,每个物理点的采样历元个数应不少于 2 个。

四、简答题

1. 答:①DS3 水准仪的主要组成部分有:望远镜、水准管、基座三个部分。②望远镜的主要作用是照准目标和读数,③水准管用于整平,④基座主要用于支撑仪器和三脚架连接作用。

评分标准:答对①、②、③、④各占 25%。

2. 答:微倾式水准仪应该满足的两个主要条件:①一是,水准管的水准轴应与望远镜的视准轴平行;②二是,望远镜的视准轴不应调焦而变动位置。应满足的两个次要条件:③一是,圆水准器的水准轴应与水准仪的旋转轴平行,④二是,十字丝的横丝应当垂直于仪器的转轴。

评分标准:答对①、②、③、④各占25%。

3. 答:水准测量①主要是利用水准仪提供的水平视线,直接测定地面上各点之间的高差。②然后根据其中一点的已知高程推算其他个点的高程。

评分标准:答对①、②各占50%。

4. 答:①可以对各测站观测高差施加地球曲率改正,但逐站施加地球曲率改正非常麻烦。②在实际作业中,都是通过使前视距、后视距相等来消除地球曲率对高差的影响。

评分标准:答对①、②各占50%。

5. 答:①在相对平坦的场地上,选择相距 60~80m 的 A、B 两点,并打下木桩(或安放尺垫),并在 A、B 两点连线的中点,选择点 E。②将水准仪安置于 E 点处,用两次仪器高法测定 A、B 两点高差 h_{AB},若两次测得高差之差不超过 3mm,则取平均值作为最后结果。③将水准仪设置在靠近 B 点约距 3m 处 F 点(A、B 两点内、外侧均可),精平仪器后,瞄准 B 点水准尺,读数为 b_2;④再瞄准 A 点水准尺,读数为 a_2,则 A、B 间高差 h'_{AB} 为:$h'_{AB} = a_2 - b_2$。若 $h'_{AB} = h_{AB}$,则表明水准管轴平行于视准轴,几何条件满足。若 $h'_{AB} \neq h_{AB}$,则按下述公式计算 i 角秒值:$i = \frac{h'_{AB} - h_{AB}}{D_{AF}} \cdot \rho$。

评分标准:答对①、②、③、④各占25%。

6. 答:①校正工作应紧接着检验工作进行,即不要搬动水准仪,先算出视线在远尺上的正确读数,②用微倾螺旋使读数(十字丝横丝)对准正确读数,此时附合水准管气泡将不再居中,但视线已处于水平位置。③用校正针拨动位于目镜端的水准管上、下两个校正螺栓,使附合水准气泡严密居中。此时,水准管轴也处于水平位置,达到了水准管轴平行于视准轴的要求。④此项检验与校正往往重复进行多次,直至符合规范要求为止。

评分标准:答对①、②、③、④各占25%。

7. 答:①一个完整的控制测量体系应包括平面控制测量和高程控制测量两部分,两者具有同等重要的地位,②传统上,一般分别建立平面控制和高程控制,即使如此,往往也需要对平面控制作水准或三角高程联测。③近年来,虽然经常采用 GNSS 测量建立三维控制测量,但为了获得满意的水准高程成果,往往仍需要对 GNSS 控制点进行水准测量。可见,水准测量作为高程控制的主要方法具有不可替代的作用。

评分标准:答对①、②各占30%,答对③占40%。

8. 答:①收集资料:包括测区地形图、交通图,地质、水文资料,水准点成果资料等。②实地踏勘:实地查看水准点的完好情况,着重落实水准路线可能经过地带的地形、交通、地质、水文情况。③图上设计:根据已知水准点分布和实地情况,按照水准路线布设原则和技术要求,选定水准路线和水准点的位置。④技术设计编制:主要内容包括任务来源、技术依据、测区范围及概况、现有资料及分析、高程起算点及联测方案的布设及精度估计、水准点标识的规格及埋设方式等。

评分标准:答对①、②、③、④各占25%。

9. 答:电子水准仪在人工完成照准和调焦之后,①标尺条码一方面被成像在望远镜分划板上,供目视观测,②另一方面通过望远镜的分光镜,标尺条码又被成像在光电传感器(又称探测器)上,即线阵 CCD 器件上,供电子读数。

评分标准:答对①、②各占50%。

10. 答:①条码标尺上的影像通过望远镜成像在十字丝面上,行阵探测器将标尺图像转换成模拟视频信号,经读出电子部件将视频信号放大和电子构成测量信号。②测量信号与仪器中内存的参考信号(已知代码)按相关方法进行比对,使测量信号移动以达到两信号最佳符合,从而获得标尺读数和视距读数。

评分标准:答对①、②各占50%。

11. 答:相位法原理的基本特征是①利用标尺条码图像信号中的几个不同周期码的波谱的相位差来实现粗测,算法是快速傅立叶变换,其运算量也不小。②精测原理利用R周期码的相位信息实现。

评分标准:答对①、②各占50%。

12. 答:RAB原理编码规则是①载码码宽数字电子,其解码的突破口是利用相邻码爪中心等距离特征,即图像信号中包含有周期波谱,②从而通过周期波谱的测量实现了准确的码元坐标定位继而实现物象比解算、快速粗测的相关运算等。

评分标准:答对①、②各占50%。

13. 答:短基线检验采用在核查基线上进行直接比较的方法,①准备好所使用的设备,包括角架、基座、适配器、电池和磁卡等。②在短基线的端点上安置天线,严格整平、对中、定向并量取天线高。③分别启动两台GNSS接收机对5颗以上的卫星进行1h以上的同步观测。④用接收机随机的静态测量数据处理软件进行基线解算。⑤比较短基线的解算值与标准值之差。

评分标准:答对①、②、③、④、⑤各占20%。

14. 答:中、长基线检验采用重复边法闭合环法,①准备好所使用的设备,包括角架、基座、适配器、电池和磁卡等。②在基线的端点上安置天线,严格整平、对中、定向并量取天线高。③分别启动两台GNSS接收机对5颗以上的卫星进行4h以上的同步观测。④用接收机随机的静态测量数据处理软件进行基线解算。⑤比较基线的解算值与标准值之差或异步环闭合差。

评分标准:答对①、②、③、④、⑤各占20%。

15. 答:解决基线起点坐标不准确的问题,①可以在进行基线解算时,使用坐标准确度较高的点作为基线解算的起点,②较为准确的起点坐标可以通过进行较长时间的单点定位或通过与WGS-1984坐标较准确的点联测得到;③也可以采用在进行整网的基线解算时,所有基线起点的坐标均由一个点坐标衍生而来,使得基线结果均具有某一系统偏差。④然后,再在GNSS网平差处理时,引入系统参数的方法加以解决。

评分标准:答对①、②、③、④各占25%。

16. 答:①提高截止高度角,剔除易受对流层或电离层影响的低高度角观测数据。但这种方法,具有一定的盲目性,因为,高度角低的信号,不一定受对流层或电离层的影响就大。②分别采用模型对对流层和电离层延迟进行改正。③如果观测值是双频观测值,则可以使用消除了电离层折射影响的观测值来进行基线解算。

评分标准:答对①占40%。答对②、③各占30%。

17. 答:①在实际测量工作中,为了提高观测成果的质量,同时也为了发现和消除错误,通常要进行多余观测,即观测数大于必要观测数,加之观测值中必然包含有观测误差,这就产生了观测值之间的矛盾,②为了消除这种矛盾,就必须依据一定的数据处理准则,采用适当的计算方法,对有矛盾的观测值加以必要而又合理的调整,即分别给以适当的改正,③从而消除矛盾,求得被观测量的最佳估值。

评分标准:答对①、②各占40%;答对③占20%。

18. 答:测量平差有两大任务:①一是通过数据处理求待定量的最佳估值;②二是评估测量成果的质量。

评分标准:答对①、②各占50%。

19. 答:①当测区内有国家三角网或其他单位施测的三角网时,则由已有的三角网传递坐标。②若测区附近无三角网成果可利用,则可在一个三角点上用天文测量方法测定其经纬度,再换算成高斯平面直角坐标,作为起算坐标。③保密工程或小测区也可采用假设坐标系统。

评分标准:答对①、③各占30%;答对②占40%。

20. 答:①当测区附近有控制网时,则可由已有网传递方位角。②若无已有成果可利用时,可用天文测量方法测定三角网某一边的天文方位角再把它换算为起算方位角。③在特殊情况下也可用陀螺经纬仪测定起算方位角。

评分标准:答对①、③各占30%;答对②占40%。

21. 答:①网中各点上的方向数较少,除结点外只有两个方向,因而受通视要求的限制较小,易于选点和降低觇标高度,甚至无须造标。②导线网的图形非常灵活,选点时可根据具体情况随时改变。③网中的边长都是直接测定的,因此边长的精度较均匀。

评分标准:答对①占40%;答对②、③各占30%。

22. 答:①导线网中的多余观测数较同样规模的三角网要少,②有时不易发现观测值中的粗差,因而可靠性不高。

评分标准:答对①、②各占50%。

23. 答:①关机又重新启动,②进行自测试,③改变卫星截止高度角或仪器高度值、测站名等,④改变天线位置,⑤关闭文件或删除文件等。

评分标准:答对①、②、③、④各占25%。

24. 答:①当为了节省控制器电量或用于流动站时,参考站在工作期间可关闭手持控制器后去掉。②尽管各 RTK 设备在设计时考虑到防水、防晒等因素,但作业时应尽量避免烈日暴晒或雨水淋湿。③参考站工作期间,工作人员不能远离,要间隔一定时间检查设备工作状态,对不正常情况及时做出处理。④由于参考站除 GNSS 设备耗电外,还要为 RTK 电台供电,可采用双电源电池供电,或采用汽车电瓶供电。条件许可时,可采用12V 直流调变压器直接同市电网络连接供电。

评分标准:答对①、②、③、④各占25%。

25. 答:①2000国家大地控制网点的坐标成果。②按照 GB/T18314—2009《全球定位系统(GPS)测量规范》所布设的 GNSS 控制点的坐标成果。③物探设计所要求的坐标系统下的平面控制网点的坐标成果。

评分标准:答对①、②各占30%。答对③占40%。

26. 答:①按观测计划进行作业。②精确整平、对中天线,对中误差应不超过 5mm。③观测前后分别量取天线高,互差应不超过 5mm。④遇暴风雨天气应立即停测,并卸下天线以防雷击。⑤及时填写卫星定位控制测量观测记录表。

评分标准:答对①、②、③、④、⑤各占 20%。

五、计算题

1. 解:

测站	测点	水准尺读数,m		高差,m		高程,m
		后视读数	前视读数	+	-	
1	2	3	4	5		6
Ⅰ	BM_1	0.793			0.774	29.826
	TP_1		1.567			
Ⅱ	TP_1	1.897			0.214	
	TP_2		2.111			
Ⅲ	TP_2	1.381		0.667		
	TP_3		0.714			
Ⅳ	TP_3	1.567			0.171	
	A		1.738			29.448
	Σ	5.638	5.976			
计算检核	$\sum a - \sum b$ =-0.338	$\sum h$=+1.194	$h_{AB}=H_B-H_A=$ -0.492	0.667	1.005	

评分标准:表格项目齐全 60%,公式正确占 20%;结果正确 20%;无项目,无公式不得分。

2. 解:

(1)计算高程闭合差

$$\sum h_{测} = -0.492 + 1.293 - 0.251 = 0.55$$

$$f_h = \sum h_{测} - (H_2 - H_1) = 0.55 - (30.386 - 29.826) = 0.01\text{m}$$

(2)计算高差闭合差容许值并比较大小:

$$f_{h容} = \pm 12\sqrt{n} = \pm 12\sqrt{9} = \pm 36(\text{mm})$$

$f_{h容} > f_h$ 附合精度要求。

(3)调整高差闭合差:

$$v_1 = -\frac{f_h}{\sum n} \cdot n_i = -\frac{10}{10} \times 4 = -4(\text{mm})$$

$$v_2 = -\frac{f_h}{\sum n} \cdot n_i = -\frac{10}{10} \times 3 = -3(\text{mm})$$

$$v_3 = -\frac{f_h}{\sum n} \cdot n_i = -\frac{10}{10} \times 3 = -3(\text{mm})$$

(4) 计算改正后的高差：

$$h_{1改} = h_{1测} + v_1 = -0.492 - 0.004 = -0.496$$
$$h_{2改} = h_{2测} + v_2 = +1.293 - 0.003 = +1.290$$
$$h_{3改} = h_{3测} + v_3 = -0.251 - 0.003 = -0.254$$

(5) 计算高程：

$$H_A = H_1 + h_{1改} = 29.330(m)$$
$$H_B = H_A + h_{2改} = 30.620(m)$$

答：A 点高程为 29.330m，B 点高程为 30.620m。

评分标准：公式正确占 40%；过程正确占 40%；答案正确占 20%；无公式、过程，只有结果不得分。

3. 解：$\hat{\sigma}^2 = [\Delta\Delta]/n$

$= [(+1.5)^2 + (+1.3)^2 + (+0.8)^2 + (-1.1)^2 + (-0.6)^2 + (+0.5)^2 + (+0.3)^2 +$
$(-1.3)^2 + (+1.2)^2 + (-0.9)^2]/10$

$= 10.43/10$

$\approx 1.0''$

答：估计方差 $\hat{\sigma}^2$ 为 $1.0''$。

评分标准：公式正确占 40%；过程正确占 40%；答案正确占 20%；无公式、过程，只有结果不得分。

4. 解：$\Delta i = [180° - (\beta_{i1} + \beta_{i2} + \beta_{i3})]$

$\Delta 1 = [180° - (89°31'21.0'' + 46°57'32.5'' + 43°31'8.3'')] = -1.8''$

依次，$\Delta 2 = +0.7''$，$\Delta 3 = +1.4''$，$\Delta 4 = -1.0''$，$\Delta 5 = -0.8''$，$\Delta 6 = +0.7''$

$\sigma^2 = [\Delta\Delta]/n$

$= [(-1.8)^2 + (+0.7)^2 + (+1.4)^2 + (-1.0)^2 + (-0.8)^2 + (+0.7)^2]/6$

$= 7.82/6$

$\approx 1.3''$

答：本测区三角形观测的估计方差 $\hat{\sigma}^2$ 为 $1.3''$。

评分标准：公式正确占 40%；过程正确占 40%；答案正确占 20%；无公式、过程，只有结果不得分。

5. 解：$\Delta 1 = L - \tilde{L} = 45°00'06'' - 45°00'00.0'' = +6''$，

$\Delta 2 = -5''$，$\Delta 3 = -2''$，$\Delta 4 = +4''$，$\Delta 5 = +3''$，$\Delta 6 = +4''$，$\Delta 7 = 0''$

$\Delta 8 = -2''$，$\Delta 9 = -1''$，$\Delta 10 = -1''$，$\Delta 11 = +6''$，$\Delta 12 = +3''$

$$\hat{\sigma} = \pm\sqrt{\frac{[\Delta\Delta]}{n}}$$

$$= \pm\sqrt{\frac{[(+6)^2 + (-5)^2 + (-2)^2 + (+4)^2 + (+3)^2 + (+4)^2 + 0^2 + (-2)^2 + (-1)^2 + (-1)^2 + (+6)^2 + (+3)^2]}{12}}$$

$$= \pm\sqrt{\frac{157}{12}}$$

$$\approx \pm 3.6''$$

答：观测值的标准差的估值 $\hat{\sigma}$ 为 $\pm 3.6''$。

评分标准：公式正确占 40%；过程正确占 40%；答案正确占 20%；无公式、过程，只有结果不得分。

6. 解：$\hat{\sigma} = \pm\sqrt{\frac{[\Delta\Delta]}{n}}$

$$= \pm\sqrt{\frac{[(-0.69)^2 + (+0.58)^2 + \cdots + (-0.47)^2 + (+2.87)^2]}{15}}$$

$$= \pm\sqrt{\frac{27.221}{15}}$$

$$\approx \pm 1.35''$$

答：三角形内角和标准差的估值 $\hat{\sigma}$ 为 $\pm 1.35''$。

评分标准：公式正确占 40%；过程正确占 40%；答案正确占 20%；无公式、过程，只有结果不得分。

7. 解：水准仪 i 角误差对水准测量读数 a' 的影响 Δ 用下式表示：

$\Delta = i/\rho \times S$ 其中 S——水准仪至水准标尺的距离，m。

水准测量正确读数 $a = a' - \Delta$

后视水准标尺的正确读数　$a = 1.565 - 15/206265 \times 30$

$$= 1.5628(\text{m})$$

前视水准标尺的正确读数　$b = 1.045 - 15/206265 \times 35$

$$= 1.0425(\text{m})$$

所以，A、B 两点的正确高差 $h = 1.5628 - 1.0425 = 0.5203(\text{m})$。

答：A、B 两点的正确高差为 0.5203m。

评分标准：公式正确占 40%；过程正确占 40%；答案正确占 20%；无公式、过程，只有结果不得分。

8. 解：第 Ⅰ 站正确高差：

$$H = (a_1 - i/\rho \times S) - (b_1 - i/\rho \times 2S)$$
$$= a_1 - b_1 - i/\rho \times (-S)$$

第 Ⅱ 站正确高差：

$$H = (a_2 - i/\rho \times 2S) - (b_2 - i/\rho \times S)$$
$$= a_2 - b_2 - i/\rho \times S$$

因此有：$a_1 - b_1 - i/\rho \times (-S) = a_2 - b_2 - i/\rho \times S$

移项后，$2i/\rho \times S = (a_2 - b_2) - (a_1 - b_1)$

i 角的计算公式：$i = \dfrac{(a_2 - b_2) - (a_1 - b_1)}{2 \times S} \cdot \rho$

$$= \frac{(1.2476-1.2183)-(1.2456-1.2203)}{2\times 20.6265}\times 206265$$

$$= 20''$$

答:该仪器电子 i 角值为 $20''$。

评分标准:公式正确占 40%;过程正确占 40%;答案正确占 20%;无公式、过程,只有结果不得分。

9. 解:(1)计算平差值:

$$d = \sum_{i=1}^{n} d_i/n = (8570.274+8570.280+8570.282+8570.284+8570.278)/5 = 8570.2796 \text{m}$$

(2)计算改正数 $\Delta d_i = d_i - d$:

$$\Delta d_1 = d_1 - d = 8570.274 - 8570.2796 = -5.6 (\text{mm})$$
$$\Delta d_2 = d_2 - d = 8570.280 - 8570.2796 = +0.4 (\text{mm})$$
$$\Delta d_3 = d_3 - d = 8570.282 - 8570.2796 = +2.4 (\text{mm})$$
$$\Delta d_4 = d_4 - d = 8570.284 - 8570.2796 = +4.4 (\text{mm})$$
$$\Delta d_5 = d_5 - d = 8570.278 - 8570.2796 = -1.6 (\text{mm})$$

(3)计算平差值之中误差:

$$m_d = \pm\sqrt{\frac{[\Delta d \Delta d]}{n-1}} = \pm\sqrt{\frac{59.2}{4}} = \pm 3.85 (\text{mm})$$

(4)计算相对误差:

$$m_d/d = \frac{3.85}{8570279.6} = 0.45\times 10^{-6}$$

(5)结果判断

$$m_d/d = 0.45\times 10^{-6} \leqslant b = 1\times 10^{-6}$$

答:该重复基线合格。

评分标准:公式正确占 40%;过程正确占 40%;答案正确占 20%;无公式、过程,只有结果不得分。

10. 解:

(1)计算基线的长度:

$$d_1 = \sqrt{\Delta X^2 + \Delta Y^2 + \Delta Z^2}$$
$$= \sqrt{2723.6694^2 + 2928.9144^2 + (-2338.0368)^2}$$
$$= 4632.8672 (\text{m})$$

$$d_2 = \sqrt{\Delta X^2 + \Delta Y^2 + \Delta Z^2}$$
$$= \sqrt{2723.6668^2 + 2928.9230^2 + (-2338.0450)^2}$$
$$= 4632.8614 (\text{m})$$

(2)计算同步边差值:

$$\Delta d = |d_1 - d_2| = 4632.8672 - 4632.8614 = 5.8 (\text{mm})$$

(3)计算侧边中误差：
极限平均边长
$$d=(d_1+d_2)/2=(4632.8672+4632.8614)/2=4632.8643(\text{m})$$
测边中误差
$$\sigma=\sqrt{a^2+(b\times d)^2}=\sqrt{5^2+(5\times 4.63)^2}=\sqrt{560.92}=\pm 23.68(\text{mm})$$
(4)判断是否合格：
计算限差
$$\Delta d_{\max}=2\sqrt{2}\sigma=2\sqrt{2}\times 23.68=66.97(\text{mm})$$
因为 $\Delta d<\Delta d_{\max}$，所以重复测边 D016-D003S 是合格基线。
答：重复测边 D016-D003S 是合格基线。
评分标准：公式正确占 40%；过程正确占 40%；答案正确占 20%；无公式、过程，只有结果不得分。

11. 解：
(1)异步环坐标闭合差和环闭合差：
$$W_x=\sum_{i=1}^{n}\Delta X_i=-974.6340+2723.6694-717.1387-1031.8912=0.0055\text{m}=+5.5(\text{mm})$$
$$W_y=\sum_{i=1}^{n}\Delta Y_i=-1945.8816+2928.9144-1191.6980+208.6638=-0.0014\text{m}=-1.4(\text{mm})$$
$$W_z=\sum_{i=1}^{n}\Delta Z_i=2027.9065-2338.0368+1313.6724-1003.5456=-0.0035\text{m}=-3.5(\text{mm})$$
$$W_C=\sqrt{W_X^2+W_Y^2+W_Z^2}=\sqrt{5.5^2+(-1.4)^2+(-3.5)^2}=\pm 6.67(\text{mm})$$
(2)计算测边中误差：
① 计算基线边长。
$$d_1=\sqrt{\Delta X^2+\Delta Y^2+\Delta Z^2}=\sqrt{(-974.6340)^2+(-145.8816)^2+2027.9065^2}$$
$$=\sqrt{8848788.951}=2974.6914(\text{m})$$
$$d_2=\sqrt{\Delta X^2+\Delta Y^2+\Delta Z^2}=\sqrt{2723.6694^2+2928.9144^2+(-2338.0368)^2}=6432.8534(\text{m})$$
$$d_3=\sqrt{\Delta X^2+\Delta Y^2+\Delta Z^2}=\sqrt{717.1387^2+1191.6980^2+(-1313.6724)^2}=1913.1563(\text{m})$$
$$d_4=\sqrt{\Delta X^2+\Delta Y^2+\Delta Z^2}=\sqrt{(-1031.8912)^2+208.6638^2+(-1003.5456)^2}=1454.4565(\text{m})$$
② 计算闭合环平均边长。
$$d=\sum_{i=1}^{4}d_i/4=(2974.6914+4632.8534+1913.1563+1454.4565)/4=2743.7894(\text{m})$$
③ 计算测边中误差。
$$\sigma=\sqrt{a^2+(b\cdot d)^2}=\sqrt{5^2+(1\times 2.74)^2}=\sqrt{32.5}=\pm 5.7(\text{mm})$$
④ 计算闭合差限差。
$$\delta_{X\text{限}}=\delta_{Y\text{限}}=\delta_{Z\text{限}}=2\sqrt{4}\times 5.7=\pm 22.8(\text{mm})$$
$$W_{C\text{限}}=2\sqrt{3n}\sigma=2\sqrt{3\times 4}\times 5.7=\pm 39.5(\text{mm})$$

⑤判断是否合格。

因为：$W_X \leq W_{X限}, W_Y \leq W_{Y限}, W_Z \leq W_{C限}, W_C \leq W_{C限}$

所以，该异步环合格。

答：该异步环合格。

评分标准：公式正确占40%；过程正确占40%；答案正确占20%；无公式、过程，只有结果不得分。

12. 解：

(1) 同步环坐标分量的闭合差与环闭合差：

$$W_X = \sum_{i=1}^{n} \Delta X_i = -2006.5299 + 2723.6668 - 717.1387 = -0.0018(\text{m}) = -1.8(\text{mm})$$

$$W_Y = \sum_{i=1}^{n} \Delta Y_i = -1737.2181 + 2928.9230 - 1191.6980 = +0.0069(\text{m}) = +6.9(\text{mm})$$

$$W_Z = \sum_{i=1}^{n} \Delta Z_i = 1024.3812 - 2338.0450 + 1313.6724 = +0.0086(\text{m}) = +8.6(\text{mm})$$

$$W_C = \sqrt{W_X^2 + W_Y^2 + W_Z^2} = \sqrt{(1.8)^2 + 6.9^2 + 8.6^2} = \pm 11.17(\text{mm})$$

(2) 计算测边中误差：

① 计算基线边长。

$$d_1 = \sqrt{\Delta X^2 + \Delta Y^2 + \Delta Z^2} = \sqrt{(-2006.5229)^2 + (-1737.2181)^2 + 1024.3812^2} = 2844.8982(\text{m})$$

$$d_2 = \sqrt{\Delta X^2 + \Delta Y^2 + \Delta Z^2} = \sqrt{2723.6668^2 + 2928.9230^2 + (-2338.0450)^2} = 4632.8614(\text{m})$$

$$d_3 = \sqrt{\Delta X^2 + \Delta Y^2 + \Delta Z^2} = \sqrt{717.1387^2 + 1191.6980^2 + (-1313.6724)^2} = 1913.1563(\text{m})$$

② 计算闭合环平均边长。

$$d = \sum_{i=1}^{n} d_i/n = \sum_{i=1}^{3} d_i/n = (2844.8982 + 4632.8614 + 1913.1563)/3 = 3130.3053(\text{m})$$

③ 计算测边中误差。

$$\sigma = \sqrt{a^2 + (b \cdot d)^2} = \sqrt{5^2 + (5 \times 3.13)^2} = \pm 16.429(\text{mm})$$

(3) 计算闭合差限差：

$$W_{X限} = W_{Y限} = W_{Z限} = \frac{\sqrt{n}}{5}\sigma = \frac{\sqrt{3}}{5} \times 16.429 = \pm 5.69(\text{mm})$$

$$W_{C限} = \frac{\sqrt{3n}}{5}\sigma = \frac{\sqrt{3 \times 3}}{5} \times 16.429 = \pm 9.86(\text{mm})$$

(4) 判断是否合格：

要求：$W_X \leq W_{X限}, W_Y \leq W_{Y限}, W_Z \leq W_{Z限}, W_C \leq W_{C限}$，

而实际上，$W_X < W_{X限}, W_Y > W_{Y限}, W_Z > W_{Z限}, W_C > W_{C限}$。

所以，该同步环不合格。

答：该同步环不合格。

评分标准：公式正确占40%；过程正确占40%；答案正确占20%；无公式、过程，只有结果不得分。

13. 解:本题 $n=6, t=3$,故条件方程的个数应为 $r=n-t=3$。
平差值条件方程为:

$$\hat{L}_1 - \hat{L}_3 + \hat{L}_4 + \hat{L}_6 = 0$$

$$\hat{L}_2 - \hat{L}_3 + \hat{L}_6 = 0$$

$$\hat{L}_4 - \hat{L}_5 + \hat{L}_6 = 0$$

以 $\hat{L}_i = L_i + v_i$ 代入上式即得改正数条件方程:

$$v_1 - v_3 + v_4 + v_6 + w_a = 0$$

$$v_2 - v_3 + v_6 + w_b = 0$$

$$v_4 - v_5 + v_6 + w_c = 0$$

式中闭合差由下式计算

$$w_a = L_1 - L_3 + L_4 + L_6$$

$$w_b = L_2 - L_3 + L_6$$

$$w_c = L_4 - L_5 + L_6$$

评分标准:公式正确占 50%;过程正确占 50%;无公式、过程不得分。

14. 解:本题 $n=9, t=5$,故条件方程的个数为 $r=n-t=4$。
平差值条件方程为:

$$\hat{h}_2 - \hat{h}_6 + \hat{h}_7 = 0$$

$$\hat{h}_3 - \hat{h}_7 + \hat{h}_8 = 0$$

$$-\hat{h}_4 - \hat{h}_8 + \hat{h}_9 = 0$$

$$-\hat{h}_5 + \hat{h}_6 - \hat{h}_9 = 0$$

以 $\hat{h}_i = h_i + v_i$ 代入上式即得改正数条件方程:

$$v_2 - v_6 + v_7 + w_a = 0$$

$$v_3 - v_7 + v_8 + w_b = 0$$

$$-v_4 - v_8 + v_9 + w_c = 0$$

$$-v_5 - v_6 - v_9 + w_d = 0$$

式中闭合差由下式计算:

$$w_a = h_2 - h_6 + h_7$$

$$w_b = h_3 - h_7 + h_8$$

$$w_c = -h_4 - h_8 + h_9$$

$$w_d = -h_5 + h_6 - h_9$$

评分标准:公式正确占 50%;过程正确占 50%;无公式、过程不得分。

15. 解:本题 $t=3$,现选择 P_1, P_2, P_3 三个待定点的最或是高程为未知数 x_1, x_2, x_3 其相应的近似高程取为:

$$x_1^0 = H_A + h_1 = 12.359 (\text{mm})$$

$$x_2^0 = H_A + h_3 = 13.009 (\text{mm})$$

$$x_3^0 = H_A + h_5 = 18.230 (\text{mm})$$

对照图示可列出 8 个平差方程：

$$h_1 + v_1 = x_1 - H_A$$
$$h_2 + v_2 = H_B - x_1$$
$$h_3 + v_3 = x_2 - H_A$$
$$h_4 + v_4 = H_B - x_2$$
$$h_5 + v_5 = x_3 - H_A$$
$$h_6 + v_6 = H_B - x_3$$
$$h_7 + v_7 = x_2 - x_1$$
$$h_8 + v_8 = x_3 - x_2$$

代入观测值及未知数的近似值后得误差方程式：

$$\begin{cases} v_1 = \delta x_1 + 0 \\ v_2 = -\delta x_1 + 4 \\ v_3 = \delta x_2 + 0 \\ v_4 = -\delta x_2 + 3 \end{cases} \begin{cases} v_5 = \delta x_3 + 0 \\ v_6 = -\delta x_3 + 0 \\ v_7 = \delta x_1 + \delta x_2 - 7 \\ v_8 = -\delta x_2 + \delta x_3 + 10 \end{cases}$$

评分标准：公式正确占 50%；过程正确占 50%；无公式、过程不得分。

16. 解：本题 $t=2$，现选择 $\begin{cases} x_1 = \hat{L}_1 \\ x_2 = \hat{L}_2 \end{cases}$

设未知数的近似值为 $x_1^0 = L_1, x_2^0 = L_2$，且有 $x_1 = x_1^0 + \delta x_1, x_2 = x_2^0 + \delta x_2$。

对照图示可列出 5 个平差方程：

$$\begin{cases} L_1 + v_1 = x_1 \\ L_2 + v_2 = x_2 \\ L_3 + v_3 = \angle BAC - x_1 - x_2 \\ L_4 + v_4 = x_1 + x_2 \\ L_5 + v_5 = \angle BAC - x_1 \end{cases} \text{代入} \begin{cases} x_1 = x_1^0 + \delta x_1 \\ x_2 = x_2^0 + \delta x_2 \end{cases}, \text{然后得误差方程} \begin{cases} v_1 = \delta x_1 + l_1 \\ v_2 = \delta x_2 + l_2 \\ v_3 = -\delta x_1 - \delta x_2 + l_3 \\ v_4 = \delta x_1 + \delta x_2 + l_4 \\ v_5 = -\delta x_1 + l_5 \end{cases}$$

式中常数项的计算式为 $\begin{cases} l_1 = x_1^0 - L_1 = 0 \\ l_2 = x_2^0 - L_2 = 0 \\ l_3 = \angle BAC - x_1^0 - x_2^0 - L_3 \\ l_4 = x_1^0 + x_2^0 - L_4 \\ l_5 = \angle BAC - x_1^0 - L_5 \end{cases}$

评分标准：公式正确占 50%；过程正确占 50%；无公式、过程不得分。

17. 解：
$$P_i = \frac{\mu}{M_i^2} = \frac{M_0^2}{M_i^2} = \frac{L_0^2}{L_i^2} = \frac{1}{\frac{L_i^2}{L_0^2}} = \frac{1}{L_i'^2}$$

设以 1km 长的导线端点点位中误差为单位权中误差，
则图中各线路的等权线路长 $L_{CN}' = 1.0$，
$L_{BN}' = 1.1, L_{AN}' = 1.4$，则相应的权为：

$$P_{AN} = \frac{1}{L_{AN}'^2} = 0.51, P_{BN} = 0.83, P_{CN} = 1.0。$$

虚拟路线 B-C-N 的权 $P_{BCN} = P_{BN} + P_{CN} = 1.83$

虚拟路线的长 $L_{BCN}' = \sqrt{\frac{1}{P_{BCN}}} = 0.74(\text{km})$

线路 A-B-C 长度 $L_{ABC}' = L_{AN}' + L_{BCN}' = 1.4 + 0.74 = 2.14(\text{km})$
则 N 点的权为 $P_N = P_{AN} + P_{BCN} = 2.34$，
最弱点在 A-B-C 路线的中点 W，

$$P_W = 2 \times P_{AW} = 2 \times \frac{1}{\left(\frac{2.34}{2}\right)^2} = 1.75$$

$$M_N = M_{1km} \sqrt{\frac{1}{P_N}} = \pm 40 \times \sqrt{\frac{1}{2.34}} = \pm 26(\text{mm})$$

$$M_W = \pm 30(\text{mm})$$

答：N 点的中误差为±26mm，最弱点的中误差为±30mm。
评分标准：公式正确占 40%；过程正确占 40%；答案正确占 20%；无公式、过程，只有结果不得分。

18. 解：$y_m = (y_A + y_B + y_C)/3 = (31996.50 + 37335.20 + 44390.98)/3 = 37907.56(\text{m})$

$$H_{抵} = H_m - \frac{y_m^2}{2R_m} = 450 - \frac{37907.56^2}{2 \times 6371 \times 10^3} = 337(\text{m})$$

因为选定 A 点为固定点（相当于在抵偿面内的"坐标原点"，该点的坐标保持它在 3°带内的国家统一坐标），所以有：

$$k = \frac{H_{抵}}{R} = \frac{337}{6371 \times 10^3} = 5.3 \times 10^{-5}$$

$$\begin{cases} x_{抵} = x_{国} + (x_{国} - x_A) \cdot k \\ y_{抵} = y_{国} + (y_{国} - y_A) \cdot k \end{cases}$$

$x_B = 13188.60 + (13188.60 - 10649.55) \times 5.3 \times 10^{-5} = 13188.735$

$y_B = 37335.20 + (37335.20 - 31996.50) \times 5.3 \times 10^{-5} = 37335.483$

$$x_C = 15578.40 + (15578.40 - 10649.55) \times 5.3 \times 10^{-5} = 15578.661$$

$$y_C = 44390.98 + (44390.98 - 31996.50) \times 5.3 \times 10^{-5} = 44391.637$$

答:B、C 两点在抵偿面上的坐标为:x_B:13188.735,y_B:37335.483;x_C:15578.661,y_C:44391.637。

评分标准:公式正确占 40%;过程正确占 40%;答案正确占 20%;无公式、过程,只有结果不得分。

19. 解:$C = n \cdot m/N$
$= 7 \times 2/7$
$= 2$

式中　C——观测时段数。

(1)$J_必 = n - 1 = 7 - 1 = 6$

(2)$J_多 = C \cdot (N-1) - (n-1)/2 = 2 \times (7-1) - (7-1) = 6$

答:(1)网中必要基线数为 6 条。(2)多余基线数为 6 条。

评分标准:公式正确占 40%;过程正确占 40%;答案正确占 20%;无公式、过程,只有结果不得分。

20. 解:

(1)总基线数:

$$J_总 = C \cdot N \cdot (N-1)/2 = 3 \times 3 \times 2/2 = 9$$

(2)必要基线数:

$$J_必 = n - 1 = 4 - 1 = 3$$

(3)独立基线数:

$$J_独 = C \cdot (N-1) = 3 \times (3-1) = 6$$

(4)多余基线数:

$$J_多 = C \cdot (N-1) - (n-1) = 6 - 3 = 3$$

答:该网总基线数为 9,必要基线数为 3,独立基线数为 6,多余基线数为 3。

评分标准:(1)、(2)、(3)、(4)各占 25%,其中公式正确占 40%;过程正确占 40%;答案正确占 20%;无公式、过程,只有结果不得分。

21. 解:

(1)该 GNSS 网总观测时段数:

$$C = n \cdot m/N = 33 \times 2/5 = 13.2$$

式中　C——观测时段数;

　　n——网点数;

　　m——每站设站数;

　　N——接收机台数。

因为时段数不能为小数,而且不能小于计算数字,故该网总的观测时段数为 14。

(2)一个时段的同步基线数:$J_同 = N \cdot (N-1)/2 = 5 \times 4/2 = 10$

一个时段的独立基线数:$J_独 = N - 1 = 5 - 1 = 4$

答:该 GNSS 网的总观测时段为 14 个,一个时段的同步基线数为 10,独立基线数为 4。

评分标准:(1)占 40%,(2)占 60%,其中公式正确占 40%;过程正确占 40%;答案正确占 20%;无公式、过程,只有结果不得分。

22. 解:

(1)要求:由独立基线构网,合理即可。

时段序号	接收机位置			
	R_1	R_2	R_3	R_4
1	D01	D02	D03	D04
2	D01	D02	D03	D04
3	D06	D05	D03	D04
4	D06	D05	D03	D04

即测量该 GNSS 网时,观测时段为 C=4。

(2)总基线数:$J_总 = C \cdot N \cdot (N-1) = 4 \times 4 \times 3/2 = 24$;

独立基线数:$J_独 = C \cdot (N-1) = 4 \times (4-1) = 12$;

多余基线数:$J_多 = C \cdot (N-1) - (n-1) = 12 - 5 = 7$。

答:该网总基线数为 24,独立基线数为 12,多余基线数为 7。

评分标准:(1)占 50%,(2)占 50%,其(2)中公式正确占 40%;过程正确占 40%;答案正确占 20%;无公式、过程,只有结果不得分。

23. 解:

(1)该 GNSS 网总观测时段数:

$$C = n \cdot m / N = 33 \times 2/5 = 13.2$$

式中　C——观测时段数;

　　　n——网点数;

　　　m——每站设站数;

　　　N——接收机台数。

因为时段数不能为小数,而且不能小于计算数字,故该网总的观测时段数为 14。

总基线数:$J_总 = C \cdot N \cdot (N-1) = 14 \times 5 \times 4/2 = 140$;

必要基线数:$J_必 = n-1 = 33-1 = 32$;

独立基线数:$J_独 = C \cdot (N-1) = 14 \times (5-1) = 56$;

多余基线数:$J_多 = C \cdot (N-1) - (n-1) = 56 - 32 = 24$。

(2)多余观测分量:$r_a = \dfrac{多余观测数}{观测值总数} = \dfrac{3 \times J_多}{3 \times J_独} = \dfrac{24}{56} = 0.429$

答:该网总基线数为 140,必要基线数为 32,独立基线数为 56,多余基线数为 24,平均多余观测分量为 0.429。

评分标准:(1)占 25%,(2)占 75%,其中公式正确占 40%;过程正确占 40%;答案正确占 20%;无公式、过程,只有结果不得分。

24. 解：
$$S_{\min} = INT\left(\frac{R \times n}{m}\right) = INT\left(\frac{100 \times 2.0}{4}\right) = 50$$

答：至少要观测 50 个时段。

评分标准：公式正确占 40%；过程正确占 40%；答案正确占 20%；无公式、过程，只有结果不得分。

25. 解：
$$P_i = \frac{C}{L_i}（取 C = 6）$$

$$H'_{P_1} = H_A + h_1 = 32.578 - 2.573 = 30.005$$

$$P_1 = \frac{C}{L_1} = \frac{6}{2} = 3$$

$$H'_{P_2} = H_B + h_2 = 26.415 + 3.576 = 29.991, \quad P_2 = \frac{C}{L_2} = \frac{6}{3} = 2$$

$$H'_{P_3} = H_C + h_3 = 31.430 - 1.436 = 29.994, \quad P_3 = \frac{C}{L_3} = \frac{6}{2} = 3$$

$$H'_{P_4} = H_D + h_4 = 28.422 + 1.584 = 30.006, \quad P_4 = \frac{C}{L_4} = \frac{6}{3} = 2$$

$$H_P = \frac{P_1 \cdot H'_{P_1} + P_2 \cdot H'_{P_2} + P_3 \cdot H'_{P_3} + P_4 \cdot H'_{P_4}}{P_1 + P_2 + P_3 + P_4}$$

$$= \frac{3 \times 30.005 + 2 \times 29.991 + 3 \times 29.994 + 2 \times 30.006}{3 + 2 + 3 + 2}$$

$$= 30.000 \text{（m）}$$

答：P 点加权平均高程为 30.000m。

评分标准：公式正确占 40%；过程正确占 40%；答案正确占 20%；无公式、过程，只有结果不得分。

26. 解：
$$H_{P_1} = H_A + h_1 = 275.743 - 34.015 = 241.728 \text{（m）}$$

$$H_{P_2} = H_B + h_2 = 237.415 + 4.301 = 241.716 \text{（m）}$$

$$H_{P_3} = H_C + h_3 = 235.258 + 6.478 = 241.736 \text{（m）}$$

$$H_P = \frac{H_{P_1} + H_{P_2} + H_{P_3}}{3} = \frac{241.728 + 241.716 + 241.736}{3} = 241.727 \text{（m）}$$

答：P 的点高程为 241.727m。

评分标准：公式正确占 40%；过程正确占 40%；答案正确占 20%；无公式、过程，只有结果不得分。

27. 解：

$$\tan 2\varphi_0 = \frac{2Q_{\hat{x}\hat{y}}}{Q_{\hat{x}}-Q_{\hat{y}}} = \frac{2\times 0.36}{3.81-2.93} = 0.81818$$

因为 $Q_{\hat{x}\hat{y}}>0$，所以有 $2\varphi_0 = 39°17', 219°17', \varphi_0 = 19°39', 109°39'$

$$\varphi_E = 19°39', 199°39'$$

$$\varphi_F = 109°39', 289°39'$$

答：φ_E 为 $19°39', 199°39', \varphi_F$ 为 $109°39', 289°39'$。

评分标准：公式正确占 40%；过程正确占 40%；答案正确占 20%；无公式、过程，只有结果不得分。

28. 解：

$$K = \sqrt{(Q_{\hat{x}}-Q_{\hat{y}})^2 + 4Q_{\hat{x}\hat{y}}^2} = \sqrt{(3.81-2.93)^2 + 4\times 0.36^2} = 1.14$$

$$E^2 = \frac{1}{2}\hat{\sigma}_0^2(Q_{\hat{x}}+Q_{\hat{y}}+K) = 7.72(\text{cm}^2)$$

$$E = 2.78(\text{cm})$$

$$F^2 = \frac{1}{2}\hat{\sigma}_0^2(Q_{\hat{x}}+Q_{\hat{y}}-K) = 5.49(\text{cm}^2)$$

$$F = 2.34(\text{cm})$$

答：E 为 2.78cm，F 为 2.34cm。

评分标准：公式正确占 40%；过程正确占 40%；答案正确占 20%；无公式、过程，只有结果不得分。

29. 解：

$$S_{AP} = \sqrt{(X_P-X_A)^2 + (Y_P-Y_A)^2}$$
$$= \sqrt{(40.00-80.00)^2 + (100.00-60.00)^2}$$
$$= 56.57(\text{m})$$

$$\alpha_{AP} = \arctan\frac{Y_P-Y_A}{X_P-X_A}$$
$$= \arctan\frac{100.00-60.00}{40.00-80.00}$$
$$= 135°00'00''$$

答：S_{AP} 为 56.57m，α_{AP} 为 $135°00'00''$。

评分标准：公式正确占 40%；过程正确占 40%；答案正确占 20%；无公式、过程，只有结果不得分。

30. 解：

$$S_{A1} = \sqrt{(X_1-X_A)^2 + (Y_1-Y_A)^2}$$

$$= \sqrt{(5764.37-5738.35)^2+(4700.83-4624.65)^2}$$
$$= 80.501(\text{m})$$

$$\alpha_{A1} = \arctan\frac{Y_1-Y_A}{X_1-X_A} = \arctan\frac{4700.83-4624.65}{5764.37-5738.35} = \arctan 2.9277 = 71°08'31''$$

$$S_{A2} = \sqrt{(X_2-X_A)^2+(Y_2-Y_A)^2} = \sqrt{(5435.76-5738.35)^2+(4680.13-4624.65)^2}$$
$$= 307.634(\text{m})$$

$$\alpha_{A2} = \arctan\frac{Y_2-Y_A}{X_2-X_A} = \arctan\frac{4680.13-4624.65}{5435.76-5738.35} = \arctan(-0.1833) = 169°36'36.7''$$

答:在 A 点设站,放出 1、2 两点,相应的距离和方位分别是:80.501m、71°08′31″和 307.634m、169°36′36.7″。

评分标准:公式正确占 40%;过程正确占 40%;答案正确占 20%;无公式、过程,只有结果不得分。

附 录

附录1 职业资格等级标准

1. 工种概况

1.1 工种名称

石油勘探测量工。

1.2 工种代码

6-16-02-01-02。

1.3 工种定义

操作大地测量仪器及辅助设备,为石油、天然气勘探提供位置依据和地理信息服务的人员。

1.4 适用范围

物探(化探)队测量、观测、记录、链尺、花杆、标尺和内业计算岗位。

1.5 工种等级

本工种共设五个等级,分别为:初级(国家职业资格五级)、中级(国家职业资格四级)、高级(国家职业资格三级)、技师(国家职业资格二级)、高级技师(国家职业资格一级)。

1.6 工种环境

主要是野外作业,部分岗位为室内作业。

1.7 工种能力特征

身体健康,具有一定的理解、表达、分析、判断能力和形体知觉、色觉能力,动作协调灵活。

1.8 基本文化程度

高中毕业(或同等学历)。

1.9 培训要求

1.9.1 培训期限

全日制职业学校教育,根据其培养目标和教学计划确定期限。晋级培训:初级不少于280标准学时;中级不少于210标准学时;高级不少于200标准学时;技师不少于280标准学时;高级技师不少于200标准学时。

1.9.2 培训教师

培训初、中、高级的教师应具有本职业技师职业资格证书或中级以上专业技术职业任职资格;培训技师、高级技师的教师应具有本职业高级技师职业资格证书或相应专业高级专业技术职务。

1.9.3 培训场地设备

理论培训应具有可容纳 30 名以上学员的教室,技能操作培训应有相应的设备、工具、安全设施等较为完善的场地。

1.10 鉴定要求

1.10.1 适用对象

(1)新入职的操作技能人员;(2)在操作技能岗位工作的人员;(3)其他需要鉴定的人员

1.10.2 申报条件

具备以下条件之一者可申报初级工:

(1)新入职完成本职业(工种)培训内容,经考核合格人员。

(2 从事本工种工作 1 年及以上的人员

具备以下条件之一者可申报中级工:

(1)从事本工种工作 5 年以上,并取得本职业(工种)初级工职业技能等级证书。

(2)各类职业、高等院校大专及以上毕业生从事本工种工作 3 年及以上,并取得本职业(工种)初级工职业技能等级证书。具备以下条件之一者可申报高级工。

(1)从事本工种工作 14 年以上,并取得本职业(工种)中级工职业技能等级证书的人员。

(2)各类职业、高等院校大专及以上毕业生从事本工种工作 5 年及以上,并取得本职业(工种)中级工职业技能等级证书的人员。

技师需取得本职业(工种)高级工职业技能等级证书 3 年以上,工作业绩经企业考核合格的人员。

高级技师需取得本职业(工种)技师职业技能等级证书 3 年以上,工作业绩经企业考核合格的人员。

2. 基本要求

2.1 职业道德

(1)爱岗敬业,自觉履行职责;
(2)忠于职守,严于律己;
(3)吃苦耐劳,工作认真负责;
(4)勤奋好学,刻苦钻研业务技术;
(5)谦虚谨慎,团结协作;
(6)安全生产,严格执行生产操作规程;
(7)文明作业,质量环保意识强;

(8)文明守纪,遵纪守法。

2.2 基础知识

2.2.1 石油勘探知识
(1)石油勘探基础知识;
(2)石油物探基础知识;
(3)地震勘探基础知识;
(4)地震采集施工流程。

2.2.2 计算机基础知识
(1)计算机硬件基础知识;
(2)计算机软件基础知识;
(3)文字处理软件的操作方法;
(4)电子表格软件的操作方法;
(5)幻灯片软件的操作方法;
(6)计算机网络的概念。

2.2.3 计量基础知识
(1)计量单位的概念;
(2)常用计量单位。

2.2.4 误差基本知识
(1)误差的基本概念;
(2)误差传播定律;
(3)中误差计算方法。

2.2.5 电工基础知识
(1)交流电的概念;
(2)直流电的概念;
(3)常用电工术语;
(4)电池充放电原理。

2.2.6 测绘法律法规知识
(1)测绘法;
(2)测绘资质管理规定;
(3)测绘作业证管理规定;
(4)建立相对独立的平面坐标系管理办法;
(5)测绘标准化法工作管理办法;
(6)测绘计量管理暂行办法;
(7)测绘生产质量管理规定;
(8)测绘成果质量监督抽查管理办法;
(9)测绘成果保密的管理制度;
(10)测绘成果管理条例。

3. 工作要求

本标准对初级、中级、高级、技师、高级技师的技能要求依次递进，高级别包含低级别的要求。

3.1 初级

职业功能	工作内容	技能要求	相关知识
一、使用工具	（一）制作标志	1. 能制作测量标志旗 2. 能制作测量桩号	1. 测线部署及物理点的概念 2. 测量标志制作方法 3. 观测系统的概念 4. 物理点桩号的概念
	（二）使用工具	1. 能制作和检校链尺 2. 能使用过塑机塑封桩号	1. 测线设计和实测坐标 2. 测量工具及标志旗的概念 3. 制作与检校链尺 4. 特观设计的方法
二、使用图纸	（一）展绘地图	1. 能绘制测站位置图 2. 能绘制测线草图 3. 能量算地图点大地坐标点 4. 能量算地图点平面直角坐标点	1. 基本方向和方位角的概念 2. 测线测量草图绘制方法 3. 大地坐标的概念 4. 平面直角坐标量算
	（二）使用地图	1. 能利用地形图判断地形 2. 能量算地图比例尺 3. 能利用地图量算测线长度 4. 能拼接图纸	1. 地图的特性和内容 2. 比例尺概念 3. 国家基本比例尺 4. 地形图的内容
三、使用仪器	（一）维护仪器	1. 能使用万用表量测仪器电池电压 2. 能使用充电器充放电 3. 能对中整平仪器 4. 能测量仪器天线高	1. 仪器电池维护 2. 充电器的维护 3. 对中整平方法 4. 物探测量仪器组成
	（二）操作仪器	1. 能安装 GNSS 静态测量仪器 2. 能安装 GNSS RTK 基准站测量仪器 3. 能安装 GNSS RTK 流动站测量仪器 4. 能使用导航仪导航	1. 静态测量原理 2. 参考站仪器安装方法 3. 动态差分流动站安装方法 4. 导航仪的概念

3.2 中级

职业功能	工作内容	技能要求	相关知识
一、使用图纸	（一）展绘地图	1. 能绘制测线高程剖面图 2. 能绘制物理点偏移设计草图 3. 能抄录施工图纸	1. 高程的概念 2. 物理点偏移设计方法 3. 图纸抄绘方法
	（二）使用地图	1. 能展绘大地坐标点 2. 能展绘平面直角坐标点 3. 能量算地图上点高程	1. 大地坐标系统的概念 2. 平面直角坐标系的概念 3. 等高线及高程的量算方法

续表

职业功能	工作内容	技能要求	相关知识
二、使用仪器	（一）维护仪器	1. 能调试 GNSS 静态测量仪器 2. 能调试 GNSS 基准站测量仪器 3. 能调试 GNSS 流动站测量仪器 4. 能配置 GNSS 仪器坐标系统参数	1. 静态测量仪器的调试方法 2. RTK 基准站仪器调试方法 3. RTK 流动站仪器调试方法 4. GNSS 坐标系统的概念
	（二）操作仪器	1. 能进行 GNSS 静态观测 2. 能进行 GNSS 基准站观测 3. 能进行 GNSS 流动站观测 4. 能设置导航仪作业参数	1. 静态测量的作业流程 2. RTK 基准站作业流程 3. RTK 流动站作业流程 4. 导航仪测点方法
三、处理数据	（一）整理数据	1. 能进行平面直角坐标正反算 2. 能计算二维测线设计坐标 3. 能计算三维测线设计坐标	1. 平面直角坐标正算和反算 2. 二维测线设计坐标计算方法 3. 三维测线设计坐标计算方法
	（二）计算数据	1. 能设置软件坐标系统参数 2. 能管理静态观测数据 3. 能进行静态基线计算	1. GNSS 测量软件参数设置方法 2. 静态观测数据管理方法 3. 静态基线处理流程

3.3 高级

职业功能	工作内容	技能要求	相关知识
一、使用图纸	（一）展绘地图	1. 能绘制测线上线设计草图 2. 能绘制导线过障碍草图	1. 导线测量方位角和坐标 2. 导线跨越障碍物方法
	（二）使用地图	1. 能计算地形图分幅编号 2. 能使用计算机辅助绘制测线位置图 3. 能利用地形图分析测线地形状况	1. 地形图的分幅和编号方法 2. 计算机辅助绘制测线位置图方法 3. 等高线的概念
二、使用仪器	（一）维护仪器	1. 能检验全站仪对中器 2. 能检验全站仪指标差 3. 能检查 GNSS 静态仪器运行状态 4. 能检查 GNSS 基准站仪器运行状态 5. 能检查 GNSS 流动站仪器运行状态	1. 全站仪原理 2. 全站仪指标差的检验 3. GNSS 静态作业正常状态 4. GNSS 基准站的架设及常见故障 5. RTK 流动站作业正常状态
	（二）操作仪器	1. 能进行全站仪设站操作 2. 能进行全站仪放样 3. 能进行全站仪观测水平角	1. 全站仪安置方法 2. 全站仪放样方法 3. 水平角观测方法
三、处理数据	（一）整理数据	1. 能统计 RTK 复测点 2. 能统计 RTK 实测点 3. 能整理水平角观测数据 4. 能整理垂直角观测数据	1. RTK 复测量统计方法 2. RTK 实测数据统计方法 3. 水平角观测数据整理方法 4. 垂直角观测数据整理方法
	（二）计算数据	1. 能计算物理点实测偏移量 2. 能计算导线角度闭合差 3. 能计算导线坐标增量闭合差	1. 实测物理点偏移量计算方法 2. 导线测量的精度统计方法 3. 导线坐标增量的计算

3.4 技师

职业功能	工作内容	技能要求	相关知识
一、使用仪器	(一) 维护仪器	1. 能检测全站仪视准轴误差 2. 能检验全站仪横轴误差 3. 能简易测定棱镜加常数	1. 全站仪的检验方法 2. 电子全站仪的横向补偿精度 3. 全站仪加常数的检测方法
	(二) 操作仪器	1. 能进行全站仪三角高程测量 2. 能利用普通水准测量两点高差 3. 能设置 RTK 基准站作业参数 4. 能设置 RTK 流动站导航参数	1. 全站仪三角高程的作业流程 2. 光学水准仪基本操作的方法 3. 基准站的作业流程 4. GPS 接收机检验的内容与方法
二、处理数据	(一) 整理数据	1. 能反算二维桩号 2. 能反算三维桩号 3. 能整理 RTK 观测数据 4. 能进行坐标系统转换	1. 二维坐标反算桩号的方法 2. 三维坐标反算桩号的方法 3. RTK 观测数据整理方法 4. 坐标系统转换的方法
	(二) 计算数据	1. 能计算三角高程 2. 能进行 GNSS 控制网无约束平差 3. 能计算坐标系统转换参数 4. 能进行普通水准测量计算	1. 三角高程的基本原理 2. GNSS 控制网三维无约束平差的方法 3. 坐标系统转换参数的计算方法 4. 普通水准测量计算的方法
三、控制质量	(一) 监控质量	1. 能检查静态观测数据质量 2. 能检查 RTK 观测数据质量 3. 能检查 RTK 放样质量	1. 静态野外观测质量监控的方法 2. RTK 观测数据质量检查方法 3. RTK 流动站放样质量控制方法
	(二) 制定流程	1. 能编写野外作业流程 2. 能编写数据处理流程	1. 野外作业流程编制要点 2. 数据处理流程编制要点

3.5 高级技师

职业功能	工作内容	技能要求	相关知识
一、使用仪器	(一) 维护仪器	1. 能进行水准仪 i 角检验 2. 能检测 RTK 测量精度	1. 水准仪 i 角检验方法 2. RTK 测量精度检测方法
	(二) 操作仪器	1. 能进行 GNSS RTK 偏移测量作业 2. 能进行全站仪导线测量作业	1. GNSS RTK 偏移测量的方法 2. 全站仪导线测量的流程
二、处理数据	(一) 整理数据	1. 能进行 GNSS RTK 观测数据格式变换 2. 能进行二维测线偏移设计 3. 能进行三维测线障碍偏移设计	1. GNSS RTK 观测数据格式变换 2. 二维测线偏移设计方法 3. 三维测线偏移设计方法
	(二) 处理数据	1. 能计算四等水准数据 2. 能进行 GNSS 控制网约束平差 3. 能计算 GNSS 控制网环闭合差 4. 能计算 GNSS 控制网标准差	1. 单一水准路线平差计算的方法 2. 约束平差的方法 3. GNSS 控制网环闭合差 4. GNSS 控制网的技术指标
三、控制质量	(一) 监控质量	1. 能检查 GNSS 控制网基线复测精度 2. 能检查控制网平差质量 3. 能检查导线成果质量	1. GNSS 基线解算的质量指标 2. GNSS 控制网平差质量 3. 导线控制测量的质量监控要点
	(二) 制作流程	1. 能利用网络资源勘查工区地形地貌 2. 编写全站仪和 GNSS RTK 联合作业方案	1. 网络地理信息的利用 2. 全站仪和 RTK 联合作业方法

续表

职业功能	工作内容	技能要求	相关知识
四、综合能力	（一）程序设计	1. 能编写实用测量程序 2. 能编写测量技术设计书	1. 实用测量程序编制方法 2. 石油物探测量技术设计
	（二）培训管理	1. 能设计测量教学幻灯片 2. 能编写测量培训教学计划	1. 测量教学幻灯片制作方法 2. 测量教学计划的编制方法

4. 比重表

4.1 理论知识

项目		初级(%)	中级(%)	高级(%)	技师&高级技师(%)
基本要求	基础知识	32	29	27	27
专业知识	准备工具	制作标志	12			
		使用工具	11			
	使用图纸	展绘地图	6	11	15	
		使用地图	7	14	16	
	使用仪器	维护仪器	15	16	14	14
		操作仪器	17	20	17	12
	处理数据	整理数据		5	6	12
		处理数据		5	5	17
	控制质量	监控质量				7
		制定流程				4
	综合能力	操作计算机				4
		培训管理				3
合计		100	100	100	100

4.2 技能操作

项目			初级(%)	中级(%)	高级(%)	技师(%)	高级技师(%)
技能要求	使用工具	制作标志	10				
		使用工具	10				
	使用图纸	展绘地图	20	15	10		
		使用地图	20	15	15		
	使用仪器	维护仪器	20	20	25	15	10
		操作仪器	20	20	15	20	10

续表

项目			初级（%）	中级（%）	高级（%）	技师（%）	高级技师（%）
技能要求	处理数据	整理数据		20	20	20	15
		处理数据		10	15	20	20
	控制质量	监控质量				15	15
		制定流程				10	10
	综合能力	操作计算机					10
		培训管理					10
合计			100	100	100	100	100

附录 2 高级工理论知识鉴定要素细目表

行业:石油天然气　　　　工种:石油勘探测量工　　　　等级:高级工　　　　鉴定方式:理论知识

行为领域	代码	鉴定范围	鉴定比重	代码	鉴定点	重要程度
基础知识 A (27%)	A	计算机基础知识 (30:5:2)	21%	001	文字处理软件的启动方法	X
				002	文字处理软件窗口的组成	X
				003	新建文字处理文档的方法	X
				004	打开文字处理文档的方法	X
				005	关闭文字处理文档的方法	X
				006	文本输入方法	X
				007	文字处理文本的删除方法	X
				008	文字处理文本的复制方法	X
				009	文字处理文本的粘贴方法	X
				010	文字处理文本的查找方法	X
				011	文字处理文本的替换方法	X
				012	文字处理文本字体的设置方法	X
				013	文字处理文本下划线的设置方法	X
				014	文字处理文本字形的设置方法	X
				015	文字处理文本字号的设置方法	X
				016	文字处理文本颜色的设置方法	X
				017	文字处理文本字间距的设置方法	X
				018	文字处理文本行间距的设置方法	X
				019	文字处理文本对齐方式设置方法	X
				020	文字处理文字方向设置方法	Z
				021	页面方向的设置方法	X
				022	纸张类型的设置方法	Y
				023	页边距的设置方法	X
				024	页眉的设置方法	X
				025	页码的设置方法	X
				026	文字处理文档插入表格的方法	X
				027	文字处理文档表格插入行的方法	X
				028	文字处理文档表格插入列的方法	X
				029	文字处理文档表格合并的方法	X
				030	文字处理文档表格拆分的方法	X

续表

行为领域	代码	鉴定范围	鉴定比重	代码	鉴定点	重要程度
基础知识A（27%）	A	计算机基础知识（30：5：2）	21%	031	文档表格大小的调整方法	X
				032	文档表格边框的设置的方法	Y
				033	文档表格底纹的设置的方法	Z
				034	文档表格与文本的转换方法	Y
				035	文字处理文档表格数据求和方法	Y
				036	文字处理文档表格数据排序方法	Y
				037	文字处理文档输出方法	X
	B	误差基础知识（6：1：0）	4%	001	中误差的概念	X
				002	误差的传播定律	X
				003	算术平均值的中误差	X
				004	权的定义	Y
				005	单位权中误差	X
				006	带权平均值的中误差	X
				007	同精度观测值的中误差	X
	C	测绘法律法规（3：1：0）	2%	001	测绘标准化工作管理办法	X
				002	测绘计量管理暂行办法	Y
				003	测绘资质管理规定	X
				004	测绘作业证管理规定	X
专业知识B（73%）	A	展绘图纸（21：4：1）	15%	001	控制测量的概念	X
				002	碎部测量的概念	Z
				003	地形图测绘的方法	X
				004	地形测量任务概述	X
				005	地形测量方法概述	X
				006	地形测量过程概述	X
				007	地物的测绘与表示	X
				008	地物符号的种类	X
				009	地貌的表示方法	X
				010	各种文字注记方法	X
				011	数字化地形测量概述	X
				012	导线测量的概念	X
				013	导线起点的计算方法	X
				014	测线起点草图的绘制方法	X
				015	导线跨越障碍的施工要求	X
				016	导线跨越障碍物草图的设计方法	X
				017	地球椭球的基本参数	X

续表

行为领域	代码	鉴定范围	鉴定比重	代码	鉴定点	重要程度
专业知识B（73%）	A	展绘图纸 （21:4:1）	15%	018	经纬仪测绘法测图方法	X
				019	全站仪测记法测图方法	X
				020	1956年黄海高程系的含义	X
				021	1985年国家高程基准的含义	Y
				022	1954年北京坐标系的含义	Y
				023	1980年国家坐标系的含义	Y
				024	新1954北京坐标系的含义	Y
				025	国家基本平面控制的含义	X
				026	国家基本高程控制的含义	X
	B	使用地图 （24:3:2）	16%	001	大地测量学的概念	X
				002	大地测量的任务	X
				003	大地测量的内容	X
				004	大地基准的概念	X
				005	大地原点的概念	X
				006	大地基准的变换	X
				007	地形图的概念	X
				008	地形图的比例	X
				009	地形图的精度	X
				010	图根控制的形式	Z
				011	图根控制的等级	Z
				012	图根点的密度要求	Y
				013	图根点的精度要求	Y
				014	碎部点的测定方法	Y
				015	正高的概念	X
				016	正常高的概念	X
				017	大地水准面差距	X
				018	绝对高程的概念	X
				019	相对高程的概念	X
				020	高程异常的概念	X
				021	等高线的概念	X
				022	地形图分幅编号的概念	X
				023	1:10000地形图分幅编号	X
				024	1:10000地形图分幅编号	X
				025	1:50000地形图分幅编号	X
				026	坡度的概念	X

续表

行为领域	代码	鉴定范围	鉴定比重	代码	鉴定点	重要程度
专业知识 B (73%)	B	使用地图 (24∶3∶2)	16%	027	坡度的量算方法	X
				028	方位角的概念	X
				029	方位角的量算方法	X
	C	维护仪器 (21∶4∶1)	14%	001	全站仪的概念	X
				002	全站仪的组成	X
				003	全站仪的分类	X
				004	全站仪的特性	X
				005	电子经纬仪的概念	Y
				006	电子测角原理	Y
				007	补偿器的概念	Z
				008	电子气泡的概念	Y
				009	三轴补偿的概念	Y
				010	电磁波测距仪概述	X
				011	电磁波测距仪的分类	X
				012	电磁波测距仪的测程	X
				013	电磁波的概念	X
				014	正弦波的特性	X
				015	载波与调制波	X
				016	电磁波测距原理	X
				017	测距仪标称精度	X
				018	测距仪固定误差	X
				019	测距仪比例误差	X
				020	测距的气象改正	X
				021	测距仪的加常数	X
				022	测距仪的乘常数	X
				023	全站仪安置的标准	X
				024	全站仪测站检测的标准	X
				025	GNSS 静态作业常见故障	X
				026	GNSS 基准站常见故障	X
	D	操作仪器 (25∶5∶1)	17%	001	导线控制测量基本技术要求	X
				002	导线控制测量水平角观测要求	X
				003	导线控制测量垂直角角观测要求	X
				004	导线控制测量边长观测要求	X
				005	导线控制测量观测记录要求	X
				006	导线控制测量图形的技术要求	X

续表

行为领域	代码	鉴定范围	鉴定比重	代码	鉴定点	重要程度
专业知识 B (73%)	D	操作仪器 (25:5:1)	17%	007	高程测量的精度等级的划分	X
				008	测区的高程系统要求	X
				009	天文方位角的概念	X
				010	天球的概念	X
				011	天球的要素	Y
				012	天球坐标系的概念	Y
				013	地平坐标系的概念	Y
				014	时角赤道坐标系的概念	Y
				015	赤经赤道坐标系的概念	Y
				016	CGCS2 坐标系的概念	X
				017	太阳视位置的概念	Z
				018	太阳方位角观测的要求	X
				019	数据通信基本概念	X
				020	全站仪的记录装置	X
				021	全站仪测图所用仪器的标准	X
				022	全站仪测图的方法	X
				023	全站仪测图测距的要求	X
				024	测距仪的误差来源	X
				025	测距仪使用的注意事项	X
				026	标准方向的种类	X
				027	全站仪的数据通信方法	X
				028	导线测量作业流程	X
				029	坐标方位角计算的方法	X
				030	坐标方位角的传递	X
				031	控制点的概念	X
	E	整理数据 (8:1:1)	6%	001	导线测量的概念	X
				002	导线测量的形式	X
				003	附和导线的概念	X
				004	闭合导线的概念	X
				005	支导线的概念	X
				006	导线网的概念	X
				007	测回的概念	Z
				008	2C 差的概念	Y
				009	RTK 数据处理流程	X
				010	RTK 复测量统计方法	X

续表

行为领域	代码	鉴定范围	鉴定比重	代码	鉴定点	重要程度
专业知识 B (73%)	F	处理数据 (7:1:1)	5%	001	三角高程测量的原理	Z
				002	三角高程测量的基本公式	Y
				003	三角高程测量球气差改正方法	X
				004	导线全长闭合差的概念	X
				005	导线全长相对闭合差的概念	X
				006	角度闭合差的计算方法	X
				007	角度闭合差的分配方法	X
				008	坐标增量闭合差的计算方法	X
				009	坐标增量闭合差的分配方法	X

注：X—核心要素；Y—一般要素；Z—辅助要素。

附录3 高级工操作技能鉴定要素细目表

行业:石油天然气　　　工种:石油勘探测量工　　　等级:高级工　　　鉴定方式:操作技能

行为领域	代码	鉴定范围	鉴定比重	代码	鉴定点	重要程度
操作技能A（100%）	A	使用图纸	25%	001	绘制测线上线设计草图	X
				002	绘制导线过障碍草图	Y
				003	计算地形图分幅编号	X
				004	计算机辅助绘制测线位置图	X
				005	利用地形图分析测线地形状况	X
	B	使用仪器	40%	001	检验全站仪对中器	Y
				002	检验全站仪指标差	X
				003	检查GNSS静态仪器运行状态	X
				004	检查GNSS基准站仪器运行状态	X
				005	检查GNSS流动站仪器运行状态	X
				006	全站仪设站操作	X
				007	全站仪放样	X
				008	全站仪观测水平角	X
	C	处理数据	35%	001	统计RTK复测点	X
				002	统计RTK实测点	X
				003	整理水平角观测数据	X
				004	整理垂直角观测数据	Z
				005	计算物理点实测偏移量	X
				006	计算导线角度闭合差	X
				007	计算导线坐标增量闭合差	Y

注:X—核心要素;Y——般要素;Z—辅助要素。

附录4 技师和高级技师理论知识鉴定要素细目表

行业:石油天然气　　　工种:石油勘探测量工　　　等级:技师和高级技师　　　鉴定方式:理论知识

代码	级别	代码	行为领域	代码	鉴定范围	鉴定比重(%)	代码	鉴定点	重要程度
J(GJ)	技师高级技师	A	基础知识 25%	A	计算机知识	24	001	电子表格的基本特点	Y
							002	启动电子表格的方法	X
							003	电子表格新建工作簿的方法	X
							004	电子表格打开工作簿的方法	X
							005	电子表格保存工作簿的方法	X
							006	电子表格工作表的含义	X
							007	电子表格插入工作表的方法	X
							008	电子表格重命名工作表的方法	X
							009	复制工作表的方法	X
							010	电子表格插入行的方法	X
							011	电子表格选中单元格区域的方法	X
							012	电子表格删除单元格的方法	X
							013	电子表格替换数据的方法	X
							014	电子表格数据的填充方法	X
							015	电子表格单元格格式的设置方法	X
							016	电子表格列宽的设置方法	X
							017	电子表格保护工作表的方法	Y
							018	电子表格构建公式的方法	X
							019	电子表格使用内置函数的方法	X
							020	在函数中使用名称的方法	X
							021	电子表格数据排序的方法	X
							022	电子表格数据筛选的方法	X
							023	电子表格图表的创建方法	X
							024	电子表格打印区域的设置方法	X
							025	创建演示文稿的方法	X
							026	幻灯片输入文本的方法	X
							027	幻灯片编辑文本的方法	X
							028	幻灯片使用大纲的方法	X
							029	幻灯片文本格式设置的方法	X
							030	幻灯片运用项目符号和编号的方法	X

续表

代码	级别	代码	行为领域	代码	鉴定范围	鉴定比重(%)	代码	鉴定点	重要程度
J(GJ)	技师高级技师	A	基础知识25%	A	计算机知识	24	031	幻灯片运用配色方案的方法	X
							032	幻灯片应用动画的方法	X
							033	放映幻灯片的方法	X
							034	计算机网络的分类	Y
							035	计算机网络的基本组成	Y
							036	计算机网络的IP地址的概念	Y
							037	计算机网络域名的概念	Z
							038	计算机网络浏览器的概念	Z
							039	计算机网络搜索引擎的概念	Y
				B	测绘法律法规	2	001	建立相对独立的平面坐标系统管理办法	X
							002	测绘成果质量监督抽查管理办法	X
							003	测绘生产质量管理规定	Y
							004	测绘成果管理条例	X
		B	专业知识	A	维护仪器	12	001	光学经纬仪高级检验的方法	X
							002	全站仪测距轴和视准轴重合性的检测方法	X
							003	全站仪周期误差的检测方法	X
							004	全站仪加常数的检测方法	X
							005	电子全站仪基座稳定性的检测方法	X
							006	电子全站仪照准部旋转正确性的检测方法	X
							007	全站仪的零位误差的概念	X
							008	全站仪的零位误差的检定	X
							009	电子全站仪的纵向补偿精度	X
							010	电子全站仪的横向补偿精度	Y
							011	水准测量概述	X
							012	水准仪的分类	X
							013	水准仪的构造	Y
							014	水准测量的基本原理	X
							015	水准仪轴系应满足的条件	X
							016	水准管轴与视准轴平行性的检校	X
							017	i角对读数的影响	X
							018	i角对高差的影响	X
							019	i角的检验原理	X
							020	i角的检验方法	X
							021	i角的校正方法	Y
							022	i角的校正步骤	Z

续表

代码	级别	代码	行为领域	代码	鉴定范围	鉴定比重(%)	代码	鉴定点	重要程度
J(GJ)	技师高级技师	B	专业知识	B	操作仪器	12	001	全站仪加常数的测定流程	X
							002	水准测量的等级	X
							003	普通水准测量观测的方法	X
							004	普通水准测量记录的方法	X
							005	地球曲率对高差的影响度	X
							006	水准测量的设计方案	X
							007	光学水准仪基本操作的方法	X
							008	电子水准仪的基本原理	X
							009	电子水准原理的种类	X
							010	电子水准仪的特点	X
							011	电子水准仪的误差源	X
							012	电子水准仪的检验	Y
							013	电子水准仪的校正	Y
							014	GPS 接收机的检测项目	X
							015	GPS 接收机的通电检视方法	X
							016	GPS 接收机内部噪声水平测试的方法	X
							017	GPS 接收机静态精度指标测试的方法	X
							018	GPS 接收机天线相位中心稳定性检验的方法	Y
							019	GPS 接收机频标稳定性检验的方法	Z
				C	整理数据	12	001	精度的概念	X
							002	准确度的概念	X
							003	方差的概念	X
							004	标准差的意义	X
							005	等精度观测值的概念	X
							006	观测值方差的估算方法	X
							007	整周未知数的确定方法	X
							008	基线向量固定解的确定方法	X
							009	基线解算的质量指标	X
							010	基线解算质量分析的方法	X
							011	影响 GNSS 基线解算的因素	X
							012	坐标转换的模型	X
							013	转换参数的计算方法	X
							014	高程拟合法的基本原理	X
							015	高程拟合法的注意事项	X
							016	高程拟合的方法	X

续表

代码	级别	代码	行为领域	代码	鉴定范围	鉴定比重(%)	代码	鉴定点	重要程度
J(GJ)	技师高级技师	B	专业知识	C	整理数据	12	017	函数模型	Y
							018	随机模型	Y
							019	条件平差法的数学模型	Y
							020	间接平差法的数学模型	Z
				D	计算数据	17	001	测量平差概述	Z
							002	测量平差的任务	Y
							003	三角网的概念	Y
							004	导线网的概念	Y
							005	正态分布方程的概念	Y
							006	GNSS 网概述	X
							007	GNSS 网的相关概念	X
							008	GNSS 控制点选定的方法	X
							009	GNSS 广域差分系统的概述	X
							010	GNSS 局域差分系统的概述	X
							011	GNSS 网的图形结构	X
							012	GNSS 网的技术指标	X
							013	初始平差的概念	X
							014	GNSS 基线向量网平差的概述	X
							015	GNSS 控制网平差的类型	X
							016	三维无约束平差的原理	X
							017	提取基线向量的原则	X
							018	GNSS 网三维无约束平差的方法	X
							019	转换参数的求解方法	X
							020	单一水准路线平差计算的方法	X
							021	点位误差	X
							022	误差曲线	X
							023	误差椭圆	X
							024	相对误差椭圆	X
							025	测量平差的随机模型	X
							026	最小二乘法的基本概念	X
							027	GNSS 网二维约束平差的方法	X
							028	GNSS 网三维约束平差的方法	X
				E	监控质量	7	001	石油勘探测量质量监控的目的	X
							002	GNSS 控制测量的质量监控要点	X
							003	静态野外观测质量监控的方法	X

续表

代码	级别	代码	行为领域	代码	鉴定范围	鉴定比重(%)	代码	鉴定点	重要程度
JS	技师高级技师	B	专业知识	E	监控质量	7	004	控制点标志设置质量监控方法	X
							005	RTK基准站操作质量控制方法	X
							006	RTK流动站观测质量控制方法	X
							007	RTK流动站放样质量控制方法	X
							008	RTK数据传输质量控制方法	Z
							009	导线控制测量的质量监控要点	Y
							010	物探测量资料质量评定的标准	X
							011	物探测量资料的最终检查验收内容	Y
				F	制定流程	4	001	全站仪施工作业流程编制要点	Y
							002	全站仪野外操作流程编制要点	X
							003	静态测量施工作业流程编制要点	X
							004	静态测量野外操作流程编制要点	X
							005	静态测量数据处理流程编制要点	X
							006	RTK基准站作业流程编制要点	X
							007	RTK流动站作业流程编制要点	X
				G	操作计算机	4	001	编程语言的概念	Y
							002	常用编程软件	X
							003	数据输入方法	X
							004	数据输出方法	X
							005	文件操作方法	X
							006	测线合格通知书一般要求	X
							007	测量成果格式一般要求	X
				H	培训管理	3	001	静态测量教学幻灯片制作方法	X
							002	测量仪器安全使用的方法	X
							003	石油物探测量规范的培训	X
							004	网络管理方法	Y
							005	野外施工质量监控的方法	X

附录5 技师操作技能鉴定要素细目表

行业:石油天然气　　　　工种:石油勘探测量工　　　　等级:技师　　　　鉴定方式:操作技能

代码	级别	代码	行为领域	代码	鉴定范围	鉴定比重(%)	代码	鉴定点	重要程度
J	技师	A	操作技能	A	使用仪器	35	001	检验全站仪视准轴误差	X
							002	检验全站仪横轴误差	Y
							003	简易测定棱镜加常数	Z
							004	全站仪三角高程测量	X
							005	普通水准测量两点高差	X
							006	设置RTK基准站作业参数	X
							007	设置RTK流动站导航参数	X
				B	处理数据	40	001	反算二维测线桩号	X
							002	反算三维测线桩号	X
							003	整理RTK观测数据	X
							004	转换坐标系统	X
							005	计算三角高程	X
							006	GNSS控制网无约束平差	X
							007	计算坐标系统转换参数	X
							008	普通水准测量计算	Y
				C	控制质量	25	001	检查静态数据观测质量	X
							002	检查RTK数据观测质量	X
							003	检查RTK放样质量	X
							004	编写GNSS静态作业流程	Y
							005	编写GNSS RTK作业流程	X

附录6 高级技师操作技能鉴定要素细目表

行业:石油天然气　　　工种:石油勘探测量工　　　等级:高级技师　　　鉴定方式:操作技能

代码	级别	代码	行为领域	代码	鉴定范围	鉴定比重(%)	代码	鉴定点	重要程度
GJ	高级技师	A	操作技能	A	使用仪器	20	001	水准仪 i 角检验	Y
							002	检测 RTK 测量精度	X
							003	GNSS RTK 偏移测量作业	X
							004	全站仪导线测量作业	X
				B	处理数据	35	001	GNSS RTK 数据格式变换	X
							002	二维测线偏移设计	X
							003	三维测线偏移设计	X
							004	四等水准数据计算	Y
							005	GNSS 控制网约束平差	X
							006	计算 GNSS 控制网环闭合差	X
							007	计算 GNSS 控制网标准差	X
				C	控制质量	25	001	检查 GNSS 控制网基线复测精度	X
							002	检查 GNSS 控制网平差质量	X
							003	检查导线成果质量	X
							004	利用网络资源勘查工区地形地貌	X
							005	编写全站仪和 GNSS RTK 联合作业方案	Z
				D	综合能力	20	001	编写实用测量程序	X
							002	编写测量技术设计书	X
							003	制作测量教学幻灯片	X
							004	编写培训教学计划	Y

附录7　操作技能考核内容层次结构表

项目 级别	技能操作				综合能力		合计
	使用工具	使用图纸	使用仪器	处理数据	控制质量	综合能力	
初级	20分 40~45min	40分 80-90min	40分 80-96min				100分 200-231min
中级		30分 60-90min	40分 80-95min	30分 60-85min			100分 200-270min
高级		25分 50-55min	40分 80-120min	35分 70-105min			100分 200-280min
技师			35分 70-105min	40分 80-125min	25分 50-85min		100分 200-315min
高级技师			20分 40-90min	35分 70-140min	35分 70-160min	10分 20-50min	100分 200-440min

参 考 文 献

[1] 中国石油天然气集团公司人事服务中心. 石油物探测量工(上册)[M]. 北京:石油工业出版社,2005.
[2] 中国石油天然气集团公司人事服务中心. 石油物探测量工(下册)[M]. 北京:石油工业出版社,2005.
[3] 中国石油天然气集团公司人事服务中心. 石油地震勘探工(上册)[M]. 北京:石油工业出版社,2005.
[4] 中国石油天然气集团公司人事服务中心. 石油地震勘探工(下册)[M]. 北京:石油工业出版社,2005.
[5] 中国石油天然气集团公司人事服务中心. 电工(上册)[M]. 北京:石油工业出版社,2005.
[6] 中国石油天然气集团公司人事服务中心. 电工(下册)[M]. 北京:石油工业出版社,2005.
[7] 陆国胜. 测量学[M]. 北京:测绘出版社,2015.
[8] 吕志平,乔书波. 大地测量学基础[M]. 北京:测绘出版社,2017.
[9] 孔祥元,梅是义. 控制测量学(上册)[M]. 武汉:武汉大学出版社,2002.
[10] 张秀胜. 石油物探测量理论与应用[M]. 北京:石油工业出版社,2009.
[11] 魏二虎,黄劲松. GPS测量操作与数据处理[M]. 武汉:武汉大学出版社,2004.
[12] 赵长胜. 现代测量平差理论与方法[M]. 北京:测绘出版社,2018.
[13] 陈健,晁定波. 椭球大地测量学[M]. 北京:测绘出版社,1992.
[14] 周忠谟,易杰军,周琪. GPS卫星测量原理与应用[M]. 北京:测绘出版社,2002.
[15] 程鹏飞,成英燕,文汉江,等. 2000国家大地坐标系实用宝典[M]. 北京:测绘出版社,2008.